普通高等教育机电类规划教材
普通高等教育“十二五”规划教材

计算机软件技术基础

第 2 版

主　编　牟　艳
副主编　陈慧萍　丁海军
参　编　何坤金　景雪琴　吴　凯　刘　景　张福涛
主　审　叶飞跃　徐小凤

机 械 工 业 出 版 社

本书面向高等学校非计算机专业学生，系统地介绍了计算机软件方面的知识，内容涵盖计算机软件概论、数据结构、操作系统、数据库原理和软件工程的基础知识。尽量用通俗、简洁的语言来描述与计算机软件相关的基本概念、基本原理和软件设计的基本方法。此外，大部分章节均配有习题，书后附有实验指导书，以帮助读者理解和掌握本书的内容。本书为任课教师免费提供电子课件，可在机械工业出版社教育服务网（www. cmpedu. com）注册下载。

本书内容丰富、结构合理、循序渐进、实用性强，便于教学和自学，既可作为全国普通高等学校非计算机专业学习计算机软件的通用教材，也可作为参加计算机等级考试（三级偏软）的参考用书。

图书在版编目（CIP）数据

计算机软件技术基础/牟艳主编 . —2 版 . —北京：机械工业出版社，2015. 3 (2024. 1 重印)

普通高等教育机电类规划教材　普通高等教育“十二五”规划教材

ISBN 978-7-111-49164-4

Ⅰ. ①计…　Ⅱ. ①牟…　Ⅲ. ①软件 – 高等学校 – 教材　Ⅳ. ①TP31

中国版本图书馆 CIP 数据核字（2015）第 005563 号

机械工业出版社（北京市百万庄大街 22 号　邮政编码 100037）
策划编辑：余　皞　责任编辑：余　皞　叶蔷薇　商红云
版式设计：常天培　责任校对：张　征
封面设计：张　静　责任印制：李　昂
北京捷迅佳彩印刷有限公司印刷
2024 年 1 月第 2 版第 6 次印刷
184mm × 260mm · 22 印张 · 537 千字
标准书号：ISBN 978-7-111-49164-4
定价：59. 80 元

电话服务　　　　　　　　网络服务
客服电话：010-88361066　　机　工　官　网：www. cmpbook. com
　　　　　010-88379833　　机　工　官　博：weibo. com/cmp1952
　　　　　010-68326294　　金　　书　　网：www. golden-book. com
封底无防伪标均为盗版　　机工教育服务网：www. cmpedu. com

第2版前言

掌握计算机基础知识，能够以专业背景为依托，充分有效地运用计算机技术解决未来工作中的专业问题，这是对当代理工科大学生的基本要求。而提高计算机的应用能力，尤其是计算机软件的开发和应用能力，对计算机软件系统的相关知识和原理有一个系统的学习和掌握是非常必要的。作为以计算机应用为主要目的的未来工程技术人员，除了要掌握现有计算机的基本使用方法外，还必须要掌握软件设计与开发的基本知识和有关技术。这些技术包括以算法为核心的算法与数据结构，以数据库为基础的信息系统的开发和组织，以操作系统为基础的计算机资源的利用和管理，以软件开发工程化为主线的软件工程技术等内容。

本书自第1版出版以来，一方面，许多软件技术相关内容发生了变化，新的软件技术和软件应用领域不断涌现，一些经典内容也得到了更新；另一方面，我们在教学过程也发现了一些教材中存在的问题。根据近几年的教学实践，我们决定对教材进行修订，以适应学生学习计算机软件知识的新需求。

本书内容由五大部分组成，每部分内容都进行了适当修订。

第一部分是计算机软件概论（第1章），主要增加了云计算的概念及云计算相关软件技术。第二部分是算法与数据结构的相关内容（第2~6章），这一部分内容基本进行了重写，内容更加全面，叙述更具逻辑性。所有程序代码都用C语言重新改写。第三部分是操作系统的相关内容（第7~11章），增加了对云计算和移动计算操作系统的介绍，对传统操作系统的内容进行了精简。第四部分是数据库系统的相关内容（第12~15章），主要对一些错误之处进行了修订，调整了部分内容。第五部分是软件工程的相关内容（第16~20章），主要针对软件工程领域的新发展和新技术对内容做了适当调整，修订了个别错误表述，实验指导书的数据结构部分全部用C语言重新改写。

在编写过程中，我们力求做到概念清晰，取材合理，深入浅出，突出应用。本书第2~11章由丁海军修订编写，第1章、第12~14章由陈慧萍修订编写，第15~20章及附录由牟艳修订编写，参加本书编写的还有何坤金、景雪琴、吴凯、刘景、张福涛。全稿由叶飞跃、徐小凤主审。本书由牟艳、陈慧萍、丁海军统稿。在此书编写及出版过程中，得到河海大学常州校区教务处、物联网工程学院领导和相关学生的大力支持与帮助，在此表示感谢。

限于水平，书中欠妥之处，敬请广大读者和专家批评指正。

目录

第一部分

计算机软件概论

第 1 章　软件技术概论

随着计算机技术日新月异的发展，计算机软件已成为信息社会的驱动力，计算机软件在各个领域中发挥着越来越重要的作用。计算机网络，特别是移动互联网和物联网的迅速发展与普及，极大地改变了我们的日常生活和工作方式，我们的生活已与软件息息相关。从软件的发展来看，软件体系结构经历了从单机到网络、从客户机/服务器结构到浏览器/服务器结构的变化；从计算模式来看，经历了集中计算模式、桌面计算模式和分布式计算模式，到现在流行的普适计算、服务计算、云计算等；从计算机语言来看，经历了从机器语言、汇编语言、高级语言、数据库查询语言到面向对象的语言、人工智能语言的发展；从软件开发工具来看，经历了从简单的命令行编辑器到方便灵活的可视化集成开发工具的发展；从软件产品来看，经历了从功能单一的软件包到整合了多种应用程序的大型软件套件的发展；从软件的应用场合来看，经历了从集中应用到网络分布式应用、从桌面应用到移动应用、从有线应用到无线应用的发展。

1.1　计算机软件概述

计算机系统有两个重要组成部分，即计算机硬件和计算机软件，两者缺一不可。硬件是组成计算机的各种物理设备的总称；而软件是人与硬件的接口，它自始至终指挥和控制着硬件的工作过程。没有安装任何软件的计算机称为“裸机”，是没有任何用处的。从某种意义上来说，软件决定了一台计算机能做什么、有没有用处、有多大的用处。软件将计算机从一种类型的机器转变为另一种类型的机器，在计算机上开发出无穷无尽的功能，帮助人们处理各种各样的事务，通过网络进行快捷的信息交流和资源共享。因此，可以说，计算机的应用“硬件是肢体，软件是灵魂”。计算机的硬件肢体和软件灵魂结合在一起，每天都在创造奇迹，改变着我们的生活方式、工作方式和创造价值的方式，使我们的世界更加丰富多彩。

1. 程序的概念

计算机不懂得人类的语言，要让计算机为人做事，就必须有程序（Program）。程序是为解决特定问题而用计算机语言编写的指令序列。程序处理的对象是数据，它可以将数据处理成人们所需要的各种信息。执行程序就是把程序装进计算机内存，在 CPU 的控制和指挥下，按程序设计的逻辑顺序逐条执行指令。程序在执行过程中需要使用计算机的某些软件和硬件资源，有时还可能通过人机交互界面，让使用者输入数据，然后继续往下执行，直到产生运行结果，实现人们使用计算机的各种目的。

一般来讲，计算机程序具有如下特征：

（1）程序用计算机语言写成　用于编写程序的计算机语言称为程序设计语言，目前广泛使用的有Basic语言、C/C++语言、Java语言等。用计算机语言编写后的程序存储在计算机中，并在启动运行后才起作用。

（2）程序是用计算机语言表示的算法　计算机解决任何问题的过程都是由一定的步骤组成的。通常，对解决问题的过程所做的准确而完整的描述称作算法（Algorithm）。简言之，程序就是用计算机语言表述的算法，流程图是图形化的算法。既然算法是解决给定问题的方法和步骤，那么算法的处理对象就必然是该问题涉及的相关数据。因而，算法与数据是程序设计过程中密切相关的两个方面。

（3）程序的处理对象是数据　程序的处理对象是数据，而如何加工处理数据则是算法问题。所以从本质上讲，程序是数据结构与算法的统一。著名计算机科学家、Pascal语言的设计大师尼科劳斯·沃思（Niklaus. Wirth）教授曾提出以下著名公式：

程序=算法+数据结构

这个公式的重要性在于，不能离开数据结构去抽象地分析程序的算法，也不能脱离算法去孤立地研究程序的数据结构，而只能将算法与数据结构作为一个统一的整体去认识。换言之，程序就是在数据的某些特定的表示方式和结构的基础上，对抽象算法的计算机语言表述。

早期的计算机主要用于解决数值计算问题，通常是用分析数学的方程式来建立数学模型，以此为加工对象的程序设计称为数值型程序设计。其特点是所涉及的操作对象比较简单，一般为整型、实型和布尔型数据。随着计算机应用领域不断扩大，解决非数值型问题越来越引起人们的关注，如文献检索、金融管理、商业数据处理、计算机辅助设计和制造、模式识别及人工智能等，这类问题重点在于数据处理，即对数据集合中的各元素以各种方式进行运算，如插入、删除、查找、更新、匹配等。随着互联网，特别是移动互联网和物联网技术的发展，数据处理的应用越来越普及，已涉及日常生活的方方面面，因此程序处理的对象也越来越复杂和多样化。

2. 软件的概念

1980年美国版权法案将软件定义为“在计算机中被直接或间接用来产生明确结果的一组语句或指令”。由此可见，软件和程序本质上是相同的。但软件的含义比程序更宏观，软件一般是指设计比较成熟、功能比较完备的程序，是具有某种使用价值的知识产品，可以申请版权保护，并且可以存储于某种介质，或者通过在互联网传输的方法，作为商品来销售。软件是计算机系统执行某项任务所需的程序、数据及文档的集合，它是计算机系统的灵魂。其中，程序是软件的主体，单独的文档一般不认为是软件；数据指的是程序运行过程中需要处理的对象和必须使用的一些参数；文档指的是与程序开发、维护及操作有关的一些资料（如设计报告、维护手册和使用指南等）。通常，软件（特别是商品软件和大型软件）必须有完整、规范的文档作为支持。

（1）软件的特征　软件除具备程序的特征外，还具有以下特征：

1）软件是设计较成熟、功能较完善的程序系统。

2）软件是一种工业产品，具有一般工业产品的基本特征。

3）软件是高价值的知识产品，软件渗透了大量的脑力劳动，人的逻辑思维、智能活动和技术水平是软件产品的关键。

4）软件很容易复制和传播。

5）软件的开发和运行必须依赖于特定的计算机系统环境，对于硬件有依赖性，为了减少依赖，开发中提出了软件的可移植性。

6）软件不会像硬件一样老化磨损，但存在缺陷维护和技术更新。

7）软件的不断演变性。软件投入使用后，其功能、运行环境和操作使用方法等通常都处于不断的发展变化之中。软件在投入使用后，软件人员还要不断地进行修改、完善，使其减少错误、扩充功能、适应不断变化的环境，这就导致了软件版本的升级。

（2）软件分类　按照不同的角度和标准，可以将软件划分为不同的种类。

1）按软件的功能分类。一般将软件分成两大类，一类是系统软件，另一类是应用软件。系统软件支持计算机完成基本的操作任务，保证计算机安全有效地运行，使应用软件能够更安全可靠地运行。系统软件是必不可少的，通常在购买计算机时，计算机供应厂商必须提供给用户一些最基本的系统软件，否则计算机无法工作。例如基本输入/输出系统（Basic Input Output System，BIOS）、操作系统、程序设计语言处理系统、数据库管理系统等都是系统软件。应用软件帮助用户完成各种具体的任务。按照应用软件的开发方式和适用范围，应用软件又可以分成通用应用软件和定制应用软件两大类。常用的通用应用软件根据功能可分若干类，如文字处理软件、信息检索软件、游戏软件、媒体播放软件、网络通信软件、个人信息管理软件、演示软件、绘图软件、电子表格软件等。定制应用软件是按照不同领域用户的特定应用要求而专门设计开发的软件。如超市的销售管理和市场预测系统、汽车制造厂的集成制造系统、大学教务管理系统、医院挂号计费系统、酒店客房管理系统等。这类软件专用性强，设计和开发成本相对较高，只有一些机构用户需要购买，因此价格比通用应用软件贵得多。

2）按软件版权特点分类。分为商品软件、共享软件和自由软件。其中商品软件是用户需要付费才能得到其使用权的软件；共享软件是一种“买前免费试用”的具有版权的软件；而自由软件通常是开源软件，用户可共享自由软件，允许随意复制、修改其源代码，允许销售和自由传播。

3）按软件运行在计算机网络中的客户端还是服务器端分类。可以将软件分为客户端软件和服务器端软件，例如，目前基本上每台计算机都安装的 IE（Internet Explorer）是典型的客户端软件，而 IIS（Internet Information Service，互联网信息服务）则是典型的服务器端软件。

3. 软件的版权和许可证

（1）软件版权　版权是对智力劳动成果的一种保护方式。许多国家都有版权法，保护作品的知识产权。软件版权（Software Copyright）是授予软件产品开发者的专有权利。软件版权拥有者唯一享有复制、发布、出售、更改其软件的权利，软件的购买者购买了软件后，并没有成为版权的拥有者，所以，从买到的磁盘或光盘上将软件复制到自己的计算机硬盘是合法的；如果副本已经损坏，另行制作一个副本也是合法的；但是把软件送给他人或者出售而自己又保留一个副本是非法的；未经允许而更改软件的副本，并将其副本送人或出售也是非法的。

(2) 软件许可证 软件许可证 (Software License) 是软件出版商和软件购买者之间依法达成的一种合同文件，通常是一张卡片，可以在所购买的软件包装内或参考手册中找到。常用于指定或扩大购买者的使用权利。例如，规定用户所购买的网络软件可以复制到多少台机器上，可以供多少用户使用等。许可证同时还指明购买方使用该软件时，所要承担的风险及对可能出现的后果所负有的全部责任。

许可证有单用户许可证、多用户许可证、同时使用许可证和场所许可证等。①单用户许可证指定该软件在一段时间内只能为一个用户使用。②多用户许可证允许多人使用同一个软件包，虽然价格按用户数计算，但为每个用户所付的钱比单用户少。③同时使用许可证允许购买单位同时使用一定数量的副本。比如一个大公司有5间办公室，即可购买可同时在5间办公室使用 Office 办公套件的许可证。④场所许可证允许在一个具体地点的任何计算机上使用该软件。

(3) 共享软件 共享软件是以“买前尝试”方式在互联网上发布的有版权的软件，通常内置限制使用期的程序，允许下载者试用一段时间。如果用户觉得使用效果不错，想继续使用，就得交一笔注册费，成为注册用户。另一类共享软件的特点是只免费发布屏蔽了某些功能的版本。之所以允许免费试用的目的是促使用户购买其完整版本。共享软件允许用户复制副本，散发给别人，但不能销售，不能散发更改过的版本，也不能将其合并到用户自己开发的软件之中。这种销售方式是一种节约广告开支的有效的市场策略。但是，注册费的支付完全依靠用户对其使用价值的认同和版权的尊重。

(4) 自由软件 关于软件的版权问题，在20世纪70年代以来曾有两大不同的派别。派别之一是以比尔·盖茨在20世纪70年代末以《致电脑业余爱好者的一封公开信》和《伯尔尼公约》为理论依据，宣布版权 (CopyRight) 时代的到来，以后创造了微软的辉煌；另一个派别是理查德·斯塔尔曼，于1984年启动了开发类 UNIX 系统的自由软件工程（名为 GNU），建了自由软件基金会 (FSF)，拟定了通用公共版权许可证 (GPL)，倡导自由软件的非版权 (CopyLeft) 原则，后来成就了 TCP/IP、APACHE 服务器软件和 Linux 操作系统等一大批软件精品。

自由软件 (Free Software) 的非版权原则的含义是：用户可共享自由软件，允许用户随意复制、修改其源代码，允许销售和自由传播。但是，对软件源代码的任何修改都必须向所有用户公开，还必须允许以后的用户享有进一步复制和修改的自由。

1.2 软件技术的发展

计算机软件是计算机发展和推广的核心。计算机软件的发展受到应用和硬件的推动与制约，反之，软件的发展也推动了应用和硬件的发展。

1.2.1 软件技术的发展历史

软件技术发展历程大致可分为三个不同时期：第一是软件技术发展早期（20世纪五六十年代），这个阶段的代表性成果有汇编程序、编译技术、文件系统、操作系统等。第二是结构化程序和面向对象技术发展时期（20世纪七八十年代），这个阶段的代表性成果包括软件工程的提出、结构化程序设计、面向对象的程序设计等。第三是从20世纪90年代到现在，软件工程技术发展新时期。在这个时期软件工程技术发展的显著标志是：基于组件的软件工程和开发方法成为主流，软件过程管理进入软件工程的核心进程和操作规范，网络应用软件规模愈来愈大，复杂性愈来愈高，使得软件体系结构从两层向三层或者多层结构转移，使应用的基础架构和业务逻辑相分离。

1.2.2　软件技术的发展趋势

从软件技术的发展历史及未来看，软件技术呈抽象化、工程化、可视化、自动化、网络化、服务化等趋势发展。

1. 抽象化

抽象是人类认识客观事物最基本的方法之一。抽象即抽取事物本质属性，撇开非本质属性，人们常常把从某些具有若干相同属性的事物中抽取出来的本质属性推广到具有这些相同属性的一切事物。软件作为一种知识产品和脑力劳动成果，其开发人员的高级思维活动对推动这类产品及其生产技术的不断升级和创新必然起着决定性的作用。

软件技术中处处有抽象。例如，系统模型是系统结构的抽象、类是对象的抽象、封装是实现的抽象、软件规格是软件行为的抽象等。

在软件技术发展进程中，抽象化趋势主要表现在程序设计语言的抽象化和程序设计方法的抽象化两个方面。

（1）程序设计语言的抽象化

1）从机器语言到汇编语言的抽象化。最初的计算机操作是人用 0 和 1 的数字（机器语言）直接和计算机硬件打交道。这种方式太具体，使用 8 位或 16 位由 0 和 1 构成的长字符串指令很困难，因为它难读、难记、难用、更难理解。于是出现第一次抽象，用助记符简化机器语言指令（汇编语言），初步解决了难读、难记、难用、难理解的问题，迈出了程序设计语言抽象化的第一步。

2）从汇编语言到高级语言的抽象化。汇编语言执行速度快，适合编写直接和计算机硬件打交道的程序，例如硬件驱动程序。但汇编语言对硬件过于依赖，所开发的程序不具有通用性，同时缺少对数据类型和程序控制结构的表示手段，开发复杂的大型程序太费力、费时，甚至无法胜任，于是出现第二次抽象，用接近自然语言和数学公式的语言（高级语言）设计程序，在更高层次上解决了难读、难记、难用、难理解的问题，带来了 20 世纪 80 年代的第一次计算机应用高潮。

3）从面向过程的高级语言到第四代语言的抽象化。以 Basic、Pascal、Fortran 和 C 为代表的第三代语言是面向过程的语言，用这些语言做程序设计，虽然有比较丰富的数据类型和程序控制结构，但还是要一句一句地仔细告诉计算机下一步该怎么做，才能实现程序设计的某种目标，于是出现了第三次抽象，即用第四代计算机语言（Fourth - Generation Language，4GL）设计程序。这种语言以一些数据库操作语言为代表，如 SQL 结构化查询语言，为非过程化的描述性语言，只告诉程序要做什么，而不必告诉具体该怎么做。例如，要从数据库中查找符合某种条件的记录，用 SQL 语言只需要一条查询命令即可，若是用 C 语言，至少需要几十条语句才能实现同样的结果。

4）从第四代语言到面向对象语言的抽象化。20 世纪 90 年代初视窗操作系统的出现使程序设计的规模和复杂程度空前增大，上述几种基于结构化程序设计、面向过程和功能的高级语言，因为不能很好地解决程序代码重用问题和适应视窗界面的复杂编程环境，而沦为程序设计课的教学语言。但是，这些语言又因为加入了面向对象的特征并进行版本升级而获得新生。例如，Basic 升级为 Visual Basic，Pascal 升级为 Delphi，C 语言升级为 C++。其实，C++并不是纯面向对象的程序设计语言，它是混合式的面向对象的编程语言，因为它也支持 C 语言的过程程序设计。20 世纪 90 年代中期出现的 Java 语言才是纯面向对象的程序设计语言。上述这些语言的集成开发环境 IDE（Integrated Development Environment）已经成为当今程序设计普遍采用的主流开发工具。

（2）程序设计方法的抽象化　程序设计方法与程序设计语言是密切相关的。程序设计方法是程序设计思想的具体体现，而程序设计语言则是程序设计方法的规范化，是程序设计思想的实现工具。换言之，程序设计的方法可以用规范的、有严格操作规则的程序设计语言来实现。因此，两者的发展密切相关。

在程序设计方法抽象化的主要成果中，对软件技术发展有重大影响，至今仍然广泛应用的两种方法是结构化方法和面向对象的方法。

1）结构化方法。结构化方法是程序设计方法朝着抽象化方向迈出的重要步骤。1966 年，C. Bohm 和 G. Jocopini 证明只用 3 种基本控制结构（顺序、选择、重复），就能表达用一个入口和一个出口的流程图所能表达的任何程序逻辑。他们的工作为结构化程序设计提供了理论基础。1968 年荷兰学者 R. W. Dijstra 提出结构化程序设计思想，即通过程序的结构化，控制程序设计的复杂性，提高程序的清晰度和可靠性。

结构化方法在程序设计领域产生了重大影响，成为程序开发的一个标准方法。但是，随着软件系统规模变大，复杂性增加，结构化方法暴露出它的抽象程度不够，不能很好解决动态交互、代码重用和维护等问题的弱点，不能胜任视窗界面的大型应用程序开发。这个问题必须由具有更高抽象层次的程序设计方法来解决。

2）面向对象方法。面向对象是一种运用对象、类、继承、封装、消息传递、多态性等概念来构造系统的软件开发方法。面向对象方法的实质是抽取事物本质属性，撇开非本质属性，采取从具体到一般，再从一般到具体的认识论的方法。其内容在后面的章节中还要具体介绍。

3）面向组件方法。面向组件方法是面向对象方法的发展和提升，其主要目的是解决软件代码的重用及软件开发的构件化和标准化问题。面向对象方法的重用是源代码级的重用，其代码重用只能在同一种语言或同一开发平台上重用，面向组件（构件）方法的重用是二进制代码重用。所谓二进制代码重用，是指用一种语言开发的组件（构件）可以先编译成可执行代码，然后在不同的程序语言环境下使用。目前主要有三种组件标准，即 COM/DCOM 组件标准、CORBA 组件标准、Java beans 组件标准。COM/DCOM 是一种 Windows 操作系统下的跨语言组件标准；CORBA 是跨操作系统平台的组件标准；Java beans 是一种基于 Java 语言的跨系统平台标准。面向组件的方法从根本上改变了软件的生产方式，提高了软件的重用率，开发者可以将原有软件运用组件技术封装起来，通过标准的组件接口将旧的程序代码进行包装，制作成可以重用的组件，从而保护了软件的投资。同时，面向组件的方法使开发的系统更加灵活，更加便于维护和升级。组件的模块化程度高，模块耦合度低，开发者在对软件进行改进时，往往只需增加新的接口即可。

近年来，人们在面向组件方法的基础上，又提出了面向服务的组件模型，旨在建立面向服务的体系结构，通过这些服务之间定义良好的接口和契约将应用程序的不同功能单元

（称为服务）联系起来。所谓服务是将组件描述成提供相关服务的物理黑盒封装的可执行代码单元。它的服务只能通过一致的已发布接口（它包括交互标准）进行访问。组件必须能够连接到其他组件（通过通信接口）以构成一个更大的组件。

综上所述，计算机程序设计语言从汇编语言、面向过程的语言到面向对象的语言，程序设计方法从结构化方法、面向对象的方法、面向组件的方法到面向服务，每一步都体现了不断抽象、更加贴近业务实际的发展趋势。当前软件发展正处于从面向组件思想向面向服务思想的跨越阶段。

2. 工程化

众所周知，加工制造业和建筑业采用标准件和预制件的工程化方法可以大幅度提高生产效率和产品质量，并为社会创造了大量物质财富。这种搭积木的原理在软件技术发展过程中也得到充分运用。在软件工程界，这类技术叫组件技术。

组件技术是基于面向对象的软件技术，是当今软件的开发的主流技术。组件技术的发展始终遵循着一个指导思想：降低建立大型应用程序的复杂性，让用户享有更多的功能，让开发人员可以利用已有的组件及其接口编程，省去许多软件测试时间和集成工作时间，降低开发费用，使建立在组件基础上的应用软件较传统的整体式应用软件更易维护和升级，有利于发挥整个软件产业的规模效益。

软件技术的工程化就是不断进行软件组件的开发，即开发与维护系统构造过程中用到的组件，将组件作为构造软件的“零部件”。随着软件技术的不断发展及软件工程的不断完善，软件组件将会作为一种独立的软件产品出现在市场上，供应用开发人员在构造应用系统时选用。软件组件的发展趋势是软件产品线、软件工厂等，软件产品线是指具有一组可管理的共同特性的软件密集性系统的集合，这些系统满足特定的市场需求或任务需求。在软件生产线的基础上，构建一个软件产品的主要工作是组装或生成，而不是重新开发，主要活动是集成而不是编程。这大大提高了软件开发的效率。

3. 可视化

软件技术的可视化趋势主要表现在 Windows 开发工具和应用软件普遍采用可视化方法方面。目前，可视化技术也是软件产业的主流技术之一。

（1）什么是可视化方法　可视化方法就是在可视开发工具提供的图形用户界面上，通过拖放和调整界面元素做程序设计。界面元素包括菜单、按钮、对话框、编辑框、单选按钮、复选按钮、列表框和滚动条等控件，当用户将这些控件拖到设计窗口的适当位置，并做属性选择之后，由可视开发工具自动生成界面控件的程序代码。程序员只需按应用程序需要，设计相应的事件响应代码，即可由可视开发工具自动生成应用软件。这类软件的工作方式是事件驱动的，即对每一事件由系统产生相应的消息，再传递给相应的消息响应函数。这些消息响应函数是由可视开发工具在生成软件时自动装入的。

可视开发工具应提供两大类服务。一类是生成图形用户界面及相关的消息响应函数。通常的方法是先生成基本界面，并在它的外面以图标形式列出所有其他的界面元素，让开发人员挑选并拖放到窗口指定位置。在逐一安排界面元素的同时，还可以用鼠标拖动，以使窗口的布局更加合理。另一类服务是为各种具体的应用程序的各个常规执行步骤提供规范的窗口，它包括对话框、菜单、列表框、组合框、按钮和编辑框等，以供用户选择。开发工具还能为所有的选择（事件）提供消息响应函数。

可视化开发方法也是软件开发方式上的一场重大变革，它将软件开发专业人员从烦琐的重复劳动中解放出来，同时也提高了软件开发的生产效率，对缓解软件危机发挥了重大作用，它对今后的Web应用开发也将产生不可估量的影响。

（2）可视化编程的基础 Windows应用编程接口API是在Windows操作系统下实现可视化编程的基础。Windows API实际上是Windows应用程序中可以使用的标准C语言函数。使用API可以指示Windows操作系统完成既定的操作，以充分利用计算机和Windows操作系统的能力。

4. 自动化

软件技术的自动化发展趋势集中表现在计算机辅助软件工程，即CASE工具的发展和软件业的普遍采用方面，CASE的一个基本思想就是提供一组能够自动覆盖软件开发生命周期各个阶段的、集成的、减少劳动力的工具。CASE工具的使用可以加快开发速度，提高应用软件生产率并保证应用软件的可靠品质。

CASE作为一个通用的软件支持环境，它应能支持所有软件开发过程的全部技术工作及其管理工作。CASE的集成软件工具能够为系统开发过程提供全面的支持，其作用包括：生成用图形表示的系统需求和设计规格说明；检查、分析相交叉引用的系统信息；存储、管理并报告系统信息和项目管理信息；建立系统的原型并模拟系统的工作原理；生成系统的代码及有关的文档；实施标准化和规格化；对程序进行测试、验证和分析；连接外部词典和数据库等。

5. 网络化

20世纪90年代中期以来，计算机应用从桌面走向网络，从集中走向分布。随着Internet在全球的兴起，“网络计算”的概念得到软件产业的普遍认同。Sun公司提出了“网络就是计算机”的理念，并将其作为一种软件设计原则。近年来普适计算、云计算、服务计算等新概念的提出都充分反映了计算机软件技术开始朝着网络化的方向发展。

（1）网络计算 网络计算也称为分布式计算，它是利用互联网上的计算资源来解决大型计算问题的一种计算科学，这些计算资源包括超级计算机、计算机集群、存储系统和可视化系统等，在必要时，该技术还可以有选择地将这些计算资源作为单独的或统一的计算资源来处理。

网络计算的基本思想，就像人们日常生活中从电网中获取电能一样获取高性能的计算能力。网络计算作为不同计算资源的“经纪人”或“智能”共享计算资源的方法，能带来两大好处：其一是能够优化现有的计算资源，更快地解决商务计算问题和工程设计问题；其二是能够将应用程序的每个部分调整到最适合它的系统中去，从而能以更短的时间、更低的成本解决整个问题。

我们可以把网络系统自下而上地分为3个基本层次：资源层、中间层和应用层。

资源层包括高性能计算机节点和应用节点的建设，以及其他信息资源的建设，其中包括数据库和软件工具的建设。中间层包括中间软件和协议软件的研究和开发，其中有网络操作系统、资源管理系统、任务管理系统、用户管理系统和安全服务系统。中间层的功能是屏蔽资源层中各种计算资源的分布和异构特性的资源平台，向应用层提供一致、透明的应用接口。应用层包括各种应用软件的研究和高速网络建设等，使用户可以方便地共享网络中的各种资源。

（2）计算模式转变 在计算机应用中，计算机和通信技术的高速发展推动了计算模式的不断更新。20世纪90年代中期以来，计算机应用的重点已经从桌面应用转向网络应用。与此同时，计算机的计算模式也从集中走向分布，从局域网的客户机/服务器（Client/Server）模式转向互联网的浏览器/服务器（Browser /Server）模式。

1）客户机/服务器模式的局限。客户机/服务器模式的局限性是：因为这种连接局限于企业内部，难以突破企业之间的边界，企业与企业之间的信息交流受到很大制约。由于人员素质等方面的原因也容易造成这种内部网的失效。同时，维护也相当麻烦，一旦用户的计算机知识不足，网管人员将会把大量时间消耗在客户端硬件设备维修和客户端软件的安装上；网络设备需要不断升级，企业的客户端计算机为了能够运行更新的软件，也不得不随之进行升级，使得企业的网络投资不断增大。因此，这种计算模式的安全性和可管理性都很差。为了能适应更高速度和更大地域范围的数据运算和处理，随即出现了浏览器/服务器模式。

2）浏览器/服务器模式的优势。互联网的兴起引起浏览器/服务器计算模式的普及，通过这种计算模式，企业能够实现全球化、高效率的协作和个性化的服务。在浏览器/服务器模式中，数据中心是企业生存和发展的核心因素，网络数据的重要性远远高于网络硬件产品本身，企业计算将从关注网络硬件组成向关注网络数据分布发展，可靠性、安全性、可管理性将在网络数据平台中占据重要的地位。与传统的客户机/服务器的应用体系结构相比，基于Internet的浏览器/服务器应用体系结构具有更简单、成本更低、能提供更多信息等优势。在具体使用中，前端用户只需通过标准的桌面浏览器和较低配置的客户机，就可根据权限访问企业的关键应用，完成包括报价、签约、支付、履行合同、提供技术服务等在内的业务流程的所有环节。此外，采用浏览器服务器应用体系结构，还能有效削减IT（Information Technology）基础设施的成本。

（3）普适计算 普适计算（Pervasive Computing）是IBM公司在1999年发明的，意指在任何时候任何地点都可以计算，也称为无处不在的计算。普适计算是一种特殊的网络计算模型。

普适计算的实现需要研究和解决的主要问题包括：①随时随地的计算机联网问题，需要研究移动互联网技术和3G/4G网络；②各种设备、设施本身的计算控制问题；③普适计算模型问题，当众多设备可以随时随地联网后，需要研究如何进行控制，包括统一控制、自治控制、远程控制等，要有新的普适计算模型以真正发挥普适计算的作用。

随着技术的发展，普适计算正在逐渐成为现实。未来，通过将普适计算设备嵌入到人们生活的各种环境中，将计算从桌面上解脱出来，让用户能以各种灵活的方式享受计算能力和系统资源。

（4）云计算 “云计算”（Cloud Computing）是近几年信息技术领域受关注较多的主题。由于云计算是一个概念，而不是指某项具体的技术或标准，于是不同的人从不同的角度就会有不同的理解，业界关于云计算定义的争论也从未停止过。

不同IT厂商对云计算的理解略有不同。IBM认为，云计算是一种计算风格，其基础是用公共或私有网络实现服务、软件及处理能力的交付；Google的CEO Eric Emerson Schmidt（施密特）博士认为，云计算把计算和数据分布在大量的分布式计算机上，这使计算能力和存储获得了很强的可扩展能力，并方便了用户通过多种接入方式（例如计算机、手机等）方便地接入网络获得应用和服务；微软认为，未来的计算模式是云端计算，而不是单纯的云计算。这里的端是指客户端，也就是说云计算一定要有客户端来配合。

Wikipedia（维基百科）上云计算的定义基本上涵盖了各个方面的看法：云计算是一种计算模式，在这种模式下，动态可扩展而且通常是虚拟化的资源通过互联网以服务的形式提供出来。IBM 的朱近之在《智慧的云计算》一书中给出一个相对宽泛的定义：云计算是一种计算模式：把 IT 资源、数据和应用作为服务通过网络提供给用户。

6. 服务化

服务属于商业范畴，服务计算是商业与技术的融合，通俗地讲，就是把计算当成一种服务提供给用户。上面介绍的云计算模式实际上就是一种服务。服务化是软件发展的必然趋势。

服务计算的核心技术包括 Web 服务、面向服务的体系结构（Service Oriented Architecture ，SOA)、云计算技术等。其中 Web 服务作为一种新兴的 Web 应用模式，是一种崭新的分布式计算模型，是 Web 上数据和信息集成的有效机制。Web 服务就像 Web 上的构件编程，开发人员通过调用 Web 应用编程接口，将 Web 服务集成进他们的应用程序，就像调用本地服务一样。而面向服务的体系结构 SOA，实际上就是一个组件模型，它将应用程序的不同功能单元称为服务，通过这些服务之间定义良好的接口和契约联系起来。所有功能都定义为独立的服务，这些服务带有定义明确的可调用接口，可以以定义好的顺序调用这些服务来形成业务流程。

第二部分

数据结构

第 2 章　数据结构概述

本章主要介绍数据结构课程中的基本概念、常用术语、抽象数据类型、算法的特征以及算法分析与评价。

2.1　数据及其概念

1. 数据与信息

计算机中的数据在计算机内的最原始形式仅是一组二进制代码，程序设计语言以这种代码为基础建立起了所有的数据。

早期，数据（Data）的概念只是那些用数字组合而成的各种数值数据，如整数、小数、实数、虚数、复数、指数和对数等。随着计算机科学技术的发展，数据的概念也相应地发生了一些重要的变化。在计算机科学与技术中，数据泛指那些能够被计算机接收、识别、存储、加工和处理的对象的全体，如数字、字符、符号、图像、声音等。换句话说，数据是对那些能输入到计算机中并被计算机程序处理的符号的总称；只要是能被计算机识别、存储、加工和处理的都属于数据的范畴。总而言之，数据是信息的载体，是对自然界客观事物的符号表示。

信息是构成一定含义的一组数据，是经过加工和处理过的数据，是对决策有价值的数据。其基本属性有事实性、等级性、可压缩性、可扩散性、可传输性、共享性、增值性与再生性、转换性。

2. 数据元素与数据项

数据元素（Data Element）是数据的基本单位，在计算机中通常作为一个整体进行考虑和处理，有时也称作元素、节点、顶点、记录等。数据可以由若干个数据元素组成，一个数据元素又可以由若干个数据项（Data Item）组成。

数据项是具有独立含义的最小标识单位。例如，一个单位的职工名册中，每一位职工的信息就是一个数据元素；职工信息中包含有职工编号、姓名、性别、年龄、参加工作时间、工资级别、职称、职务等项目，这每一个项目都是某个职工数据元素中的一个数据项。

数据项是对数据元素属性的描述，数据元素是对客观世界中某个独立个体的数据描述。在 C 语言中，数据元素可以用结构体来描述，每个数据项是结构体中的一个分量。数据、数据元素和数据项形成了数据组织的三个层次。

3. 数据对象

数据对象（Data Object）是具有相同性质的数据元素的集合，是数据的一个子集。如：大写字母字符数据对象为集合 C = {'A', 'B', …, 'Z'}，整数数据对象为集合 N = {0, ±1, ±2, …}。

在一个具体问题中，数据元素具有相同性质，属于同一数据对象，数据元素是数据对象的一个实例。如在前述的职工名册中，所有的职工是一个数据对象，不同的职工的信息是不同的数据元素，它们都是职工数据对象的不同实例，其数据元素值是各数据项的一个具体描述。

4. 数据类型

数据类型（Data Type）是对在计算机中表示的同一数据对象及其在该数据对象上的一组操作的总称。

如整数数据，在计算机中它是集合{min, …, max}上的整数（其中 min 和 max 分别是最小整数和最大整数，在不同的计算机中表示的值不同，并且这个集合是有穷集合，是数学意义上的无穷集合的一个子集），在这个集合上可以进行的操作有加、减、乘、整除和求模等算术运算以及等于、不等于、大于、小于、大于等于和小于等于等关系运算。

数据对象整数以及在整数集合上的算术运算和关系运算等操作一起构成了整型这个数据类型。

数据类型有简单（或原子）数据类型和结构数据类型之分。

简单数据类型是由程序设计语言提供的一些基本类型，其值是不可再分解的，如整型、实型、布尔型和字符型等。

结构数据类型是由程序设计语言中提供的构造机制来定义的数据类型，其值可以再分解，如数组、文件、结构体、共用体等；它的构成成分可以是简单数据类型，也可以是结构数据类型。数据类型的概念，是程序设计语言和程序设计过程中的一个非常重要的概念。

2.2 数据结构的基本概念

程序所处理的各种数据一般都具有某种内在联系的，即数据之间存在一定的关系。数据之间的关系可以从两个方面来讨论：其一，数据的逻辑关系；其二，数据的存储关系。另外，在考虑数据元素之间的关系时，我们还需要同时考虑对数据的操作，这样就引出了数据结构的三要素。

数据结构三要素：数据的逻辑结构、数据的存储结构、数据的操作或运算。

1. 数据的逻辑结构（逻辑关系）

数据的逻辑关系是指客观上数据对象之间所具有的关系，这往往与具体的应用需求有关。比如说，一个班的学生，如果我们要求将所有学生按学号排列，那么学号由小到大就规定了一种逻辑关系；如果要求按拼音顺序排列，那每个学生姓氏的拼音就规定了一种逻辑关系。

数据的逻辑结构可以看作是从具体问题抽象出来的数学模型，它与数据的存储无关，独立于计算机，它是从具体问题抽象出来的数学模型。

可用一个二元组给出如下的形式定义：

Data _ Structure = （D，R）

其中，

D：表示一个数据元素的非空有限集合。

R：表示定义在 D 上的关系的有限集。

经过长期的研究和实践，人们将客观世界数据对象之间的关系归纳为下面 4 种普遍的逻辑结构（见图 2-1）。

1）集合结构：元素间为松散的关系（见图 2-1a）。

2）线性结构：元素间为严格的一对一关系（见图 2-1b）。

3）树形结构：元素间为严格的一对多关系（见图 2-1c）。

4）图状结构：元素间为多对多关系（见图 2-1d）。

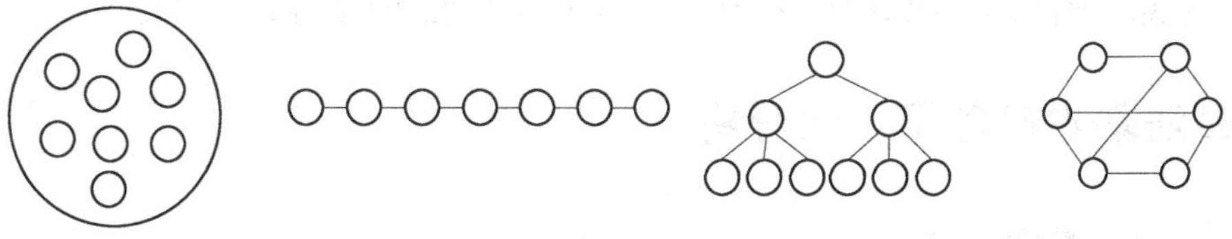

a)　　b)　　c)　　d)

图 2-1　数据结构示意图

a）集合结构　b）线性结构　c）树形结构　d）图状结构

2. 数据的存储结构（存储关系）

数据的存储结构是指数据及数据元素之间的关系在计算机内存中的表示，是逻辑结构在计算机中的映像，也就是具体实现，也称作数据的物理结构或存储映像。同一逻辑结构采用不同的存储结构存储，就会得到不同的数据结构。这是因为映像变了，使结构有了改变，使得实现逻辑结构上所定义的运算的算法也随之改变了。

数据结构的主要存储方式有顺序存储和链式存储两种，此外还有索引存储和散列存储等其他方式。

（1）顺序存储方式　顺序存储方式是在计算机内存中开辟一片地址连续的存储单元顺序存放数据中的各个元素；它把逻辑上相邻的数据元素存放在物理上相邻的存储单元中，利用物理上的邻接关系表示逻辑上的先后次序关系，这种存储表示方式称作顺序存储结构（Sequential Storage Structure）。顺序存储结构是一种最基本的存储方法，通常借助于程序设计语言中的数组来实现。它主要用于线性数据结构的存储，对于非线性结构进行线性化处理后也可实现顺序存储。

（2）链式存储方式　链式存储方式是把数据元素和反映元素间关系（后继和/或前趋）的地址一块存储在计算机内；它不要求在内存中开辟的存储单元地址连续，数据元素可以存放在内存储器中的任意位置，借助指示数据元素存储地址的指针表示元素间的逻辑关系，这种存储表示方式称作链式存储结构（Linked Storage Structure）。链式存储结构也是一种基本的存储表示方法，通常借助于程序设计语言中的指针来实现。它主要用于树形结构和图形结构数据的存储，为了某种特殊的需要也常用于一些线性结构的存储。

(3) 索引存储方式和散列存储方式　通常这是为了检索的方便所采用的存储表示方法。

一般地说，这几种基本的存储表示方法，既可以单独使用，也可以组合起来使用。选择何种存储结构要依具体问题的要求而定，既要考虑问题表示和运算的方便性，也还会考虑到实现算法的时间和空间效率要求。

3. 数据的运算及实现

程序中的数据运算是定义在数据的逻辑结构上的运算，但运算的实现要在相应的存储结构上进行。

常用的运算有检索、插入、删除、更新、排序等。

在数据的逻辑结构上定义数据的运算时，只考虑这些运算是“做什么”，而不考虑它“如何做”，是抽象运算；只有在选定了某种数据结构的存储结构时，才去考虑如何具体实现这些运算，即运算的实现。

运算的实现依赖于所选取的存储结构，也依赖于所选用的程序设计语言。

2.3 算法基本概念及算法分析

2.3.1 算法的基本概念

1. 什么是算法

公元825年，一位名叫阿尔·花拉子米（Al - Khowarizmi）的波斯数学家写了一本教科书，书中概括了进行数字四则算术运算的法则。现代名词“算法”（Algorithm）就来源于这位数学家的名字。美国Webster's字典中将其定义为解某种问题的任何专门的方法。这里给出在计算机科学里中的一种解释，不做精确定义。

算法是用计算机解题的精确描述，算法就是逐步（Step - by - Step）执行某类计算的方法，一个算法描述的是有穷的动作序列或步骤。

算法是计算学科中最具有方法论性质的核心概念，也被誉为计算学科的灵魂，算法设计的优劣决定着软件系统的性能，对算法的研究能使我们深刻地理解问题的本质以及可能的求解技术。

【例2-1】　（求3个数的最大值）设计一个算法对任意给定的三个整数x，y，z，求出其最大值。这是一个简单的算法，只要先比较出x和y，得到较大的值，再用这个值与z比较，将两者中大的值作为结果输出即可，可将这个算法描述为：

算法2-1　3个数的最大值

① 输入变量x，y，z的值。

② 比较x和y，如果x > y，则max = x；否则max = y。

③ 比较max与z，如果max < z，则max = z。

④ 输出结果max。

对一个要求解的问题，算法就是解决问题的思想和方法。那么程序是什么呢？程序是算法的具体实现，没有算法，程序就成了无本之木，无源之水。有了算法，将它表示成程序是不困难的。

虽然“算法”一词在公元825年左右出现，但算法在这之前就早已出现，可以说是源远流长。而计算机的出现，开创了算法研究的新时代。

一个非常著名的古老算法是用于求两个整数的最大公约数的欧几里得算法。这个算法最早出现在大约公元前 350 ~ 公元前 300 年欧几里得写成的《Elements》（几何原本）中。该算法的发明人是欧几里得，因此，人们自然将该算法称之为欧几里得算法，欧几里得算法也称为辗转相除法。具体思路如下：

已知两个整数 x 和 y，用 mod（x，y）或者 x mod y 表示 x 被 y 除后所得的余数。两个已知数 a 和 b（假设 $a>b$）的最大公约数的计算过程如下：

设 $r_1=\text{mod}(a, b)$，再设 $r_2=\text{mod}(b, r_1)$，$r_3=\text{mod}(r_1, r_2)$，一直计算下去，直到 $\text{mod}(r_{n-1}, r_n)=0$，这时 r_n 就是 a 和 b 的最大公约数。

【例 2-2】 计算 91 和 52 的最大公约数，求解过程如下：

① mod（91，52）=39。

② mod（52，39）=13。

③ mod（39，13）=0。

所以，13 就是 91 和 52 的最大公约数。

自然语言表示的欧几里得算法如下：

算法 2-2　欧几里得算法（自然语言表示）

输入：两个正整数 m 和 n（$m>n$）。

输出：m 与 n 的最大公约数（公因子）。

步骤 1：求余数，以 n 除 m 并令 r 为所得余数（$0\leq r<n$）。

步骤 2：余数 r 为 0 吗？若 $r=0$，算法结束，n 即为答案。

步骤 3：互换，置 $m\leftarrow n$，$n\leftarrow r$，转步骤 1。

2. 算法的重要性质

（1）有穷性（Finiteness）　一个算法在执行有穷步之后必须结束。也就是说，一个算法，它所包含的计算步骤是有限的。如在欧几里得算法中，由于 m 和 n 均为正整数，在步骤 1 之后 r 必小于 n，若 $r\neq 0$，下一次进行步骤 1 时，n 的值已经减小，而正整数的递降序列最后必然要终止，因此，无论给定 m 和 n 的原始值有多大，步骤 1 的执行都是有穷次。

（2）确定性（Definiteness）　算法的每一个步骤必须要确切地定义，即算法中所有有待执行的动作必须严格而不含混地进行规定，不能有歧义性。如欧几里得算法中，步骤 1 中明确规定"以 n 除 m"，而不能有类似"以 n 除 m 或以 m 除 n"这类有两种可能做法的规定。

（3）输入（Input）　算法有零个或多个输入。即在算法开始之前，对算法最初给出的量。如欧几里得算法中，有两个输入，即 m 和 n。

（4）输出（Output）　算法有一个或多个的输出。即与输入有某个特定关系的量，简单地说就是算法的最终结果。如在欧几里得算法中只有一个输出，即步骤 2 中的 n。

（5）有效性（Effectiveness）　算法中有待执行的运算和操作必须是相当基本的，换言之，它们都是能够精确地进行的。算法执行者甚至不需要掌握算法的含义即可根据该算法的每一步骤要求进行操作，并最终得出正确的结果。

由此，我们可以得出这样的结论，算法就是求解问题的方法和步骤。这里的方法和步骤是一组严格定义了运算顺序的规则；每一个规则都是有效的，且是明确的；按此顺序将在有限次数下终止。

算法的含义与程序十分相似，但又有区别。一个程序不一定满足有穷性。例如，操作系统，只要整个系统不遭破坏，它将永远不会停止，即使没有作业需要处理，它仍处于动态等待中。因此，操作系统不是一个算法。另一方面，程序中的指令必须是机器可执行的，而算法中的指令则无此限制。算法代表了对问题的解，而程序则是算法在计算机上特定的实现。一个算法若用程序设计语言来描述，则它就是一个程序。

算法与数据结构是相辅相成的。解决某一特定类型问题的算法可以选定不同的数据结构，而且选择恰当与否直接影响算法的效率。反之，一种数据结构的优劣由各种算法的执行来体现。

要设计一个好的算法通常要考虑以下的要求。

1）正确。算法的执行结果应当满足预先规定的功能和性能要求。

2）可读。一个算法应当思路清晰、层次分明、简单明了、易读易懂。

3）健壮。当输入不合法数据时，算法应能作适当处理，不致引起严重后果。

4）高效。有效使用存储空间和有较高的时间效率。

3. 算法表示方法

设计好一个算法之后，不能只是自己心知肚明，必须准确、清楚地将所设计的解题步骤记录下来，或提供交流，或编写成程序供计算机执行。

常用的算法描述方式有程序流程图、程序设计语言、自然语言与伪代码等。

（1）用流程图来表示算法　流程图又称为程序框图，是一种用确定的图形、线段、文字说明来准确直观地表示算法的方法。流程图中的基本图形符号及功能见表2-1。

表2-1　流程图中的基本图形符号及功能

程序框	名称	功能
	终端框（起止框）	表示一个算法的起始和结束
	输入、输出框	表示一个算法输入和输出的信息
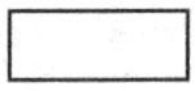	处理（执行）框	赋值、计算
	判断框	判断一个条件是否成立
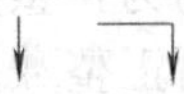	流程线	连接程序框

【例2-3】　从键盘输入10个数，求出10个数中的最大数，其流程表示如图2-2所示。

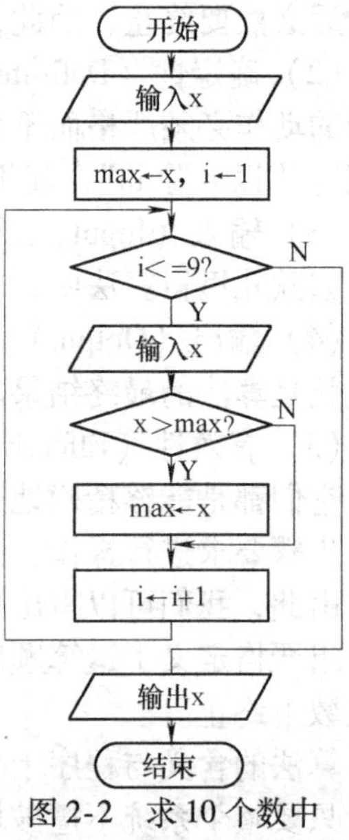

图2-2　求10个数中的最大数的流程图

（2）程序设计语言表示算法　用计算机程序设计语言表示算法一步到位，写出的算法能由计算机处理。事实上，由程序设计语言描述的算法就是计算机程序（一般表现为一个子程序或程序片段）。其优点是程序设计语言表示的算法可直接编译执行，对于懂得这种语言的人而言，通过运行程序可以马上验证算法的正确性。缺点也很明显，其一，不便于体现自顶向下、逐步求精的思想；其二，程序设计语言有很多细节性的要求，因此，算法设计时，算法主要思想往往会被一些细节性的东西所淹没。

（3）伪代码表示算法　所谓伪代码，实际上是一种主要让人看的程序，他结合了自然语言表示和程序设计语言的优点，丢弃程序设计语言中的繁琐细节，保留程序设计语言中的关键的流程控制结构，再适当辅之以自然语言描述。

由于伪代码借鉴了程序设计语言中的主要控制结构，同时又允许使用自然语言，因此是一种非常好的算法描述方式，而且也很容易转换成具体的程序。本教材后面主要使用伪代码描述算法。

【例 2-4】　（闰年的判定）根据有关的研究结果，判断闰年的条件（给定一个年号 k）可以表示为：

① 能被 4 整除，但是不能被 100 整除的年份是闰年。

② 能同时被 100 和 400 整除的年份是闰年。

用伪代码表示的算法如下。

算法 2-3　闰年判定（伪代码之一）

```
input(k)//输入 k,k 表示当前年份
if ((k mod 4  = 0)and (k mod 100  ≠ 0))or ((k mod 100  = 0)
and (k mod 400  = 0))then
   output(“是闰年”)
else
   output(”不是闰年”)
end if
```

算法 2-4　闰年判定（伪代码之二）

```
输入(k)//k 表示当前年份
if (k 能被 4 整除 and k 不能被 100 整除)or
(k 能被 100 整除 and k 能被 400 整除)then
输出(“是闰年”)
else
输出(“不是闰年”)
end if
```

上面给出了同一算法的两种伪代码描述，第一种描述更接近程序设计语言描述，第二种描述更接近自然语言描述。可以看出，伪代码描述算法非常灵活，自然语言的使用可多可少，以能够读懂并且易于转换为具体程序为原则。事实上，对于稍有程序设计经验的人来说，上面两个算法都很容易转换成具体的程序。

【例 2-5】　求解调和级数 H_n：

$$H_n = \frac{1}{1} + \frac{1}{2} + \frac{1}{3} + \cdots + \frac{1}{n}$$

调和级数在算法分析中有重要作用。直觉上，当 n 很大时，H_n 也未必会得到很大的值，其实不然，只要 n 充分大，则 H_n 就能得到我们所需要的不论多大的数。这个例子与汉诺塔问题一样清晰地表明，在算法的研究中，不能依靠人的直觉，而只能依靠严密的数学方法。下面给出求解调和级数的算法。

设变量 h 表示累加和，变量 i 表示循环的次数，自然语言描述算法如下：

算法 2-5　计算调和级数的和（伪代码描述一）

① 将 0 赋值给 h；

② 将 1 赋值给 i；

③ 将 h 与 1/i 相加,然后把结果存入 h;

④ 将 i 加 1;

⑤ 若 i 大于等于 n,算法结束,结果为 h;否则转到步骤③,继续执行。

算法 2-6 计算调和级数的和（伪代码描述二）

```
h =0;
i =1;
while(i < =n){
   h =h +1/i;
   i =i +1;
}
```

2.3.2 算法分析

解一个问题，往往有若干不同的算法，这些算法决定着根据该算法编写的程序性能的好坏。那么，在保证算法正确性的前提下，如何判断算法的优劣就是一个值得研究的课题。

在算法的分析中，一般应考虑以下 3 个问题:

1）算法的时间复杂度。

2）算法的空间复杂度。

3）算法是否便于阅读、修改和测试。

算法时间复杂度（Time Complexity）是指算法中有关操作次数的多少，它用 T（n）表示，T（n）中的 n 表示问题规模的大小，例如，在矩阵相加问题中 n 表示矩阵的阶数，在图中 n 表示顶点数等。

在算法的复杂度分析中，经常使用一个记号 O（读作“大 O”），该记号是保罗 · 巴克曼（P. Bachmann）于 1892 年在《解析数论》（Analytische Zahlentheorie）一书引进的，它为 Order（数量级）的第一个字母，它允许使用“=”代替“≈”，如 $n^2+n+1=O(n^2)$，该表达式表示，当 n 足够大时表达式左边约等于 n^2。

设 f（n）是一个关于正整数 n 的函数，若存在一个正整数 n_0 和一个常数 C，当 $n \geqslant n_0$ 时，$|T(n)| \leqslant C|f(n)|$ 均成立，则称 f（n）为 T（n）的同数量级的函数。于是，算法时间复杂度 T（n）可表示为

$$T(n)=O(f(n))$$

常见的大 O 表示形式有常数级 O（1），对数级 O（logn），线性级 O（n），多项式级 O（n^c），指数级 O（c^n）和阶乘级 O（n!）等，如图 2-3 所示。

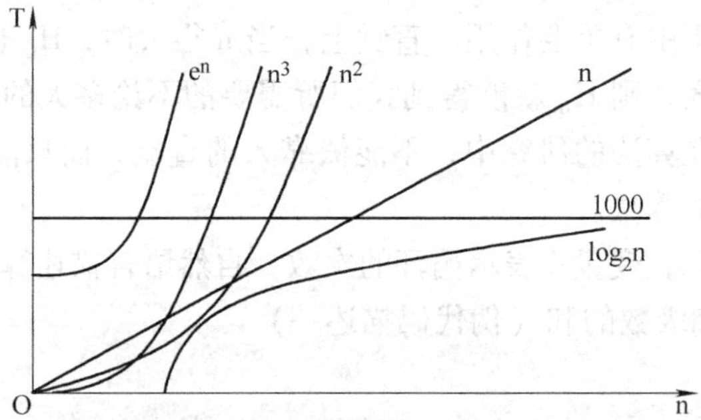

图 2-3 常见函数的增长

用以上表示方法，上述例 1 的算法时间复杂度表示为 O（1），例 2 的算法时间复杂度表示为 O（n），例 3 的算法时间复杂度表示为 O（n）。

一般而言，对于较复杂的算法，应将它分成容易估算的几个部分，然后用 O 的求解原则计算整个算法的时间复杂度。最好不要采用指数级和阶乘级的算法，而应尽可能选用多项式级或线性级等时间复杂度较小的算法。另外，还要在算法最好、平均和最坏的情况下区别执行效率的不同。

在阶乘级的算法中，如果问题规模 n 为 10，则算法时间复杂度为 10!。若要检验 10! 种情况，设每种情况需要 1 毫秒的计算时间，则整个计算将需 1 小时左右。一般来说，如果选用了阶乘级的算法，则当问题规模等于或者大于 10 时，就要认真考虑算法的适用性问题。

一个程序的空间复杂度（Space Complexity）是指算法在执行过程中所占存储空间的大小，它用 S（n）表示。S 为英文单词 Space 的第一个字母，与算法的时间复杂度相同，算法的空间复杂度 S（n）也可表示为 $S(n)=O(g(n))$。程序的一次运行是针对所求解的问题的某一特定实例而言的。程序运行所需的存储空间包括以下两部分。

1）固定部分。这部分空间与所处理数据的大小和个数无关，或者称与问题的实例的特征无关。主要包括程序代码、常量、简单变量、定长成分的结构变量所占的空间。

2）可变部分。这部分空间大小与算法在某次执行中处理的特定数据的大小和规模有关。例如，100 个数据元素的排序算法与 1000 个数据元素的排序算法所需的存储空间显然是不同的。

第3章 线性结构

线性结构是最基本、最简单的数据结构。本章讨论线性表、栈、队列和数组等线性结构的概念、存储结构、逻辑结构、相关运算及应用。

3.1 线性表

1. 线性表的定义

线性表（Linear List）是 n（n≥0）个数据元素 a_1，a_2，…，a_n 组成的有限序列。其中 n 称为数据元素的个数或线性表的长度，当 n = 0 时称为空表，n > 0 时称为非空表。通常将非空的线性表记为 L =（a_1，a_2，…，a_n），其中的数据元素 a_i（1≤i≤n）是一个抽象的符号，其具体含义在不同情况下是不同的，即它的数据类型可以根据具体情况而定，我们将它的类型设定为 elemtype，i 表示该元素在线性表中的位置或序号。

线性表中的数据元素的类型是相同的；线性表中数据元素的个数是有穷的；线性表中的相邻数据元素是一对序偶。即相邻的数据元素 a_{i-1}，a_i（1 < i≤n）存在序偶关系（a_{i-1}，a_i）；a_1 无前驱，a_n 无后继，其他每个元素有且仅有一个前驱和一个后继。

2. 线性表的特征

从线性表的定义可以看出线性表的特征（见图 3-1）：

1）有且仅有一个开始节点（表头节点）a_1，它没有直接前驱，只有一个直接后继。

2）有且仅有一个终端节点（表尾节点）a_n，它没有直接后继，只有一个直接前驱。

3）其他节点都有一个直接前驱和直接后继。

4）元素之间为一对一的线性关系。

线性表是一种典型的线性结构，用二元组表示为

$$linear\_list = (A, R)$$

其中 $A = \{a_i \mid 1 \leq i \leq n, n \geq 0, a_i \in elemtype\}$

$R = \{r\}$

$r = \{ <a_i, a_{i+1}> \mid 1 \leq i \leq n-1 \}$

对应的逻辑结构图如图 3-1 所示。

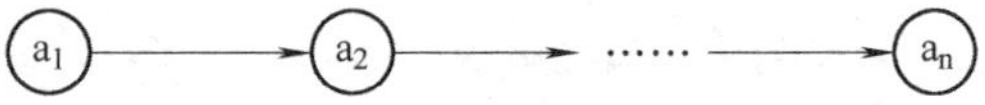

图 3-1 线性表逻辑结构示意图

3. 线性表的运算

常见线性表的运算有：

1）求长度 Length(L)。求给定线性表 L 的长度。

2）取元素 Get(L，i)。若 1≤i≤Length(L)，则取第 i 个位置上的元素，否则取得的元素为 NULL。

3）置空表 Set(L，i，x)。将线性表 L 置第 i 个元素的值设置为 x。

4）求直接前趋 Prior(L，X)。求线性表 L 中元素值为 X 的直接前趋，若 X 为第一个元

素，前驱为 NULL。

5）求直接后继 Next(L，X)。求线性表 L 中元素值为 X 直接后继，若 X 为最后一个元素，后继为 NULL。

6）定位 Locate(L，X)。在线性表 L 中查找值为 X 的元素位置，若有多个值为 X，则以第一个为准；若没有，位置为 0。

7）插入 Insert(L，X，i)。在线性表 L 中第 i 个位置上插入值为 X 的元素。

8）删除 Delete(L，i)。删除线性表 L 中第 i 个位置上的元素。

【例 3-1】 假设线性表 L＝（23，56，89，76，18），i＝3，x＝56，y＝88，则对 L 的一组操作及结果如下：

```
Length(L);          //所得结果为5
Get(L,i);           //所得结果为89
Prior(L,x);         //所得结果为23
Next(L,x);          //所得结果为89
Locate(L,x);        //所得结果为2
Insert(&L,y,i);     //所得结果为(23,56,88,89,76,18)
Delete(&L,i+1);     //所得结果为(23,56,88,76,18)
```

3.2　顺序表

线性表的顺序存储结构称为顺序表。C 语言的数组就是一种典型的顺序表。顺序存储总是在内存中占用一片连续存储空间。这个连续存储空间的首地址用数组名或者一个指针变量表示。

3.2.1　C 语言数组

1. 定长数组

一维数组的定义格式：

类型　数组变量名 [元素个数 n]；

这里，“类型”可以是任何基本类型或者结构体类型，元素个数表述数组元素的大小。例如，下面是一些数组元素的定义及初始化方法：

```
char str[20]; //str是字符型数组，长度为20
int ar[]={1,2,3,4,5,6,7,8,9,10}; //ar是静态整型数组，长度为10，并且
                                  //初始化为1，2，3，4，5，6，7，8，
                                   9，10。
double xy[5]; //xy是double型数组，长度为5
```

使用一维数组元素很简单，通过下标使用数组元素，例如，str[0] 表示数组 str 的第一个字符，ar[5] 表示数组 ar 的第 6 个元素。

二维数组的定义格式：

类型　数组变量名 [行数 m] [列数 n]；

下面是二维数组的定义例子：

```
char str2[5][10];//str2是字符型二维数组,行数为5,列数为10
```

```
int ar2[3][3]={{1,2,3},{4,5,6},{7,8,9}};
  //ar是整型二维数组,长度为9(3行、3列),并且初始化为1,2,3,4,5,6,7,8,9。
double xy2[3][5];//xy是double型二维数组,行数为3,列数为5
```

C语言二维数组在内存中是以行主序的方式存储的。

将二维数组的每一行看成是一个元素，那么二维数组也是一种特殊的“线性表”。例如，对于二维数组数组 xy2，可以看成是长度为 3 的线性表，线性表的第一个元素是 xy2[0]，第二个元素是 xy2[1]，第三行是 xy2[2]。

无论是一维数组还是二维数组，单个数组元素与普通变量没什么区别，或者说它就是一个普通变量。

2. 变长数组

C语言本身没有变长数组的概念，但是我们可以通过指针的方式实现变长数组。

```
typedef int elemtype;
int  *x;
x=(elemtype*)malloc(n*sizeof(elemtype));
//数组x的处理语句
//…….
free(x);
```

3. 顺序表（数组）的重要算法

（1）查找算法　在一维数组或者二维数组中查找指定元素是否存在。主要有顺序查找算法和二分查找算法。

（2）排序算法　将无序的数组元素按升序或者降序排列。主要的排序算法：插入排序、选择排序、冒泡排序、堆排序、快速排序、归并排序等。

（3）一维数组的其他重要算法　筛法求素数算法，删除数组重复元素算法，两个有序数组合并算法，求两个数组的共同元素等。

3.2.2 顺序存储的特点

顺序存储最重要的特点是：存储结构直接反映了逻辑结构。也就是说，如果我们知道线性表中的元素 a_i 的存储位置，可以直接找到 a_i 的前驱 a_{i-1} 和后继 a_{i+1}，即线性表的逻辑关系（前驱、后继关系）直接反映在存储结构中。

假设线性表中元素为（a_0，a_1，a_2，…，a_n），设第一个元素 a_1 的内存地址为 $Loc(a_1)$，而每个元素在计算机内占 d 个存储单元，则第 i 个元素 a_i 的地址为

$$Loc(a_i)=Loc(a_0)+i\times d$$

或者

$$Loc(a_i)=Loc(a_{i-1})+d \quad (其中 1\leqslant i\leqslant n)$$

3.3 线性链表

3.3.1 链表基本概念

设想一下，假设一家旅店有一批空客房，房间编号为 0，1，2，3，…。现在来了（赵、

钱、孙、李、周、吴、郑、王）8 位客人，怎样为他们安排房间呢？要求必须保持这 8 位客人之间按**百家姓所规定的逻辑关系**。这里将（赵、钱、孙、李、周、吴、郑、王）这些客人的姓氏看做是数据，而空房间可以看成是空的存储空间。

分析这个问题，我们首先明确按百家姓的规定，“赵、钱、孙、李、周、吴、郑、王”这样一个次序关系就是一个逻辑关系，依据这样的关系，我们可以将 8 位客人按姓氏组织成一张线性表。那么什么叫保持 8 位客人之间的逻辑关系呢？简单地说，如果知道“赵”所住的房间，则马上就可以知道“钱”所住的房间，知道“钱”所住房间，马上就能知道“孙”所住房间……，或者说钱是赵的后继，孙是钱的后继，李是孙的后继，……。无论怎么样组织数据，只要有这样的前驱和后继关系，就说他们保持了逻辑关系。

现在我们来看看怎么为他们安排房间。

第一种安排方式：顺序表方式。

这种方式非常简单，将 8 位客人按其逻辑关系依次安排在编号为 0 到 7 的房间里即可。如图 3-2 所示。

房号	0	1	2	3	4	5	6	7	……
客人	赵	钱	孙	李	周	吴	郑	王	……

图 3-2　对住店客人顺序安排

显然，这实际上是一种数组存储方式，可以看成是字符串数组。

第二种安排方式：链表方式。

如果 8 位客人不是一起到达，而是随机地到达，就不大可能按顺序表的方式安排房间。比如说，他们每人所在房间如图 3-3 所示。

房号	0	1	2	3	4	5	6	7
客人	孙	吴	赵	郑	李	周	王	钱

图 3-3　对住店客人随机安排

现在的问题是，假设知道“孙”在第 0 号房间，怎么才能知道“李”在那个房间呢？一种解决办法是，在每个房间的门上挂一个指示牌，牌子上写上 0 到 n－1 之间的一个数字，让这个数字表示该房间客人的下一位客人所在的房间号码，如图 3-4 所示。

房号	0	1	2	3	4	5	6	7
客人	孙	吴	赵	郑	李	周	王	钱
指示牌	4	3	7	6	5	1		0

图 3-4　对住店客人链式安排

现在只要知道“赵”在 2 号房间，看看他房间门上指示牌的号码是 7，马上就知道”钱“住在 7 号房间，然后找到“钱”所在的 7 号房间看看就可知道“孙”在 0 号房间。

怎么样才能知道“赵”哪一个房间呢？可以在走廊上竖一块大牌子，上面写上数字 2，其含义是，8 位客人中的第一位“赵”住在 2 号房间（见图 3-5）。

按这种方式安排客人房间，每个人所住房间门上的号码可以看成是一种指针，指示下一位客人所在的房间号。走廊上的数字 2 也是一种指针，称为首指针。

上面这种链表表示方式，其逻辑关系可以抽象表示成如图 3-6 所示，这种图形就是链表

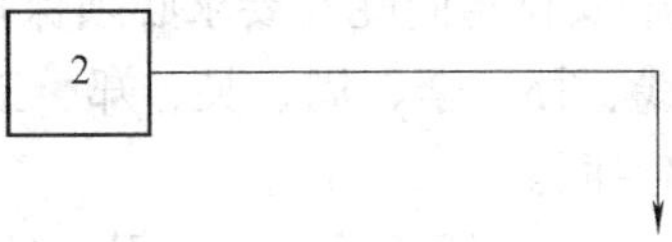

房号	0	1	2	3	4	5	6	7
客人	孙	吴	赵	郑	李	周	王	钱
指示牌	4	3	7	6	5	1		0

图3-5　对住店客人链式安排（带首指针）

的图形表示。

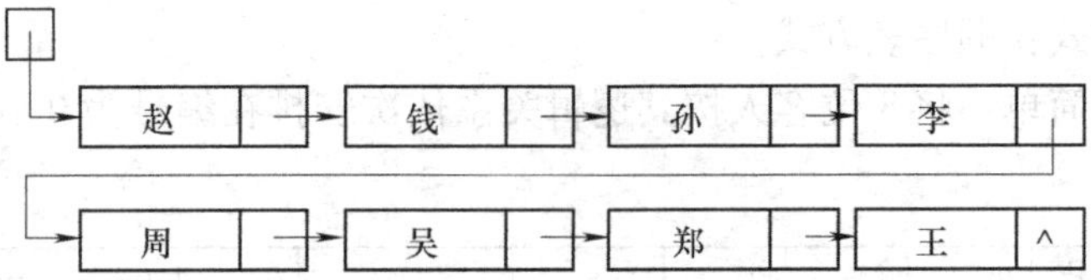

图3-6　单链表示意图

由于顺序表的存储特点是用物理上的相邻实现了逻辑上的相邻，它要求用连续的存储单元顺序存储线性表中各元素，因此，对顺序表插入、删除时需要通过移动数据元素来实现，影响了运行效率。

而线性表链式存储结构，它不需要用地址连续的存储单元来实现，也就是说，在线性表的链式存储中，每个元素的存储位置是随机的，由于逻辑上相邻的两个数据元素并不要求物理上也相邻，这就需要每个元素带一个指针，将数据元素及指针作为一个整体，称为节点。通过指针“链”建立起数据元素之间的逻辑关系，因此，对线性表的插入、删除不需要移动数据元素。

1. 链表定义

根据上面的分析和说明，下面给出链表的定义。

链表：将逻辑上具有线性关系的数据元素按链式方式存储，就构成链表。这里的链式方式存储，其本质是指用指针将各个数据元素链接起来。

根据链接各个数据元素的指针的数目和连接方式，可将链表分为单链表、双链表。

单链表：图3-6是一个单链表示意图，我们可以看出，单链表是用一个指向后继元素的指针将具有线性关系的各个节点链接起来而构成，并且最后一个节点的后继指针为空指针。

在单链表中，每一个节点包含两个方面的要素（见图3-7）：

（1）数据域：节点保存的数据元素（data）

（2）指针域：指向后继节点的指针（next）

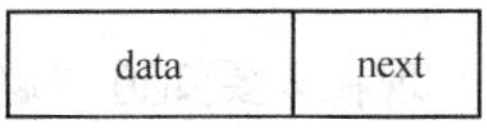

图3-7　链表节点示意图

对于单链表来说，习惯上将指针域设定成指向后继节点的指针（next）。

对于这样的链表结点，用C语言的结构体描述：

```
typedef int elementtype;
typedef struct _Lnode
{
```

```
    elementtype  data;
    struct _Lnode  *next;
}Lnode;
```

在具体实现单链表时，有两种实现方式，一种是带头节点的单链表（见图 3-8），另一种是不带头节点的单链表（见图 3-9）。

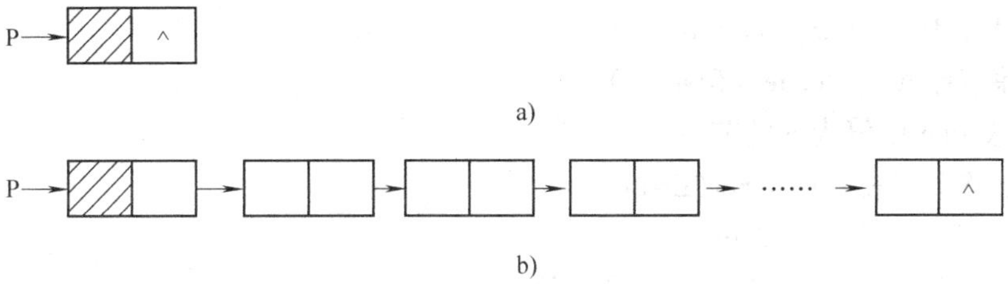

图 3-8　带头节点的单链表

a）空链表　b）非空链表

2. 带头节点的单链表（见图 3-8）

头节点：指向链表中第一个包含有用数据的节点，本身不包含有用数据，用于对链表的访问。头节点的数据为空或存储一些其他信息，如图 3-8 所示。

带头节点的链表对第一个节点的处理和后边任意节点处理是统一的，对节点处理时不用考虑节点的位置，用统一的方法去处理比较方便。

对于带头节点的单链表，我们定义一个头指针指向链表的头节点：

```
Lnode  *head
```

指针 head 的 data 域一般不用，而 head 的 next 域指向链表的第一个有效节点。

如果链表是空链表，则 head - > next = null

3. 不带头节点的单链表（见图 3-9）

对于不带头节点的单链表，我们只需要一个指向首节点的指针（first）即可以对整个链表进行操作，将指向首节点的指针称为首指针，首指针是整个链表的入口点。

首指针 first 定义如下：

```
Lnode   *first;
```

其中指针 first 直接指向第一个有效节点。如果 first = null，表示空链表。

在后面的章节中，如果不加特别说明，我们使用不带头节点的单链表。

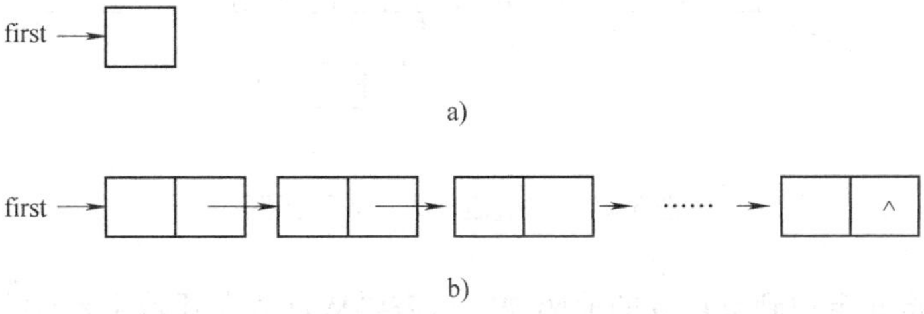

图 3-9　不带头节点的单链表

a）空链表　b）非空链表

3.3.2 链表的主要操作

链表类的定义实际上是链表抽象数据类型的具体实现。

1）插入节点 list _ insert(first，p，e)。

在链表 first（以 first 为首节点的链表）中，在结点 p 之前插入值为 e 的节点。

2）查找节点 list _ find(first，e)。

在链表 first 中，查找值为 e 的节点。

3）删除节点 list _ delete（first，e)。

删除链表 first 中值为 e 的节点。

4）输出整个链表 list _ print(first)。

输出链表 first 中所有元素的值。

5）创建链表 list _ create(first，a[ ]，n)。

以长度为 n 的数组元素创建链表 first。

6）删除链表 list _ destroy(first)。

删除链表 first 中的所有元素。

7）链表排序 list _ sort(first)。

对链表 first 按升序排序。

3.3.3 单链表主要操作的实现

1. 插入节点

插入节点算法是构造链表的基础算法。假设在链表中某个节点 P（即指针 p 所指向的节点）之前要插入一个新节点 s，插入过程分两种情况处理：

(1) 节点 p 就是首节点　在链表的首节点之前插入新节点 s，插入过程比较简单，用下面两条语句可完成：

```
s->next=first;
first=s;
```

(2) 节点 p 是非首节点　如图 3-10 所示，假设节点 p 是确定的，即指针 p 所指向的节点是已知的，要在节点 p 之前插入新节点 s，必须要用一个指针指向节点 p 的前驱节点，我们假设这样一个指针是 q，现在需要解决两个问题。

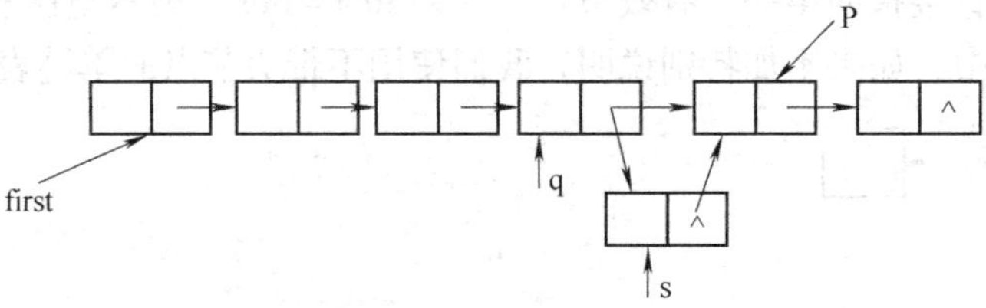

图 3-10　单链表节点插入示意图

其一：如何将 q 定位到节点 p 的前驱呢？这需要从首节点开始循环查找。

```
q=first;
while(q->next! =p)
      q=q->next;
```

其二：找到节点 q 的具体位置后如何插入呢？用下面两条语句完成。

```
q->next=s;
s->next=p;
```

综上所述，在指定节点 p 之前插入节点的算法如下。

算法 3-1 单链表插入节点

```
/* 功能:节点插入算法,在节点 p 之前插入值为 e 的节点
   返回值:返回指向链表首节点的指针
*/
Lnode *list_insert(Lnode *first,Lnode *p,int e)
{
    Lnode *q,*s;
s=(Lnode *)malloc(sizeof(Lnode));//给新节点分配空间,构造新节点
    s->data=e;
s->next=0;
if(first==NULL){  //空链表
  first=s;
  return first;
}
if (p == first){  // p 是首节点,将 s 节点插入在链表首节点之前
        s->next=first;
        first=s;
}
else  {
       q = first;
       while (q->next != p )// 查找 p 的前驱节点 q
            q = q->next;
       q->next = s;
       s->next = p;          // 在链表中 q 节点之后插入 s 节点
}
return first;
}
```

2. 查找节点

查找单链表中是否存在值为 e 的节点，若存在，则返回一个指向值为 e 的节点的指针；否则返回空指针 NULL.

算法 3-2 单链表查找算法

```
/* 功能:在首指针为 first 的链表中,查找值为 e 的节点
   返回值:返回指向值为 e 的节点的指针
*/
Lnode *list_find(Lnode *first,int e)
```

```
{
    Lnode  *p;
    p=first;
    if(first==NULL)//fisrt 为 0,表示是空链表
      return NULL;
    while(p){
    if(p->data==e)
       return p;     // 节点 p 的值与 e 相等,直接返回指针 p
    p=p->next;       // 继续向后查找
}
return NULL;
}
```

3. 删除节点

删除节点是链表操作中的一种基本算法。问题的要求是，假设一个链表的首指针为 first，要删除链表中值为 key 的节点，函数返回删除节点后的链表首指针。

链表删除算法需要分 3 种情况分别处理。

(1) 链表是空链表　在链表删除算法中，首先必须判断链表是否为空，如果 first = 0，表示链表为空。

(2) 被删节点是首节点　如图 3-11a 所示，假定要删除值为 3 的节点（key = 3），此时删除算法比较简单，只要用一个指针指向首节点 first，然后 first 向后移动一个节点即可。

```
q=first;
first=first->next;
free(p);
```

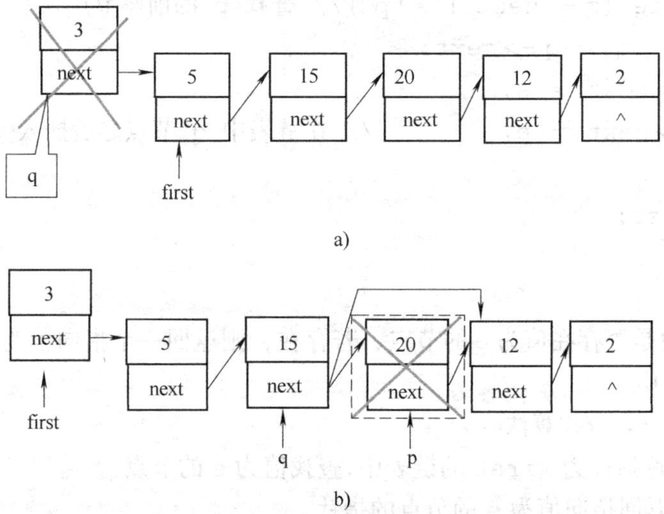

图 3-11　删除链表节点示意图

a) 被删除节点是首节点　b) 被删除节点是中间节点

（3）被删除节点是链表中间某个节点　如图 3-11b 所示，假定要删除值为 20 的节点（key = 20），此时被删除节点处于链表中间，指针 p 指向此节点。现在要删除节点 p，必须要有一个指针指向节点 p 的前驱节点，我们假定这个节点是 q。找到了指针 q 的恰当位置之后，删除节点 p 用下面两条语句完成：

```
q -> next = p -> next;
free(p); //p 是被删节点
```

因此，问题的关键是如何找到指针 q 的恰当位置，这可以用一个循环、比较过程来完成，见下面的函数。

算法 3-3　单链表节点删除算法

```
/* 功能:在链表 first 中,删除值为 e 的节点,如果找到节点,物理删除
   返回值:返回链表首指针
 */
Lnode *list_delete(Lnode *first, int e)
{ Lnode *q, *p;
  q = p = first;
  if(first == NULL)//空链表
      return NULL;
  if(first -> data == e)//被删除节点是首节点
  {   p = first;
      first = first -> next;
   free(p);
      return first;
  }
  for(q = first;q -> next;q = q -> next)//被删除节点是中间某个节点
  {
      p = q -> next;
      if(p -> data == e)//找到值为 e 的节点
      {
          q -> next = p -> next; //这两条语句删除节点 p
          free(p);
          break;
        }
  }
  return  first;
}
```

4. 输出链表所有元素

所谓链表的遍历，其含义是从链表的首节点开始，对链表的每个节点访问一次且只访问一次，这里访问的含义比较广泛，可以是对链表节点的任意处理。对链表节点最常用的访问是输出链表节点。

具体方法是：从头节点开始，不断读取数据和下移指针变量，直到尾节点为止。

算法3-4 单链表遍历算法

```
/* 功能：链表遍历，在链表first中，依次打印每个节点的值
   返回值：无
*/
void list_print(Lnode *first)
{ Lnode *p;
  p=first;
while(p! =NULL){
  printf("% d\t",p->data);
  p=p->next;            /*p指针向后移动*/
  }
printf("\n");
}
```

5. 建立并初始化链表

创建链表比较简单，主要利用链表插入算法。

算法3-5 单链表创建算法

```
/*  功能:用数组a[0:n-1]中的数据,构造链表
    返回值:返回链表首指针
*/
Lnode *list_create(Lnode *first,int a[],int n)
{
  int i;
  for(i=0;i<n;i++)
  first=list_insert(first,first,a[n-1-i]);//利用前插法建立链表
  return first;
}
```

6. 销毁整个链表

一般在链表使用完以后，要进行销毁，以释放其占用的内存空间。

算法3-6 删除整个链表

```
/* 功能:销毁链表first,释放每个节点内存空间
   返回值:无
*/
void list_destroy(Lnode *first)
{
  Lnode *p=first;
  first=first->next;
  free(p);
  while(first){
```

```
    p = first;
    first = first -> next;
    free(p);
  }
}
```

7. 单链表算法的测试

【例 3-2】 下面我们对前面给出的算法进行简单测试。

```
#include <stdio.h>
#include <stdlib.h>  //malloc 函数需要的头文件
#include <assert.h>  //宏 assert 需要的头文件
typedef struct _lnode
{
    int  data;    //数据元素,可以是任何类型,这里我们使用整型数据元素
    struct _lnode  *next; //指向后继节点的指针
}Lnode;
Lnode  *list_insert(Lnode  *first,Lnode  *p,int e) ;
Lnode  *list_find(Lnode  *first,int e);
Lnode  *list_delete(Lnode  *first, int key);
Lnode  *list_create(Lnode  *first,int a[],int n);
void list_destroy(Lnode  *first);
void  list_print(Lnode  *first);
main()
{
    int n=7,a[]={12,34,21,11,56,54,65};
    Lnode  *first=0, *p=0;
    first=list_create(first,a,n);//用数组 a 创建链表
    list_print(first);    //输出链表的原始数据
    first=list_insert(first,first,100);
    list_print(first);    //输出表首前插入 100 后的链表
    p=list_find(first,11);  //查找值为 11 的节点
    list_insert(first,p,200); //在值为 11 的节点前插入值为 200 的节点
    list_print(first);//在值为 11 的节点前插入 200 后的输出结果
    first=list_delete(first,54); //删除值为 54 的节点
    list_print(first); //删除 54 后的输出结果
    list_destroy(first); //销毁整个链表
}
// 将前面的各种链表算法放在这儿
//……
```

运行结果:

12	34	21	11	56	54	65		
100	12	34	21	11	56	54	65	
100	12	34	21	200	11	56	54	65
100	12	34	21	200	11	56	65	

3.3.4　单链表的插入排序（＊）

从逻辑结构上看，链表是一个线性表，可以使用插入排序、选择排序、冒泡排序等排序算法对链表进行排序。

本节我们介绍链表的插入排序算法，单链表的选择排序、冒泡排序算法留给读者作为课后练习完成。

1.　单链表插入排序的思路

如图3-12所示，从概念上看，可以将一个链表分成两个部分，已排序链表和未排序链表。我们假设已排序链表的首指针是first，未排序链表的首指针是p，那么下一步怎样实现插入排序过程呢?

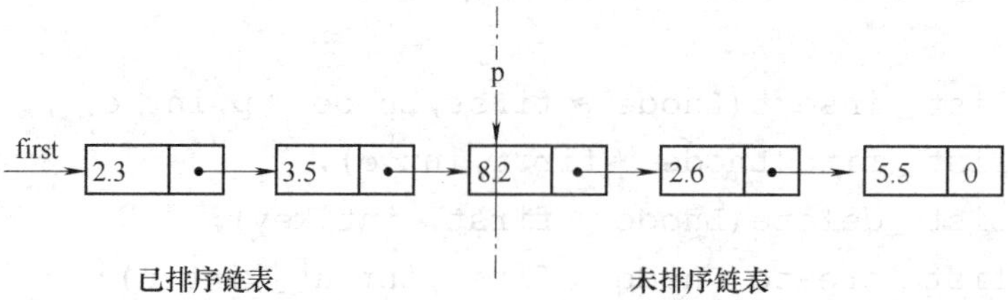

图3-12　链表排序算法示意图

实现插入排序的基本思路是从未排序的链表中取出首节点（假设取出的这个节点是q），然后将q按有序的方式插入到已排序链表之中。为了算法实现起来逻辑清晰，可以将这两个过程写成两个函数。

2.　链表有序插入算法实现

将一个节点（以后用指针s表示被插入节点）按有序方式插入到一个有序链表中，需要分下面三种情况分别讨论。

（1）链表为空　此时，新插入的节点就是链表的首节点，同时也是链表尾节点。用程序语句实现，可表示为：

```
first =s; first ->next =NULL;
```

（2）插入节点的值小于首节点的值　此时，新插入节点是首节点，而新插入节点的后继节点是链表原来的首节点。程序实现表示为：

```
s ->next =first; //新节点的后继是原来的首节点
first =s;        //指针 first 指针新的首节点
```

（3）插入节点的值处于中间位置　当新插入节点是的大于首节点的值时，新插入节点应该处于链表中间某个位置，具体应该插入到什么位置应该通过循环来判断。

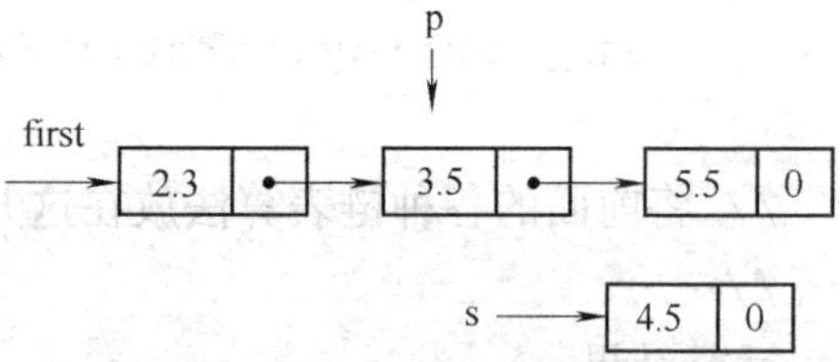

图3-13　链表有序插入示意图

如图3-13所示，节点s的值是4.5，应该插入到值为3.5和5.5的两个节点之间。假设指针p指向值为3.5的节点，那么如何找到指针p的位置呢？可以用下面的伪代码表示。

```
    while(p->next != NULL){
      if(s 的值大于节点 p 的值且小于 p 的后继节点的值)
将 s 插入到节点 p 之后;
    else
         p=p->next;//测试下一个节点
    }
```

找到指针p的位置，将节点s插入到p之后的插入算法就比较简单。

综上所述，链表有序插入算法的完整实现如下：

算法3-7　链表节点有序插入

```
/*
功能:将节点 s 按有序方式插入到首指针为 first 的链表之中
输入:first,链表首指针; s,指向被插入节点的指针
返回值:返回插入新节点后的链表首指针
*/
Lnode *list_insert_order(Lnode *first, Lnode *s)
{  Lnode *p=NULL, *q=NULL;
   if(first==NULL)   //空链表,s 成为首节点且也是尾节点
   {
      first=s;
      first->next=NULL;
      return first;
   }
   if(s->data < first->data)//新节点 s 的值小于首节点的值
   {
       s->next=first;
       first=s;
       return first;
   }
   p=first;
   while(p->next != NULL) //寻找插入位置
   {
   if(s->data >= p->data && s->data < p->next->data)
      { //找到 p 所指向的位置,将 s 插入到指针 p 所指向的节点之后
          s->next=p->next;
          p->next=s;
          return first;
   }
```

```
    else
        p=p->next; //当前p指向的节点不是合适的插入位置,向后寻找
    }
 /*到链表结束都未找到合适的插入位置,说明s的值大于尾节点的值,将s插入
到尾节点之后。注意:p当前指向链表的尾部 */
    p->next=s;
    s->next=NULL;
    return first;
}
```

3. 取出链表的首节点

取出链表首节点的算法比较简单，在程序注释中已经给出必要解释。

算法3-8　取出链表首节点

```
/*
功能:取出first指向的链表首节点,链表新的首节点是原来首节点的后继节点
输入、输出参数:first 是一个二级指针,作为输出参数时,first是还未取出首节点的链表的
首指针。作为输出参数,first表示取出首节点后剩下的链表的首指针。
返回值:返回一个指针,指向取出的首节点。
 */
Lnode *get_front(Lnode **first)
{
    Lnode *p=0;
    if(*first==NULL)    return NULL;  //空链表
    else{
    p=*first;    //p指向要取出的首节点
     *first=(*first)->next; //新的首指针指向原来首指针的后继节点
    return p;
  }
}
```

思考：结合下面的函数，思考为什么这里要将first说明成二级指针？说明成一级指针会出现什么问题？

4. 单链表的插入排序算法

有了上述的准备工作，链表的插入算法比较简单，请看下面程序中的注释。

算法3-9　链表升序排序算法（插入排序）

```
/*    功能:将first所指向的链表进行排序
输入参数:first,未排序链表的首指针,排序后,first的值无意义
返回值:返回排序后链表的首指针
 */
Lnode *list_sort(Lnode *first)
{
```

```
    Lnode  *p=0,  *q=0;
              //下面的代码中,first 始终指向未排序部分(链表)的首节点
    while(first! =NULL){
        q=get_front(&first);        //取出 first 为首指针的链表中的首节点
        p=list_insert_order(p,q); //将取出的首节点 q 插入到有序链表 p
中
    }
    return p;
}
```

5. 算法测试

【例3-3】 下面的主函数对链表插入排序算法进行简单的测试。

```
#include<stdio.h>
#include<stdlib.h>
#include<assert.h>
main()
{
    int a[]={12,34,21,11,56,54,65};
    Lnode  *first=0,*p=0;
    first=list_create(first,a,7);//用数组 a 创建链表
    list_print(first);        // 输出原始链表
    first=list_sort(first); // 对链表进行排序
    list_print(first);        //输出排序后的链表
    list_destroy(first);
}
```

运行结果:

```
65    54    56    11    21    34    12
11    12    21    34    54    56    65
```

说明：关于链表操作的算法是一个整体，如这里的主函数就用到了前面的有关算法。因此应该将链表相关的所有算法和结构体定义放在一起，形成一个独立文件。

3.3.5 其他类型链表（*）

1. 单循环链表

对单链表的访问有一个特点：从其中某一个节点 p 出发，通过循环可以遍历节点 p 的任意后继元素，但无法遍历节点 p 之前的元素。

为了解决这样的问题，我们可以考虑建立这样的链表，具有单链表的特征，但又不需要增加额外的存储空间，仅对链表的连接方式稍作改变，使得对链表的处理更加方便灵活。从单链表的概念可知，如果最后一个节点的 next 指针域为 NULL 表示单链表已经结束。因此，如果将单链表最后一个节点的指针域改为存放链表首节点的地址，就使得整个链表构成一个环，又没有增加额外的存储空间，称这样的链表为单循环链表（见图3-14），在不引起混淆时称为循环链表。

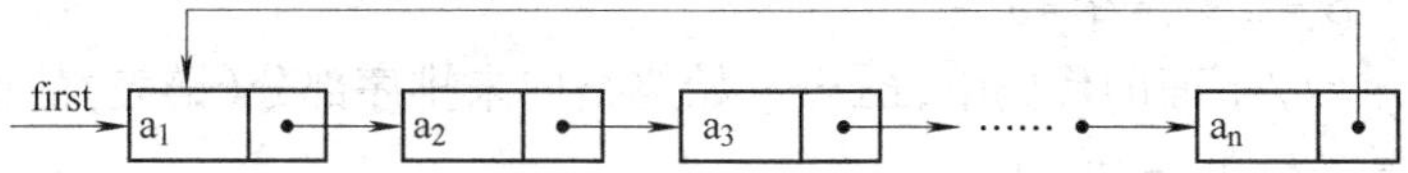

图3-14 带首指针 first 的单循环链表示意图

循环链表上的运算与单链表上运算基本一致，区别只在于最后一个节点的判断（即循环的条件不同），但利用循环链表实现某些运算较单链表方便（从某个节点出发能求出它的直接前驱，而单链表是不行的，只能从头出发）。

所不同的有以下几点：

1）在建立一个循环链表时，必须使其最后一个节点的指针指向表头节点，而不是像单链表那样置为 NULL。此种情况还适用于在最后一个节点后插入一个新的节点。

2）在判断是否到表尾时，是判断该节点链域的值是否是表头节点，当链域值等于表头指针时，说明已到表尾。而非像单链表那样判断链域值是否为 NULL。

在实际使用中，为了处理的灵活性，我们一般使用指向尾节点的指针 rear 来代表整个链表，如图 316 所示。

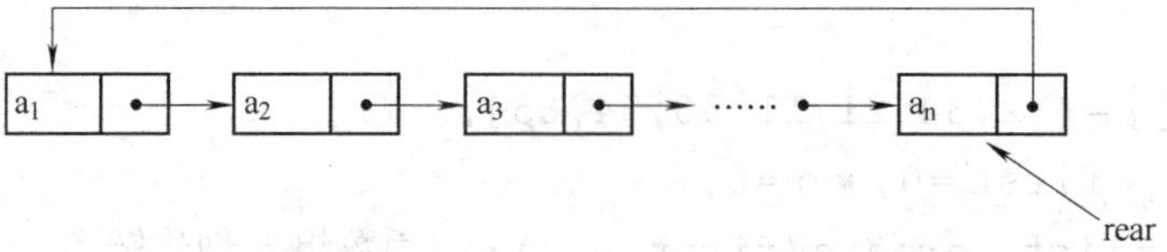

图3-15 带尾指针 rear 的单循环链表示意图

思考：为什么实际使用中都是用带尾指针的单循环链表？有什么优点？

2. 双链表

（1）双链表概念 单链表之所以称为单链表，是因为每个节点只有一个指向后继的指针。那么顾名思义，双链表的每个节点具有两个指针，其中一个指针指向节点的前驱，另一个指针指向节点的后继，如图 3-16 所示。

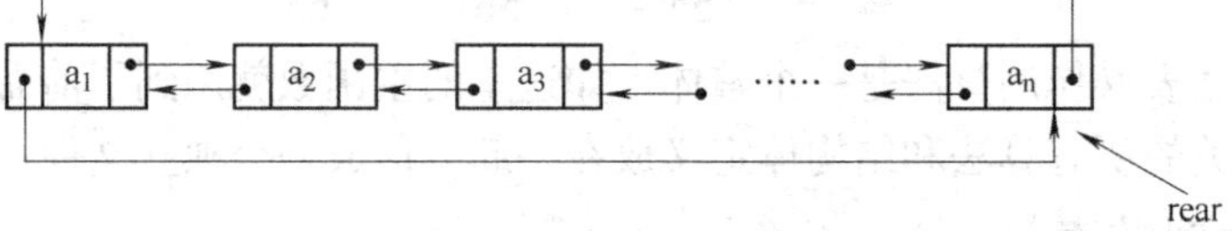

图3-16 双链表示意图

双链表的节点定义：

```
typedef struct _Dlnode{
    elementtype  data;
    struct _Dlnode *prior;//前驱
    struct _Dlnode *next;//后继
}DlNode;
```

双向链表结构具有对称性，设 p 指向双向链表中的某一节点，则其对称性可用下式描述：

p -> prior -> next≡p≡p -> next -> prior

节点 p 的存储位置存放在其直接前趋节点 p -> prior 的直接后继指针域中，同时也存放在其直接后继节点 p -> next 的直接前趋指针域中。

(2) 双向链表插入运算　将值为 e 的节点插入双向链表中。插入前后链表的变化如图 3-17 所示。

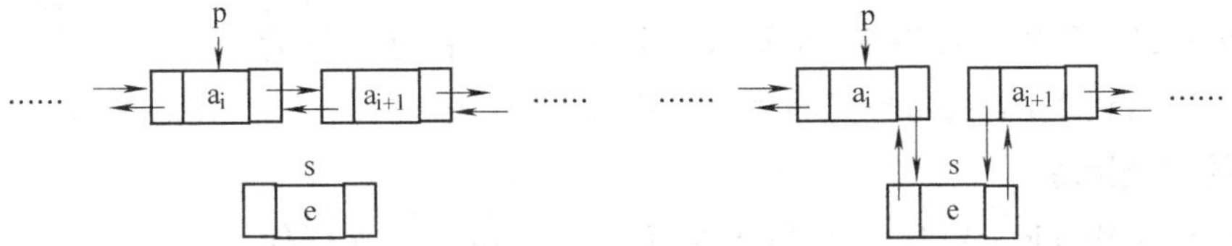

图 3-17　双链表的插入

插入时仅仅指出直接前驱节点 p，钩链时必须注意先后次序是“先右后左”。部分语句组如下：

```
s = (DlNode  * )malloc(sizeof(DlNode));
s -> data = e;
s -> next = p -> next;    p -> next -> prior = s;
p -> next = s;  s -> prior = p;      /*  钩链次序非常重要   */
```

(3) 双向链表的删除运算　设要删除的节点为 p，删除时可以不引入新的辅助指针变量，可以直接先断链，再释放节点。部分语句组如下：

```
p -> prior -> next = p -> next;
p -> next -> prior = p -> prior;
free(p);
```

注意：与单链表的插入和删除操作不同的是，在双向链表中插入和删除必须同时修改两个方向上的指针域的指向。

3.3.6　顺序表和单链表的比较

若线性表需频繁查找却很少进行插入和删除操作，或其操作和元素在表中的位置密切相关时，宜采用顺序表作为存储结构；若线性表需频繁进行插入和删除操作时，则宜采用单链表做存储结构。当线性表中元素个数变化较大或者未知时，最好使用单链表实现；而如果用户事先知道线性表的大致长度，使用顺序表的空间效率会更高。

顺序表采用顺序存储结构，即用一段地址连续的存储单元依次存储线性表的数据元素，数据元素之间的逻辑关系通过存储位置来实现。单链表采用链接存储结构，即用一组任意的存储单元存放线性表的元素，用指针来反映数据元素之间的逻辑关系。

总之，线性表的顺序实现和链表实现各有其优缺点，不能笼统地说哪种实现更好，只能根据实际问题的具体需要，并对各方面的优缺点加以综合平衡，才能最终选定比较适宜的实现方法。

3.4　栈

3.4.1　栈的概念

1. 栈的定义和特点

栈（Stack）是运算受限制的线性表，其元素的插入和删除只能在线性表的同一端进行的一种特殊线性表。允许插入和删除的一端，称为栈顶（Top），另一端为固定的一端，称为栈底（Bottom）。不含任何数据元素的栈称为空栈。

根据栈的定义可知，最先放入栈中的元素在栈底，最后放入的元素在栈顶，而删除元素刚好相反，最后放入的元素最先删除，最先放入的元素最后删除，如图3-18所示。也就是说，栈是一种后进先出（Last In First Out）的线性表，简称LIFO表。

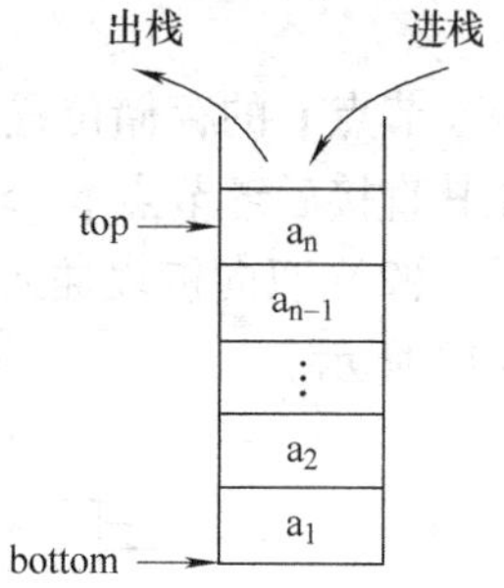

图3-18　栈

2. 栈的主要运算

（1）初始化栈 inistack(S)　将栈S置为一个空栈（不含任何元素）。

（2）进栈 push(S, x)　将元素x插入到栈S中，也称为“入栈”“插入”“压入”。

（3）出栈 pop(S)　删除栈S中的栈顶元素，也称为“退栈”“删除”“弹出”。

（4）取栈顶元素 gettop(S)　取栈S中栈顶元素。

（5）判栈空 isempty(S)　判断栈S是否为空，若为空，返回值为1；否则返回值为0。

3.4.2 顺序栈

栈的顺序存储结构称为顺序栈，一般采用数组实现。

1. 顺序栈的数据类型

用C定义顺序栈的数据类型：

```
typedef intelemtype; //定义栈的最大容量为20
type struct _seqstack
{  elemtype  *data; //将栈中元素定义为elemtype类型
   int top;               //指向栈顶位置的指针
}SoqStack;
```

2. 栈的五种运算的具体实现

（1）初始化栈（见图3-19a）

```
void  inistack(SeqStack  *S,int n)
 {
     S->data=(elemtype  *)malloc(n*sizeof(elemtype));
     S->top=-1;      //空栈
 }
```

（2）进栈（见图3-19b～图3-19e）

```
int  push(SeqStack*S, elemtype x)
{   if (S->top==maxsize-1)return 0;   //栈已满,溢出
    else{
    S->top++;                            //进栈
    S->data[S->top]=x;
       return  1;
    }
```

```
}
```

(3) 退栈（见图 3-19d 和图 3-19f）

```
int pop(SeqStack * S)
{   if (S -> top = = -1) return 0;        //栈已空,溢出
    else{
      S -> top - -;                  //出栈
      return 1;
    }
}
```

(4) 取栈顶元素

```
elemtype  gettop(SeqStack  * S)
{   if  (S -> top == -1)return 0;  //栈空,返回为 0
    else return   S -> data[S -> top];          //栈非空,返回栈顶元素
}
```

(5) 判栈空否

```
int  isempty(SeqStack  * S)
{   if (S -> Top == -1)return 1 ;
    else  return 0;
}
```

(6) 销毁栈

```
void destroystack (SeqStack  * S)
{
     free(S -> data);
}
```

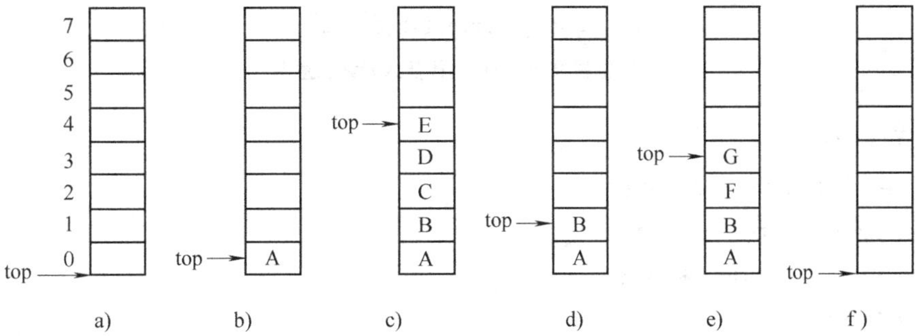

图 3-19　进栈与出栈

a) 空栈 top = -1　b) 元素 A 进栈 top = 0　c) B，C，D，E 依次进栈 top = 4
d) E，D，C 依次出栈 top = 1　e) F，G 依次进栈 top = 3　f) G，F，B，A 依次出栈 top = -1

3.4.3　栈的共享存储单元

在一个程序中需要同时使用具有相同数据类型的两个栈，这时候，可能会产生一个栈空

间过小，容量发生溢出，而另一个栈空间过大，造成大量存储单元浪费的现象。为了充分利用各个栈的存储空间，这时可以采用多个栈共享存储单元，即给多个栈分配一个足够大的存储空间，让多个栈实现存储空间优势互补，如图3-20所示。

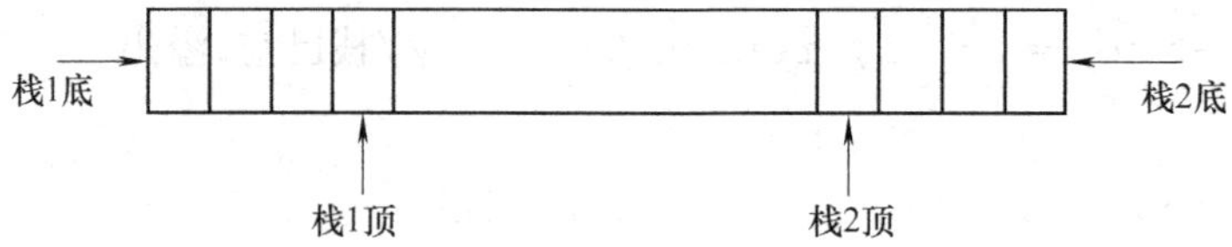

图3-20 两个栈共享存储单元示意图

两个栈共享存储单元可用如下C语句描述：

```
typedef int elemtype;
struct  duseqstack
{   elemtype     *data;
int      top[2] ;             //两个栈的栈顶指针
       int maxsize;
};
```

3.4.4 链栈

1. 链栈结构及数据类型

栈的链式存储结构，也称为链栈，它是一种限制运算的链表，即规定链表中的插入和删除运算只能在链表开头进行。链栈结构如图3-21所示。

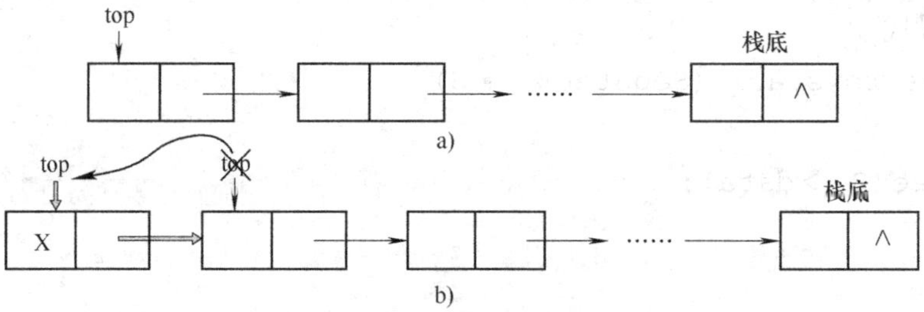

图3-21 链栈结构示意图

a）链栈概念 b）链栈插入元素示意图

定义节点为：

```
typedef struct _node{
   elementtype data;
   struct _node *next;
}LinkStack;
```

2. 链栈的五种栈运算

(1) 栈初始化

```
void initstack(LinkStack *top)
{
   top =NULL;
}
```

(2) 进栈运算

```
void push(LinkStack *top,int x)
{  LinkStack *p;
   p=(LinkStack *)malloc(sizeof(LinkStack));
  p->data=x;
  p->next=top->next;
  top=p;  //插入为第一个有效节点
}
```

(3) 出栈运算

```
void pop(LinkStack *top)
{   LinkStack *p;
    p=top;
    if(p! =NULL){      //非空节点
         top=p->next;
         delete(p);//删除第一个有效节点
    }
}
```

(4) 取栈顶元素

```
elemtype gettop(LinkStack*top)
{   if(top->next! =NULL)
        return(top->data); //非空,取第一个有效节点
    else return(NULL);
}
```

(5) 判栈空

```
int isempty(LinkStack*top)
{   if(top==NULL)  return 1;//栈空
    else   return 0;//非空
}
```

3.4.5 栈的应用

栈在日常生活中和计算机程序设计中有着许多应用，下面仅介绍栈在计算机中的应用。

1. 数制转换

十进制整数 N 向其他进制数 d（二、八、十六）的转换是计算机实现计算的基本问题。该转换法则对应于一个简单算法原理：

$$n=(n \text{ div } d)*d+n \bmod d$$

其中，div 为整除运算，mod 为求余运算。

例如 $(1348)_{10}=(2504)_8$，其运算过程如下：

n	n div 8	n mod 8
1348	168	4
168	21	0

21　　2　　5
2　　0　　2

算法3-10　数值转换（采用顺序栈实现）

```
/*将十进制整数N转换为d(2或8)进制数*/
void conversion(int  n , int  d)
{  SeqStack  S ;
    int k, e ;
    initstack(S,10);
    while(n>0){
       k=n% d ;
       push(S , k);
       n=n/d ;
     }
          /*  求出所有的余数,进栈   */
    while  (S.top! =0){
        pop(S, e);
        printf("% 1d" , *e);
    }
}
```

2. 算术表达式的求值

算术表达式中包含了算术运算符和算术量（常量、变量、函数），而运算符之间又存在着优先级，不能简单地进行从左到右运算，编译程序在求值时，不能简单从左到右运算，必须先算运算级别高的，再算运算级别低的，同一级运算才从左到右（C语言中有些从右到左）。因此，要实现表达式求值，必须设置两个栈，一个栈存放运算符，另一个栈存放操作数（算术量），在进行表达式求值时，编译程序从左到右扫描，遇到操作数，一律进入操作数栈，遇到运算符，则应与运算符栈的栈顶元素比较，若运算符优先级高于栈顶元素则进栈，否则退栈。退栈后，在操作数栈中退出两个元素（先退出在运算符右，后退出在运算符左），然后用运算符栈中退出的栈顶元素进行运算，运算的结果存入操作数栈中，直到扫描完毕。这时运算符栈为空，操作数栈中只有一个元素，即为运算的结果。

【例3-4】 求表达式8*(4-2)/2+5*3的值，其运算过程如图3-22所示，其中NS为操作数栈，OS为运算符栈。

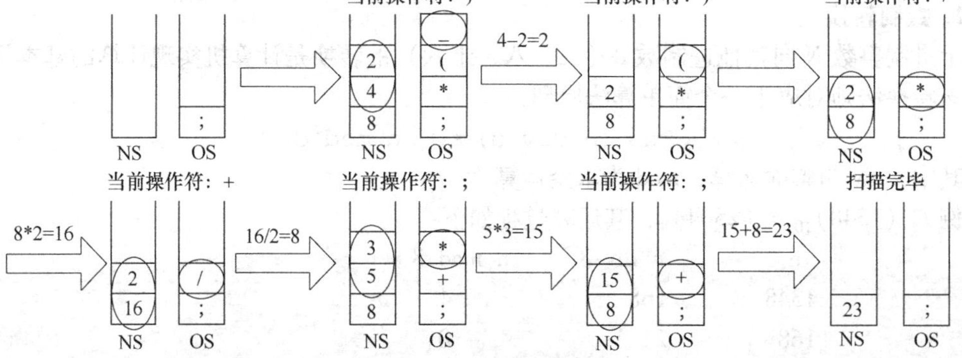

图3-22　表达式求值运算

3.5 队列

3.5.1 队列概念

1. 队列定义

队列也是一种特殊的线性结构，限定只能在表的一端进行插入，在表的另一端进行删除的线性表称为队列（Queue）。允许插入的一端称为队尾（Rear），允许删除的一端称为队头（Front）。队列是一种先进先出（First In First Out）的特殊线性表，或称 FIFO 表。若队列中没有任何元素，则称为空队列，否则称为非空队列。队列的描述可以用图 3-23 的方式来描述。

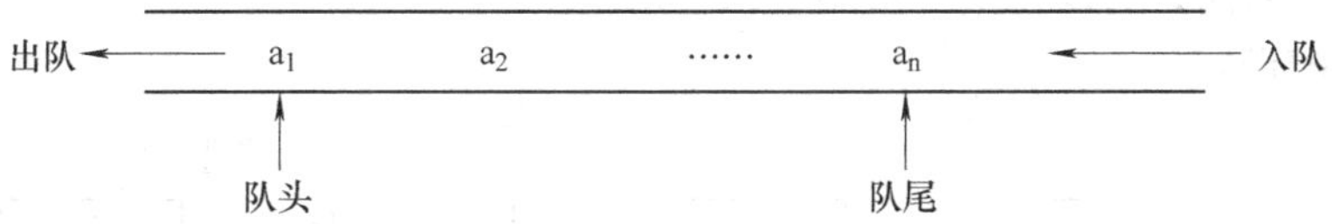

图 3-23 队列示意图

2. 队列的基本运算

队列可定义如下五种基本运算。

1）初始化队列 initqueue(&Q)：将队列 Q 设置成一个空队列。

2）入队列 inq(&Q,X)：将元素 X 插入到队尾中，也称“进队”“插入”。

3）出队列 outq(&Q)：将队列 Q 的队头元素删除，也称“退队”“删除”。

4）判队空 isempty(Q)：判断队列 Q 是否为空。

5）销毁队列 destroyqueue(Q)：销毁已存在的队列 Q。

3.5.2 顺序存储队列

1. 队列的顺序存储数据类型描述

```
typedef int  elemtype;
typedef struct _SeqQueue
{
    elemtype  *data;  //数组保存队列元素,元素类型为 elemtype
    int   front;       //队头指针
    int   rear;        //队尾指针
    int maxsize;
}SeqQueue;
```

2. 一般顺序队列

将队列中元素全部存入一个一维数组中，数组的低下标一端为队头，高下标一端为队尾，这样的队列是顺序队列。

设两个指针 front、rear，约定 rear 指示队尾元素的下一位置，front 指示队头元素。初值 front = 0，rear = 0。

空队列条件：`front == rear;`

入队列:data[rear++]=x;

出队列: x=data[front++];

一般顺序队列存在问题，设数组维数为 maxsize，则

1）当 front =0，rear = maxsize 时，此时队列满，新元素无法进队，称为溢出，这是真溢出。

2）当 front≠0，rear = maxsize 时，此时队列未满，但是新元素仍然无法进队，这是假溢出（见图 3-24）。

我们可以采用两种办法克服假溢出:

1）可以将整个队列中元素向前移动，直到头指针 front 为零；或者每次出队时，都将队列中元素前移一个位置。但不难看出，这些克服“假溢出”的方法都会引起大量元素的移动，花费大量的时间，所以在实际应用中很少采用。

2）采用循环队列。

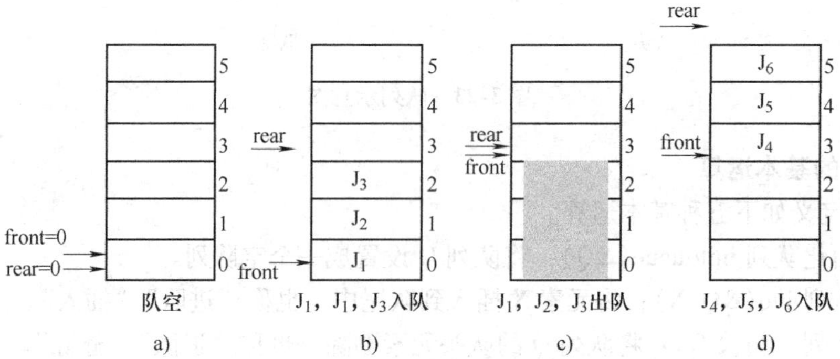

图 3-24　队列示意图

a）初始队列空　b）进队　c）出队，队列空　d）假溢出

3. 循环队列

解决一般顺序队列“假溢出”的另一个办法是把数组的头指针和尾指针连接起来，基本思想是将一维数组 data［0］连接到 data［maxsize -1］后面，看成是一个首尾相接的圆环，即 data［0］与 data［maxsize -1］相接在一起。将这种形式的顺序队列称为循环队列，如图 3-25 所示。

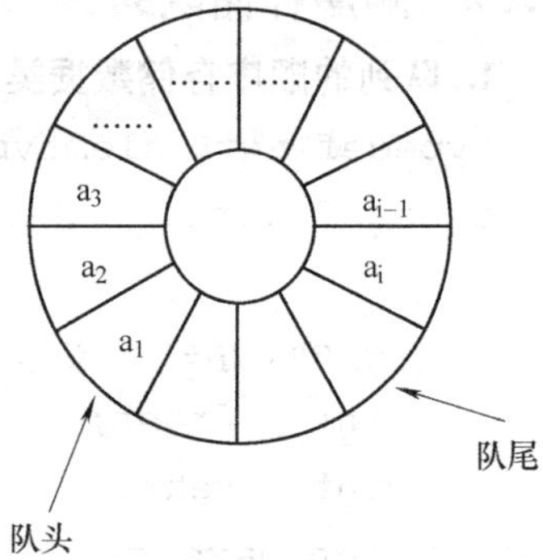

图 3-25　循环队列

指针沿着顺时针方向移动，通常，为简便起见，头指针总是沿顺时针方向指向队首元素的前一个单元，尾指针则是沿顺时针方向指向队列的最后一个元素。如图 3-26a 所示，队列的最大容量 maxsize =6，当尾指针 rear =5 时，若要向队列中再插入一个新元素，则可以加到 rear =0 的位置上，计算方法是

```
rear=(rear+1)% maxsize=(5+1)%6=0
```

在循环队列中，若（rear +1）% maxsize = front，则称为队满（见图 3-26b）；若 front = rear，则称为队空（见图 3-26c），这时，循环队列中能装入的元素个数为 maxsize -1，即浪费一个存储单元，但可以给操作带来较大方便。

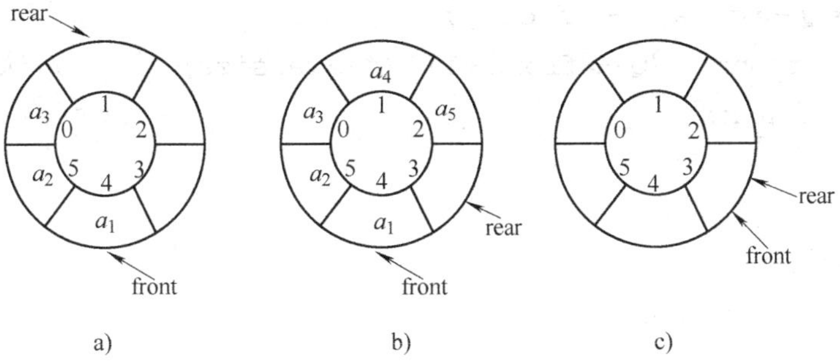

图3-26 循环队列示意图

a）一般情况 b）队列满 c）队列空

4. 循环队列上五种运算实现

(1) 队列初始化

```
void  initqueue(SeqQueue  *Q,int n )
{
   Q->maxsize=n;
   Q->data=( elemtype  *)malloc(n*sizeof(elemtype));
   Q->front=Q->rear=0;  //头、尾指针相同时为空
}
```

(2) 进队列：将元素 x 插入到队列 q 中

```
void  inq (SeqQueue  *Q, elemtype  x)
{
   if ((Q->rear+1)% Q->maxsize  == Q->front){  //队列已满
      printf("队列满！ \n");
      exit(0); //退出程序
   }
   else{
      Q->data[Q->rear]=x; //插入队列
      Q->rear=(Q->rear+1)% Q->maxsize;
   }
}
```

(3) 出队列

```
elemtype outq(SeqQueue  *Q )
{
   elemtype x;
   if (Q->rear==Q->front){  //队列为空
       printf("队列为空！ \n");
       exit(0);
   }
else{
```

```
        x = Q->data[Q->front];
        Q->front = (Q->front + 1) % Q->maxsize;        //队头元素出队列
        return x;
    }
}
```

(4) 判队列是否空

```
int isempty(SeqQueue  *Q )
{
    if  (Q->rear == Q->front) return 1;
    else   return 0;
}
```

(5) 判断队列满

```
int isfull (SeqQueue  *Q )
{
    return (Q->rear+1)%  Q->maxsize == Q->front  ;
}
```

(6) 销毁队列

```
void destroyqueue (SeqQueue  *Q )
{
    free(Q->data) ;
}
```

3.5.3 链队列

1. 链队列的数据类型描述

队列的链式存储，称为链队列（见图3-27），与前面介绍的单链表类似，但为了使头指针，尾指针统一起来，另外定义一种数据类型如下。

```
typedef int elemtype;
typedef struct  _link              //定义单链表数据类型
{  elemtype data;
link  *next;
}LinkQueue;
```

具体实现时，使用带队尾指针的单循环队列的方式实现。按如下语句定义队尾指针为Q。

```
  LinkQueue  *Q;
```

指针Q始终指向队列尾部，即队列的最后一个元素，如图3-27所示。

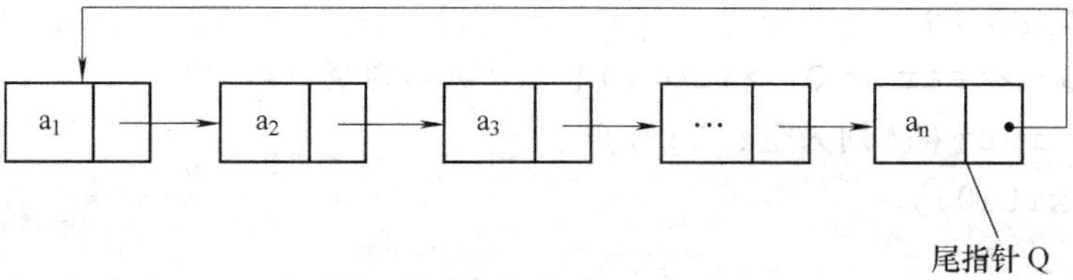

图3-27 链队列示意图

2. 链队列的实现

(1) 队列初始化

```
void initqueue(LinkQueue *Q)
{
    Q=NULL;//初始化队列为空队列
}
```

(2) 进队列运算

```
void inq(LinkQueue *Q,int x)
{ LinkQueue *p;
    p=(LinkQueue *)malloc(sizeof(LinkQueue));    //生成一个新节点 p
    p->data=x;
    p->next=Q->next;
    Q->next=p;  //插入为第一个有效节点
    Q=p;        //Q 始终指向队尾
}
```

(3) 出队列运算：只是简单地丢掉队首元素。

```
elemtype outq(LinkQueue *Q)
{  LinkQueue *first;
    if(Q==NULL) return;
    first=Q->next;
    if(Q->next==Q)       Q=NUll; //只有一个元素,删除后 Q 为空队列
    else   Q->next=first->next;
    return first->data;
}
```

(4) 判栈空

```
int isempty(LinkQueue *Q)
{    if(Q= =NULL)return 1;//队列空
     else    return 0;//非空
}
```

3.5.4　队列的应用

队列在计算机程序设计中，有着非常重要的作用。

主机与外部设备之间速度不匹配的问题。以主机和打印机为例来说明，主机输出数据给打印机打印，主机输出数据的速度比打印机打印的速度要快得多，若直接把输出的数据送给打印机打印，由于速度不匹配，显然是不行的。所以解决的方法是设置一个打印数据缓冲区，主机把要打印输出的数据依次写入到这个缓冲区中，写满后就暂停写入，继而去做其他的事情，打印机就从缓冲区中按照先进先出的原则依次取出数据并打印，打印完后向主机发出请求，主机接到请求后再向缓冲区写入打印数据，这样利用队列既保证了打印数据的正确，又使主机提高了效率。

另外，在图的遍历等算法中，也要使用队列的原理和操作，这将在后面章节中作详细

介绍。

3.6 稀疏矩阵

数组已广泛应用于各种高级语言中，是我们比较熟悉的一种数据结构。从结构上看，它是线性表的推广。

本节主要介绍数组的逻辑结构定义以及存储方式，着重介绍特殊结构的矩阵，如三角矩阵，三对角阵和稀疏矩阵的存储及其相应的运算。

3.6.1 多维数组概念

1. 一维数组

一维数组可以看成是一个线性表或一个向量，它在计算机内是存放在一块连续的存储单元中，适合于随机查找。这在本章第一节的线性表顺序存储结构中已经介绍。

2. 二维数组（矩阵）

例如，设A是一个有m行n列的二维数组，则A可以表示为

$$A=\begin{bmatrix} A_{00} & A_{01} & A_{02} & \cdots & A_{0n-1} \\ A_{10} & A_{11} & A_{12} & \cdots & A_{1n-1} \\ \vdots & \vdots & \vdots & & \vdots \\ A_{m-10} & A_{m-11} & A_{m-12} & \cdots & A_{m-1n-1} \end{bmatrix}$$

二维数组可以看成是向量的推广。它的每一行是一个线性表，同一行中的元素满足线性表的关系；同样，每一列也是一个线性表，列内元素也满足线性表的关系。若把每一行看作一个数据元素，则可看成长度为m的线性表，表示为$[X_0,X_1,\cdots,X_{m-1}]^T$，其中，$X_i=(A_{i0},A_{i1},\cdots,A_{in-1})$，$0\leqslant i\leqslant m-1$；也可以将二维数组A看成是由n个列向量$[y_0,y_1,\cdots,y_{n-1}]$组成，其中$y_i=(A_{0i},A_{1i},\cdots,A_{m-1i})$，$0\leqslant i\leqslant n-1$。

3. 多维数组

由上述二维数组的结构可以推广到三维数组以及n维数组中去。

数组的运算通常是在给定一组下标的情况下，进行数组元素的存取或修改，一般不对数组作插入或删除运算。数组的存储结构对数组元素的存取操作时间有直接影响。

3.6.2 矩阵的顺序存储结构

由于计算机的内存是一个顺序结构，而数组是多维结构，要用一维连续单元存放数组元素，就有一个存放次序的问题。例如，一个$m\times n$的数组，在计算机内只能将它顺序存放在$m\times n$个连续的单元中，因此，就必须按某种次序将数组元素排成一个线性序列，然后将这个线性序列存放在存储器中。多维数组的顺序存储有两种形式：

1. 行优先顺序存放

按行号从小到大的顺序，先将第一行中元素全部存放好，再存放第二行元素，第三行元素，依次类推。BASIC、PASCAL、C/C++语言等高级语言程序设计中，都是按行优先顺序存放的。例如：

对m行n列的二维数组$B_{m\times n}$，它在内存中的排列形式为：B_{00}，B_{01}，…，B_{0n-1}，B_{10}，B_{11}，…，B_{1n-1}，…，B_{m-10}，B_{m-11}，…，B_{m-1n-1}。即二维数组按行优先存放到内存后，

变成了一个线性序列（线性表）。

地址计算：若知道第一个元素的内存地址，如何求得其他元素的内存地址？假设每个元素占 L 个字节，元素 B_{ij}的存储地址应为第一个元素的地址加上排在 B_{ij}前面的元素所占用的单元数，而 B_{ij}的前面有 i 行（$0 \sim i-1$）共 $i \times n$ 个元素，而本行前面又有 j 个元素，故 B_{ij}的前面一共有 $i \times n + j$ 个元素，设 B_{00}的内存地址为 LOC（B_{00}），则 B_{ij}的内存地址为

$$LOC(B_{ij}) = LOC(B_{00}) + (i \times n + j) \times L(0 \leqslant i < m, 0 \leqslant j < n)$$

对三维数组 $A_{m \times n \times p}$，表示的含义是共 m 页，每页有 n 行 p 列个元素，按行优先顺序存放形式为：先存储第 0 页的元素，再存储第 1 页的元素……，每一页的元素在存放时按行方式存储。假设有一个三维数组 $A_{2 \times 2 \times 2}$，则其在内存中的排列形式为 A_{000}，A_{001}，A_{010}，A_{011}，A_{100}，A_{101}，A_{110}，A_{111}。

地址计算：元素 A_{ijk}的存储地址为

$$LOC(A_{ijk}) = LOC(A_{000}) + (i \times n \times p + j \times p + k) \times L \quad (0 \leqslant i < m, 0 \leqslant j < n, 0 \leqslant k < p)$$

2. 列优先顺序存放

按列号从小到大的顺序，先将第一列中元素全部存放好，再存放第二列元素，第三列元素，依次类推。在 FORTRAN 语言程序设计中，数组是按列优先顺序存放的。例如：

对 m 行 n 列的二维数组 $A_{m \times n}$，它在内存中的排列形式为：A_{00}，A_{10}…，A_{m-10}，A_{01}，A_{11}，…，A_{m-11}，…，A_{0m-1}，A_{1m-1}，…，A_{m-1n-1}。

地址计算：元素 A_{ij}的地址计算公式为

$$LOC(A_{ij}) = LOC(A_{00}) + (j \times m + i) \times L \quad (0 \leqslant i < m, 0 \leqslant j < n)$$

对三维数组 $A_{m \times n \times p}$，表示的含义是共 p 页，每页有 m 行 n 列个元素，按列优先顺序存放形式为：先存储第 0 页的元素，再存储第 1 页的元素……，每一页的元素在存放时按列方式存储。假设有一个三维数组 $A_{2 \times 2 \times 2}$，则其在内存中的排列形式为：A_{000}，A_{100}，A_{010}，A_{110}，A_{001}，A_{101}，A_{011}，A_{111}。

地址计算：元素 A_{ijk}的存储地址为

$$LOC(A_{ijk}) = LOC(A_{000}) + (k \times m \times n + j \times m + i) \times L \quad (0 \leqslant i < m, 0 \leqslant j < n, 0 \leqslant k < p)$$

3. 特殊矩阵的压缩存储

对于一个矩阵结构显然用二位数组来表示是恰当的，上述两种数组存放方式，对于绝大部分元素值不为 0 的矩阵较合适。但是，如果矩阵中有很多元素值为 0 时，按上述方法存储会浪费大量的存储空间。因此，对于某些特殊矩阵，必须采用压缩存储方式——即只存储非 0 元素。特殊矩阵的主要形式有三角阵、对角阵等，它们都是方阵，行数和列数相同。

（1）三对角阵的压缩存储　若一个 n 阶方阵满足所有非 0 元素都集中在以主对角线为中心的带状区域中，则称其为 n 阶对角矩阵。在这里，我们仅讨论三对角矩阵的压缩存储。

设 $A_{n \times n}$为三对角阵，则 A 可以表示为

$$A=\begin{bmatrix} A_{00} & A_{01} & 0 & \cdots & \cdots & \cdots & \cdots & 0 \\ A_{10} & A_{11} & A_{12} & 0 & \cdots & \cdots & \cdots & 0 \\ 0 & A_{21} & A_{22} & A_{23} & \cdots & \cdots & \cdots & 0 \\ \vdots & \vdots & \vdots & \vdots & \vdots & \vdots & \vdots & \vdots \\ 0 & \cdots & \cdots & \cdots & \cdots & A_{n-2n-3} & A_{n-2n-2} & A_{n-2n-1} \\ 0 & \cdots & \cdots & \cdots & \cdots & 0 & A_{n-1n-2} & A_{n-1n-1} \end{bmatrix}$$

从上述可见，在一个 $n\times n$ 的三对角矩阵中，只有 $n+n-1+n-1$ 个非零元素，假设每个元素占 1 个字节，故只需 $3n-2$ 个存储单元即可。若将其中非 0 元素按行优先顺序存放，则顺序存储为

$\{A_{00},A_{01},A_{10},A_{11},A_{12},A_{21},A_{22},A_{23},\cdots,A_{n-2n-3},A_{n-2n-2},A_{n-2n-1},A_{n-1n-2},A_{n-1n-1}\}$

求取其中非 0 元素 A_{ij} 的地址公式为

$$LOC(A_{ij})=\begin{cases} LOC(A_{00})+3i-1+0 & 当\ j=i-1 \\ LOC(A_{00})+3i-1+1 & 当\ j=1 \\ LOC(A_{00})+3i-1+2 & 当\ j=i+1 \end{cases}$$

（2）下三角矩阵的压缩存储　设 $A_{m\times m}$ 为下三角矩阵，则 A 可以表示为

$$A=\begin{pmatrix} A_{00} & \cdots & \cdots & \cdots & \cdots \\ A_{10} & A_{11} & \cdots & \cdots & \cdots \\ \vdots & \vdots & \vdots & \vdots & \vdots \\ A_{m-10} & A_{m-11} & A_{m-12} & \cdots & A_{m-1m-1} \end{pmatrix}$$

可见，在一个 $m\times m$ 的下三角矩阵中，只有 $m(m+1)/2$ 个非零元素，假设每个元素占 1 个字节，故只需 $m(m+1)/2$ 个存储单元即可。若将其中非 0 元素按行优先顺序存放，则顺序存储为

$\{A_{00},A_{10},A_{11},A_{20},A_{21},A_{22},\cdots,A_{m-10},A_{m-11},A_{m-12},\cdots,A_{m-1m-1}\}$

求取其中非 0 元素 A_{ij} 的地址公式为

$$LOC(A_{ij})=LOC(A_{00})+i(i+1)/2+j\quad(0\leqslant j\leqslant i<m)$$

3.6.3　稀疏矩阵

在上面提到的特殊矩阵中，元素的分布呈现某种规律，故一定能找到一种合适的方法，将它们进行压缩存放。但是，在实际应用中，我们还经常会遇到一类矩阵：其矩阵阶数很大，非零元素个数较少，零元素很多，但非零元素的排列没有一定规律，我们称这一类矩阵为稀疏矩阵。压缩这种非零元素占用的空间，不但能节省内存空间，而且能避免由大量零元素进行的无意义的运算，大大提高运算效率。

按照压缩存储的概念，要存放稀疏矩阵的非零元素，由于没有某种规律，除存放非零元的值外，还必须存储适当的辅助信息，才能迅速确定一个非零元在矩阵中的位置。下面将介绍稀疏矩阵的三元组存储方式及运算。

1. 三元组表

在压缩存放稀疏矩阵的非零元同时，若还存放此非零元所在的行号和列号，则称为三元组表法。三元组表示法是用一个具有三个数据域的一维数组存储稀疏矩阵，每一行由三个字

段组成，分别为该非零元素在稀疏矩阵中的行号、列号和值，按行优先顺序存放。

例如，图 3-28 所示的稀疏矩阵 $M_{6\times7}$，用三元组表示如图 3-29 所示。

$$\begin{pmatrix} 0 & 12 & 9 & 0 & 0 & 0 & 0 \\ 0 & 0 & 0 & 0 & 0 & 0 & 0 \\ -3 & 0 & 0 & 0 & 0 & 14 & 0 \\ 0 & 0 & 24 & 0 & 0 & 0 & 0 \\ 0 & 18 & 0 & 0 & 0 & 0 & 0 \\ 15 & 0 & 0 & -7 & 0 & 0 & 0 \end{pmatrix}$$

图 3-28　稀疏矩阵 $M_{6\times7}$

行号	列号	值
0	1	12
0	2	9
2	0	-3
2	5	14
3	2	24
4	1	18
5	0	15
5	3	-7

图 3-29　稀疏矩阵 $M_{6\times7}$三元组表示

若行下标、列下标与值均占用一个存储单元，非零元素个数为 tu，那么这种存储方式需要 3×tu 个存储单元。由于是按行优先顺序存放，因此，稀疏矩阵的三元组表是按行下标递增有序的。在访问数组元素时，我们可用对分查找方法，查找一个元素时间为 $O(\log_2 tu)$。

C 语言中定义三元组数据结构：

```
typedef struct_tuple
{
    int  i,j;     //非零元素的行号,列号
    int  v;  //非零元素的值
}Tuple;
```

2. 稀疏矩阵运算

矩阵运算通常包括矩阵转置、矩阵元素查找、矩阵加等。这里仅讨论基本运算和矩阵转置运算。

（1）从一个二维矩阵创建其三元组表示　以行方式扫描二维矩阵 A，将其非零元素插入到三元组 T 中。算法如下：

```
void  create(Tuple A[],int  M[m][n],int  *tu)
{
    int t=0;
    int x,y;
    for(x=0;x<m;x++)
      for(y=0;y<n;y++)
        if(M[x][y]!=0){
          A[t].i=x;A[t].j=y;A[t].v=M[x][y];
          t++;
          }
    *tu=t;
}
```

（2）输出三元组

```
void display(Tuple  A[],int tu)
```

```
{
    int x;
    printf("% 8s% 8s% 8s","行 i","列 j","值 e");
    for(x=0;x<tu;x++)
      printf("% 8d% 8d% 8.2f",A[x].i,A[x].j,A[x].v);
}
```

(3) 稀疏矩阵的转置运算　转置是矩阵中最简单的一种运算。对于一个 m×n 的矩阵 A，它的转置 B 是一个 n×m 的矩阵，且 $B_{ij}=A_{ji}$，$0\leqslant i<n$，$0\leqslant j<m$。那么，当用三元组表存储稀疏矩阵时，怎样求得它的转置呢？从转置的性质知道，如果将 A 三元组中的 i 和 j 的值互换，则得到的转置三元组表 B 是一个按列优先顺序排列的三元组表。采用下列算法可以实现在转置的同时，使转置后的三元组表 B 按行优先排列。

算法 3-11　稀疏矩阵转置算法（三元组表示）

```
void transm(Tuple A[],Tuple B[],int tu,int n)
{
    int p,q,col;
    if(tu! =0){                         //tu 非 0 元素个数
        q=0;                            //q:B 的序号
        for(col=0;col<n;col++) //按 A 的列下标顺序依次进行转换
            for(p=0;p<tu;p++)   //扫描所有非零元素
                if(A[p].j==col){
                    B[q].i=A[p].j; //行列互换
                    B[q].j=A[p].i;
                    B[q].v=A[p].v;
                    q++;
                }
    }
}
```

上述算法的思路为：先转置三元组表中第 0 列的所有元素，再转置第一列的所有元素……总执行时间为 O（n×tu），当 tu<<n×m 时，此算法较经济，但当 tu 与 m×n 相当时，算法执行时间为 O（$m\times n^2$）。这时用三元组表示节省了空间，但增加了执行时间。可见，常规的非稀疏矩阵应采用二维数组存储，只有当矩阵中非 0 元素个数远小于 m×n 时，才可采用三元组顺序表存储结构。

(4) 快速转置　为了便于通过三元组快速访问稀疏矩阵元素，通常还附设两个向量 POS 和 NUM，称为行辅助向量，它们满足下列关系：

$POS_0=0, POS_i=POS_{i-1}+NUM_{i-1}, 1\leqslant i<m$

其中，POS_i表示稀疏矩阵中第 i 行的第一个非零元素在三元组中的位置，NUM_i表示稀疏矩阵中第 i 行的非零元素个数。与图 3-27 稀疏矩阵 M 对应的 POS 与 NUM 向量值见表 3-1。

表 3-1 带行辅助向量的 POS 与 NUM 构造表

i	0	1	2	3	4	5
POS	0	2	2	4	5	6
NUM	2	0	2	1	1	2

构造 POS 与 NUM 向量的算法如下：

```
//A 为稀疏矩阵的三元组,tu 为 A 中非零元素个数,m 为 A 的行数
void  posnum(Tuple A[],int tu,in tm,int POS[],int NUM[])
{int p;
for(p=0;p<m;p++)  NUM[p]=0;     //初始化 NUM 向量
for(p=0;  p<tu;  p++)
    NUM[A[p].i]=NUM[A[p].i]+1;  //i 为 A 中的行下标
    POS[0]=0;
for(p=1;p<m;p++)
    POS[p]=POS[p-1]+NUM[p-1];
}
```

通过 NUM 和 POS 向量，访问稀疏矩阵中任一元素的算法如下，x，y 为稀疏矩阵中被查找元素的行号和列号：

```
void  srpn(int x,int y,Tuple A[],int POS[],int NUM[],int &s)
{s=0;                          //返回的结果
int k=POS[x];                  //第 x 行的第一个非零元素位置
while(k<POS[x]+NUM[x]&&  s==0)
{    if(A[k].j==y)  s=A[k].v;
     k=k+1;  }
}
```

用行辅助向量方式存储稀疏矩阵，需要 3tu + 2m 个存储单元，在查找时通过 POS 向量可以找到 x 行的第一个非零元素位置，然后通过顺序查找或对半查找方法在一行范围内找出需要访问的元素。

（5）带列辅助向量的三元组表示及矩阵转置　如果能按 A 中三元组的顺序进行转置，并且得到的转置矩阵直接按行下标排序，就需要知道 A 中三元组的每个元素在转置矩阵 B 中的恰当位置。为此，需要再附设两个向量 POT 和 NUN，称为列辅助向量，它们满足下列关系：

$POT_0 = 0$

$POT_j = POT_{j-1} + NUN_{j-1}, 1 \le j < n$

其中，POT_j表示稀疏矩阵中第 j 列的第一个非零元素在转置三元组中的位置；NUN_j表示稀疏矩阵中第 j 列的非零元素个数。与图 3-27 稀疏矩阵 M 对应的 POT 与 NUN 向量值见表 3-2。

表3-2　带列辅助向量的POT与NUN构造表

j	0	1	2	3	4	5	6
POT	0	2	4	6	7	7	8
NUN	2	2	2	1	0	1	0

算法3-12　稀疏矩阵快速转置算法（三元组表示）

```
//tu为A中非零元素个数，n为A的列数
void transmatp(Tuple A[],Tuple B[],int tu,int n)
{  int p,q,t,col;
    int NUN[maxlen],POT[maxlen];  //maxlen为常量,表示稀疏矩阵的列数
    if(tu! =0){     //构造辅助向量NUN与POT
      for(col=0;col<n;col++)  NUN[col]=0;
      for(t=0;t<tu;t++)  NUN[A[t].j]=NUN[A[t].j]+1;
        //求矩阵中每一列非零元素个数放入NUN中
      POT[0]=0;
      for(col=1;col<n;col++)  POT[col]=POT[col-1]+NUN[col-1];
      for(p=0;p<tu;p++){               //转置,只扫描一遍非零元素
        col=A[p].j;  q=POT[col];
        B[q].i=A[p].j;//行列互换
        B[q].j=A[p].i;
        B[q].v=A[p].v;
        POT[col]++;
    }
  }
}
```

算法的转置时间为：O（n+tu）。在三元组中增加了列辅助向量或行辅助向量后，可以提高运算速度，它们都是以空间代价换取时间。

第4章 树 结 构

在第3章中介绍了线性数据结构，这些数据结构一般不适合描述具有层次结构的数据。其中，树形结构就是一种典型的层次结构，一个节点可与多个节点相联系。树形结构是一种非线性结构。本章讨论树和二叉树的基本概念、存储结构、遍历算法及基本应用等内容。

4.1 树的基本概念及存储结构

4.1.1 树的概念

1. 树的定义

树是由n（n≥0）个节点组成的有限集合。若n=0，则称为空树。在任意一棵非空树中：

1）有且仅有一个根节点，简称根（root），它只有直接后继，但没有直接前驱。

2）当n>1时，除根节点以外的其他节点可以划分为m（m≥0）个互不相交的有限集合T_0，T_1，…，T_{m-1}，每个集合T_i（i=0，1，…，m-1）又是一棵树，称为根的子树，每棵子树的根节点有且仅有一个直接前驱，但可以有0个或多个直接后继。

树是一种非线性数据结构，具有以下特点：除根以外，它的每个节点可以有多个后继节点，但只有一个前驱节点；这些节点按分支关系组织成一个层次结构。

树的树形逻辑结构如图4-1所示。

在图4-1c中，树的根节点为A，该树还可以分为3个互不相交子集T_0、T_1、T_2，具体如图4-2所示，其中T_0 = {B, E, F, J, K, L}，T_1 = {C, G}，T_2 = {D, H, I, M}，其中的T_0、T_1、T_2都是树，称为图4-1c中树根A的子树，而T_0、T_1、T_2又可以继续分解成若干棵不相交子树。

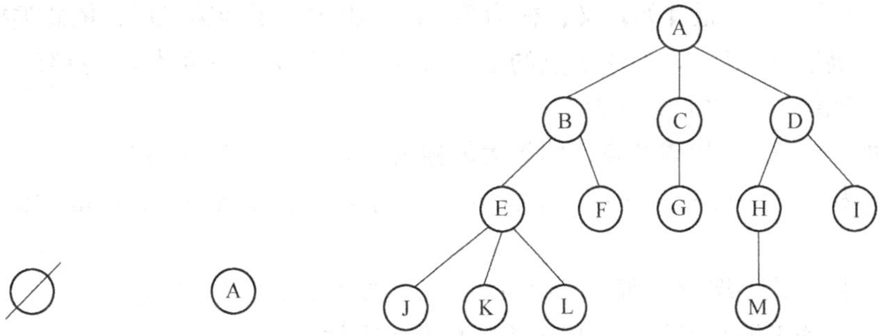

a) b) c)

图4-1 树的示意图

a）空树 b）仅含有根节点的树 c）含有多个节点的树

树的逻辑结构除了可以用树型结构表示外，还能用广义表表示法。对图4-1c的树结构，

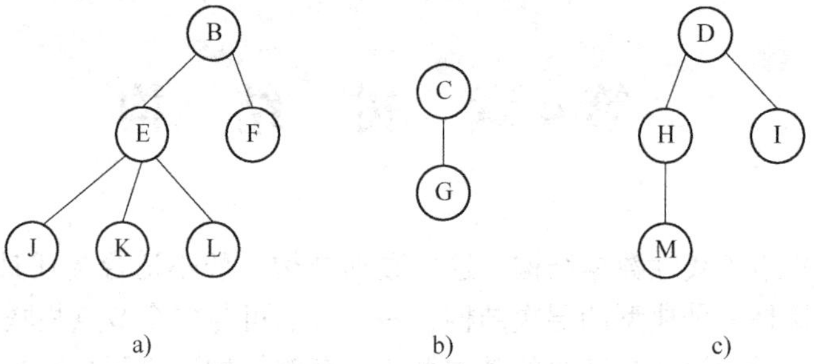

图4-2　树的三棵子树

a）T_0子树　b）T_1子树　c）T_2子树

广义表表示法可表示为

$$(A(B(E(J,K,L),F),C(G),D(H(M),I)))$$

2. 树的基本术语

1）节点。树中的一个数据元素。

2）节点的度。节点拥有的子树的数目。例如图4-1c中，根节点A的度为3，B的度为2，C的度为1，F的度为0。

3）叶子。度为0的节点，称为叶子节点。例如图4-1c中，F、G、I、J、K、L、M都为叶子节点。

4）孩子节点。若节点X有子树，则子树的根节点为X的孩子节点，也称为孩子。例如图4-1c中A的孩子为B，C，D。

5）双亲节点。若节点X有孩子Y，则X为Y的双亲节点，图4-1c中E的双亲节点为B。

6）祖先节点。从根节点到该节点所经过分枝上的所有节点为该节点的祖先，例如图4-1c中J的祖先有A，B，E。

7）子孙节点。某一节点的孩子及孩子的孩子都为该节点的子孙节点。

8）兄弟节点。具有同一个双亲的节点，称为兄弟节点。

9）节点的层次。从根开始定义，根为第一层，根的孩子为第二层，依此类推。

10）树的高度（深度）。树中节点的最大层数。如空树的高度为0，只有一个根节点的树高度为1，例图4-1c树的高度为4。

11）树的度（次）。树中节点度的最大值称为树的度，图4-1c树的度为3。

12）有序树。若一棵树中所有子树从左到右的排列是有顺序的，不能颠倒，则称该树为有序树。

13）无序树。若一棵树中所有子树的次序无关紧要，则称该树为无序树。

14）森林。若干棵互不相交的树组成的集合为森林。

4.1.2　树的逻辑结构

一棵树的逻辑结构可以用二元组描述为

$$Tree = (T,R)$$

树由数据元素集合T及关系R组成，其中T是相同类型数据元素的集合，T = $\{x_1,$

x_2，…，x_n}，n 为树中节点个数，若 n=0，则为一棵空树；n>0 时称为一棵非空树。R 是 T 上某个二元关系的集合，R = {r_{ij}}，其中：

$$r_{ij}=\begin{cases}1, & x_i \text{ 与 } x_j \text{ 存在父子关系} \\ 0, & x_i \text{ 与 } x_j \text{ 不存在父子关系}\end{cases}$$

关系 R 应满足下列条件：

1）有且仅有一个节点没有前驱，称该结点为树根。

2）除根节点以外，其余每个节点有且仅有一个直接前驱。

3）树中每个节点可以有多个直接后继即孩子节点。

例如，对图 4-1c 的树结构，可以用二元组表示为

T = {A,B,C,D,E,F,G,H,I,J,K,L,M}

R = {r}

r = {(A,B),(A,C),(A,D),(B,E),(B,F),(C,G),(D,H),(D,I),(E,J),(E,K),(E,L),(H,M)}

4.2　二叉树概念

4.2.1　二叉树的定义

二叉树是一种特殊的树，它的特点是每个节点至多只有两棵子树，并且，二叉树的子树有左右之分，其次序不能任意颠倒。二叉树的结构简单，存储效率高，且任意 m 叉树都可以转化为二叉树。

二叉树有五种基本形态，如图 4-3 所示，任意复杂的二叉树都是这 5 种基本形态的组合。其中，图 4-3a 是空二叉树，图 4-3b 是单节点二叉树，图 4-3c 是右子树为空的二叉树，图 4-3d 左子树为空的二叉树，图 4-3e 左、右子树都不空的二叉树。

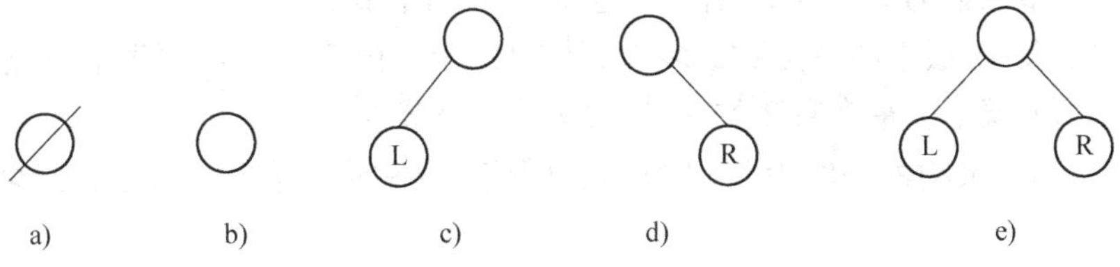

图 4-3　二叉树的 5 种基本形态

a）空　b）单节点　c）右子树为空　d）左子树为空　e）左、右子树都不空

二叉树和树的区别是：

1）二叉树中每个节点至多有两棵子树。而树中每个节点可有若干子树。

2）在二叉树中每个节点的子树都是有序的，也就是说，可以用左、右子树来区别。而树的子树间是无序的。

4.2.2　两种特殊的二叉树

1. 满二叉树

在一棵二叉树中，如果所有节点或者有两个孩子，或者没有孩子，且叶子节点集中在树

的最下层，这样的二叉树称为满二叉树。深度为 k 的满二叉树，一定有 2^k-1 个节点。如图4-4 所示。

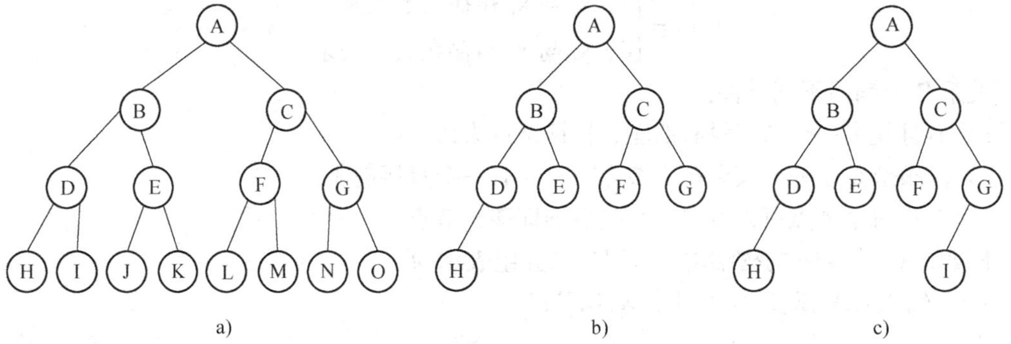

图4-4　满二叉树和完全二叉树示意图

a）满二叉树　b）完全二叉树　c）非完全二叉树

2. 完全二叉树

对满二叉树，从树根开始，按照层次从上往下，从左往右，依次编号，树根编号为 1。某一棵树，对其节点按照上述原则编号，如果其节点编号与满二叉树上相应位置上的节点编号完全一致，则称该树为完全二叉树，如图 4-4b 所示；否则，该树为非完全二叉树，如图 4-4c 所示。

显然，满二叉树是完全二叉树的一个特例。

4.2.3　二叉树的性质

性质 1　二叉树的第 k 层上，最多有 2^{k-1} （$k>0$）个节点。

证明：可以用数学归纳法证明之。

$k=1$，则节点数为 $2^{1-1}=1$，仅有根节点。

$k=2$，则节点数为 $2^{2-1}=2$，第二层上最多有两个节点。

若已知第 $k-1$ 层上的节点数最多为 $2^{(k-1)-1}$个，由于二叉树中每个节点最多有两个孩子，因此，第 k 层上，最多有 $2^{(k-1)-1}\times 2=2^{k-1}$个节点。

性质 2　若二叉树的深度为 h （$h\geqslant 0$），则该二叉树最少有 h 个节点，最多有 2^h-1 个节点。

证明：因为每一层最少要有 1 个节点，因此节点数最少为 h。

由性质 1 可知，在深度为 h 的二叉树中最多含有节点数为

$$\sum_{k=1}^{k=h}(k\text{ 层上节点最大数}) = \sum_{k=1}^{k=h}2^{k-1} = 2^h-1$$

性质 3　对任意一棵二叉树，如果叶子节点个数为 n_0，度为 2 的节点个数为 n_2，则有 $n_0=n_2+1$。

证明：设二叉树中度为 1 的节点个数为 n_1，根据二叉树的定义可知，该二叉树的节点数 $n=n_0+n_1+n_2$。又因为在二叉树中，度为 0 的节点没有孩子，度为 1 的节点有 1 个孩子，度为 2 的节点有 2 个孩子，故该二叉树的孩子节点数为 $n_0\times 0+n_1\times 1+n_2\times 2$，而一棵二叉树中，除根节点外所有都为孩子节点，故该二叉树的节点数应为孩子节点数加 1，即 $n=n_0\times 0+n_1\times 1+n_2\times 2+$

1，因此，有 $n_0+n_1+n_2=n_0\times0+n_1\times1+n_2\times2+1$，最后得到 $n_0=n_2+1$。

性质 4　包含 n（$n>0$）个节点的二叉树边数为 $n-1$。

证明：二叉树中每个节点（除了根节点）有且只有一个父节点。在子节点与父节点间有且只有一条边，因此边数为 $n-1$。

性质 5　对于一棵具有 n 个节点的完全二叉树，其高度 h 为 $\lceil\log_2(n+1)\rceil$

证明：由性质 2 可知，高度为 h 的二叉树最多有 2^h-1 个节点。因为 $n\leqslant2^h-1$，因此 $h\geqslant\log_2(n+1)$，由于 h 是整数，所以 $h=\lceil\log_2(n+1)\rceil$。

性质 6　如果将一棵有 n 个节点的完全二叉树从上到下，从左到右对节点编号 1，2，…，n，然后按此编号将该二叉树中各节点顺序地存放于一个一维数组中，并简称编号 j 的节点为 j（$1\leqslant j\leqslant n$），则有如下结论成立：

1）若 $j=1$，则节点 j 为根节点，无双亲，否则 j 的双亲为 j/2（取整）；

2）若 $2j\leqslant n$，则节点 j 的左孩子为 2j，否则无左孩子；

3）若 $2j+1\leqslant n$，则节点 j 的右孩子为 $2j+1$，否则无右孩子。

证明略。

4.3　二叉树的存储结构

二叉树有两种存储结构：顺序存储结构和链式存储结构

4.3.1　二叉树的顺序存储结构

利用一维数组存储二叉树中的节点值，称为二叉树的顺序存储结构。存储时，从树根开始，按满二叉树方式从上往下，从左往右，依次给每个节点编号，节点的值就存储在以其节点编号为下标的数组元素中。

顺序存储结构二叉树的定义：

```
elemtype  BiTree[MAX_TREE_SIZE];  //elemtype 节点数据类型
                                  //MAX_TREE_SIZE 数组的容量
```

图 4-5 给出二叉树的两个样例。第一棵二叉树为完全二叉树，有 7 个元素。第二棵二叉树为非完全二叉树，有 4 个元素。

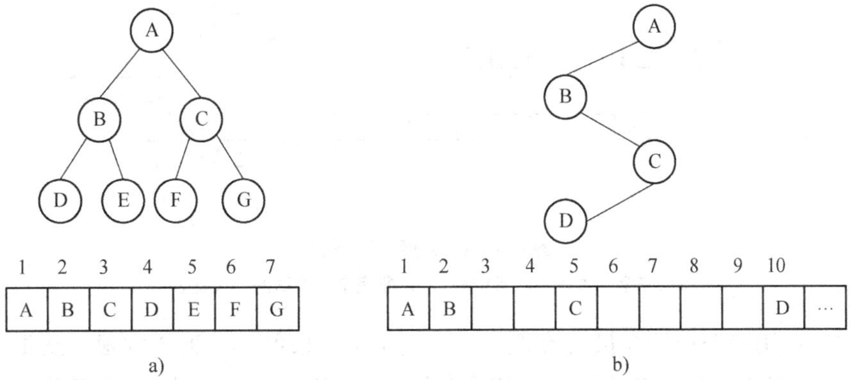

图 4-5　二叉树的顺序存储形式

a）完全二叉树的存储形式　b）非完全二叉树的存储形式

如图4-5所示，第i号节点的左右孩子一定保存在第2i与2i+1号单元中。

对于一棵二叉树，若采用顺序存储时，当它为完全二叉树时，比较方便，若为非完全二叉树，将会非常浪费空间。最坏的非完全二叉树是全部只有右分支（右斜二叉树），设高度为K，则需占用2^K-1个存储空间，而实际只有k个元素，实际只需k个存储空间。因此，对于非完全二叉树，宜采用链式存储结构。

图4-6为一棵只有3个节点的右斜的二叉树，用顺序存储结构存储，至少需要7个存储空间。

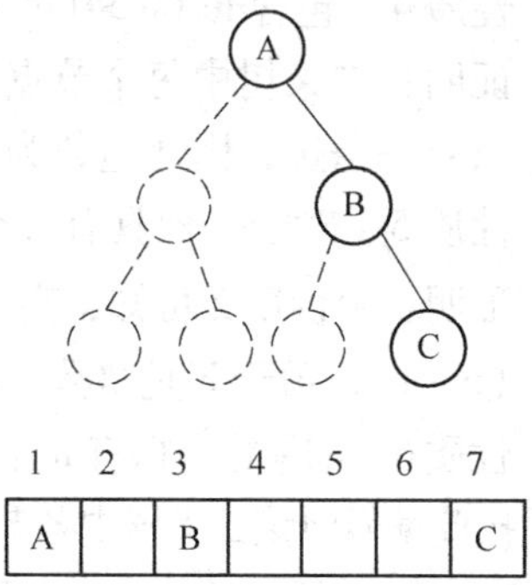

图4-6　右斜二叉树的存储形式

4.3.2　二叉树的链式存储结构

二叉树最常用的存储方法是链式存储。如果不需要通过节点访问祖先节点，那么二叉树的节点至少需要保存3种信息：数据元素、左孩子位置、右孩子位置。相应地，每个节点可以分成3部分，一部分存放节点本身信息，另外两部分为指针lchild和rchild，分别存放左、右孩子的地址。若没有左孩子或右孩子，则将其lchild或rchild置为0。因为包括n个元素的二叉树恰有n-1条边，因此将有2n-(n-1)=n+1个指针域没有值，这些域被置为0。

链式存储结构二叉树的定义：

```
typedef struct_bitree
{
        elemtypedata;     //elemtype:节点数据类型
        struct_bitree * lchild;
        struct_bitree * rchild;
}bitree;
```

图4-7给出了图4-5所示二叉树的链式存储结构示意图。

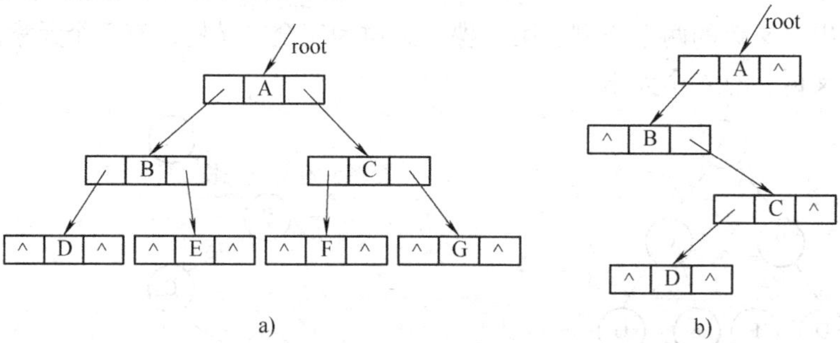

图4-7　二叉链表表示法

a）完全二叉树的二叉链表　b）非完全二叉树的二叉链表

使用方法：用一个指针变量（在图4-7中为root）来保存二叉树的根，从根节点开始，沿着lchild和rchild指针域按某种方法进行搜索，可以访问到二叉树中的所有节点。

4.4 二叉树的遍历

在二叉树的一些应用中，常常要求在树中查找某些具有某种特征的节点，或者对树中全部节点逐一进行某种处理。这就提出了一个遍历二叉树（Traversing Binary Tree）的问题。

4.4.1 二叉树遍历方法

1. 遍历概念

遍历：按某种搜索路径访问二叉树的每个节点，而且每个节点仅被访问一次。

这里“访问”是一个抽象的说法，可以是对节点的各种处理，如修改节点数据、输出节点数据等。

遍历是各种数据结构最基本的操作，许多其他的操作可以在遍历基础上实现。对于线性结构由于每个节点只有一个直接后继，遍历是很容易的事情，但是对于树这样一种非线性结构，遍历操作需要一些特殊方法。

【思考】 二叉树是非线性结构，每个节点可能有两个后继，如何访问二叉树的每个节点，而且每个节点仅被访问一次？

下面我们研究二叉树的遍历方法。

2. 遍历方法

二叉树的组成要素：根节点、左子树、右子树三个部分，如图4-8所示。

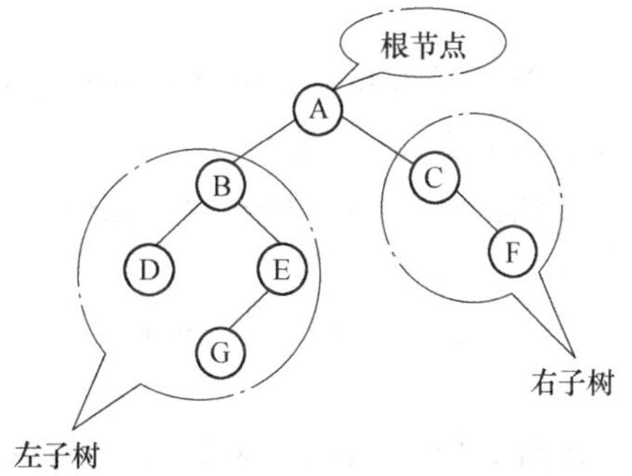

图4-8 二叉树遍历的示意图

根据二叉树的组成要素，二叉树的遍历可以分解为访问根节点、遍历左子树、遍历右子树3个操作。

令：D表示访问根节点；L表示遍历左子树；R表示遍历右子树。

二叉树的遍历方法实际上就是对二叉树的3个要素（D，L，R）的不同排列方式。3个元素的全排列共有6种，因此理论上将有6种遍历方法，这6中遍历方法我们表示为：

DLR，LDR，LRD

DRL，RDL，RLD

这6种遍历方法具有对称性，DLR与DRL对称，LDR与RDL对称，LRD与RLD对称，所以实际上只需要研究3种遍历方法即可。为尊重习惯起见，约定使用先左后右的顺序遍历，那么就只有3种遍历方法：DLR、LDR、LRD，分别称为：先（根）序遍历、中（根）序遍历、后（根）序遍历。

DLR（先序遍历）：先访问根节点，再遍历左子树，然后遍历右子树；

LDR（中序遍历）：先遍历左子树，再访问根节点，然后遍历右子树；

LRD（后序遍历）：先遍历左子树，再遍历右子树；然后访问根节点。

注意这个定义是一个递归定义，即遍历左子树、遍历右子树仍然遵从相同的原则和顺序。

4.4.2　先序遍历（DLR）

在遍历过程中，如果二叉树是空二叉树，则停止遍历，直接返回。因此二叉树的先序遍历过程可以用递归的方式定义为下述3个步骤。

```
if(二叉树非空){
    访问根节点;
    先序遍历左子树:即按 DLR 的顺序递归遍历左子树;
      先序遍历右子树:即按 DLR 的顺序递归遍历右子树;
}
```

用C语言代码描述如下：

算法4-1　二叉树先序遍历

```
void preOrder(bitree  *root){
  if(root! =NULL){
        visit(root);
        preOrer(root - >lchild);
        preOrer(root - >rhild);
  }
}
```

为了简单起见，这里处理节点的函数visit，我们直接输出节点的值。假设节点的数据类型elemtype是int，则

```
void visit(bitree * root)
{
      printf("% d",root - >data);
}
```

【例4-1】　对图4-8的二叉树进行先序遍历，写出先序遍历序列。

解：我们定义“访问”节点为输出节点的值。根据先序遍历算法：

1）首先输出根节点的值A。

2）先序遍历A的左子树。先序遍历左子树时，仍然是先输出左子树的根节点B，然后先序遍历B的左子树，B的左子树的根节点是D，所以应该输出D。D的左、右子树都是空，返回。下一步应该遍历B的右子树，其结果是输出E，然后输出G。

至此，A的左子树遍历完毕。

3）先序遍历A的右子树，首先输出右子树的根节点值C，C的左子树是空，返回。接下来遍历C的右子树，输出其根节点F，F的左右子树均为空，至此遍历结束。

遍历结束时，每一个节点都得到了处理。完整的先序遍历序列是

ABDEGCF

4.4.3　中序遍历（LDR）

中序遍历的基本思想可以用下述算法描述。

```
if(二叉树非空){
    ① 中序遍历左子树:即按 LDR 的顺序递归遍历左子树;
```

② 访问根节点;
③ 中序遍历右子树:即按 LDR 的顺序递归遍历右子树;
}
用类 C 语言代码描述如下:
算法 4-2 二叉树中序遍历
```
void inOrder(bitree * root){
  if(root! =NULL){
        inOrer(root - >lchild);
        visit(root);
        inOrer(root - >rhild);
  }
}
```
【例 4-2】 对图4-8 的二叉树进行中序遍历,写出中序遍历序列。

解:中序遍历序列为 DBGEACF

这里省略了中序遍历的过程,请读者根据图和结果序列自己分析遍历过程。

4.4.4 后序遍历(LRD)

后序遍历的基本思想用下面的算法描述:
if(二叉树非空){
① 后序遍历左子树:即按 LRD 的顺序递归遍历左子树。
② 后序遍历右子树:即按 LRD 的顺序递归遍历右子树。
③ 访问根节点。
}
用类 C 语言代码描述如下:
算法 4-3 二叉树后序遍历
```
void postOrder(bitree * root){
  if(root! =NULL){
        postOrer(root - >lchild);
        postOrer(root - >rhild);
        visit(root);
  }
}
```
【例 4-3】 对图4-8 的二叉树进行后序遍历,写出后序遍历序列。

解:根据后序遍历规则,有

1) 总的遍历结果表示为 L_AR_AA,其中 A 是根节点。

2) 遍历根节点 A 的左子树 L_A,结果是 $L_A = L_BR_BB$,而 $L_B = D$,$R_B = GE$,所以 $L_A = DGEB$。

3) 遍历跟节点 A 的右子树 R_A,结果是 $R_A = L_CR_CC$,而 L_C 为空,$R_C = F$,所以$R_A = FC$。

4) 综合上述分析结果,二叉树的后序遍历结果是 DGEBFCA。

4.4.5　层次遍历

层次遍历与前面介绍的先序遍历、中序遍历、后序遍历是不同类型的遍历方法。二叉树的遍历方法可以分为两大类。

深度优先遍历：先序、中序、后续遍历都属于深度优先遍历。

宽度优先遍历：层次遍历。

层次遍历的基本思路：对二叉树从上到下、从左到右依次访问每一个元素。

根据这个思路，图4-8中二叉树的层次遍历序列是：ABCDEFG。

层次遍历无法用递归方式描述，那么如何设计层次遍历的算法呢？下面分析层次遍历的过程：

首先我们处理根节点A，在处理A的时候，必须同时保存A的孩子节点B和C，下一步处理节点B，在处理节点B的时候，同时保存B的孩子节点D和E……这个过程一直进行下去。那么将当前正在处理节点的孩子节点保存在什么地方呢？仔细观察层次遍历过程我们可以发现，层次遍历具有“先进先出”的特点，因此我们自然会想到，将当前节点的孩子节点用一个队列来保存，因此，在算法设计时，用一个队列作为辅助数据结构。

算法4-4　二叉树层次遍历（伪代码描述）

```
初始化队列Q;
二叉树的根节点插入队列Q;
while(Q非空){
    取队首元素,将其赋值给p;
    将p的左右孩子插入队列Q;
    处理节点p;
}
```

【例4-4】　针对图4-9的二叉树，分别写出先序、中序、后序及层次遍历序列。

解：图4-9a的遍历序列如下所示。

先序遍历：ABDC

中序遍历：BDAC

后序遍历：DBCA

层次遍历：ABCD

图4-9b的遍历序列如下所示。

先序遍历：ABCDEFG

中序遍历：CBDAEGF

后序遍历：CDBGFEA

层次遍历：ABCDEFG

图4-9　遍历二叉树举例

4.4.6　二叉树的创建

为了对二叉树进行遍历及其他操作，首先要在内存中建立一棵二叉树，在此讨论用先序建树法建立一个二叉链表。

从图4-10中可以看出，该二叉树中节点的数据为整数，为了在内存中采用链式结构存储该树，采用如下的先序方法建树：

先建立树根，然后再建立树根的左子树，右子树。输入的第一个数据作为树根节点的数据，在输入时，若节点没有左孩子，则左孩子数据输入 0；若节点没有右孩子，则右孩子数据输入 0。对应图 4-10，输入的数据应该为：1，2，0，0，3，4，6，0，0，0，5，0，0。

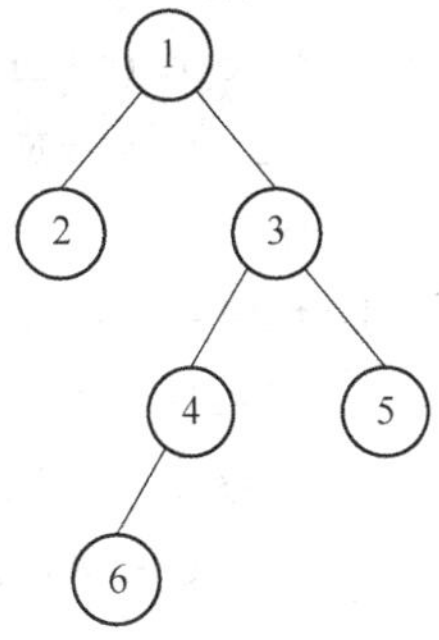

图 4-10　先序建树法创建二叉树

```
struct_bitree//节点数据类型
{    intdata;
struct_bitree * lchild;
struct_bitree * rchild;
}bitree;
bitree * createtree()//先序建树法
{inta;
bitree * q;
    scanf("% d",&a);
    if(a! =0){
        q=(bitree * )malloc(sizeof(bitree));
q - >data=a;//生成根节点
        q - >lchild=createtree();//构造左子树
    q - >rchild=createtree();//构造右子树
    return q;
    }
    else
    return NULL;
}
void main()
{bitree * root=NULL;
    root=createtree();
    preOrder(root);
    printf("\n");
    postOrder(root);
    printf("\n");
}
```

程序的输出结果：

2　3　4　6　5

6　4　5　3　1

4.4.7　二叉树遍历算法的应用

【例 4-5】　二叉树的复制。对二叉树进行遍历的同时复制该二叉树。

算法如下：

```
//先序遍历法复制二叉树,sour 指向原二叉树的根节点
bitree * copy(bitree * sour)
{    if(sour = =NULL)  return  NULL;
    else
    {bitree * dest;
        dest = (bitree * )malloc(sizeof(bitree));
        dest - >data = sour - >data;              //复制根节点
        dest - >lchild = copy(sour - >lchild);     //复制左子树
        dest - >rchild = copy(sour - >rchild);   //复制右子树
        return dest;
    }
}
```

【例 4-6】 计算二叉树的高度。二叉树的高度为二叉树中节点层次的最大值，因此，从上一层的根节点开始往下递推可得到树的高度。

算法如下:

```
void  treehigh(bitree * p,int&high)      //high 存储树的高度,p 指向树根节点
{      if(p = =0){
               high =0;
               return;
        }
        else{
               int lhigh,rhigh;
               treehigh(p - >lchild,lhigh);   //求左子树高度
               treehigh(p - >rchild,rhigh);   //求右子树高度
               if(lhigh > =rhigh)
                 high = lhigh +1;
               else
                 high = rhigh +1;
        }
}
```

【例 4-7】 计算二叉树中叶子节点个数。对二叉树进行遍历，判断被访问的节点是否为叶子节点，若是叶子节点，则将叶子数加 1。

算法如下:

```
//先序遍历法求叶子节点,count 存储叶子节点个数
void countleaf(bitree * root,int &count)
{     if(root = =0)
           return;
      else if(root - >lchild = =NULL &&root - >rchild = =NULL)
           //节点的左右子树同时为空,即为叶子
```

```
        {  count++;
           return;}
        else
        {  countleaf(root->lchild,count);
           countleaf(root->rchild,count);    }
    }
```

【例4-8】 删除整棵树。要删除一棵二叉树，需要删除其所有节点。可以通过后序遍历在访问一个节点时，将其删除。也就是说先删除左子树，然后右子树，最后删除根。

void deletepostorder(bitree * root,int&count)//count 为二叉树中节点的个数

```
{  if(root! =NULL){
deletepostorder(root->lchild,count);
        deletepostorder(root->rchild,count);
        count++;
        free(root);
}
}
```

【例4-9】 恢复二叉树 同一棵二叉树具有唯一的先序序列、中序序列和后序序列，但不同形状的二叉树可能具有相同的先序序列、中序序列或后序序列。因此，若二叉树的任意两个节点的值都不相同，则有二叉树的先序序列和中序序列，或者后序序列和中序序列，才能得到唯一的一棵二叉树。

使用先序序列和中序序列构造二叉树，可按如下方法进行：

1）用先序序列的第一个节点作为根节点。

2）在中序序列中查找根节点的位置，并以此为界将中序序列划分为左、右两个序列（左、右子树）。

3）根据左、右子树的中序序列中的节点个数，将先序序列去掉根节点后的序列划分为左、右两个序列，它们分别是左、右子树的前序序列。

4）对左、右子树的前序序列和中序序列递归地实施同样方法，直到所得左、右子树为空。

例如，已知一棵二叉树先序遍历为 ABCDEFG，中序遍历为 CBDAFEG，则其二叉树形状如图4-11所示。

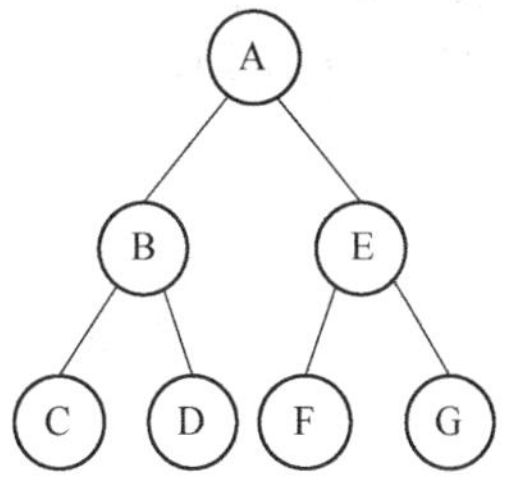

图4-11 二叉树构造图

4.5 哈夫曼树

4.5.1 哈夫曼树的概念

哈夫曼树又称最优树，是一类带权路径最短的树，这种树在信息检索中很有用处。下面介绍几个基本概念。

1. 树的路径长度

(1) 节点间的路径长度　节点间的路径长度是指两个节点之间的分支数目（边数）。图4-12中节点1到节点8间的路径长度为3，节点2到节点8间的路径长度为2。

(2) 树的路径长度（PL）　树的路径长度是从树根到树中每一节点的路径长度之和。图4-12中树的路径长度 $PL=0+1\times2+2\times4+3\times1=13$。

可以证明，在节点数目相同的二叉树中，完全二叉树的路径长度最短。

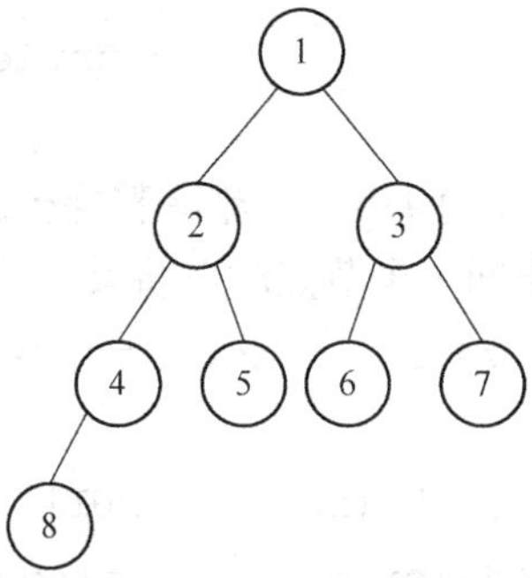

图4-12　树的路径长度

2. 树的带权路径长度

1）权：赋予树中叶子节点某个实数值称为权值（这在实际应用中是有某种意义的，比如使用率，数值等）。

2）节点的带权路径长度：从该节点到树根之间的路径长度×该节点上的权值。

3）树的带权路径长度（WPL）：树中叶子节点的带权路径长度之和为

$$WPL = \sum_{k=1}^{n} w_k l_k$$

其中，n为叶子节点数目，w_k为树中每个叶子节点的权值，l_k为每个叶子到根节点的路径长度。

3. 哈夫曼树

【例4-10】　假设一组实数(7，5，2，4）作为二叉树叶子节点的权值，请构造不同的二叉树。

解：四个权值对应二叉树的四个叶子节点，将对应的四个叶子节点命名为（a，b，c，d），图4-13是我们构造的不同形态的二叉树，每棵二叉都具有7个节点，但其WPL不同。

图4-13a的 $WPL=7\times2+5\times2+2\times2+4\times2=36$

图4-13b的 $WPL=7\times3+5\times3+2\times1+4\times2=46$

图4-13c的 $WPL=7\times1+5\times2+2\times3+4\times3=35$

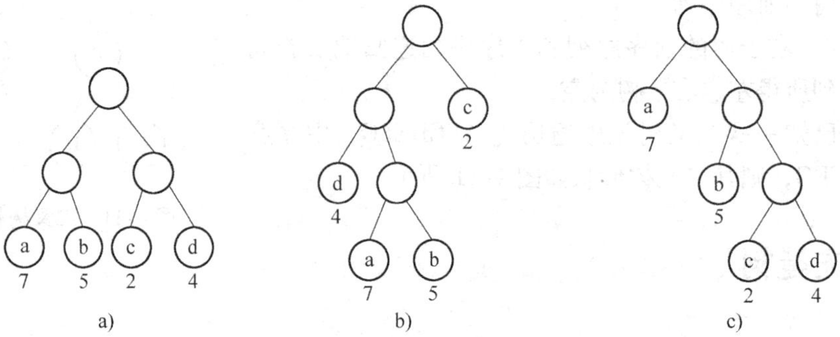

图4-13　树的带权路径长度
a）WPL=36　b）WPL=46　c）WPL=35

例题的结果说明，由相同权值的一组叶子节点所构成的二叉树有不同的形态和不同的带权路径长度。在本例中，图4-13c是最优二叉树。根据定义及对图4-13的观察我们会发现，权值越小的叶子节点离根节点越远，加权路径长度越短。

哈夫曼树（最优二叉树）：对相同节点的二叉树，树的带权路径长度最小的二叉树称作最优二叉树或哈夫曼树（Huffman Tree）。

4.5.2 哈夫曼树的构造

由上述的例子可见，带权路径长度最小的树并不是完全二叉树，它的特点是权值越大的叶子离根节点的距离越近。给定n个权值，如何构造一棵n个带有给定权值的叶节点的二叉树，使其带权路径长度最小？哈夫曼最早给出了一个带有一般规律的算法，称为哈夫曼算法。方法如下：

1）由原始数据生成森林。

2）在森林中选取两棵根节点权值最小的和次小的二叉树作为左右子树构造一棵新的二叉树，其根节点的权值为左右子树根节点权值之和。

3）将新的二叉树加入到森林F中，去除原两棵权值最小的树。

4）重复2）、3）步骤，直至F中只剩一棵树为止。

【例4-11】 假设6个字符（a，b，c，d，e，f），这6个字符的频率分别为（6，2，3，3，4，9），请利用哈夫曼（Huffman）算法构造的哈夫曼树。

解：根据Huffman算法，构造Huffman树的过程如下。

1）初始的二叉树集合如图4-14a所示，方框外部的数字为树的权值。

2）首先选择具有最小权值的树b和具有次小权值的树c，将b与c合并，所得到的结果如图4-14b所示。

3）接下来选择具有最小权值的两棵树d和e进行合并，合并后的结果如图4-14c所示。

4）从图4-14c的4棵树中选出具有最小权值的树a和权重为5的树，将它们合并后得到权值为11的树，合并后的结果如图4-14d所示。

5）从图4-14d中剩下的3棵树中选取树f及权值为7的树，进行合并，得图4-14e。

6）将图4-14e中剩下的最后两棵树合并即可得到图4-14f所示的哈夫曼树，其权值为27。

4.5.3 哈夫曼编码

在数据通信中，经常需要将传送的文字转换为字符0和1组成的二进制字符串来传送。将电文转换为二进制字符串的过程称为编码；将接收到的0和1串转换为对应的字符串的过程称为译码。同一篇电文，编码后生成的二进制字符串长度越短，传送效率越高。哈夫曼树可用于构造编码长度最短的编码方案。

具体构造方法如下：

设电文中使用n个字符，为｛d_1，d_2，…… d_n｝，每种字符在电文中出现频率为w_1，w_2，…w_n，以d_1，d_2，…d_n作为叶子节点，以w_1，w_2，…w_n作为各节点的权值构造一棵哈夫曼树，规定哈夫曼树中的左分支为0，右分支为1，则从根节点到每个叶节点所经过的分支对应的0和1组成的序列便为该节点对应字符的编码。这样的编码称为哈夫曼编码。

【例4-12】 假设某通信系统需要传输的电文是｛CAS；CAT；SAT；AT｝，请对该电文进行编码。

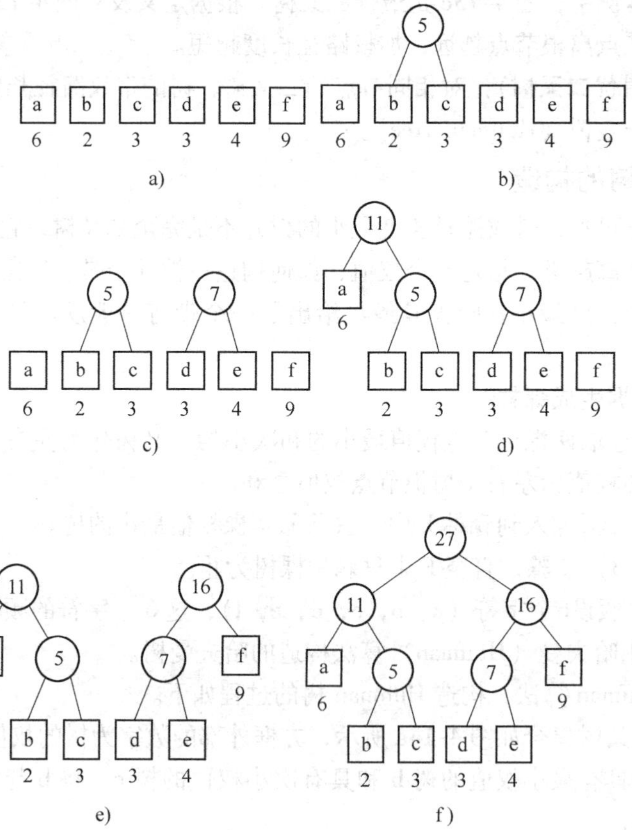

图 4-14　哈夫曼树的构造

a）初始集合　b）第一次合并后　c）第二次合并后

d）第三次合并后　e）第四次合并后　f）最终哈夫曼树

分析：如果不进行编码压缩，那么电文 {CAS; CAT; SAT; AT} 是 14 个字符，需要传输 112 个二进制码。下面我们进行哈夫曼编码。

要传输的电文中涉及的字符集是 D = {C, A, S, T, ;}，每个字符出现的频率是 W = {2, 4, 2, 3, 3}，以此频率作为每个字符的权值，构造一棵哈夫曼树，如图 4-15 所示。对于哈夫曼树，我们规定向左的分支编码为 0，向右的分支编码为 1，那么字符集中每个字符的编码如下所示。

T：00

;：01

A：10

C：110

S：111

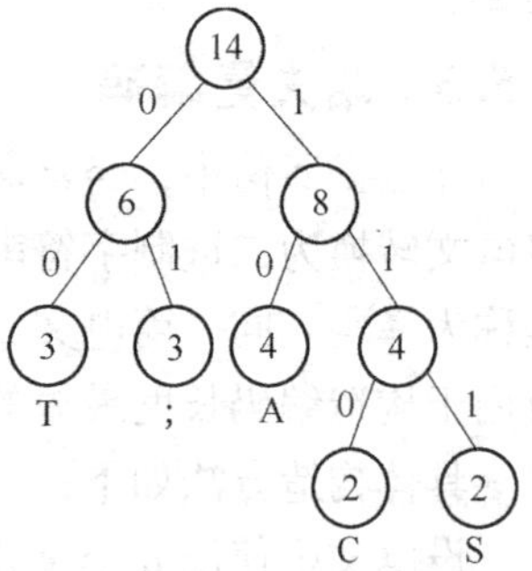

图 4-15　哈夫曼树与哈夫曼编码

这样一种字符与编码之间的对应关系称为编码表。可以看到，每个字符的编码都不是另一个字符编码的前缀，这种编码称为前缀唯一编码，简称前缀码。

根据上述编码表，本例电文的编码如下（空格是便于阅读而加上的）：

1101　0111　0111　0100　0011　1110　0001　1000

可以发现，编码后只需要 32 个二进制码表示需要传输的电文，而原始电文需要 112 个二进制码。所以压缩效率是很明显的。

4.6　树和森林

4.6.1　树概念及其存储

1. 树

树是 n（n≥0）个节点的有限集 D，若 D 为空集，则为空树，否则

① 在 D 中存在唯一的称为根的节点 T。

② 当 n＞1 时，其余节点可分为 m 个互不相交的有限集 T_1，T_2，…，T_m，其中每一个子集本身又是棵树，并称其为根 T 的子树。

图 4-16 中，T＝｛A，B，C，D，E，F，G，H，I｝，A 是根节点，其余节点可以划分为两个互不相交的集合：

$T_1 = \{B,D,E,F,H,J\}$，　$T_2 = \{C,G\}$

T_1，T_2本身又是一棵树，它们是 A 的子树。对于 T_1，B 是根节点，其余节点可以划分为 3 个互不相交的集合：

$T_{11} = \{D\}, T_{12} = \{E,H,J\}, T_{13} = \{F\}, T_{11}, T_{12}, T_{13}$是 B 的子树。

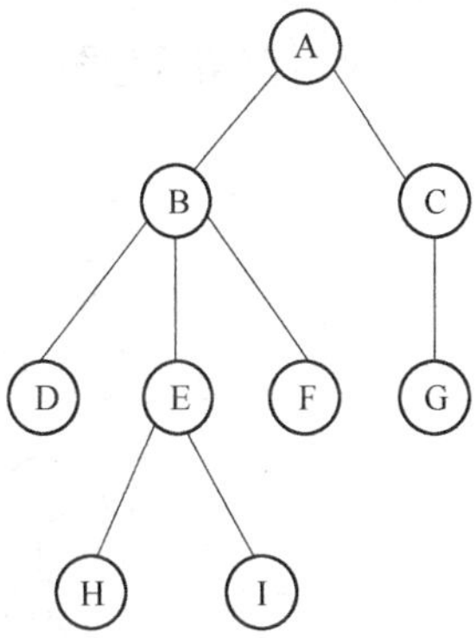

图 4-16　一般的树结构

2. 森林

森林是 m（n≥0）棵互不相交的树的集合。

树 T 是由一个根节点和 n 棵树（T_1，T_2，…，T_m）组成的森林构成，森林中的每棵树都是树 T 的子树。

树与森林的转换如下：

① 树转换成森林：去掉根节点与其所有子树的连线去掉，就形成森林。

② 森林转换成树：在森林的头上加一个虚拟的根节点即构成树。

4.6.2　树的存储结构

1. 双亲表示法

由树的定义可以知道，树中的每个节点都有唯一的一个双亲节点，根据这一特性，可用一组连续的存储空间（一维数组）存储树中的各个节点，数组中的一个元素表示树中的一个节点，数组元素为结构体类型，其中包括节点本身的信息以及节点的双亲节点在数组中的序号，树的这种存储方法称为双亲表示法。其存储表示可描述为

```
#define MAXNODE  50//树中节点的最大个数
typedefstruct{
    elemtype  data;
    int  parent;
  }NodeType;
NodeType  t[MAXNODE];
```

图 4-16 中树的双亲表示法如图 4-17 所示。图中用 parent 域的值为 -1，表示该节点无双亲节点，即该节点是一个根节点。

2. 左孩子 - 右兄弟表示法

这是一种常用的存储结构。其方法是这样的：在树中，每个节点除其信息域外，再增加两个分别指向该节点的第一个孩子节点和下一个兄弟节点的指针。在这种存储结构下，树中节点的存储表示可描述为

```
typedef struct_TreeNode  {
    elemtype data;
    struct_TreeNode  *son;
    struct_TreeNode  *next;
}TreeNode;
```

序号	data	parent
0	A	-1
1	B	0
2	C	0
3	D	1
4	E	1
5	F	1
6	G	2
7	H	4
8	I	4

图 4-17　图 4-16 所示树的双亲表示法示意

图 4-18b 给出了图 4-18a 所示的树采用孩子兄弟表示法时的存储示意图。

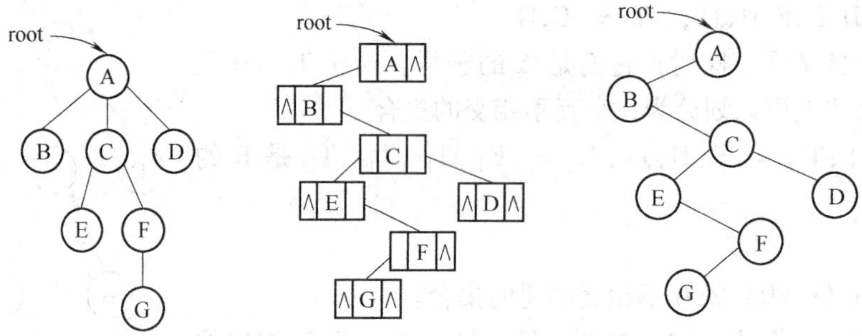

a)　　b)　　c)

图 4-18　树 T 的孩子 - 兄弟表示法及于二叉树的对应关系

a) 树 T　b) 树 T 的孩子 - 兄弟表示法　c) 树 T 对应的二叉树

在实际应用中，使用比较多的是将一般的树用左孩子 - 右兄弟链表存储法。树的左孩子 - 右兄弟存储实际上也是一种二叉链表。也就是说二叉树与树都可用二叉链表存储，那么以二叉链表作中介，可导出树与二叉树之间的转换关系。以图 4-18b 作为中介，图 4-18c 是图4-18a的一般树转换为二叉树的结果；反之，图 4-18a 是图 4-18c 的二叉树转换成的一般树。表 4-1 给出了树与二叉树转换时的对应关系。

表 4-1　树与二叉树的转换

树	二叉树
根	根
节点 x 的第一个孩子	节点 x 的左孩子
节点 x 的右兄弟	节点 x 的右孩子

【例 4-13】　将图4-19a 所示的一般树转换为二叉树。

解：图 4-19a 的一般树对应的二叉树如图 4-19b 所示。具体分析过程如下：

1）图 4-19a 的根节点 A 对应于二叉树的根节点 A。

2）A 的第一个孩子节点 B 对应二叉树的左孩子 B，A 没有右兄弟，所以对应二叉树中节点 A 没有右孩子节点。

3）B 的第一个孩子是 E，B 的右兄弟是 C，所以在对应二叉树中，B 的左孩子是 E，右孩子是 C。

4）其他节点的分析过程与上述分析类似。最终的转换结果如图 4-19b 所示。

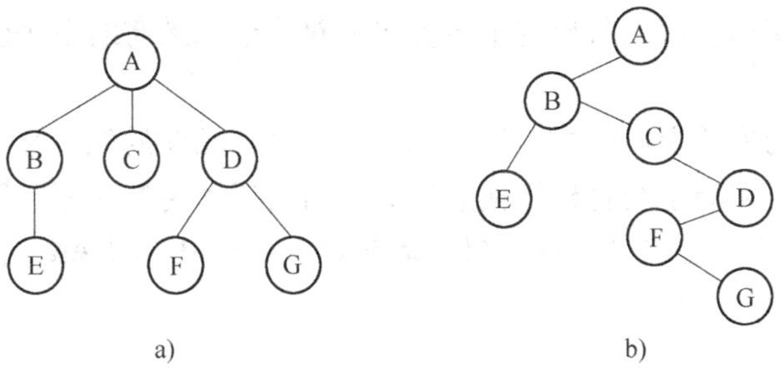

图 4-19 一般树转换为二叉树

a）一般树 b）二叉树

【例 4-14】 将图4-20a 的森林转换成二叉树

解：图 4-20a 的森林对应的二叉树如图 4-20b 所示。具体分析过程如下：

1）节点 A 对应于二叉树的根节点 A。

2）A 的第一个孩子是 B，A 的右兄弟是 E，所以对应的二叉树中 A 的左孩子是 B，右孩子是 E。

3）B 是叶子节点，没有孩子，B 的右兄弟是 C，所以在对应二叉树中，B 没有左孩子，右孩子是 C。同理，C 没有孩子节点，C 的右兄弟是 D，因此，在对应二叉树中，C 没有左孩子，右孩子是 D。

4）E 的第一个孩子是 F，E 的右兄弟是 G，所以对应二叉树中 E 的左孩子是 F，右孩子是 G。

5）其余节点的分析过程类似，最后转换的二叉树如图 4-20b 所示。

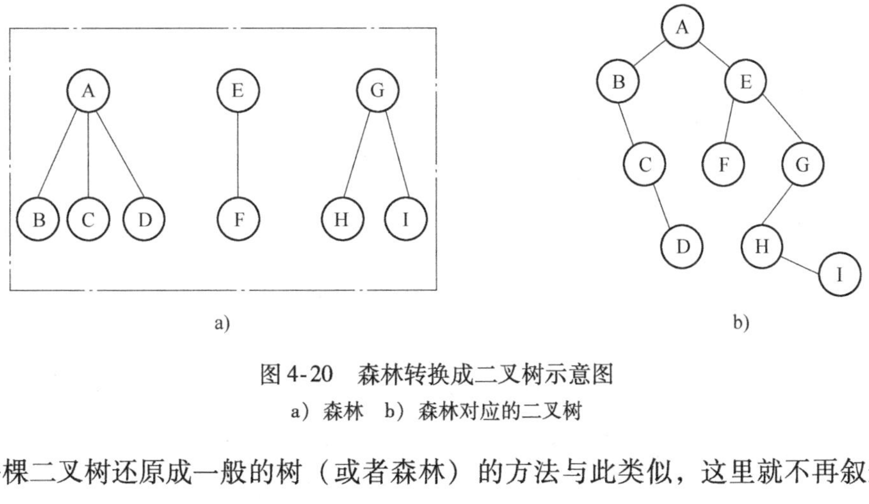

图 4-20 森林转换成二叉树示意图

a）森林 b）森林对应的二叉树

将一棵二叉树还原成一般的树（或者森林）的方法与此类似，这里就不再叙述，请读者自己思考。

4.6.3 树的遍历

由树结构的定义可知，树的遍历有两种方法。

1）先序遍历。先访问根节点，然后依次先序遍历完每棵子树。如图4-19a的树，先序遍历的次序是ABECDFG，这个遍历序列对应于二叉树的先序遍历。

2）后序遍历。先依次后序遍历完每棵子树，然后访问根节点。如图4-19a的树，后序遍历的次序是EBCFGDA，可以看出这个遍历序列对应于二叉树的中序遍历。

说明：

1）树的先序遍历实质上与将树转换成二叉树后对二叉树的先序遍历相同。

2）树的后序遍历实质上与将树转换成二叉树后对二叉树的中序遍历相同。

关于树的先序遍历算法这里不再介绍，请参看第6章中图的深度优先遍历算法。

第5章　查找和排序

本章讨论建立在数据结构上的两个重要的运算——查找和排序。据统计，目前商用计算机的 CPU 有 25% 到 75% 的时间花在查找和排序上，因此，对这两个问题处理的好坏，直接影响到计算机的工作效率。

本节介绍线性表、树和散列表（或称哈希表）的查找方法、算法实现以及各种查找方法的时间性能分析，重点是顺序查找、二分查找、二叉树查找以及散列表上查找的基本思想和算法实现。

5.1　查找的基本概念

1. 动态查找和静态查找

查找的同时对表做修改操作（如插入或删除）的表称之为动态查找表，否则称之为静态查找表。

2. 平均查找长度

衡量一个查找算法优劣的标准是在查找过程中对关键字需要执行的平均比较次数（即平均查找长度 ASL）。将查找算法进行的关键字的比较次数的数学期望值定义为平均查找长度，计算公式为：

$$ASL = \sum_{i=1}^{n} p_i c_i$$

其中，n：表示问题规模，查找集合中的记录个数。

p_i：表示查找第 i 个记录的概率。

c_i：表示查找第 i 个记录所需的关键字的比较次数。

5.2　线性表的查找

假设 a 是一个顺序表（一维数组），元素个数是 n，数组 a 的元素已经排好序（即 a 是有序表），要求查找指定的数据 key 是否在数组 a 中。

线性表上进行查找的方法主要有 3 种：顺序查找、二分查找和分块查找。

1. 顺序查找

基本思想：从线性表的一端向另一端逐个将关键字与给定值进行比较，若相等，则查找成功，给出该记录在表中的位置；若整个表检测完仍未找到与给定值相等的关键字，则查找失败，给出失败信息。

顺序查找方法可用链式存储结构和顺序存储结构实现。

以顺序存储结构为例，设数据元素存放在数组 R 中下标从 0 到 n - 1，从数组的左边开始向另一端检索，顺序检索算法可描述如下：

算法5-1　顺序查找

```
int seqsearch(elemtype a[],int n,elemtype key)
{int  i;
for(i=0;i<n;i++)
            if(a[i]==key)    return i;
else  i++
return -1;//返回-1表示查找失败
}
```

在等概率情况下，查找成功时，其平均查找长度约为表长的一半（n+1）/2；查找失败的话，其平均查找长度为n+1。

2. 二分查找（又称折半查找）

二分查找的算法思想是在有序表中，取中间记录作为比较对象，若给定值与中间记录的关键字相等，则查找成功；若给定值小于中间记录的关键字，则在中间记录的左半区继续查找；若给定值大于中间记录的关键字，则在中间记录的右半区继续查找。不断重复上述过程，直到查找成功，或所查找的区域无记录，查找失败。如图5-1所示。

二分查找算法步骤如下：

设数组a，其元素个数是n，被查找数据是key。

1）定义一个查找区间，查找区间的下界用low表示，上界用high表示。初始时，查找区间是a［0：n-1］，low=0，high=n-1。

2）在查找区间a［low：high］查找，设区间中点下标mid，其中mid=（high+low）/2；将元素a［mid］的值与key进行比较，若key==a［mid］，则表明查找成功，返回该元素的下标mid的值。

3）若key<a［mid］，则表明待查元素key只可能落在该中点元素的左边区间a［low：mid-1］中，接着只要在a［low：mid-1］中继续进行二分查找即可，即新区间的下界不变，上界high=mid-1。

4）若key>a［mid］，则表明待查元素key只可能落在该中点元素的右边区间a［mid+1：n-1］中，接着只要在a［mid+1：n-1］中继续进行二分查找即可，即新区间的上界不变，下界low=mid+1。

5）这样经过一次比较后就使得查找区间缩小一半，如此进行下去，直到查找到对应的元素，返回下标值，或者查找区间变为空（即区间下界low大于区间上界high），表明查找失败返回-1为止。

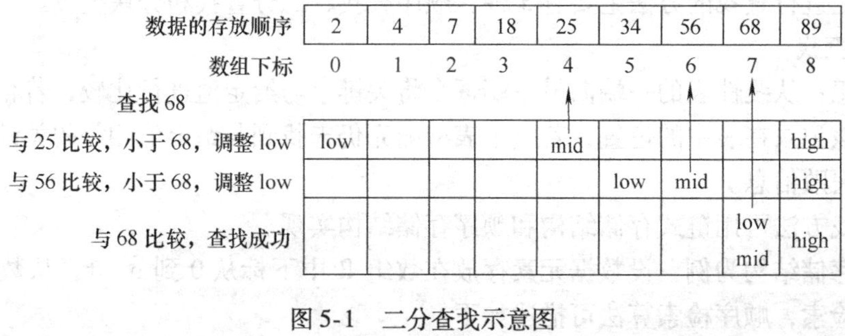

图5-1　二分查找示意图

算法 5-2 二分查找的非递归算法

```
int BinSearch1 (elemtype a[],int n,elemtype key)
{
    intlow =0,high =n -1,mid;
    while (low < =high)
    {
            mid= (low +high) /2;
            if (key= =a [mid])
                  returnmid;//查找成功,返回 key 所在下标值;
            if (key <a [mid])
              high =mid -1;
    else
                 low =mid +1;
  }
  return -1;  //查找不成功
}
```

算法 5-3 二分查找的递归算法

```
int BinSearch2 (elemtype a,int low,int hight,elemtype k)
{  int mid= (low +hight) /2;
    if (low < =hight) {
    if (a [mid]. key= =k) return mid;      //查找成功返回
    if (a [mid]. key >k) return BinSearch2 (a,low,mid -1,k);
    else return BinSearch2 (a,mid +1,hight,k);
    }
    else return -1;
}
```

一般情况下，表长为 n 的折半查找的判定树的深度和含有 n 个节点的完全二叉树的深度相同，如图 5-2 所示。图 5-2 称为二分查找的时间复杂度分析的决策树。

假设 $n=2^h-1$ 并且查找概率相等，根据图 5-2，其平均查找长度为

$$ASL_{bs} = \frac{1}{n}\sum_{i=1}^{n} C_i = \frac{1}{n}\left[\sum_{j=1}^{h} j \times 2^{j-1}\right] = \frac{n+1}{n}\log_2(n+1) - 1$$

在 $n>50$ 时，可得近似结果

$$ASL_{bs} \approx \log_2(n+1) - 1$$

即二分查找在等概率的情况下查找成功的平均查找长度 ASL 为 $\log_2(n+1)-1$，在查找失败时所需比较的关键字个数不超过判定树的深度，最坏情况下查找成功的比较次数也不超过判定树的深度$\lceil \log_2(n+1) \rceil$(不小于 $\log_2(n+1)$ 的最小整数)。

二分查找只适用于顺序存储结构而不能用链式存储结构实现。因为链表无法进行随机访问，如果要访问链表的中间节点，就必须先从头节点开始进行依次访问，这就要浪费很多时间，还不如进行顺序查找，而且，用链式存储结构将无法判定二分的过程是否结束，因此无

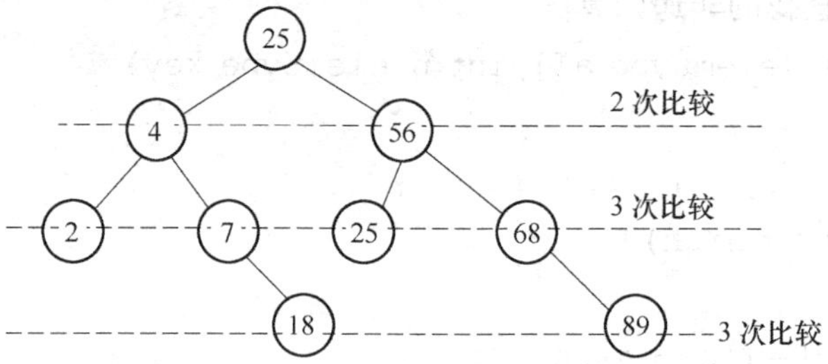

图5-2　二分查找平均查找长度分析决策树

法用链表实现二分查找。另外，二分查找只适用于在有序表中进行。

3. 分块查找（又称索引顺序查找）

分块查找的基本思想是将原表分成若干块，各块内部不一定有序，但第i块内所有记录的关键字都小于第i+1块内所有记录的关键字，这样的表叫做“分块有序”。抽取各块中的最大关键字及其起始位置建立索引表，因为原表是“分块有序”的，所以索引必定有序，如图5-3所示。分块查找就是先用二分查找或顺序查找确定待查节点在哪一块，然后在已确定的块中进行顺序查找（不能用二分查找，因为块内是无序的）。分块查找实际上是两次查找过程，它的算法效率介于顺序查找和二分查找之间。

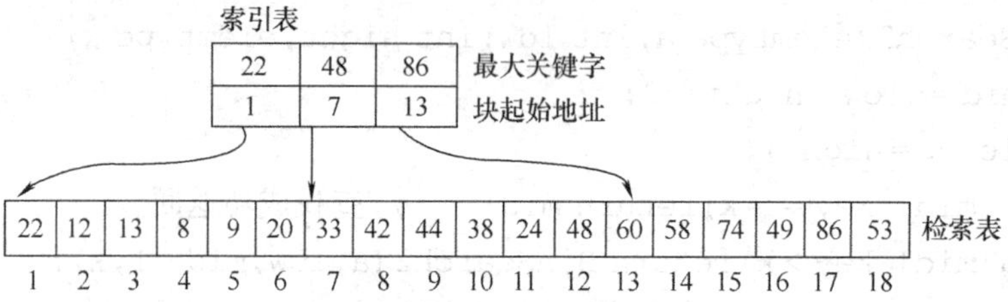

图5-3　分块查找

4. 3种查找方法的比较

上述3种线性表中的查找方法各有优劣，现比较如下，见表5-1。

表5-1　3种查找的比较

查找算法	存储结构	优　点	缺　点	适　用　于
顺序查找	顺序结构 链表结构	算法简单且对表的结构无任何要求	查找效率低	n较小的表的查找和查找较少但改动较多的表（用链表作存储结构）
二分查找	顺序结构	查找效率高	关键字要有序且只能用顺序存储结构实现	特别适用于一经建立就很少改动又经常需要查找的线性表
分块查找	顺序结构 链表结构	在表中插入或删除记录时就只要在该记录所属块内操作，因为块内记录的存放是随意的，所以插入和删除比较容易	要增加一个辅助数组的存储空间，并要进行将初始表分块排序运算	适用于有分块特点的记录，如一个学校的学生登记表可按系号或班号分块

5.3　树结构查找

从上节我们看到，二分查找的效率非常高（见图 5-2），但是二分查找有一个致命的缺陷，即线性表中的数据必须是排好序的，但是排序本身就是一件很费时间的操作。因此为了查找而先排序，在大批量数据的情况下不合理的。

但是我们从线性表的二分查找中可以得到启发：如果我们将数据从一开始就组织成一棵二叉树的形式，那么平均查找长度就应该也是 $ASL_{bs} \approx \log_2(n+1)-1$。这就是本节我们要介绍的内容——查找二叉树，或者称为排序二叉树。

5.3.1　排序二叉树概念

1. 排序二叉树定义

排序二叉树或者是一棵空树，或者是具有如下特性的二叉树：

1）若根节点的左子树不空，则左子树上所有节点的值均小于根节点的值。

2）若根节点的右子树不空，则右子树上所有节点的值均大于根节点的值。

3）根节点的左、右子树也都分别是排序二叉树。

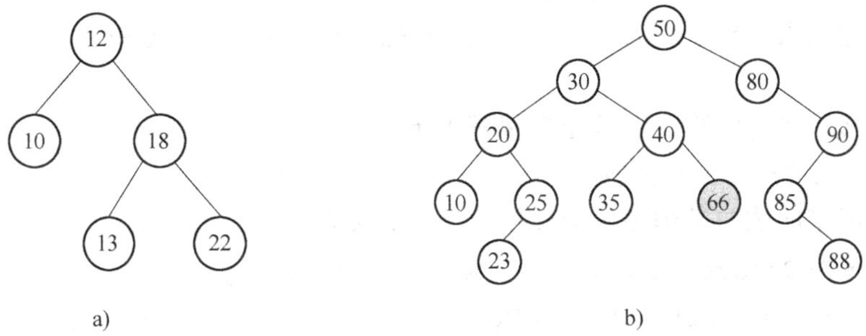

图 5-4　排序二叉树

a）排序二叉树　b）非排序二叉树

2. 排序二叉树特点

对二叉排序树进行中序遍历，可以得到一个由小到大的有序序列。如图 5-4a 所示的二叉排序树得到的中序遍历为 10，12，13，18，22。而图 5-4b 的二叉树中序遍历结果则不是有序的。

3. 排序二叉树的节点定义

节点数据结构定义如下：

```
typedef struct_BSTnode
{
  elemtype  data;
  struct_BSTNode  *lchild, *rchild;
}BSTnode;
```

4. 排序二叉树的主要操作

对排序二叉树，最主要的操作是：

1）查找　int BSTsearch（BSTnode　* root，elemtype key）。

2）插入　void BSTinsert（BSTnode　* root，elemtype key）。

3）删除　int BSTdelete（BSTnode　* root，elemtype key）。

在这些基本操作中，最为重要的是查找操作。

5.3.2　二叉排序树的查找

假设需要在二叉排序树上查找关键值为k的元素，先从根开始。如果根为空，那么二叉排序树不包含任何元素，查找失败。否则，将k与根的关键值相比较，如果k小于根节点的关键值，那么就不必搜索右子树中的元素，只要在左子树中查找即可；如果k大于根节点的关键值，则正好相反，只需在右子树中查找即可；如果k等于根节点的关键值，则查找成功，搜索终止。下面的程序为二叉排序树的查找算法。该过程的时间复杂性为O（h），其中h是树的高度。

算法伪代码如下所示：

```
if(二叉排序树为空),则查找不成功,返回 -1;
else{
    若给定值等于根节点的关键字,则查找成功。
    若给定值小于根节点的关键字,则递归地在左子树上进行查找。
    若给定值大于根节点的关键字,则递归地在右子树上进行查找。
}
```

将上述伪代码描述的算法用C语言描述如下：

算法5-4　二叉排序树查找算法

```
//在 root 所指向的二叉排序树中查找值为 key 的节点
BSTnode * BSTsearch(BSTnode * root,elemtype key)
{  if(root = =NULL)  return NULL
    else if(key = =root - >data)
      return  root;  //查找成功
    else if(key < root - >data)
      return BSTsearch(root - >lchild,key);//在左子树中查找
    else
      return  BSTsearch(root - >rchild,key);//在右子树中查找
}
```

查找算法特点：在查找过程中，生成了一条**查找路径**。

如果排序二叉树中存在给定的关键字值，则从根节点出发，沿着左分支或右分支逐层向下直至关键字等于给定值的节点，这是查找成功时的查找路径。

如果排序二叉树中不存在给定的关键字值，从根节点出发，沿着左分支或右分支逐层向下直至指针指向空树为止，这是查找不成功时的查找路径。

【例5-1】　图5-5是一棵排序二叉树，请给出查找值35和95的查找路径。

解：将查找路径画在图上。

1）查找35的查找路径为：50→30→40→35，查找成功。

2）查找95的查找路径为：50→80→90→，查找失败，95不在排序二叉树中。

5.3.3　排序二叉树插入操作

1. 排序二叉树的插入过程

排序二叉树插入节点的过程实际上也是构造排序二叉树的过程。排序二叉树是一种动态查找结构，其构造过程是不断地向二叉排序树中插入新节点的过程。

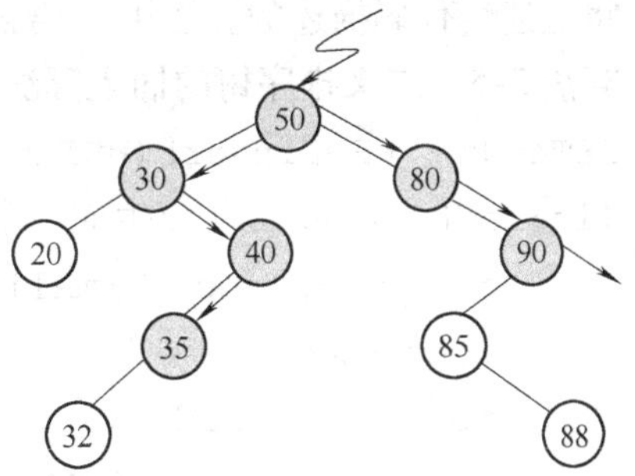

图 5-5　排序二叉树的的查找过程与查找路径

插入操作要保证在一棵二叉排序树中插入一个节点之后，仍然满足二叉排序树的定义。对数据元素集合 $\{X_1, X_2, \cdots, X_n\}$，要生成一棵二叉排序树的过程如下：

1）令 X_1 为二叉排序树的根节点。

2）若 $X_2 < X_1$，则 X_2 为 X_1 的左子树的根节点；否则，X_2 为 X_1 的右子树的根节点。

3）$X_3, \cdots, X_n$ 节点的插入方法同上。

【例 5-2】　给定关键字序列{10，18，3，8，12，2，7}，请构造一棵排序二叉树。

解：构造排序二叉树的插入过程如图 5-6 所示。

2. 二叉排序树的插入算法

如果在 root 指向的二叉排序树中，插入数据元素 e，算法伪代码如下所示：

```
输入：root，指向树根节点指针，e 是需要插入的数据元素
输出：指向二叉树的根节点 root
if(root 为空)                //排序二叉树为空，
    新节点为排序二叉树新的根节点；
else{
    在 root 的左、右子树上查找查找插入位置，直至某个叶子节点的左子树或右子树
为空为止，则插入节点应为该叶子节点的左孩子或右孩子。
}
```

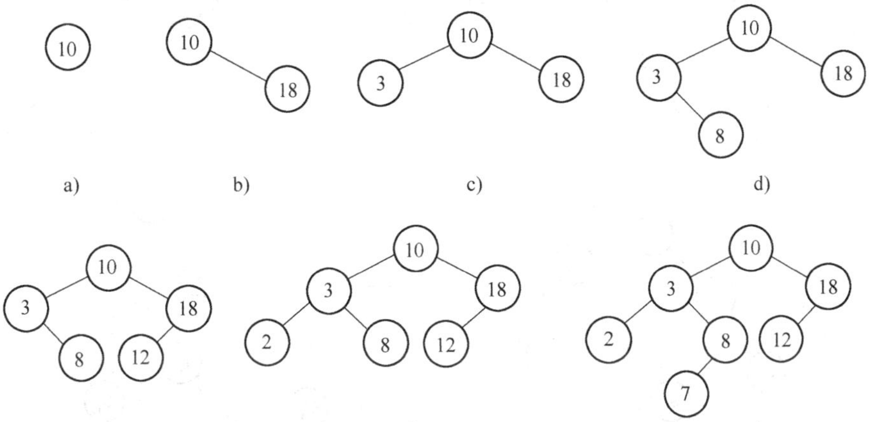

图 5-6　排序二叉树插入过程示意图

a）插入 10　b）插入 18　c）插入 3　d）插入 8　e）插入 12　f）插入 2　g）插入 7

将上述伪代码描述的算法用C语言描述如下：

算法5-5　二叉排序树的插入算法

```
BSTnode  *BSTinsert(BSTnode *root,elemtype e)
{if(root = =NULL){//生成一个新节点,数值域为 e
     root=(BSTnode *)malloc(sizeof(BSTnode));
     root ->data=e;
     root ->lchild=NULL;
     root ->rchild=NULL;
     return root;
   }
   else  if(a<q ->data)
     root ->lchild=BSTnode(root ->lchild,e);//插入左子树
   else
     root ->rchild=BSTnode(root ->rchild,e);//插入右子树
}
```

5.3.4　删除二叉排序树上的节点

删除二叉排序树上的一个节点，也就是要在已排好序的序列中删除一个元素，因此要求删除一个节点以后的二叉树仍是二叉排序树。假设要删除的节点指针为P，则有4种情况需要考虑：

1）p是叶子节点（见图5-7a）。直接删除节点p，即将p的双亲节点f中指向p的指针域置空即可。

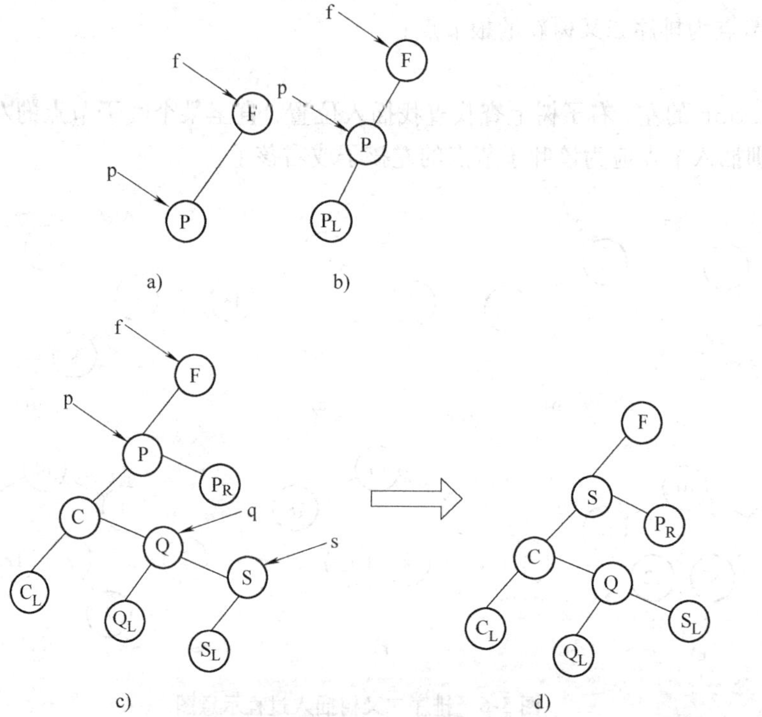

图5-7　删除二叉树上的节点

a）*P是叶子　b）*P只有一个孩子　c）*P有两个孩子　d）删除*P节点之后

2）p 只有左子树或右子树。即左右子树必须有一为空（见图 5-7b），其中 P_L 表示 p 的左子树，此时只需将 P_L 的根节点和 p 的双亲直接连接就可删去 p。

3）p 为树根节点。删除后应修改树根节点指针。

4）p 有两个孩子（见图 5-7c）。其中 C_L 表示 C 节点的左子树，P_R 表示 P 节点的右子树，其余类推。将操作转换成删除 P 节点的中序前驱，在删去它之前把这个节点的数据复制到原来要删的节点位置上就完成了删除。方法如下所示。

以图 5-7c 为例，循着 P 的左子树的根节点 C 向右一直找到节点 S（S 最大），要求 S 的右子树为空，然后将 S 的左子树改为节点 Q 的右子树，将 S 节点的数据域值取代 P 节点的数据域值。完成删除的二叉排序树如图 5-7d 所示。

对图 5-7c 所示的二叉排序树进行中序遍历，得序列①：

$\{C_L, C, Q_L, Q, S_L, S, P, P_R, F\}$　　①

可以看到，P 的直接前趋是 S，若删除 P，可用 S 代替 P，然后抹去 S，而原 S 的左子树 S_L 占据 S 的位置即可。

通过图 5-7d，可得到删除 *P 节点之后的中序遍历序列②：

$\{C_L, C, Q_L, Q, S_L, S, P_R, F\}$　　②

显然，序列②只是比序列①少了 P，其余节点的位置不变，仍旧保持序列的特性不变。即在删除一个节点后仍保持二叉排序树的特性没有改变。

算法 5-6　删除二叉排序树中节点的算法

```
    //t 为根节点指针,p 指向被删除节点,f 指向其双亲
void  delenode(BSTnode *t,BSTnode *p,BSTnode *f)
{
    int fag=0;          //fag=0 需要修改 F 节点指针,fag=1 不需要修改
    BSTnode  *s, *q;
    if(p->lchild==NULL)
        s=p->rchild;  //p 为叶子或左子树为空
    else if(p->rchild==NULL)
        s=p->lchild;  //p 的右子树空
    else{                          //p 的左右子树均非空
        q=p;  s=p->lchild;              //寻找 s 节点
        while(s->rchild!=NULL){
            q=s;
            s=s->rchild;
        }
    if(q==p)     q->lchild=s->lchild;              //p 是 s 的双亲
    else  q->rchild=s->lchild;
    p->data=s->data;                             //s 值代替 p 值
    delete  s;                               //释放 s 节点
    fag=1;
    }
```

```
    if(fag==0){                        //修改F节点指针
        if(f==0)  t=s;                   //被删除节点为根节点
    else if(f->lchild==p)  f->lchild=s;
    else  f->rchild=s;
    delete p;
    }                          //释放节点p
}
```

5.4 散列查找

5.4.1 散列表

散列技术又称为哈希（Hash）技术，其基本思想是在记录的存储地址和它的关键字之间建立一个确定的对应关系；这样，不经过比较，一次存取就能得到所查元素的查找方法。散列检索技术的初衷是组织理想状态的检索表，即把记录的关键字值与记录在检索表中的存储位置建立起某种一对一的关系，这种一对一的关系可以用关于关键字的一个函数 h（key）来表示，这样就可以不必进行关键字与给定值的比较，而是直接依据给定的关键字值来直接计算得到记录在检索表中的存储地址。

例如，对于一组关键字序列（25，74，36，15，40，29，82，19，65，33，57，47，50），选取函数 h（key）=key%13 建立记录与其在检索表中存储位置之间的关系，可得到如下表5-2 所示的一张检索表。

表5-2　h（key）的值

存储位置（h（key））	0	1	2	3	4	5	6	7	8	9	10	11	12
记录（key）	65	40	15	29	82	57	19	33	47	74	36	50	25

当对该表检索时，只需用给定关键字值 k 通过这个函数计算出地址，以该地址从检索表的对应位置取出记录的有关信息即可，不需要进行关键字值的比较操作。

如检索 key=57 的记录，通过 h（57）=57%13=5 知关键字值为 57 的记录在检索表的存储位置 5 处，从而得到关键字值为 57 的记录的有关信息。

将关键字映射为检索表中适当存储位置的函数 h（key）称作散列函数，也称作哈希函数或杂凑函数。

利用散列函数来实现从记录的关键字值到该记录在检索表中存储位置地址的计算，散列函数 h（key）的值称作散列地址，也称作哈希地址或杂凑地址。

把利用散列函数 h（key）组织检索表并利用 h（key）进行检索的这种方法称作散列法，也称作哈希方法或杂凑法。

采用散列技术将记录存储在一块连续的存储空间中，这块连续的存储空间称为散列表。

对于 n 个记录的关键字集合，我们总能找到其关键字值与存储地址之间的一对一函数。若最大关键字值为 m，可以分配 m 个记录空间组织散列表，选取散列函数 h（key）=key 即可。然而，这样会造成存储空间的大量浪费，甚至不可能分配有这么大的存储空间。

对于两个不同关键字 key1≠key2，有 h（key1）=h（key2），即两个不同的记录需要存放在同一个存储位置的现象。则 key1 和 key2 相对于 h 称作同义词。因而经过散列函数 h（key）变换后，可能会将不同的关键字值映射到同一个散列地址上，我们称这种现象为地址冲突（Address Collision）。在一般情况下，地址冲突是不可避免的，只能通过选取合适的散列函数尽可能地减少这种冲突现象，而不可能做到完全避免这种冲突现象，所以散列检索技术中必须解决如下两个问题：

1）如何选择一个计算简单且地址冲突尽可能少的散列函数。

2）在出现地址冲突时采用怎样的办法来消解冲突。

5.4.2　散列函数的构造方法

散列函数是记录的关键字值到记录在哈希表中存储地址的映射函数，若关键字值集合中的任何一个关键字经散列函数映射到散列表中任何一个地址的概率相等（即得到一个随机地址），这组关键字的散列地址就会均匀地分布在散列表整个地址区间中，从而减少地址冲突。

构造散列函数的一般原则是，散列函数的运算尽可能地简单，散列函数的值在表长范围内，并且尽可能使不同的关键字值有不同的散列函数值（即尽可能地减少地址冲突）。常见的散列函数构造方法有如下 7 种：

直接定址法（Immediately Allocate）、数字分析法（Digital Analysis Method）、平方取中法（Middle - Square Method）、折叠法（Floding Method）、除留余数法（Division Method）、乘余取整法（Multiplication Method）和随机数法（Random Number Method）

（1）直接定址法　直接定址法是取关键字的某个线性函数值为散列地址，即

h（key） $= a \times key + b$　（其中 a 和 b 为常数）

当 $a = 1$ 和 $b = 0$ 时即为关键字本身的值作为散列地址，这类函数是一对一的函数，地址集合和关键字集合大小相同，不会发生地址冲突。该方法适用于关键字集合中的值分布连续或基本连续的情况，如果关键字值分布不连续则会造成空间的大量浪费。

例如，对于一个各年龄（如 1 ~ 110 岁）人口统计表，年龄作为关键字，散列函数可取自身即 h（key） = key；又如对于一个新中国成立后各年份出生的人口统计表，年份作为关键字，散列函数可取为 h（key） = key - 1948，等等。

（2）数字分析法　数字分析法是根据关键字在各个位上的分布情况，选取分布比较均匀的若干位组成散列地址。例如，对于一个班的学生记录，其关键字为学号，学号的前面几位为学校编号、年份、院系编号和专业编号等，而最后两位或三位是学生编号分布较均匀，因此可选后两位或三位作为散列地址。

（3）平方取中法　平方取中法是对关键字平方后，按散列表大小，取中间的若干位作为散列地址（平方后截取）。这种方法常用于预先不知道关键字的全部情况，取其中哪几位都不一定合适；而一个数平方之后的中间几位和数的每一位都相关，由此可使随机分布的关键字对应的散列地址也是随机的，所取的位数可由表长（即散列地址的范围）而定，表 5-3 给出了一个平方取中法确定散列地址的示例，将关键字平方后，选取了中间 3 位作为散列地址。

（4）折叠法　折叠法是将关键字从左到右分割成位数相等的几部分，最后一部分位数可以短些，然后将这几部分叠加求和，并按散列表表长，取后几位作为散列地址。

叠加的方法有两种，一种是移位叠加，即把每一段的最低位对齐后相加；一种是间界叠

加，即从一端向另一端沿分割界来回折叠对齐后相加。

表 5-3 平方取中法确定散列地址

关键字	0100	0110	1010	1001	0111	0101	1101
关键字的平方	0010000	0012100	1020100	1002001	0012321	0010201	1212201
散列地址	100	121	201	020	123	102	122

对于关键字数位较多，且每位数字分布大致均匀，而散列地址范围有限的情况，可使用此法确定散列地址。

(5) 除留余数法　除留余数法是选择某个适当的正整数 p，以关键字除以 p 的余数作为散列地址，即

h (key) = key% p

采用此法选择合适的 p 值非常重要，一般情况下 p≤m，选取 p 为不超过散列表长 m 的最大素数。例如当表长为 200 时，可选 p = 199。

该方法计算简单，在许多情况下使用效果较好，是一种比较常用的散列函数构造方法。

(6) 乘余取整法　乘余取整法是以关键字乘以常数 A，取其小数部分之后再乘以整数 B，取其整数部分作为散列地址。其中 B 的选择依赖于散列表的表长 m；而 A 的选择依赖于关键字集合的特征。

(7) 随机数法　选择一个随机函数，取关键字值的随机函数值为相应记录的散列地址，即

$$h(key) = random(key)$$

其中，random 为一个随机函数，此方法常用于关键字长度不等的情况下来构造散列函数。在实际使用中，要视关键字的不同选用相应的散列函数。通常要考虑的因素有散列函数的计算时间，关键字的长度，散列表的大小，关键字的分布情况和记录的检索频率等。在综合考虑各因素之后，构造和选用适合实际问题的散列函数。

5.4.3 处理冲突的方法

虽然通过精心构造的散列函数可以使地址分布比较均匀，最大限度地减少了地址冲突的发生。然而地址冲突实际上是不可能避免的，必须寻求消解地址冲突的方法，才能使散列表的构造和散列检索技术在实际应用中派上用场。

常用的地址冲突的消解策略有两类，一类是开放定址法，另一类是链地址法。

1. 开放定址法

开放定址法（Open Addressing）就是把散列表中的空位置向处理地址冲突开放。具体做法是，当发生地址冲突时，从发生地址冲突的那个位置开始，使用某种方法在散列表中形成一个探查序列，沿此序列逐个位置查看，直到找到一个空闲的位置，把发生地址冲突时的待插入记录存入其中。

产生探查序列的常用方法有线性探查法，平方探查法和随机探查法等。

(1) 线性探查法　线性探查法是开放定址法消解地址冲突的一种最简单的探查方法。它把表长为 m 的散列表看做是环形表，若发生地址冲突的位置地址为 d，则依次探查 d + 1，d + 2，…，m - 1，直到找到一个空闲位置为止。其开放定址公式为

$d_i = (h(key) + i) \% m \quad i = 1, 2, \cdots, m-1$

其中，d_i为第 i 次冲突时的散列地址，i 是第 i 次探查冲突时的地址增量。

例如一组关键字为（19，14，23，1，68，20，84，28，55，11，10，79），散列函数为 h（key）=key%13，消解地址冲突的策略是线性探查法，构造的长度为 13 的散列表见表 5-4。

表 5-4　线性探查法散列表

散列地址	0	1	2	3	4	5	6	7	8	9	10	11	12
关键字		14	1	68	28	55	19	20	84	79	23	11	10

构造的具体过程如下：

h（19）=6，地址 6 为空，填入 19；

h（14）=1，地址 1 为空，填入 14；

h（23）=10，地址 10 为空，填入 23；

h（1）=1，地址 1 已填入 14，需线性探查，下一个地址 2 为空，填入 1；

h（68）=3，地址 3 为空，填入 68；

h（20）=7，地址 7 为空，填入 20；

h（84）=6，地址 6 已有 19 填入，线性探查到下一个地址 7 已有 20 填入，继续线性探查到下一个地址 8 为空，填入 84；

h（28）=2，地址 2 不空，线性探查二次，直到地址 4 为空，填入 28；

h（55）=3，地址 3 不空，线性探查二次，直到地址 5 为空，填入 55；

h（11）=11，地址 11 为空，填入 11；

h（10）=10，地址 10 不空，线性探查二次，直到地址 12 为空，填入 10。

h（79）=1，地址 1 不空，线性探查八次，直到地址 9 为空，填入 79。

此时完成如上所示的散列表。其平均查找长度：

$ASL = (6 \times 1 + 1 \times 2 + 4 \times 3 + 1 \times 9)/12 = 2.42$

使用线性探查法易造成堆积现象，即不同散列地址的记录争夺同一个后继散列地址的现象，它使得不同散列地址的记录处在同一个探查序列之中，增加了探查序列的长度。如构造上述散列表，为了填入 1 和 28 的情况，虽然二者的散列地址不同，但同样争夺地址 2。下述的平方探查法和随机探查法可以较好地消解堆积现象。

（2）平方探查法　平方探查法也称作二次探查法。在发生地址冲突时，依次探查位置 d+i，其中 i 取 1^2、-1^2、2^2、-2^2、……即在发生冲突的地址两端逐步扩大间隔地探查。其开放定址公式为

$d_i = (h(key) + i) \% m \quad i = 1^2、-1^2、2^2、-2^2、\cdots\cdots (1 \leqslant i \leqslant (m-1)/2)$

其中，d_i为第 i 次冲突时的散列地址，i 是第 i 次探查冲突时的地址增量。这种方法可以减少堆积现象，但不能探查到散列表中的所有位置。

例如：上例的一组关键字（19，14，23，1，68，20，84，28，55，11，10，79），散列函数仍为 h（key）=key%13，消解地址冲突的策略是平方探查法，构造的长度为 13 的散列表见表 5-5。

表5-5　平方探查法散列表

散列地址	0	1	2	3	4	5	6	7	8	9	10	11	12
关键字	79	14	1	68	55	84	19	20		10	23	28	11

其平均查找长度为

ASL = (5 ×1 +3 ×2 +3 ×3 +1 ×5)/12 =2.08

(3) 随机探查法　随机探查法用一个随机数作为地址位移来计算下一个位置的地址，即

$d_i = (h(key) + i) \% m$　i 为一组随机数($1 \leqslant i \leqslant m-1$)

其中，d_i 为第 i 次冲突时的散列地址，i 是第 i 次探查冲突时的地址增量。

2. 链地址法

链地址法（Iinked Addressing）是将散列地址相同的关键字的记录链接到同一个单链表中。

例如：关键字集合（19，14，23，1，68，20，84，28，55，11，10，79），散列函数为 h（key）=key%13，用链地址法处理冲突，构造的散列表如图5-8所示。

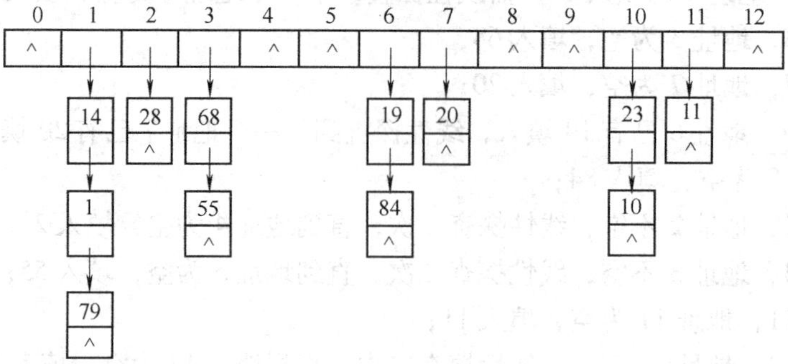

图5-8　链地址法散列表

其平均查找长度 ASL =7 ×1 +4 ×2 +1 ×3 =1.5。

可见，链地址法不会产生堆积，因而平均查找长度较短；且各单链表中的节点是动态生成的，便于表长经常变化的情况。

此外，消解散列表地址冲突的方法还有建立公共溢出区法和再散列法等。前者是建立一个公共的溢出表，一旦发生地址冲突都填入溢出表中；后者是为了消解地址冲突，再选择一个散列函数处理。

5.4.4 散列表的检索算法及性能分析

1. 用线性探查法进行散列查找的算法

算法5-7　线性探测法散列表查找

```
int H(intk)  //构造散列函数
{
   return k% m;
}            //m 代表散列表长度
int find(int HT[m],int k)    //在线性探查法的散列表 HT 中查找关键字 k
{  int j =H(k);
```

```
if(HT[j]==NULL)return -1;  //查找失败
    else if(HT[j]==k)return j;  //一次查找成功
    else{
    while((HT[j]!=k)&&(HT[j]!=NULL))
        j=(j+1)% m;
    if(HT[j]==NULL)return -1;  //多次查找失败
        else return j;                 //多次查找成功
    }
}
```

2. 用链地址法进行散列查找的算法

算法 5-8　链地址法散列表查找

```
struct lnode                    //链表中节点
{  int data;
lnode * next;
};
lnode * find2(lnode HT[m],intk)  //在链地址法的散列表 HT 中查找关键字 k
{  int j=H(k);                  //H 为散列函数,k 为给定查找值
    lnode * p=HT[j].next;       //链表的头指针
    while((p!=NULL)&&(p->data!=k))
    p=p->next;
    if(p!=NULL)return p;        //查找成功
    else return NULL;           //查找失败
}
```

返回时，p 的指向为查找元素地址，若 p = NULL，说明表中无此元素，则可将关键字为 k 的记录插入散列表中。

3. 散列表检索算法的性能分析

在散列技术中，关键字比较的次数取决于产生的冲突，而影响冲突产生的因素有：

1）散列函数是否均匀。

2）处理冲突的方法。

3）散列表的装载因子 α = 表中填入的记录数/表的长度，一般情况下取装载因子 α 为 0.65 ~ 0.85。

几种不同处理冲突方法的平均查找长度见表 5-6。

表 5-6　不同处理冲突方法的平均查找长度

处理冲突方法	查找成功时	查找不成功时
线性探查法	$\frac{1}{2}\left(1+\frac{1}{1-\alpha}\right)$	$\frac{1}{2}\left(1+\frac{1}{(1-\alpha)^2}\right)$
二次探查法	$-\frac{1}{\alpha}\ln(1+\alpha)$	$\frac{1}{1-\alpha}$
链地址法	$1+\frac{\alpha}{2}$	$\alpha+e^{-\alpha}$

5.5 排序

本节介绍排序的基本概念以及选择、插入、交换和归并四类排序的基本思想和算法。

5.5.1 基本概念

所谓排序就是要整理数据集中的记录，使之按关键字递增（或递减）次序排列起来。当待排序记录的关键字均不相同时，则排序结果是唯一的，否则排序的结果不一定唯一。

排序的定义为：设有含 n 个记录的序列为 $\{R_1, R_2, \cdots, R_n\}$，其相应的关键字序列为 $\{K_1, K_2, \cdots, K_n\}$。现要求确定一种排列 $p_1, p_2, \cdots, p_n$，使其关键字满足递增（或递减）的关系：$K_{p_1}, K_{p_2}, \cdots, K_{p_n}$，使原序列成为一个按关键字有序的序列 $\{R_{p_1}, R_{p_2}, \cdots, R_{p_n}\}$。

排序过程中，整个数据在内存中处理，不涉及数据的内、外存交换则称之为内部排序；反之，若存在数据的内外存交换，则称之为外部排序。如果在待排序文件中存在多个关键字相同的记录，经过排序后这些具有相同关键字的记录之间的相对次序保持不变，则称这种排序方法是稳定的，否则排序算法是不稳定的。

排序的方法很多，每一种方法都有各自的优缺点，应根据具体问题进行选用。在这里，我们介绍选择排序、插入排序、交换排序和归并排序 4 类。

在排序过程中通常需要进行两种基本操作：

1）对记录中的关键字大小进行比较。

2）将记录从一个位置移动到另一个位置。

因此，与关键字进行比较的次数和记录移动的次数是排序方法时间复杂度的评估标准。

不同的排序方法对记录的存储方式也有不同要求，我们将结合各种排序方法分别进行讨论。

5.5.2 插入排序

插入排序的基本操作是将当前无序表中最前端的记录插入到有序表中正确的位置，使有序表保持有序并逐渐增大，直到所有记录都插入有序区为止。每插入一个记录的过程称为一趟。

1. 算法设计

假设数组的元素个数是 n，数组元素 a [0: n-1]，插入排序方法的过程如下：

① 把数组 a 中的 n 个元素看作为一个有序表和一个无序表，开始时有序表中只有一个元素 a [0]，无序表中包含有 n-1 个元素 a [1: n-1]。

② 以后每次从无序表中取出第一个元素 a [i] (i=1, 2, …, n-1)，把它插入到前面有序表中的合适位置，使之仍为一个有序表，这样有序表就增加了一个元素，由上一次的 a [0: i-1] 变为当前的 a [0: i]，无序表中减少了一个元素，由上一次的 a [i: n-1] 变为当前的 a [i+1: n-1]。

③ 经过 n-1 次插入过程后整个数组 a 中的 n 个元素就成为了一个有序表。

例如，a [0: 7] = {5, 1, 7, 3, 1, 6, 9, 4}，图 5-9 是对该数组进行插入排序的示意图。

									T
原序列	5	1	7	3	1	6	9	4	1
第 1 遍	1	5	7	3	1	6	9	4	7
第 2 遍	1	5	7	3	1	6	9	4	3
第 3 遍	1	3	5	7	1	6	9	4	1
第 4 遍	1	1	3	5	7	6	9	4	6
第 5 遍	1	1	3	5	6	7	9	4	9
第 6 遍	1	1	3	5	6	7	9	4	4
结果	1	1	3	4	5	6	7	9	

图 5-9　插入排序示意图

根据上述分析，简单插入排序算法思想可以用下面的伪代码表示：

for(i = 1;i < = n - 1;i + +){

从无序表 a［i：n - 1］中取出数据 a［i］，并将 a［i］有序插入到有序表 a［0：i - 1］中；

}

在这个算法中，其关键是“将 a［i］有序插入到有序表 a［0：i - 1］中”这样一个步骤，这个步骤可以表示成

```
x = a[i];
for(j = i - 1;j > = 0;j - - ){
        if(a[j] > x)
a[j + 1] = a[j];
  }
a[j + 1] = x;
```

综合上述分析，写出插入排序算法如下：

算法 5-9　插入排序算法

```
void inserSort(int  a[],int n)
{
    for(i = 1;i < = n - 1;i + + ){
        x = a[i];

        for(j = i - 1;j > = 0;j - - ){
              if(a[j] > x)
                  a[j + 1] = a[j];
        }
      a[j + 1] = x;
    }
}
```

2. 算法时间复杂度分析

算法的基本操作是比较操作，数据规模是数组的长度 n，原则上讲，本算法需要对最坏情况、最好情况、平均情况时间复杂度都进行分析。

时间复杂度的函数关系

（1）最好情况时间复杂度分析　如果被排序数组本身就是升序有序的，那么在每一轮排序过程中，内循环（第5~8行）只需进行一次循环。因此

$$T_{best}(n) = \sum_{i=1}^{n-1} 1 = n-1$$

（2）最坏情况时间复杂度分析　如果被排序数组本身就是降序有序的，那么在每一轮排序过程中，内循环需要进行 i 次循环。因此

$$T_{worst}(n) = \sum_{i=1}^{n-1}\sum_{j=0}^{i-1} 1 = \sum_{i=1}^{n-1} i = \frac{(n-1)n}{2}$$

（3）平均情况时间复杂度　插入排序算法的核心是内循环的顺序查找过程与数据移动过程。即在长度为 i 的子数组 a [0: i-1] 中顺序查找 a [i] 的合适位置。根据前面的分析，长度为 i 的顺序表的平均查找长度为$\frac{i+1}{2}$，因此

$$T_{avg}(n) = \sum_{i=1}^{n-1} \frac{i+1}{2} = \frac{(n-1)(n+2)}{4}$$

根据算法时间复杂度函数关系，可以很容易写出其渐进表达式

大 O 表示

$$T_{best}(n) = O(n), T_{worst}(n) = O(n^2), T_{avg}(n) = O(n^2)$$

5.5.3 选择排序

1. 算法设计

选择排序的过程如下：

① 把数组 a [n] 中的 n 个元素看作为一个有序表和一个无序表两部分，开始时有序表中没有元素，无序表中有 n 个元素 a [0: n-1]。

第一轮选择排序后，有序表的元素是 a [0]，无序表中的元素是 a [1: n-1]；第二轮选择排序后，有序表的元素是 a [0: 1]，无序表中的元素是 a [2: n-1]；第 i 轮选择排序后，有序表是 a [0: i-1]，无序表是 a [i: n-1]。

② 假定无序表是 a [i: n-1]，第一个元素不动，从无序表中的第二个元素到 n-1 个元素 a [i+1: n-1] 中选取最小的元素值，将这个最小值与 a [i] 进行交换，这样有序表的长度增加 1，而无序表的长度减少 1。

③ 经过 n-1 次选择过程，整个数组 a 中的 n 个元素就成为了一个有序表。

假设 a [0: 4] = {8, 3, 2, 5, 9}，下是该数组进行选择排序的过程（见表 5-7）。

表 5-7　数组选择排序过程

	8	3	2	5	9	说　明
第 1 轮	2	3	8	5	9	在 a [1: 4] = {3, 2, 5, 9} 中选最小元素 2，a [2] =2 与 a [0] =8 交换，就得到第一轮的排序结果

（续）

	8	3	2	5	9	说　明
第 2 轮	2	3	8	5	9	在 a [2: 4] = {8, 5, 9} 中选最小元素 5，由于 a [3] =5 不小于 a [1] =3，所以不交换，得到第 2 轮排序结果
第 3 轮	2	3	5	8	9	在 a [3: 4] = {5, 9} 中选最小元素 5，由于 a [3] =5 小于 a [2] =8，所以要交换，得到第 3 轮排序结果
第 4 轮	2	3	5	8	9	在 a [4: 4] = {9} 中选最小元素 9，由于 a [4] =9 不小于 a [3] =8，所以不交换，得到第 4 轮排序结果，最终排序结果

上述算法思路可以用伪代码描述如下：

```
for(i=0;i<n;i++){
从第 i+1 到第 n-1 个元素中选出最小的元素 amin;
amin 与 a[i]交换位置;
}
```

综合上述分析，给出选择排序算法如下：

算法 5-10　选择排序算法

```
void sort_select(inta[],int n)
{  int jmin,amin,t,i,j;
    for(i=0;i<n;i++){
    amin=a[i];
    for(j=i+1;j<n;j++)   //从 a[i+1:n-1]中选取最小元素
        if(a[j]<amin){
            amin=a[j];  jmin=j;
        }
    if(amin<a[i]){      //判断、交换
      t=a[i];  a[i]=a[jmin];  a[jmin]=t;
        }
}
  }
```

2. 算法时间复杂度分析

算法的基本操作是比较操作（算法描述中的第 6 行），数据规模是数组的长度 n，原则上讲，本算法的核心是第 5～8 行内循环，这段程序的主要功能是在子数组 a [i+1: n-1] 中选择最小元素，选择最小元素的过程与数据分布无关，必须循环整个子数组。因此本算法最坏情况、最好情况、平均情况时间复杂度是相同的。下面我们以 T 表示时间复杂度即可。

时间复杂度的函数关系为

$$T(n) = \sum_{i=0}^{n-1}\sum_{j=i+1}^{n-1} 1 = \sum_{i=0}^{n-1}(n-i-1) = \frac{n(n-1)}{2}$$

大 O 表示：$T(n) = O(n^2)$

5.5.4 冒泡排序

冒泡排序是一种交换类排序方法。交换排序是根据序列中两个记录关键字的比较结果，来对换在序列中的位置。算法的特点是将关键字较大的记录向序列尾部移动，关键字较小的记录向序列前部移动，其不同点是它们按照特定的顺序来选取序列中比较的记录。在这里介绍冒泡排序和快速排序两种方法。

1. 算法设计和实现

排序的基本步骤是比较和交换。

① 把数组 a［n］中的 n 个元素看作为一个有序表和一个无序表，与前面两种排序算法不一样的地方是，冒泡排序的有序表部分处于表的右端。开始时有序表中没有元素，无序表中有 n 个元素 a［0］~a［n-1］。第一轮结束后，有序表中的元素有 a［n-1］，第二轮结束后，有序表中的元素是 a［n-2：n-1］，经过第 i 轮排序后，无序表的元素是 a［0：n-i-1］，有序表的元素是 a［n-i：n-1］。

② 假定无序表是 a［0：k］（这里 k=0，1，…，n-1），a［0］与 a［1］比较，如果 a［0］<a［1］，a［0］与 a［1］交换，否则不交换；然后 a［1］与 a［2］进行比较和交换，一直进行下去，直到 a［k-1］与 a［k］进行比较和交换，这一轮结束后，a［k］的元素值是最大的。

③ 经过 n-1 次选择过程，整个数组 a 中的 n 个元素就成为了一个有序表。

假设 a=｛42，55，73，28，48，66，30，65，94，72｝，下面是对该数组进行冒泡排序的过程：

第一轮交换后的结果：42，55，28，48，66，30，65，73，72，<u>94</u>

第二轮交换后的结果：42，28，48，55，30，65，66，72，<u>73</u>，<u>94</u>

第三轮交换后的结果：28，42，48，30，55，65，66，<u>72</u>，<u>73</u>，<u>94</u>

第四轮交换后的结果：28，42，30，48，55，65，<u>66</u>，<u>72</u>，<u>73</u>，<u>94</u>

第五轮交换后的结果：28，30，42，48，55，<u>65</u>，<u>66</u>，<u>72</u>，<u>73</u>，<u>94</u>

完整的冒泡排序算法如下：

算法 5-11 冒泡排序算法

```
void sort_bubble(inta[],int n)
{
int i,j,t;
for(i=n-1;i>=1;i--){//  i表示冒泡排序的轮次
        for(j=0;j<i;j++)//对无序表 a[0:i]进行两两比较和交换
        if(a[j]>a[j+1]){
            t=a[j];a[j]=a[j+1];a[j+1]=t;
        }
}
}
```

2. 算法分析

算法的基本操作是比较操作，数据规模是数组的长度 n，本算法的核心是内循环，这段程序的主要功能是对数组 a［0：i-1］的元素进行两两比较，通过比较将这段数组中的最大元素调整到位置 i-1。

两两比较选出最大元素的过程与数据分布无关，必须循环整个子数组。因此本算法最坏情况、最好情况、平均情况时间复杂度是相同的。下面我们以 T 表示时间复杂度即可。

时间复杂度的函数关系为

$$T(n) = \sum_{i=1}^{n-1}\sum_{j=1}^{i}1 = \sum_{i=1}^{n-1}i = \frac{n(n-1)}{2}$$

大 O 表示：$T(n) = O(n^2)$

5.5.5 快速排序

快速排序又叫做分区交换排序，是目前已知的平均速度最快的一种排序方法，它是对冒泡排序方法的一种改进。

1. 快速排序的思想

快速排序的基本思想是：通过一趟排序将要排序序列分割成独立的 3 个部分，即左部，基准值，右部。其中左部的所有数据都比基准值小，右边的所有数据都比基准值大。然后再按此方法分别对左部和右部进行快速排序。整个排序过程可以递归进行，以此达到整个数据变成有序序列。

设要排序的数组是 A［L：H］。

① 在数组中任选一个基准数据（枢轴），用 pivotkey 来表示基准数据值。一般情况下，我们选择数据的第一个元素为基准值。

② 将所有小于基准值 pivotkey 的数据项放在 pivotkey 的左边，将大于 pivotkey 的数据项放在 pivotkey 的右边。

上述①、②两步称为一趟快速排序划分，经过一趟划分，数组 A 被划分 3 个部分，我们称为左部（Left）、枢轴（Pivotkey）和右部（Right），如图 5-10 所示。

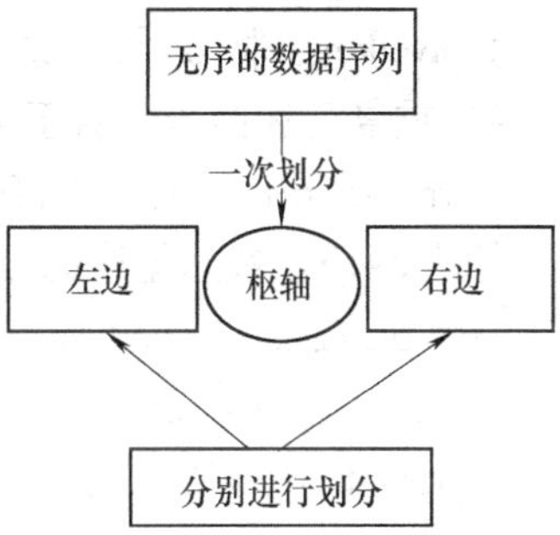

图 5-10 快速排序划分示意图

③ 重复上述①、②两个步骤，直到所有元素排好序为止。

例如，原始数据：49 38 65 97 76 13 27 （取 49 为基准值进行一趟划分）

一趟划分的结果：27 38 13 49 76 97 65 （分别取基准值 27 和 76 对左部和右部划分）

二趟划分的结果：13 27 38 49 65 76 97

2. 快速排序算法主框架

如何将上述算法思想变成具体的算法呢？从上述分析我们看出，第二趟划分方法与第一趟划分方法完全相同，只是划分的数组范围不一样。第一趟是对整个数组范围 A［L：H］进行划分。假设第一趟划分后，基准值所在的位置是 k（即基准值在数组中的下标是 k），则第二趟划分是对基准值的左部（数组范围 A［L：k-1］）和基准值的右部（数组范围 A［k+1：H］）分别进行划分。因此，这个算法用用递归的方法实现就比较简单。

算法描述如下：

算法 5-12 快速排序算法

```
void quiksort(int A[],int L,int H)
{
    if(L<H){
        k=divide(A,L,H);//对数组范围 A[L:H]进行划分,k是基准值所在位置
        quiksort(A,L,k-1);//对基准值的左部 A[L:k-1]划分
        quiksort(A,k+1,H);//对基准值的右部 A[k+1:H]划分
}
}
```

至此，问题归结为如何对序列进行划分，以求得基准值 pivotkey 的下标位置。也就是如何具体实现函数 divide。

3. 划分函数 divide 的实现

划分过程：对数组范围 r［L：H］进行一次划分，附设两个指示变量 i 和 j，设基准值取数组范围的第一个数据 A［L］，即 pivotkey = A［L］。

1）初始时令 i = L，j = H，pivotkey = A［L］。

2）首先从 j 所指位置向前循环搜索小于 pivotkey 的数据元素，如果 A［j］ < pivotkey，将 A［j］放入 A［i］所在位置，否则继续向前搜索。

3）然后从 A［i］的下一个位置即 A［i+1］开始搜索大于 pivotkey 的数据，如果 A［i］ > pivotkey，将 A［i］放入上一次 A［j］所空出的位置，否则继续向后搜索。

4）重复上述两步，直至 i=j 为止。

划分函数 divide 的 c 语言代码如下：

算法 5-13　快速排序的分割算法

```
int divide(intA[],int i,int j)
{  int pivotkey;
   pivotkey=A[i];
   while(i<j){
       while(i<j && A[j]>=pivotkey)//向前搜索小于 pivotkey 的值
           j--;
       A[i]=A[j];
       i++;
       while(i<j && A[i]<pivotkey)//向后搜索大于 pivotkey 的值
           i++;
       A[j]=A[i];
       j--;
   }
   A[i]=pivotkey  //或者 A[j]=pivotkey;
   returni;
}
```

5.5.6 归并排序

归并排序是将两个有序序列合并成为一个有序序列。因此将两个有序子序列合并成一个

有序序列是归并排序的基础算法。下面介绍两个有序序列的合并算法，然后分别介绍递归归并排序和迭代归并排序算法。

1. 有序表的合并算法

归并排序的核心是两个有序序列（或有序子序列）的有合并，即将两个有序子序列合并后仍然是有序的。

设 a [l: h] 是一个线性表（序列），将 a [l: h] 分为两个子序列 a [l: m] 和 a [m + 1: h]，其中 a [l: m] 和 a [m+1: h] 分别是有序的。如下面的有序序列：

a [0: 7] = {3, 8, 12, 15, 18, 2, 5, 14},

这里，l=0，h=7，m=5，两个子序列分别为

a [0: 4] = {3, 8, 12, 15}，　a [5: 7] = {2, 5, 14}

现在将两个子序列合并为一个有序序列，合并后的有序序列 b [l: h] 表示。

有序表的合并算法：

算法 5-14　两个有序子序列的归并算法

```
void merge(int a[],b[],int l,int m,int h)
{  //两个有序子序列 a[l:m]和 a[m+1:h]分别有序,归并后的有序序列用数组 b 保存
    int i,j,k;
    i=l;j=m+1;k=l;
    while(i<=m && j<=h){
    if(a[i]<a[j]){
    b[k]=a[i];i++;k++
    }
    else{
    b[k]=a[j];j++;k++
    }
    }
    while(i<=m)  b[k++]=a[i++];
    while(j<=h)  b[k++]=a[j++];
}
```

2. 递归归并排序

递归归并排序的思路非常简单，将无序的序列 S [s: t] 分成等长的两部分：S [s: m] 和 S [m+1: t]，这里 m = (s+t) /2。

对 S [s: m] 和 S [m+1: t] 分别进行归并排序，然后将其排序结果进行有序合并。由于 S [s: m] 和 S [m+1: t] 分解后的子序列可能仍然是无序，所以这个过程需要递归执行，直到每个子序列只有一个元素为止，然后进行合并操作。整个过程如图 5-11 所示。

递归归并排序算法如下：

算法 5-15　递归归并排序主算法

```
void Msort(int S[],int T[],int s,int t)
{//对 S[s:t]进行归并排序,排序后的记录存入 T[s:t]。
```

```
    int R[t-s+1];  //开设用于存放归并排序中间结果的辅助空间
    if(s==t)  T[s]=S[s];
    else{
      m=(s+t)/2;     //将 S[s:t]平分为 S[s:m]和 S[m+1:t]
      Msort(S,R,s,m);     //递归地将 S[s:m]归并为有序的 R[s:m]
      Msort(S,R,m+1,t);  //递归地将 S[m+1:t]归并为有序的 R[m+1:t]
      Merge(R,T,s,m,t);  //将 R[s:m]和 R[m+1:t]归并到 T[s:t]
    }//else
}//MSort
```

有了算法 Msort，对于一个具体的数组排序就非常简单了，使用下列程序即可。

```
void MergeSort(int A[],int n)
{  //对顺序表 A 作归并排序
    MSort(A,A,0,n-1);
}//MergeSort
```

3. 迭代归并排序

对于长度为 n 的待排序线性表，开始将其看做是 n 个长度为 1 的有序子表（一个记录当然自己有序）。然后进行两两归并，将相邻的有序子表两两合并，得到⌈n/2⌉个长度为 2 或 1 的有序子表（如果 n 为奇数，则最后一个有序子文件的长度为 1），再两两归并得到⌈n/4⌉个有序子表，如此下去，直至得到长为 n 的有序序列。该有序序列就是原始序列的经归并排序后的有序序列。在排序过程中，子表总是两两归并，所以归并排序又被称为二路归并排序。

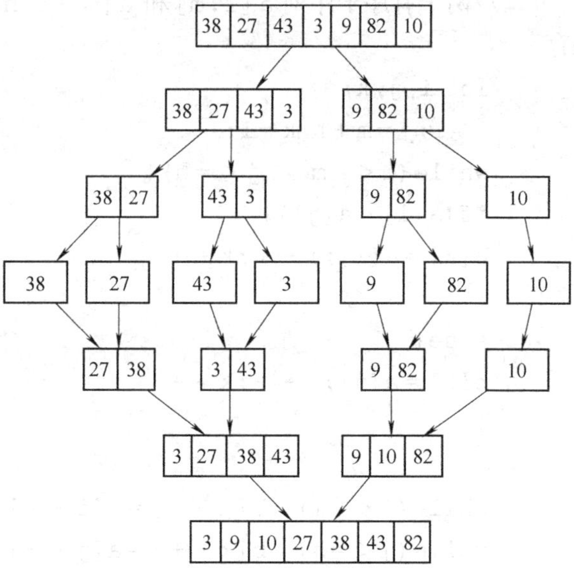

图 5-11　递归归并排序示意图

观察图 5-12 可以看出，迭代归并排序应该考虑 3 个要素：

1）迭代趟数。通过简单实验我们可以发现，迭代趟数与序列长度的关系是⌈$\log_2(n)$⌉。

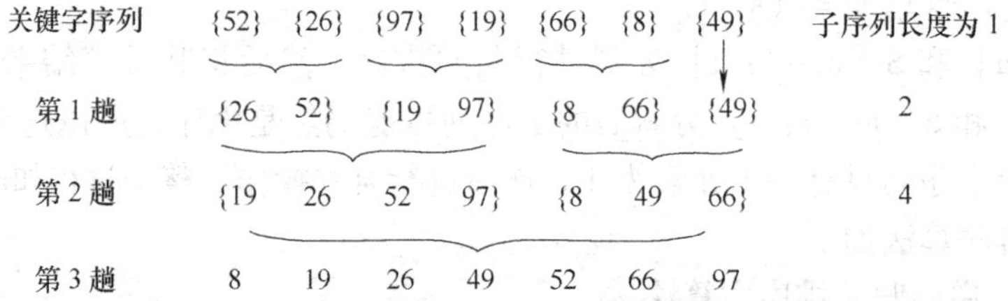

图 5-12　迭代归并排序示意图

2）每趟迭代内部的归并段长度及归并次数，在每一趟内部的归并次数与归并段长度密切相关。假设归并段长度是 len，那么第 i 个归并段是 a［i：i + len − 1］，第 i + 1 个归并段是 a［i + len：i + 2len − 1］。每次归并对第 i 个归并段和 i + 1 各归并段进行归并。

3）两个归并段的合并算法，使用前面已完成的算法 5-14。

迭代归并排序的算法框架如下：

```
len =1;
while(len <n){
    执行第 i 趟归并;
    len =len *2;
}
```

这里的关键是“执行第 i 趟归并”。我们用函数 mergePass 表示这个过程。在函数 mergePass 内部执行归并的次数依赖第 i 趟归并时的归并段长度。完整算法如下。

算法 5-16　迭代归并算法（第 i 趟归并）

```
void mergePass(S[],T[],int n,int len)
{  int i =1,j;
   while(i +2 * len <n){
     merge(S,T,i,i +len -1,  i +2 * len -1);
     i + =2 * len;
   }
   if(i +len < =n)//一个归并段长 len,另一个归并段长度不足 len
       merge(S,T,i,i +len -1,n -1);
}
```

最终的迭代归并排序算法如下：

算法 5-17　归并排序算法

```
void mergeSort(int R[],int T[],int n)
{  int len =1;
    while(len <n){
        mergePass(R,T,n,len);
        len* =2;
    }
}
```

4. 归并排序的算法分析

第 i 趟排序后，有序子序列长度为 2 * len，具有 n 个数据的序列必须做 $\lceil \log_2 n \rceil$ 趟归并，每趟所花时间为 O（n），故二路归并排序的时间复杂度为 O（$n\log_2 n$），所需空间为 O（n）。

5.5.7　堆排序

堆排序是在直接选择排序的基础上借助于完全二叉树结构而形成的一种排序方法。

在直接选择排序中，为找出关键字最小的记录需要做 n − 1 次比较，但比较的信息没有保留下来，然后为寻找关键字次小的记录要对剩下的 n − 1 个记录进行 n − 2 次比较，如此反复多次，增加了时间的开销。堆排序是针对直接选择排序所存在的上述问题而形成的改进方法。它在寻找当前关键字最小的记录的同时，还保存了本趟排序过程所产生的其他比较信息。

堆排序的基本思想是将待排序的线性表看成是一棵完全二叉树，向量的下标即为完全二叉树的节点序号。利用完全二叉树的上下层节点之间的特殊关系，不断调整节点的位置，最终完成排序。首先介绍"堆"的概念。

1. 堆的定义

设有 n 个元素组成的序列 a = $\{a_1, a_2, a_3, \cdots, a_n\}$，若它满足下面的条件：

1）这些元素是一棵完全二叉树中的节点，且对于 i = 1，2，…，n，a_i是该完全二叉树中编号为 i 的节点。

2）对于任意的下标 i，若 $a_{2i} \leqslant a_i$ 及 $a_{2i+1} \leqslant a_i$（这里 $2i \leqslant n$，$2i+1 \leqslant n$），此时序列 a 称为大顶堆。

3）对于任意的下标 i，若 $a_{2i} \geqslant a_i$ 及 $a_{2i+} \geqslant a_i$（这里 $2i \leqslant n$，$2i+1 \leqslant n$），此时序列 a 称为小顶堆。

【例 5-3】 序列 a = {65，40，34，27，36，12} 是大顶堆，如图 5-13 所示。

根据堆的定义，可知堆有以下两个性质：

1）堆的根节点是堆中值最小（或最大）的元素，我们称之为堆顶元素。

2）从根节点到每个叶节点的路径上，元素组成的序列都是非递减有序的（或非递增有序的）。

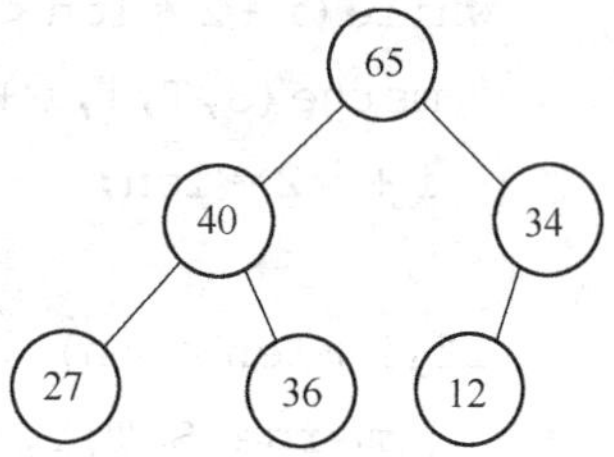

图 5-13 堆示意图

2. 堆排序的方法

下面我们以大顶堆为例讨论。考虑图 5-13 所示的大顶堆，这个大顶堆对应于数组序列 a = {65，40，34，27，36，12}。由于大顶堆的第一个元素一定是整个序列的最大元素，借鉴选择排序的思路，将第一个元素与最后一个元素交换，那么序列中的最后一个元素就是最大的。根据这个思路，下面给出堆排序的过程和步骤。

设待排序的序列是 a [1：n]（由于堆特性，数组下标从 1 开始，a [0] 不使用）。

1）将 a [1：n] 建成一个大顶堆，称为初始大顶堆。

2）将 a [1] 与 a [n] 交换，则 a [n] 是整个序列中的最大元素，此时已排序序列是 a [n：n]。

3）将 a [1：n-1] 调整成一个大顶堆，a [1] 与 a [n-1] 交换，交换后，a [n-1] 就是次大元素，此时已排序序列是 a [n-1：n]。

4）将 a [1：n-2] 调整成一个大顶堆，a [1] 与 a [n-2] 交换。此时已排序序列是 a [n-2：n]。

……

5）一直进行下去，直到未排序序列中只有一个元素。

上述排序过程用伪代码描述如下：

算法 5-18 堆排序算法（伪代码）

```
void HeapSort(int a[],int n)
```

```
{CreateHeap(a,n);  //建立初始堆
a[1]←→a[n];//堆顶元素与最后一个元素交换
      for(i=n-1;i>1;i--){//连续进行堆调节和交换
HeapAdjust(a,i);
a[1]←→a[i];
      }
}
```

从上述伪代码中我们可以发现，堆排序的关键是要解决以下两个问题：

① 如何建立初始堆。

② 堆顶元素 a［1］与 a［i］交换后，如何将 a［1：i-1］调整成一个大顶堆，这一步称为堆调节。

这两个问题中，最重要的是堆调节。初始堆的建立过程实际上是一个连续的堆调节过程。下面我们首先介绍堆调节算法。

3. 堆调节

假设将序列 a［1：n］建好初始堆以后，经过第一轮堆排序，最大的元素已经放在序列的最后一个元素，但是现在 a［1：n-1］已经不满足大顶堆的条件（见图 5-14a），需要对这个子序列 a［1：n-1］进行调节，使其成为一个大顶堆。调节过程如下。

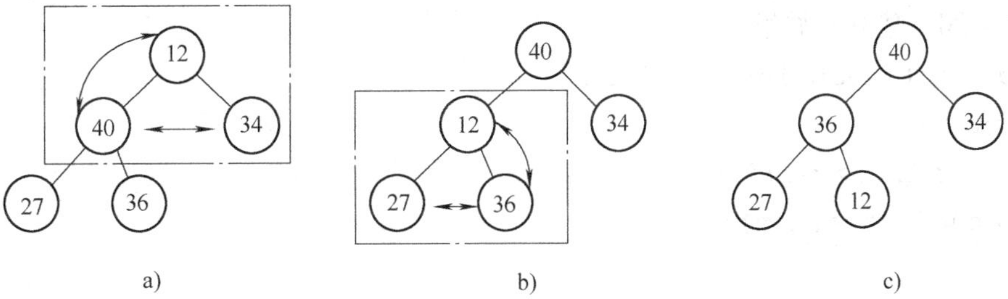

图 5-14 堆调节过程

a）虚线框内不满足堆条件，比较根节点 12 的左右孩子节点，将大者与 12 交换 b）虚线框内不满足堆条件，比较节点 12 的左右孩子节点，将大者与 12 交换 c）调整后变成一个大顶堆

1）首先从根节点开始考察每一个节点是否满足堆条件。

2）假设当前考察节点 i，如果节点 i 不满足堆条件，比较节点 i 的左右孩子节点 2i 和节点 2i+1，取值比较大的那个节点与节点 i 交换数据，我们称与节点 i 交换数据的节点为交换节点（图 5-14a 中交换节点编号是 2，其值是 40，根节点编号是 1）。

3）如果上一步的交换节点是 2i，那么可以确定以节点 2i+1 为根节点的子树是堆，不需要调节，只需要考察节点 2i 及其孩子节点是否满足堆条件。反之，如果上一步的交换节点是 2i+1，那么可以确定以节点 2i 为根节点的子树是堆，不再需要调节，只需考察节点 2i+1 及其孩子节点是否满足堆条件。

4）上述过程一直进行下去，直到遇到叶子节点（见图 5-14）。

算法 5-19 堆调节算法

```
//已知 a[s:m]中除 a[s]之外均满足堆的定义,本函数依据关键字的大小对 a[s]进行
//调整,使 a[s:m]成为一个大顶堆
void HeapAdjust(int a[],int s,int m)
```

```
{    int j;
     int rc=a[s];                //暂存根节点的记录
     for(j=2*s;j<=m;j*=2){  //沿值较大的孩子节点向下筛选
         if(j<m &&a[j]<a[j+1])
           ++j;                  //找到较大孩子节点的下标
         if(rc>=a[j])  break;     //不需要调整
     a[s]=a[j];  s=j;           //把大关键字记录往上调
         }
     a[s]=rc;                       //回移筛选下来的记录
}
```

4. 建立初始堆

首先把一个待排序的序列按其原始顺序建成一棵完全二叉树。在完全二叉树中，所有以叶子节点为根的二叉树本身就是堆。对于倒数的第一个非叶子节点 a［i］（i=n/2），由于其左右孩子都已成堆，调用 HeapAdjust 函数就可以建成以第 i 个元素为根节点的堆。再令 i=n/2－1，n/2－2，…，1，重复调用 HeapAdjust 函数，当完成对 i=1 的节点建堆后，就建立了原始序列的初始堆。

建立初始堆的过程可以描述为：

算法 5-20　建立初始堆

```
void CreateHeap(int a[],int n)
{  int i;
for(i=n/2;i>=1;i--)
  HeapAdjust(a,i,n);
}
```

最后我们给出堆排序的 C 语言代码。

算法 5-21　堆排序算法（C 语言描述）

```
void swap(int *x,int *y)
{  int temp=*x;
   *x=*y;
   *y=temp;
}
////////////////////////////////
void HeapSort(int a[],int n)
{CreateHeap(a,n);  //建立初始堆
swap(&a[1],&a[n]);//堆顶元素与最后一个元素交换
for(i=n-1;i>1;i--){//连续进行堆调节和交换
          HeapAdjust(a,1,i);
swap(&a[1],&a[i]);
     }
}
```

第6章　图形结构

图是不同于树的另一种非线性数据结构。在树结构中，数据元素之间存在着一种层次结构关系，每一层上的数据元素可以和下一层的多个数据元素（孩子节点）相关，但只能和上一层的一个数据元素（双亲节点）相关，也就是说，数据元素之间的关系是一对多的关系。在图结构中，数据元素之间的关系则是多对多的关系，所以图是比树更为复杂的一种数据结构，树可以看成是图的一种特例。图结构用于表达数据元素之间存在的复杂关系，我们称这种关系为网状结构关系。在图中其节点（顶点）的前趋和后继的个数都是没有限制的，即任意两个节点之间都可能相关。

图的应用非常广泛，近年来已经渗入到各种领域，如语言学、逻辑学、数学、物理、化学、计算机科学、管理学、社会科学以及通信工程等工程学科。

本章将讨论图的基本概念、存储结构、图的遍历以及图的基本应用。

6.1　图的定义及基本术语

6.1.1　图的定义

图是由一个非空的顶点集合 V 和顶点之间关系集合 E 组成，记作

$$G=(V,E)$$

其中，G 表示一个图，V 是图 G 中顶点的有穷非空集合，E 是顶点之间关系的有穷集合，偶对（V_i，V_j）表示顶点 V_i和顶点 V_j之间存在关系。

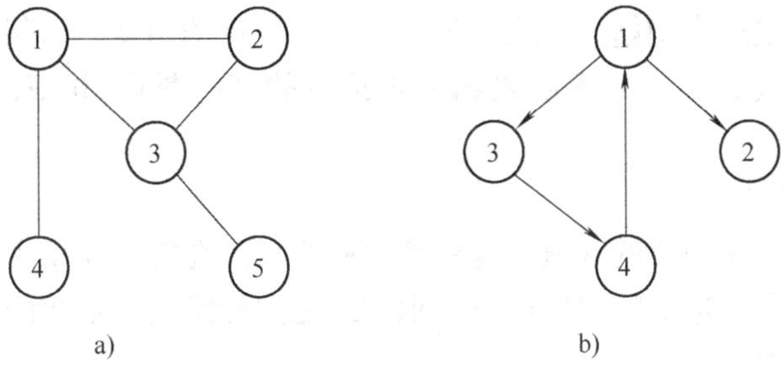

图 6-1　无向图和有向图

a）无向图　b）有向图

在一个图中，如果任意两顶点构成的偶对（V_i，V_j）是无序的，即顶点之间的连线没有方向性，那么我们称该图是无向图。在无向图中，顶点之间的连线被称为边。如图 6-1a 所示。

在一个图中，如果任意两顶点构成的偶对（V_i，V_j）是有序的，那么我们称该图为有向图，图 6-1b 为一个有向图。在有向图中，顶点之间的连线具有方向性，通常用带有箭头的线表示，并称之为弧（或有向边），箭头所指的顶点表示弧的后一个顶点称为弧头或终

点，箭头线的尾顶点表示弧的前一个顶点，称为弧尾或始点。

无向图中的边用（V_i，V_j）表示，且（V_i，V_j）与（V_j，V_i）表示同一条边；有向图中的弧用$<V_i, V_j>$表示，$<V_i, V_j>$与$<V_j, V_i>$为不同的弧。

6.1.2　基本术语

1. 子图

设有两个图G和G'：

$$G=(V,E),G'=(V',E')$$

如果V'包含于V并且E'包含于E，那么称G'为G的子图。即子图G'是图G的一个部分。例如，图6-2a为图6-1a的子图，图6-2b为图6-1b的子图。

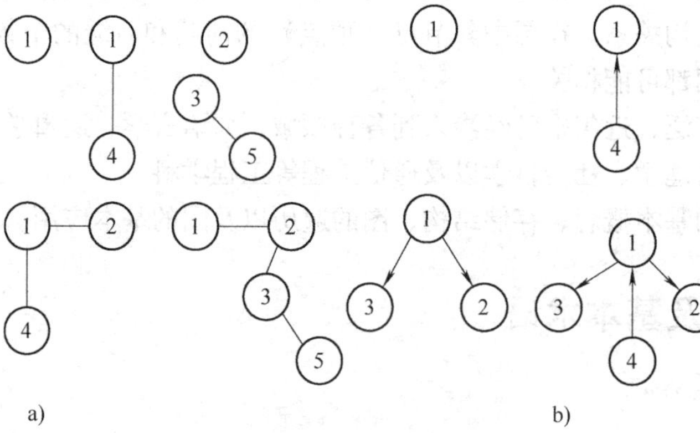

图6-2　子图

a）无向子图　b）有向子图

2. 度、入度、出度

在无向图中与某个顶点相连的边的数目称为该顶点的度。图6-1a中，顶点1的度为3。在有向图中，以某个顶点为初始点的弧的数目称为该顶点的出度，以某个顶点为终点的弧的数目称为该顶点的入度，出度和入度之和为该顶点的度。图6-1b中，顶点1的出度为2，入度为1，度为3。

3. 权、网、有向网

有些图的边具有与他相关的数值，这些数值称为权。在实际应用中，权值可以有某种含义，如在交通道路图中，边上的权值可以表示两地之间的距离。带权的图又称为网，而弧上带权的有向图叫做有向网。

4. 路径、简单路径、回路

在无向图中，从顶点V_p到顶点V_q的路径是顶点序列（V_p，V_{i1}，V_{i2}，…，V_{ik}，V_q），且（V_p，V_{i1}），（V_{i1}，V_{i2}），…，（V_{ik}，V_q）均是图中的边。在有向图中，则由顶点的弧组成有向路径。路径上边或弧的数目称为路径长度。序列中顶点不重复出现的路径称为简单路径。第一个和最后一个顶点相同的路径称为回路。除第一个和最后一个顶点以外，其余顶点不重复出现的回路称为简单回路。

5. 连通、强连通

在无向图中，如果从顶点V_i到顶点V_j存在路径，则称V_i和V_j是连通的。若在图G中每一对不同顶点都连通，则称图 G 为连通图，如图 6-3a 所示。而图 6-3b 是非连通图，它有两个连通分量，连通分量是指无向图中的最大连通子图。

在有向图中，其最大连通子图称为强连通分量。如果一个有向图的任意一对顶点都存在双向路径，则称该图为强连通图。

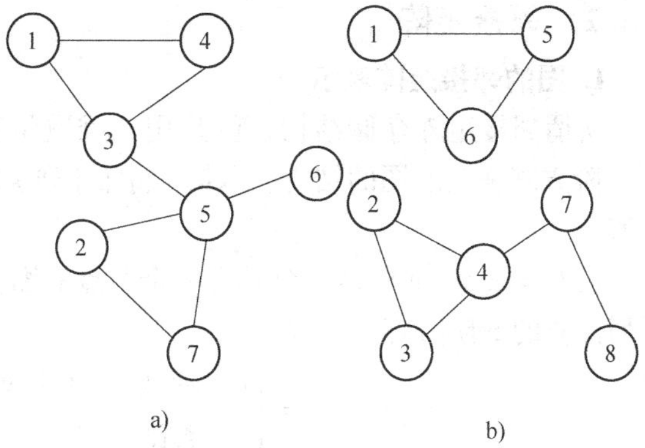

图 6-3　连通图和非连通图
a）连通图　b）非连通图

6.1.3　图的抽象数据类型

不同类型的图的操作不完全相同，如有向图、无向图的操作就有区别。下面给出图的抽象数据类型，其中的操作是各类图所共有。

```
ADTGraph
{ Data:含有 n 个元素 a1,a2,a3,…,an,每个节点之间都可以有关系
  Operation:
        InitGraph(&G);              //图的初始化
        InsertVertex(T&v);              //在图中插入一个顶点
        InsertEdge(T&v1,T&v2);          //在图中插入一条边
        DeleteVertex(T&v);              //在图中删除一个顶点
        DeleteEdge(T&v1,T&v2);          //在图中删除一条边
        GetWeight(T&v1,T&v2);           //获得边(v1,v2)的权值
        LocateVex(G,u);                 //在图 G 中找到顶点 u,返回位置
        GetNeighbor(T&v);               //获得顶点 v1 的第一个邻接点
        GetNeighbor(T&v1,T&v2);       //获得顶点 v1 的第一个邻接点 v2 的下一个邻
                                        接点
        DFSTraverse(G,v);               //从顶点 v 出发深度优先遍历图 G
        BFSTraverse(G,v);               //从顶点 v 出发广度优先遍历图 G
};
```

6.2　图的存储结构

图是一种复杂的数据结构，表现在不仅各个顶点的度可以千差万别，而且顶点之间的逻辑关系也是错综复杂，所以图的存储结构也是多种多样。因此，无法以数据元素在存储区的物理位置来表示元素之间的关系，即无法用顺序存储结构表示。由于每个顶点的度不尽相同，若使用数据域和多个指针域，将会造成大量的指针与空间浪费，所以也不能采用类似树的多重链表表示。因此，对于实际问题，需要根据具体的图结构本身的特点以及所要实施的操作，选择建立合适的存储结构。常用的存储结构有邻接矩阵和邻接表两种。

6.2.1　邻接矩阵

1. 图的邻接矩阵表示

所谓邻接矩阵存储结构，就是用二维数组存储图中顶点的信息，用一个 n（n 为顶点数）阶方阵来表示图的结构。以第 i 行第 j 列上的数来表示顶点 v_i 和 v_j 之间是否有边或边的权值。

设 G =（V，E）是一个具有 n 个节点的图，其中 n≥1，则图 G 的邻接矩阵是一个具有下列性质的 n 阶方阵：

$$a[i,j]=\begin{cases}1 & 若(v_i, v_j)或<v_i, v_j>是E中的边或弧\\0 & 否则\end{cases}$$

若 G 是网，则邻接矩阵中的每个元素定义为：

$$a[i,j]=\begin{cases}w_{ij} & 若(v_i, v_j)或<v_i, v_j>是E中的边或弧\\\infty & 否则\end{cases}$$

其中 W_{ij} 是边（v_i，v_j）或弧 $<v_i, v_j>$ 上的权值。

图 6-4、图 6-4 和图 6-6 分别是无向图、有向图和带权图的邻接矩阵表示。

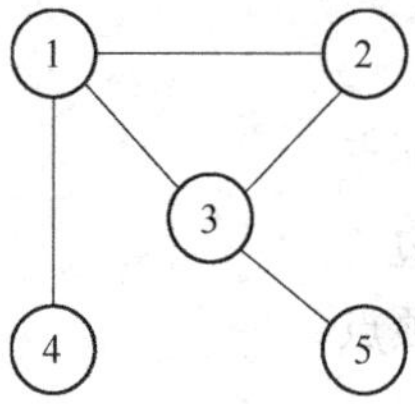

$$\begin{bmatrix}0&1&1&1&0\\1&0&1&0&0\\1&1&0&0&1\\1&0&0&0&0\\0&0&1&0&0\end{bmatrix}$$

图 6-4　无向图的邻接矩阵

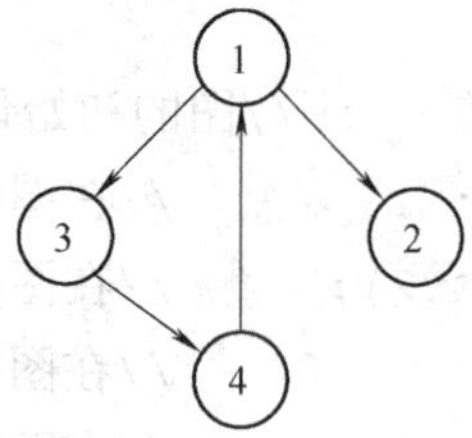

$$\begin{bmatrix}0&1&1&0\\0&0&0&0\\0&0&0&1\\1&0&0&0\end{bmatrix}$$

图 6-5　有向图的邻接矩阵

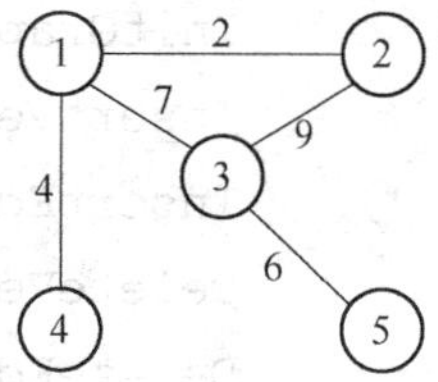

$$\begin{bmatrix}\infty&2&7&4&\infty\\2&\infty&9&\infty&\infty\\7&9&\infty&\infty&6\\4&\infty&\infty&\infty&\infty\\\infty&\infty&6&\infty&\infty\end{bmatrix}$$

图 6-6　带权无向图的邻接矩阵

2. 邻接矩阵存储的特点

对于无向图，其邻接矩阵是对称的，很容易判断顶点之间是否有边相连；同时，用这种存储结构可以很方便地求出某顶点的度，即矩阵中对应该顶点的行或列中非零元素的个数。

对于有向图，很容易判断顶点之间是否有弧相连，顶点的出度等于矩阵中对应该顶点的行中非零元素的个数，而顶点的入度等于矩阵中对应该顶点的列中非零元素的个数。

3. 图的邻接矩阵存储的定义

```
#defin en  20;                //图中顶点个数
typedef struct graph
{
    elemtype  v[n+1];          //存放顶点信息 V1,V2,…,Vn
    int data[n+1][n+1];                   //邻接矩阵
}Graph;
```

6.2.2　邻接表

1. 图的邻接表表示

这种表示法类似于树的孩子链表表示法，它首先对每个顶点 V_i 建立一个单链表（即邻接表），这个单链表由邻接于 V_i 的所有顶点构成。第 i 个单链表中的节点表示依附于顶点 V_i 的边（在有向图中是以 V_i 为尾的弧）。给每个单链表设一头节点，头节点存放顶点 V_i 的信息，把这些头节点顺序存于一个向量中构成顶点表。

表节点（见图 6-7a）包括邻接域、数据域和链域，对于第 i 个单链表中的表节点，其邻接域存储与顶点 V_i 邻接的点的序号；数据域存储与边或弧相关的信息，如权值；链域则存储下一条边或弧的节点指针。

头节点（见图 6-7b）包括数据域和链域，对于顶点表中的第 i 个头节点，其数据域存储顶点 V_i 的信息，链域则存储链表中的第一个节点指针。

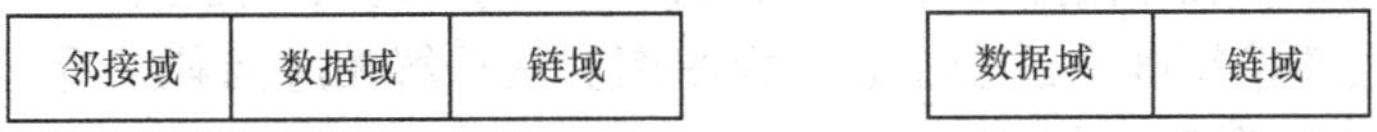

a)　　　b)

图 6-7　邻接表的表节点和头节点

a）表节点　b）头节点

这些表头节点通常以顺序存储结构（向量）存储，称为邻接向量，以便随机访问任一顶点的链表。图 6-8 为图 6-4 所示无向图的邻接表表示，图 6-9 为图 6-5 所示有向图的邻接表，图 6-10 为图 6-6 所示带权图的邻接表。

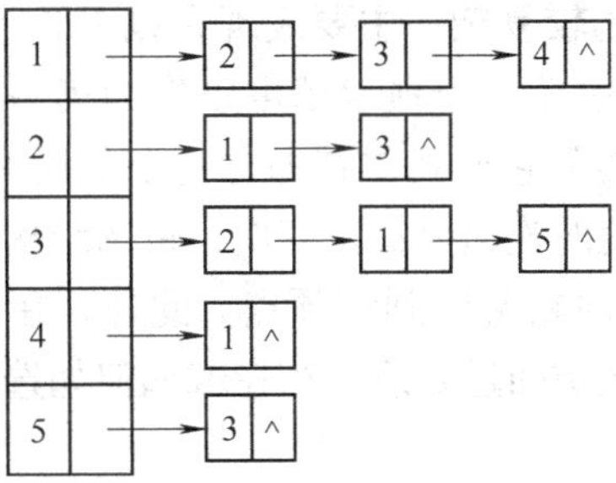

图 6-8　无向图的邻接表

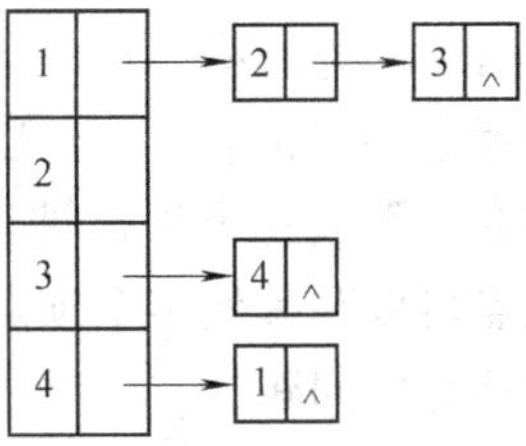

图 6-9　有向图的邻接表

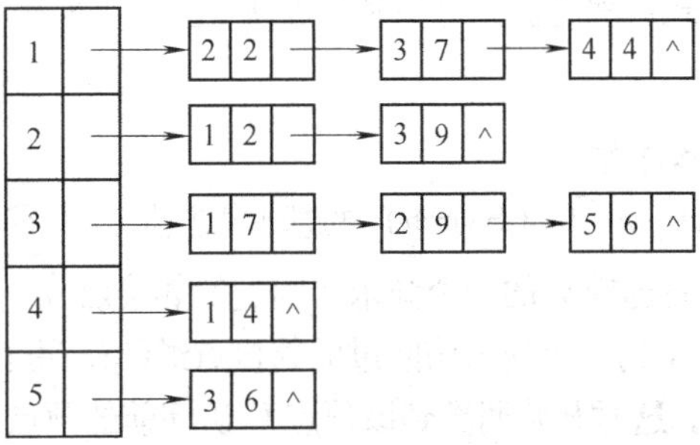

图 6-10　带权图的邻接表

2. 图的邻接表存储结构的定义

```
struct link                      //定义链表类型(表节点)
{  int Adjvex;                   //邻接域
elemtype data;  //数据域,elemtype:节点数据类型
link *nextarc;            //链域
};
struct node                     //定义邻接表的表头类型(头节点)
{  elemtype vexdata;  //数据域,elemtype:顶点信息数据类型
    link*firarc;         //链域
};
```

3. 邻接矩阵与邻接表

用邻接矩阵或邻接表存储图有各自的特点，一般来说，从存储空间角度看，邻接表适合于表示稀疏图，而邻接矩阵更适合于表示稠密图。从求解相应问题来看，例如，求顶点的度，采用邻接矩阵比邻接表更方便。

6.3 图的遍历

图的遍历是指从图中任意一个顶点出发，对图中所有的顶点访问一次且仅访问一次。和树的遍历类似，图的遍历是图形结构的基本操作，图的其他许多操作都是建立在遍历操作基础之上的。

由于图结构本身的复杂性，所以它的遍历操作也比较复杂，主要表现在以下3个方面。首先，在图结构中，没有一个“自然”的首节点，图中任一个顶点都可以作为第一个被访问的节点，对于非连通图，从一个顶点出发，只能够访问它所在的连通分量上的所有顶点，因此，还需考虑如何选取下一个出发点，访问图中其他的连通分量。其次，在图结构中，如果有回路存在，那么一个顶点被访问过之后有可能沿回路又回到该顶点。此外，在图结构中，一个顶点可以和其他多个顶点相连，当某个顶点被访问过之后，存在着如何如选取下一个要访问的顶点的问题。

为避免同一顶点被访问多次，在遍历的过程中必须记下每一个已访问过的顶点，为此设一个辅助数组 visited [n]，他的初始值为“0”，一旦访问了该顶点 v_i之后，则 visited [i] 置为“1”。

图的遍历通常有两种方式：深度优先遍历和广度优先遍历，它们对有向图和无向图均适用。

6.3.1 深度优先遍历

1. 深度优先遍历的基本思想

深度优先遍历（DFS，Depth-first Search）的基本思想是：从图的某一个顶点 v_0出发进行遍历，首先访问起始点 v_0，然后选择 v_0的一个尚未访问过的邻接点 w，从 w 出发继续进行深度优先遍历，即访问过 w 后，选择 w 的一个尚未访问过的邻接点继续作深度优先搜索，直到到达所有的邻接点均被访问过的顶点 U。这时开始回溯到该顶点 U 访问前的顶点，继续访问其未被访问过的邻接点。如此不断深入和回溯，直到回溯到起始点 v_0，使得所有与 v_0有路径相通的顶点都被访问过为止。例如，对图6-11 所示无向图，从顶点1 出发的深度优先遍历序列为

1, 4, 2, 3, 7, 8, 5, 6, 9

该遍历序列对应的遍历路径如图6-11中的虚线所示。

由于没有规定访问邻接点的顺序，深度优先序列不是唯一的。不难看出，从顶点1出发的深度优先遍历序列远远不止一种，下面的序列都可以是图6-11的深度优先遍历序列。

1, 4, 2, 6, 5, 8, 3, 7, 9

1, 2, 3, 7, 8, 5, 6, 9, 4

……

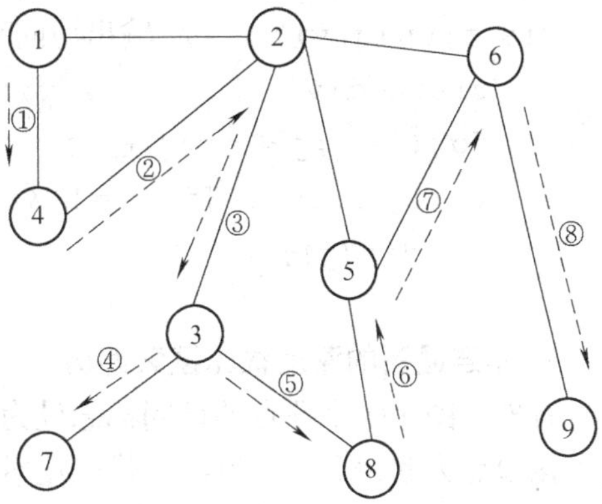

图6-11　图的深度优先遍历路径

2. 深度优先遍历算法

根据深度优先遍历的思想，给出深度优先遍历的递归算法，在算法中设置一个标志数组visited，用于标志图中顶点是否被访问，规定：

$$\text{visited}[i]=\begin{cases}0 & \text{图中第 i 个顶点未被访问过}\\ 1 & \text{图中第 i 个顶点已被访问过}\end{cases}$$

算法6-1　图的深度优先遍历算法（伪代码）

```
void DFS(Graph G,int v)
{ //从顶点v出发,深度优先搜索遍历连通图G
  visited[v]=1;
  VisitFunc(v);
  for(w=FirstAdjVex(G,v);w!=0;w=NextAdjVex(G,v,w))
        if(! visited[w])
          DFS(G,w);  //对v的尚未访问的邻接顶点w递归调用DFS
}
```

这里函数FirstAdjVex（G, v）的作用是取图G中顶点v的第一个邻接点，函数NextAdjVex（G, v, w）的作用是取得图G中，w之后v的下一个邻接点。这两个函数的实现与图的具体表示有关。如果图G是用邻接矩阵表示，深度优先遍历算法可以直接表示成下面的形式。

算法6-2　采用邻接矩阵存储的深度优先遍历算法

```
#definen 20               //n:图中顶点数
typedefstruct _graph
{int vexnum;
elemtype v[n+1];      //存放顶点信息V1,V2,…,Vn
int arcs[n+1][n+1];     //邻接矩阵
}Graph;

void dfs(Graph G,int v)          //从顶点v出发进行深度优先搜索遍历
{int j;
```

```
visitfun(g,v);     //输出访问节点
    visited[v] =1;       //visited数组标记置1,表示已访问
    for(j =1;j < =n;j + +)
    if((g.arcs[v][j] = =1)&&(! visited[j]))
        dfs(j);
}
```

3. 非连通图的深度优先搜索遍历

首先将图中每个顶点的访问标志设为FALSE，之后搜索图中每个顶点，如果未被访问，则以该顶点为起始点，进行深度优先搜索遍历，否则继续检查下一顶点。

算法6-3　非连通图的深度优先遍历算法

```
void DFSTraverse(Graph G)
{ //对图G作深度优先遍历。
for(v =0;v <G.vexnum; + +v)
  visited[v] =0;       //访问标志数组初始化
  for(v =0;v <G.vexnum; + +v)
    if(! visited[v])
            DFS(G,v);          //对尚未访问的顶点调用DFS
}
```

6.3.2　广度优先遍历

1. 广度优先遍历的基本思想

广度优先遍历（BFS，Breadth－first Search）的基本思想是在访问了起始点V_0之后，首先依次访问V_0的各个邻接点V_1，V_2，…，V_k，然后再依次访问这些顶点中未被访问的邻接点，以此类推，直到所有顶点都被访问过为止。例如，对图6-11所示无向图，从顶点1出发的广度优先遍历序列为

1，4，2，3，5，6，7，8，9

与深度优先遍历一样，从顶点1出发的广度优先遍历序列也有多种。

2. 广度优先遍历算法

与深度优先遍历相同，在广度优先遍历算法中也设置一个标志数组visited，用于标志图中顶点是否被访问，规定：

$$\text{visited}[i]=\begin{cases}0 & \text{图中第 i 个顶点未被访问过}\\1 & \text{图中第 i 个顶点已被访问过}\end{cases}$$

为搜索需要，应设置一个队列，存放已被访问过的顶点，这样可以进行按层次的遍历，过程如下：

1）初始化数组visited的所有值为0，将出发顶点V_1所对应的位置visited［1］置为1，新建一个队列，将顶点V_1入队。

2）令V_i出队，访问V_i的所有邻接点，并将其依次入队，同时，将相应的visited［i］位置为1。

3）令队首节点V_k出队，访问V_k的所有邻接点，将其中未访问过的顶点入队，同时，

将相应的 visited [k] 位置为1。

4）重复步骤3)，直到队列为空。

若采用邻接表作为存储结构，广度优先搜索的算法如下：

算法6-4 图的广度优先搜索算法

```
void BFSTraverse(Graph G,int v)
{ //从v出发,广度优先遍历连通图G。v是顶点在一维数组中的位置,
    for(u=0;u<G.vexnum;++u)visited[u]=0;
    initqueue(Q);          //建空的辅助队列Q
    inq(Q,v)//访问v,v入队
    While(! QueueEmpty(Q)){
    outq(Q,u);  //队头元素出队,并赋值给u访问u所有未被访问的邻接点
    visited[u]=1;  visitfun(u);
    for(w=FirstAdjVex(G,u);w;w=NextAdjVex(G,u,w))
         if(! visited[w]){          //若w尚未访问
              inq(Q,w);
         }//if
}//while
}
```

若采用邻接矩阵作为存储结构，广度优先搜索的算法，读者可以自己写出。

6.4 最小生成树

图的应用非常广泛，例如，图可以表示一座城市的交通联系的情况，有值图可以表示两座城市之间的距离、车费、或班次数目，图还可以表示城市之间建立的通信网络，描述化学结构式等。

6.4.1 生成树和生成森林

设E（G）为连通图G中所有边的集合，则从图中任一顶点出发遍历图时，必定将E（G）分成两个集合T（G）和B（G），其中T（G）是遍历图过程中历经的边的集合；B（G）是剩余的边的集合。显然，T（G）和图G中所有顶点一起构成连通图G的极小连通子图，我们称它是连通图的一棵生成树。由深度优先搜索得到的为深度优先生成树；由广度优先搜索得到的为广度优先生成树。

例如，图6-12b和图6-12c分别为图6-12a所示连通图G1的深度优先生成树和广度优先生成树。图中虚线为集合B（G_1）中的边，实线为集合T（G_1）中的边。

对于非连通图，通过这样的遍历，将得到的是生成森林。例如，图6-13b为图6-13a的深度优先生成森林，它由3棵深度优先生成树组成。

6.4.2 最小生成树概念

由生成树的定义可知，无向连通图的生成树不是唯一的。连通图的一次遍历所经过的边的集合及图中所有顶点的集合就构成了该图的一棵生成树，对连通图的不同遍历，就可能得

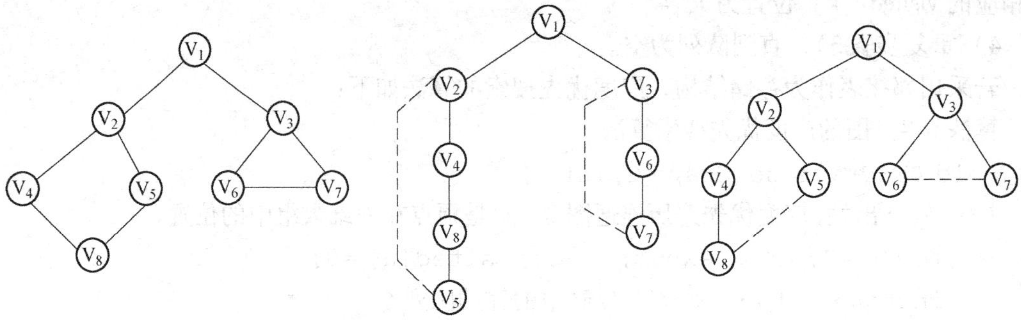

a) b) c)

图 6-12 连通图的生成树

a）无向图 G_1 b）G_1 的深度优先生成 c）G_1 的广度优先生成

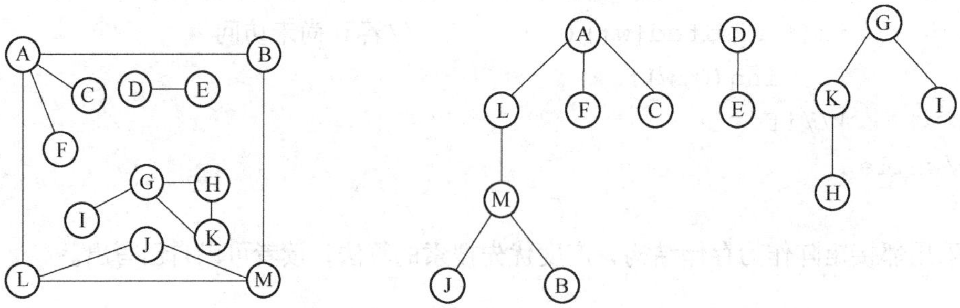

a) b)

图 6-13 非连通图 G_2 及其生成树林

a）一个非连通图无向图 G_2 b）G_2 的深度优先生成树林

到不同的生成树。图 6-14a、b、c 所示均为图 6-12a 的无向连通图的生成树。

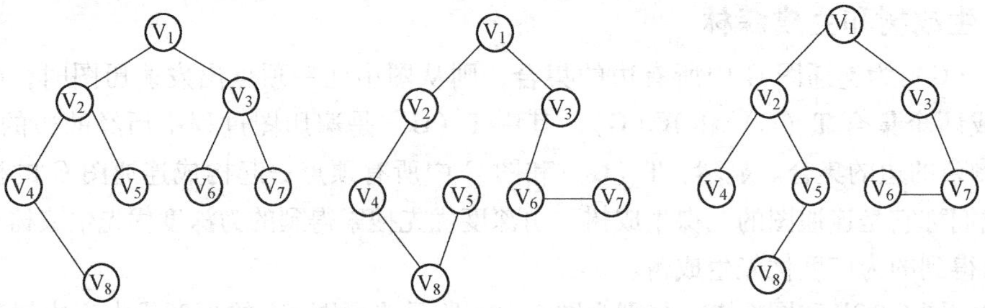

a) b) c)

图 6-14 无向连通图 G1 的 3 棵生成树

可以证明，对于有 n 个顶点的无向连通图，无论其生成树的形态如何，所有生成树中都有且仅有 n－1 条边。

如果无向连通图是一个网，那么，它的所有生成树中必有一棵边的权值总和最小的生成树，我们称这棵生成树为**最小生成树**。

最小生成树的概念可以应用到许多实际问题中。例如，以尽可能低的总造价建造城市间的通信网络，把十个城市联系在一起。在这十个城市中，任意两个城市之间都可以建造通信线路，通信线路的造价依据城市间的距离不同而有不同的造价，可以构造一个通信线路造价网络，在网络中，每个顶点表示城市，顶点之间的边表示城市之间可构造通信线路，每条边的权值表示该条通信线路的造价，要想使总的造价最低，实际上就是寻找该网络的最小生成树。

下面介绍两种常用的构造最小生成树的方法。

6.4.3 构造最小生成树的 Prim 算法

假设 G =（V，E）为网图，其中 V 为网图中所有顶点的集合，E 为网图中所有带权边的集合。设置两个新的集合 U 和 T，其中集合 U 用于存放 G 的最小生成树中的顶点，集合 T 存放 G 的最小生成树中的边。令集合 U 的初值为 U = {u1}（假设构造最小生成树时，从顶点 u1 出发），集合 T 的初值为 T = {}。Prim 算法的思想是，从所有 $u \in U$，$v \in V-U$ 的边中，选取具有最小权值的边（u，v），将顶点 v 加入集合 U 中，将边（u，v）加入集合 T 中，如此不断重复，直到 U = V 时，最小生成树构造完毕，这时集合 T 中包含了最小生成树的所有边。

Prim 算法可用下述过程描述，其中用 w_{uv} 表示顶点 u 与顶点 v 边上的权值。

```
U={u1},T={};
while(U≠V){
(u,v)=min{w_uv |u∈U,v∈V-U}
     T=T+{(u,v)}
     U=U+{v}
}
```

图 6-15a 所示的一个网图，按照 Prim 方法，从顶点 1 出发，该网的最小生成树的产生过程如图 6-15b ~ 图 6-15g 所示。

为实现 Prim 算法，需设置两个辅助一维数组 lowcost 和 closevertex，其中 lowcost 用来保存集合 V - U 中各顶点与集合 U 中各顶点构成的边中具有最小权值的边的权值；数组 closevertex 用来保存依附于该边的在集合 U 中的顶点。假设初始状态时，U = $\{u_1\}$（u_1 为出发的顶点），这时有 lowcost［0］=0，它表示顶点 u_1 已加入集合 U 中，数组 lowcost 的其他各分量的值是顶点 u_1 到其余各顶点所构成的直接边的权值。然后不断选取权值最小的边（u_i，u_k）（$u_i \in U$，$u_k \in V-U$），每选取一条边，就将 lowcost（k）置为 0，表示顶点 u_k 已加入集合 U 中。由于顶点 u_k 从集合 V - U 进入集合 U 后，这两个集合的内容发生了变化，就需依据具体情况更新数组 lowcost 和 closevertex 中部分分量的内容。最后 closevertex 中即为所建立的最小生成树。

当无向网采用二维数组存储的邻接矩阵存储时，Prim 算法的 C 语言实现如下：

算法 6-5　Prim 算法（最小生成树）

```
/*
用 Prim 方法建立有 n 个顶点的邻接矩阵存储结构的网图 gm 的最小生成树
  从序号为 0 的顶点出发;建立的最小生成树存于数组 closevertex 中
 */
```

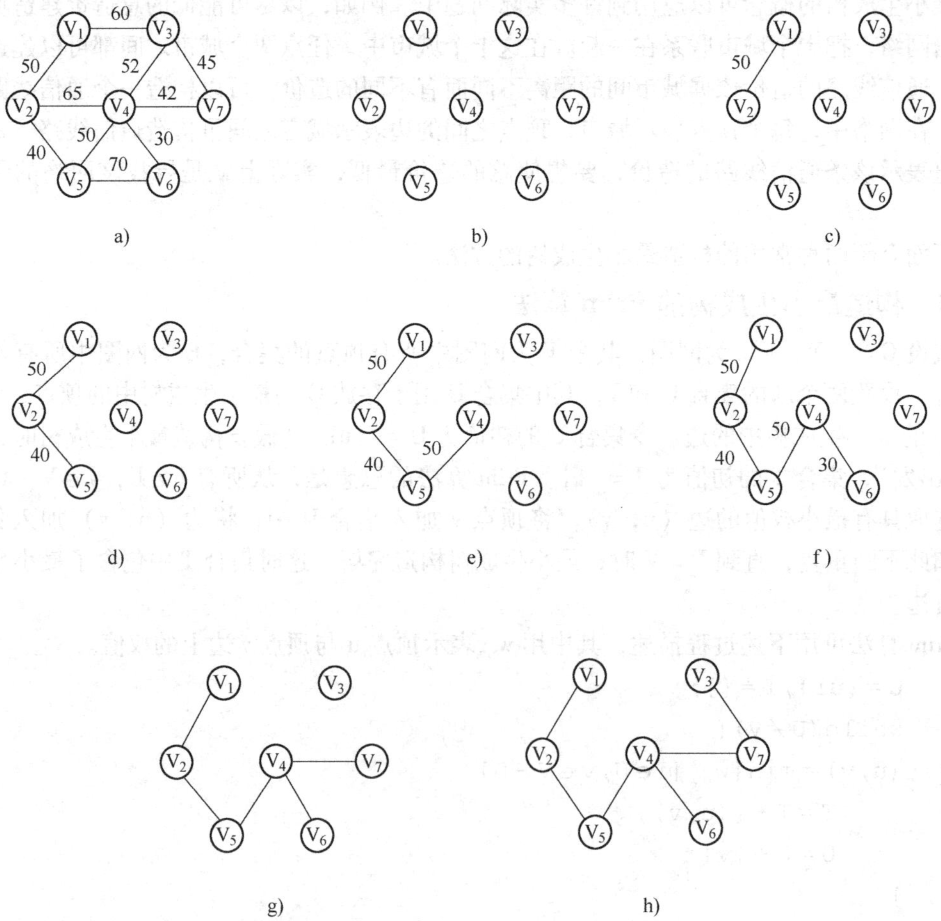

图 6-15　Prim 算法构造最小生成树的过程示意

```
void Prim(int gm[ ][MAXNODE],int n,int closevertex[ ])
{
  int lowcost[100],mincost;
  int i,j,k;
  for(i=1;i<n;i++){                  /*初始化*/
     lowcost[i]=gm[0][i];
     closevertex[i]=0;
  }
lowcost[0]=0;              /*从序号为 0 的顶点出发生成最小生成树*/
closevertex[0]=0;
for(i=1;i<n;i++){                     /*寻找当前最小权值的边的顶点*/
     mincost=MAXCOST;          /*MAXCOST 为一个极大的常量值*/
     j=1;k=1;
     while(j<n){
        if(lowcost[j]<mincost && lowcost[j]!=0){
```

```
                mincost = lowcost[j];
                 k = j;
            }
            j + +;
          }
  printf("顶点的序号 = % d 边的权值 = % d\n",k,mincost);
  lowcost[k] =0;
  for(j =1;j <n;j + +)          /* 修改其他顶点的边的权值和最小生成树顶点序
                                    号 */
     if(gm[k][j] <lowcost[j]){
         lowcost[j] =gm[k][j];
         closevertex[j] =k;
     }
   }
 }
```

6.5　单源最短路径

单源最短路径问题的背景是：从一个给定的城市出发，能否到达其他各个城市？走哪条公路花费最少？我们用一个有向网表示城市的公路网，顶点表示城市，弧代表公路段，弧上的权值代表两城市之间的距离或者运输成本。习惯上称给定的出发点为源点，其他的顶点为终点。单源最短路径问题的一般提法是：从一个有向网的源点到其他各终点有没有路径？最短路径是什么？最短路径的长度是多少？

从源点到终点的路径存在以下 3 种情况：

1）没有路径。

2）只有一条路径，即最短路径。

3）有几条路径，其中有一条为最短路径。例如，对于图 6-16a 所示的有向网，从顶点 1 到顶点 5 有 4 条路径：

1→5　　　　　路径长度为 20

1→2→3→5　　路径长度为 14

1→4→5　　　路径长度为 18

1→4→3→5　　路径长度为 12

可见，从顶点 1 到顶点 5 的最短路径为 12，但怎样求出单源最短路径呢？

迪克斯特拉（Dijkstra）提出了一种按路径长度递增顺序逐步产生最短路径的算法。对于 n 个顶点的图，总共需求出 n－1 条最短路径，方法是先找出从源点 V_0 到各终点 V_k 的直达路径 $<V_0, V_k>$，即通过一条弧到达的路径。从这些路径中找出一条长度最短的路径 $<V_0, u>$，然后对其余各条路径进行适当调整：若在图中存在弧 $<u, V_k>$ 和 $<V_0, u>$ 两条弧上权值之和小于弧 $<V_0, V_k>$ 的权值，则以路径 $<V_0, u, V_k>$ 代替 $<V_0, V_k>$。在调整后的各路径中再找长度最短的路径，以此类推。

按照上述思路，求从源点到各终点的最短路径的算法如下：

设有向网 G =（V，E)，采用邻接矩阵作为存储结构。若邻接矩阵为 cost，并规定：

cost [i，j] = W_{ij}，顶点 i 和顶点 j 之间有直接边，且权值为 W_{ij}；

cost [i，j] =0，i =j，顶点 i 和顶点 j 是同一个顶点；

cost [i，j] = ∞，顶点 i 和顶点 j 之间没有边。

图 6-16a 所对应的邻接矩阵见图 6-16b。

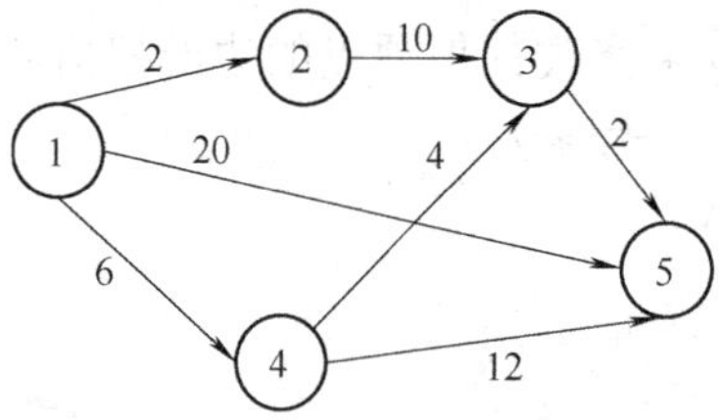

a)

	1	2	3	4	5
1	0	2	∞	6	20
2	∞	0	10	∞	∞
3	∞	∞	0	∞	2
4	∞	∞	4	0	12
5	∞	∞	∞	∞	0

b)

图 6-16 单源最短路径

a）有向网 b）邻接矩阵

设置一个一维数组 s，用来标记已找到最短路径的顶点，并规定：

s [i] =0 未找到源点到顶点 V_i 的最短路径；

s [i] =1 已找到源点到顶点 V_i 的最短路径。

初始状态时，s [0] =1，对于其余的顶点 V_j（$V_j \neq V_0$），有 s [j] =0；设置另一个一维数组 distance，用来存放原点到其余各顶点的当前最短路径长度。

初始状态时，distance [i] = cost [ORIGINAL（V_0），i]，（其中 ORIGINAL（V_0）表示源点 V_0 在存储结构中的位置号），即一维数组 distance 各分量的值为邻接矩阵 cost 中第 ORGINAL（V_0）行上各元素的值。

首先利用 distance 数组中各分量的值，选取当前具有最短路径的顶点 u，使得

distance [u] = min {distance（w)}

然后将顶点 u 加入集合 s 中，即令 s [u] =1，同时对于所有 s [i] =0 的顶点 V_i，判断 distance [i] 是否小于 distance [u] + cost [u，i]，使得

distance [i] = min {distance [i]，distance [u] + cost [u，i]}

上述过程重复执行 n -1 次，就得到了按路径长度递增的顺序求源点到其余各顶点的最短路径的值。

下面给出实现 Dijkstra 算法的完整 C 程序。

算法 6-6 求单源点最短路径的 Dijkstra 算法

```
//求单源最短路径
//矩阵 cost[][],数组 distance[],path[]都是全局变量
//v0 是源点编号,n 是顶点数
void shortdjs(int v0,int n)
{int s[max];
   int mindis,dis,i,j,u;
```

```
for(i=1;i<=n;i++){                    //赋初值
    distance[i]=cost[v0][i];
        if(distance[i]<up){
path[i]=v0;
}
s[i]=0;
}
s[v0]=1;
for(i=1;i<=n;i++){
mindis=up;
    for(j=1;j<=n;j++){
        if(s[j]==0 && distance[j]<mindis){
                u=j;
                mindis=distance[j];       //j 节点不在 S 中,并且它到 v0 的
                                            距离最短
        }
        s[u]=1;                    //u 为已找到最短路径的节点,将其加入 S 中
        for(j=1;j<=n;j++)
            if(s[j]==0){
                dis=distance[u]+cost[u][j];
                if(distance[j]>dis){
                    distance[j]=dis;
                    path[j]=u;
}
}//if(s[j]==0)
    }
}//for((i=1;i<=n;i++))
}
```

下面给出两个辅助函数:

(1) 函数 creatgraph 用于建立有向网的邻接矩阵。

```
//建立有向网的邻接矩阵,返回值是图的顶点数
int creatgraph()
{  int i,j,s,e,len,contin=1;
   printf("请输入顶点个数");
   scanf("%d",&n);
   for(i=1;i<=n;i++){
       for(j=1;j<=n;j++)
           cost[i][j]=cost[j][i]=up;
       cost[i][i]=0;
```

```
}
printf("输入各边,以0,0,0结束\n");
i =1;
while(contin = =1){
    printf("\t第% d条边 - >顶点,顶点,边长:",i);
        scanf("% d% d% d",&s,&e,&len);
        if(s = =0 && e = =0 && len = =0)
            contin =0;
        else if(s > =0 && s < =n && e > =0 && e < =n && len >0){
cost[s][e] =len;
i + +;
}
        else  printf("\t\t边值错误,重新输入!\n");
}
   return  n;
}
```

(2) 输出最短路径。

```
void dispath(int v0,int n)
{  int i,j,k;
   printf("\n从v1到各顶点的最短路径长度如下:\n");
   printf("\t(起点 - >终点)    最短长度    最短路径\n");
   printf("\t- - - - - - - - - - - - -    - - - - - - - - -    - - - - - - - - -\n");
   for(i =1;i < =n;i + +){
   printf("\t(v% d - - >v% d)",v0,i):       ";
    if(distance[i] <up)
            printf("% 8d",distance[i]);
   else
            printf(" % 8s"," ");//显示无穷大
        k =i;
    while(k! =v0){
        printf("v% d←",k);
        k =path[k];
}
        printf("v% d\n ",v0);
}
}
```

有了求最短路径的算法和两个辅助函数，下面给出求最短路径的主函数。

```
//文件名 shortpath.c
#include <stdio.h>
#define max 20
#define up 10000                          //模拟无穷大值
```

```
int cost[max][max];                    //cost:邻接矩阵
int distance[max];                     //distance:存放各顶点的当前最短路径
                                         长度
int path[max];                         //path:存放各顶点的当前最短路径
void shortdjs(int v0,int n);
int creatgraph();
void dispath(int v0,int n)
void main()
{int n;
  n=creatgraph();
      printf("输入起始顶点编号");
      scanf("% d",&v0);
      shortdjs(v0,n);
      dispath(v0,n);
}
//将函数 shortdjs,creatgraph,dispath 的定义放这儿
//……
```

对于图 6-16 所示的有向网，运行上述 Dijkstra 算法的 C 程序，结果如图 6-17 所示。

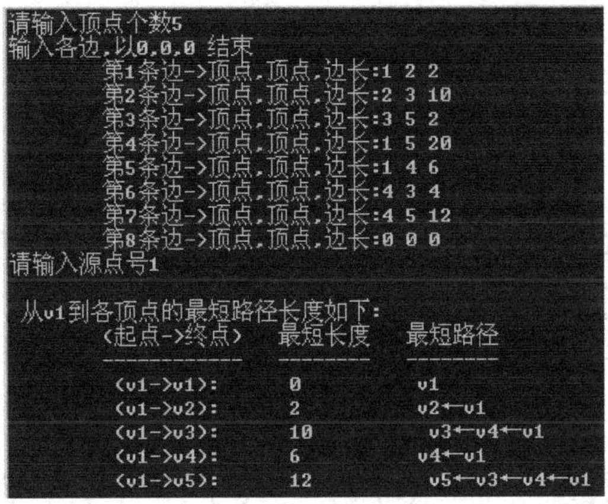

图 6-17　单源最短路径示例

6.6　拓扑排序

在工程实践中，我们经常使用有向图来描述一个工程或系统的进行过程。通常一个大工程由若干个小工程（称为活动）来构成，这些工程完成时，整个工程也就完成了。每一个子工程称为活动，在图中用顶点表示，两顶点间的弧表示活动间的优先关系，这种有向图称为作业活动网或 AOV 网（Activity On Vertex Network）。在 AOV 网中，若从顶点 i 到顶点 j 只有一条弧，则称 i 是 j 的直接前驱，j 是 i 的直接后继。如，学生的课程开设可以看成是一个工程，每一门课就是工程中的活动。各个子工程之间有一定的约束关系，如有些课程必须在

其他课程学完之后才能开，见表6-1。

表6-1　课程先后次序表

课　程　号	课　程　名	先修课程
C1	计算机基础	
C2	高等数学	
C3	离散数学	C2
C4	高级语言程序设计	C1
C5	数据结构	C1，C4
C6	操作系统	C4

如果为AOV网中每项活动的进行安排一个线性的顺序关系，必须以有向图的次序关系为前提。同时，在AOV网中不允许出现有向回路，因为回路的出现意味着某项活动的开工将以自己工作的完成为条件，这种现象称为死锁。检测死锁的方法之一是：根据有向图构造一个有序序列，在这个序列中包含有向图的全部顶点，并且使得此序列中的顶点之间不仅保持有向图中原有的次序关系，而且在有向图中没有关系的顶点之间人为建立了一个次序关系。若有向图中没有回路出现，则可构造出包含有向图中所有顶点的有序序列。我们称上述特性的有序序列为拓扑有序序列。对AOV网构造拓扑有序序列的操作称为拓扑排序。若AOV网中有回路存在，则求不到该网的有序序列。

拓扑排序的步骤（见图6-18）如下。

1）在有向图中选取一个没有前驱的顶点（即入度为零的顶点）并输出该顶点。

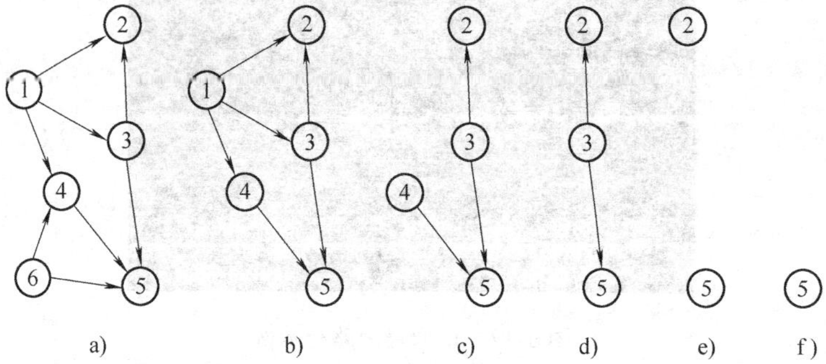

图6-18　拓扑排序

a）输出V_6　b）输出V_1　c）输出V_4　d）输出V_3　e）输出V_2　f）输出V_5

2）从有向图中删除该顶点和以它为尾的所有弧。

3）重复上述步骤1）、2），直到全部顶点都被输出，或者有向图中没有入度为零的顶点为止。其中后一种情况说明有向图中有回路存在。

6.7　关键路径

与AOV网对应的是AOE网（Activity On Edge），即以边表示活动的网。AOE网是一个带权的有向无环网，其中顶点表示事件，弧表示活动，权值表示活动的持续时间，如图

6-19 所示。通常用 AOE 网来估算一个工程的完成时间。AOE 网中有一个入度为 0 的顶点，叫做源点，代表工程的开始。有一个出度为 0 的顶点，叫做汇点，代表工程的结束。例如在图6-19中，源点是 V_0，汇点是 V_8。

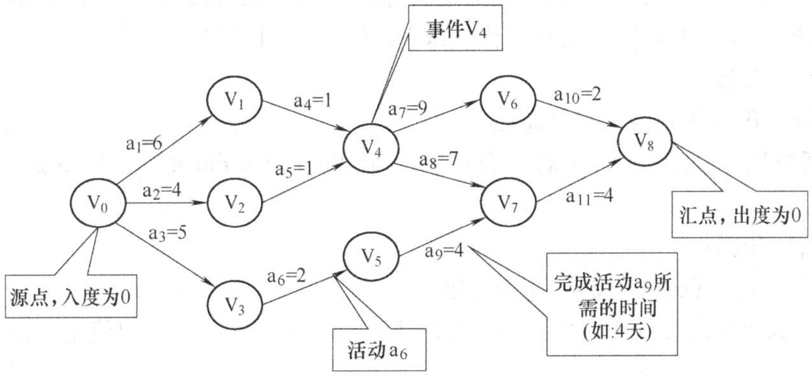

图 6-19　AOE 网

与 AOV 网不同，AOE 网研究的问题是：①完成整个工程需要多少时间？②哪些活动是影响工程进度的关键活动？

1. 几个概念

1）两顶点间路径长度。AOE 网上两顶点间路径上各活动的持续时间之和。如图 6-19 所示，路径（V_0，V_2，V_4，V_7，V_8）的长度为 $4+1+7+4=16$。

2）关键路径。在 AOE 网中有些活动是并行进行的，完成工程的最短时间是从源点到汇点的最长路径长度，即路径上各活动持续时间之和而不是路径上弧的数目，这条最长的路径称为关键路径。它的实际意义就是这条路径上活动持续时间总和最长的值。如图 6-19 所示，关键路径为 V_0，V_1，V_4，V_6，V_8和 V_0，V_1，V_4，V_7，V_8。

3）关键活动事件。V_j最早发生时间是从源点 V_0 到 V_j的最长路径长度，它决定了事件 V_j之后的活动最早开始时间。如图 6-19 所示，V_4的最早发生时间等于 $6+1=7$，所以活动 a_7，a_8的最早开始时间为 7 天。

记活动 a_i的最早开始时间为 e（i）；a_i的最迟必须开始时间为 l（i）（否则会延迟整个工程完成）；称 l（i）－e（i）为活动 a_i完成的时间余量。若 l（i）－e（i）=0，则称活动 a_i为关键活动，即关键活动的开始时间既不能提前又不能推迟。例如，a_6的最早开始时间为 5，而最迟开始时间可为 8，因为 a_{11}的最早开始时间 $=6+1+7=14$，若 a_6在 8 天后开始（推迟 3 天），加上 a_6的 2 天，a_9的 4 天，共 14 天，仍满足 a_{11}开始时间的要求。

关键路径上的活动都是关键活动，非关键活动并不影响工程进度。因此，分析关键路径的目的，其一是确定工程完工所需的时间，其二是辨别哪些是关键活动，以便争取提高关键活动功效，缩短工期。

2. 求关键路径的算法

由于关键活动组成了关键路径，因此，求关键路径就是判断出所有的关键活动的过程。方法是求每个活动的最早开始时间 e（i）和最迟必须开始时间 l（i），如果二者相等，则该活动即为关键活动。求e（i）和l（i），首先应求得事件的最早发生时间Ve（i）和最迟发生时间Vl（i）。设弧（V_j，V_k）表示活动a_i，a_i的持续时间用dut <V_j，V_k>表示，则有：

e（i）=Ve（j），即a_i的最早开始时间为对应事件V_j的最早发生时间。

l（i）=Vl（k）-W_{jk}，即a_i的最迟必须开始时间为V_k的最迟发生时间减去a_i的持续时间，所以将求e（i）、l（i）的工作转换成求Ve（j）和Vl（k）。

求Ve（j）步骤：

1）从Ve（0）=0开始，向前递推。

2）从所有以V_j为弧头的弧的集合中找一个Ve（i）+dut <V_i，V_j>最大的作为Ve（j）。

求Vl（j）步骤：

1）从Vl（n）=Ve（n）起，逆向递推。

2）有V_j为弧尾的弧的集合中找一个Vl（k）-dut <V_j，V_k>的权值最小的作为当前的Vl（j）。

综上所述，求关键路径的算法思路如下：

1）从源点V0出发，令Ve（0）=0，按拓扑排序的顺序求其余顶点的最早发生时间Ve（j）。

2）从汇点Vn出发，令Vl（n）=Ve（n），按逆向拓扑排序的顺序求其余顶点的最迟发生时间Vl（j）。

3）根据各顶点的Ve和Vl，求每个活动的最早开始时间e（i）和最迟开始时间l（i）。

4）若l（i）=e（i），则此活动a_i为关键活动。

例如，图6-19的AOE网，各顶点的Ve和Vl值见表6-2。

表6-2　各顶点的Ve，Vl值

顶点	Ve（i）事件最早发生时间	Vl（i）事件最晚发生时间
V_0	0	0
V_1	6	6
V_2	4	6
V_3	5	8
V_4	7	7
V_5	7	10
V_6	16	16
V_7	14	14
V_8	18	18

由各顶点的Ve和Vl值，可计算出每个活动的最早开始时间和最迟必须开始时间，见表6-3，继而算出l（i）-e（i）=0的所有顶点，找出关键路径为a_1，a_4，a_7，a_{10}和a_1，a_4，a_7，a_{11}两条。

表 6-3　各活动的 e，l 值

活动	e (i)：活动的最早开始时间	l (i)：活动的最迟开工时间	l (i) - e (i)
a_1	0	0	0
a_2	0	2	2
a_3	0	3	3
a_4	6	6	0
a_5	4	6	2
a_6	5	8	3
a_7	7	7	0
a_8	7	7	0
a_9	7	10	3
a_{10}	16	16	0
a_{11}	14	14	0

第二部分习题与思考题

1. 数据结构主要包括哪 3 方面的内容?

2. 逻辑结构的 4 种基本类型是什么?

3. 链表合并问题：h1，h2 是两个有序链表（升序），函数 Merge（）将 h1，h2 合并，合并后的链仍然是升序有序链表，并且合并后 newhead 指向新的有序链表的头节点。请在下面的程序中填上合适的语句或者表达式。

```
node * Merge(node * h1,node * h2)
{ node *newhead, *p1, *p2;
  if(_________    ){
        newhead=h1;
        p=h2;
  }
  else{
        newhead=h2;
        p=h1;
  }
node *q=newhead;
  while(q->next){
       if(q->next->data<p->data)
            (_________)    ;
       else{
            (_________);
             q->next=p;
             q=p;
             p=p1;
             }
```

```
    }
  q->next=p;
  (__________);
}
```

4. 设A和B是两个单链表，其表中元素递增有序。试写一算法将A和B归并成一个按元素值递减有序的单链表C，并要求辅助空间为O（1），请分析算法的时间复杂度。

5. 写一算法将单链表中值重复的节点删除，使所得的结果表中各节点值均不相同。

6. 已知链表first，将first前后进行倒置，并返回该链表，如图6-20所示。

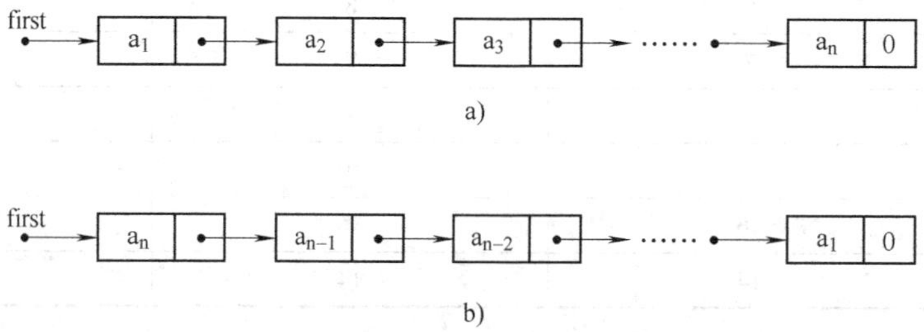

图6-20　单链表逆置示意图

a）逆置前　b）逆置后

请写出单链表逆置算法。

7. 已有a、b两个链表，每个链表中的节点包括学号、成绩。要求把两个链表合并，按学号升序排列。

8. 有两个链表a和b，设节点中包含学号、姓名。从a链表中删去与b链表中有相同学号的那些节点。

9. 建立一个链表，每个节点包括：学号、姓名、性别、年龄。输入一个年龄，如果链表中有与此年龄相同的节点，则将此节点删去。

10. 设计一个程序，该程序输入一个英语单词和它的释义（应考虑一个单词可以有多个释义）。将单词和它的释义分别存放在文件word.dat和meaning.dat中。文件word.dat中存储的数据的结构为：

```
struct index
{
     char word[20];
unsigned int offset;
};
```

其中，数据成员offset用于记录单词word的释义在文件meaning.dat中的位置。用户输入一个单词，屏幕输出该单词的释义。

11. 分别用顺序表和循环链表解决约瑟夫问题：设有n个人按1，2，3…，n的顺序围成一圈，现从第s个人开始按1，2，…，m的顺序报数，数到m的人出圈，接着从出圈的下一个人开始重复此过程，直到所有人出圈为止。要求在给出m、n、s后，输出出圈序列。

12. 有一栈，元素A，B，C，D只能依次进栈，则出栈序列中以下哪个是不可能得到的

A）D、C、B、A　　　　B）C、B、A、D

C）A、B、C、D　　　　D）D、C、A、B

13. 画出表达式A＊（B－D)/D＋C＊（E＊F）执行过程中NS，OS栈的变化情况。

14. 循环队列的优点是什么？如何判别它的空和满？

15. 回文是指正读反读均相同的字符序列，如"abba"和"abdba"均是回文，但"good"不是回文。试写一个算法判断给定的字符向量是否为回文。（提示：将一半字符入栈）

16. 用三元组和带行辅助向量的形式表示下列稀疏矩阵。

$$B=\begin{pmatrix}23 & 6 & 0 & 2\\ 2 & 0 & 12 & 0\\ 0 & 8 & 0 & 0\\ 0 & 0 & 0 & 0\\ 4 & 0 & 78 & 0\end{pmatrix}$$

17. 设有二维数组 A [0..9, 0..19]，其每个元素占两个字节，第一个元素的存储地址为 100，若按列优先顺序存储，元素 A [6, 6] 的存储地址是什么?

18. 编写一个函数删除二叉树 t（提示：采用后序遍历方法）。假设 t 是链表树，调用C + + 函数 delete 释放节点空间。

19. 设一棵完全二叉树有 1000 个节点，问：

1）有多少个叶子节点。

2）有多少个度为 2 的节点。

3）有多少个节点只有非空左子树。

20. 设一棵二叉树其中序和后序遍历如下：

中序：BDCEAFHG

后序：DECBHGFA

画出这棵二叉树的逻辑结构，并写出先序遍历结果。

21. 给定一组元素 {36, 17, 28, 54, 30, 27, 94, 15, 21, 83, 40}，画出由此生成的二叉排序树。

22. 给定一组权值 W = {8, 2, 5, 3, 2, 17, 4}，画出由此生成的哈夫曼树。

23. 已知图 6-21：

1）请写出此图的邻接矩阵和邻接表。

2）从顶点 1 开始分别按照深度优先和广度优先遍历该图（要求：在满足遍历算法的条件下按数字从小到大排序）。

24. 试列出图 6-22 中全部可能的拓扑排序序列。

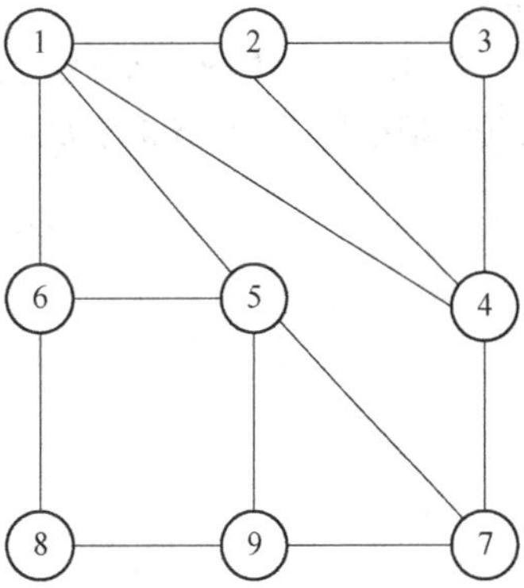

图 6-21　无向图

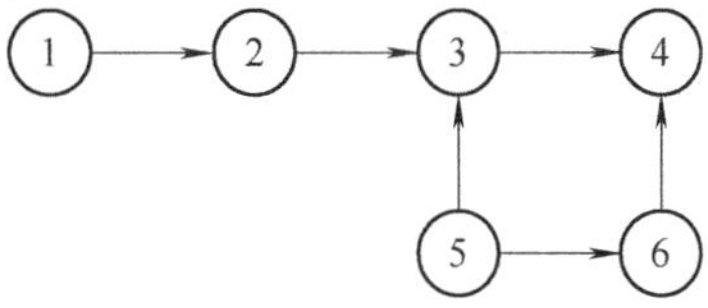

图 6-22　有向图（拓扑排序）

25. 如图 6-23 所示，求从顶点 1 到其余各顶点的单源最短路径长度及其路径。

26. 如图 6-24 所示 AOE 网，求：

1）每一个事件的最早开始时间和最迟开始时间。

2）完成该计划需要多长时间。

3）该计划的关键路径。

27. 设有序表为（a, b, c, e, f, g, i, j, k, p, q），请分别画出对给定值 b，g 和 n 进行折半查找的过程。

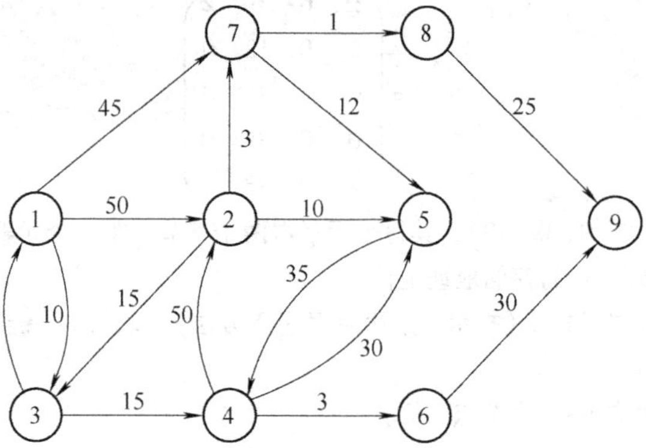

图6-23　有向图（最短路径）

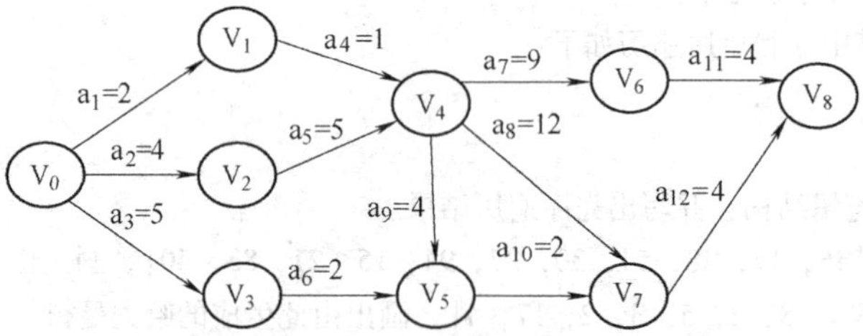

图6-24　AOE网

28. 对含有n个互不相同元素的集合，同时找最大元素和最小元素至少需进行多少次比较？

29. 设散列表长度为11，散列函数h（x）= x% 11，给定的关键字序列为：1，13，13，34，38，33，27，22。试画出分别用链地址法、线性探查法和平方探查法解决冲突时所构造的散列表，并求出在等概率情况下，这3种方法查找成功的平均查找长度。请问装填因子的值是什么？

30. 设有一组关键字：33，87，62，54，10，38，15，26，43，67，99，13，6，44，8。请分别写出插入排序、简单选择排序、堆排序、冒泡排序、快速排序和归并排序的每一趟结果，并对各排序方法进行分析。

第三部分

操作系统

第 7 章　操作系统引论

计算机操作系统是随着计算机研究和应用的发展逐步形成并发展起来的，它是计算机系统中最基本的系统软件。设置操作系统的主要目标是提高方便性、有效性、可扩充性和开放性。通过本部分的学习，我们将知道操作系统要做什么、怎么做和为什么要这样做。

7.1　操作系统的作用

我们每天使用计算机时，都离不开操作系统。例如，台式机、笔记本电脑的 Windows XP、Windows 7、Windows 8 以及各类 Linux 系统如 Ubantu 等，另外手机和平板电脑的 Android 系统、ios 系统等，都是操作系统。

那么到底什么是操作系统呢？根据图 7-1 的系统层次结构，我们可以从不同角度来说明。

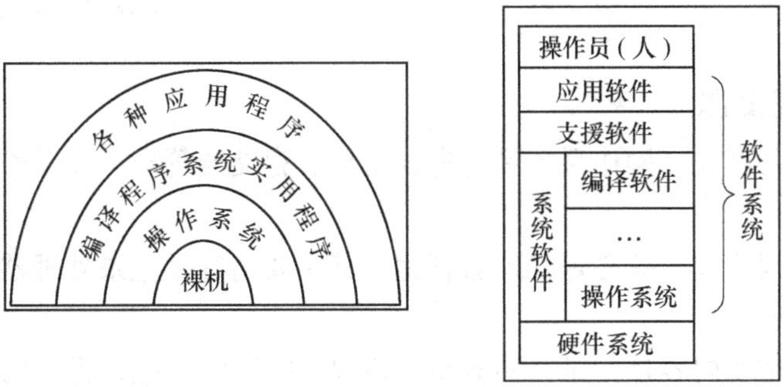

图 7-1　计算机系统的层次结构

1. 一般用户观点

从一般用户角度来看，所谓计算机操作系统，是指控制和管理计算机的软、硬件资源，合理组织计算机的工作流程，提供用户与操作系统之间的软件接口，使用户能通过操作系统方便地使用计算机。

2. 资源管理观点

从功能上讲，操作系统具有以下两个方面的作用：

1）控制和管理计算机系统的软、硬件资源，使之得到有效利用。

2）合理组织计算机系统的工作流程，以增强系统的处理能力。

3. 程序员的观点

从程序员的角度来看，操作系统就是一台能够为程序员提供高级编程接口，便于使用的虚拟机。如果没有操作系统，程序员在开发软件的时候就必然陷入复杂的硬件实现细节。程序员并不想涉足这个可怕的领域，而且将大量的精力花费在这个重复的、没有创造性的工作上也使得程序员无法集中精力放在更具有创造性的程序设计工作中去。程序员需要的是一种简单的，高度抽象的可以与之打交道的设备。将硬件细节与程序员隔离开来，这就是操作系统。从这个角度来看，操作系统的作用是为用户提供一台等价的扩展机器，也称虚拟机，它比底层硬件更容易编程。

7.2 操作系统功能

7.2.1 为用户提供接口

操作系统是用户和计算机系统之间的接口，为用户提供使用计算机资源的手段，包括人机交互方式（操作命令方式）和从程序中调用系统服务的方式（系统调用方式），如图7-2所示。

从用户角度，用户可以通过各种接口，获得访问、使用系统资源的能力。

从系统角度，系统在有序管理计算机硬件系统前提下，向程序员提供调用接口。

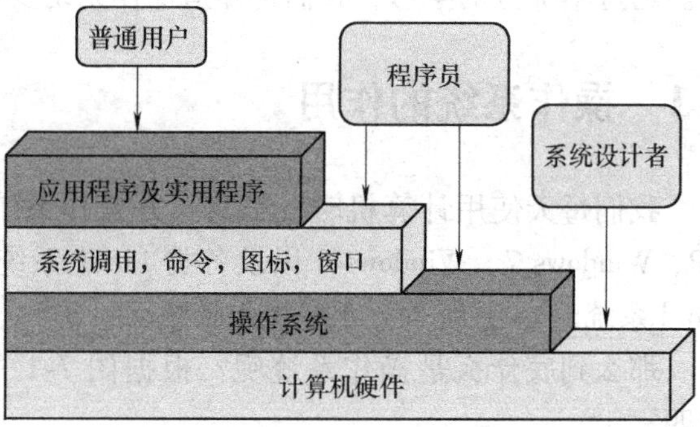

图7-2 OS作为用户接口的层状示意图

7.2.2 管理系统资源

从资源管理的角度看，操作系统具备进程管理、存储器管理、设备管理和文件管理四大功能。

进程管理：进程管理的核心是处理器管理，其主要内容是记录处理器状态，按策略分配处理器。

存储器管理：主要内容是记录存储器使用情况，按策略分配，保护信息不受破坏。

设备管理：核心是输入/输出（I/O）设备管理，主要内容是按要求和策略分配I/O设备，优化设备调度，提高设备使用效率。

文件管理：文件管理的核心是信息管理或者软件资源管理，以文件方式组织信息，便于查询和保护数据。

1. 进程管理

进程管理又称处理器管理，其主要功能是对中央处理器（CPU）进行管理。为了提高宝贵的CPU资源的利用率，克服单道程序技术的缺点，操作系统采用多道程序技术，即在内存中同时驻留若干道已经开始但又尚未结束的程序，当一个程序因等待某一条件而不能运行下去时，就把 CPU 的使用权交给另一个程序；或者，当出现了一个比当前运行的程序更重要的可执行程序时，后者应能抢占 CPU 的使用权。多道程序设计的特点是多个程序共享 CPU 资源，CPU 的利用率较高。在多道环境下，程序之间不再是孤立的，它们之间存在着直接或间接的联系，需要通过同步、互斥等通信手段协调它们之间的关系。如果多道程序之间的关系失调，则可能产生死锁，必须采取各种手段预防、避免、检测和解决死锁问题。

在多道程序设计环境中，为了保证系统的安全，将指令分成特权指令和非特权指令。只允许操作系统程序执行的指令称为特权指令，一般用户不允许使用特权指令。指令集合中除特权指令之外的指令称为非特权指令。

在多道程序设计环境中，中央处理器交替地执行操作系统程序和用户程序。当 CPU 正在执行操作系统程序时，称 CPU 处于系统态（又称管态、核心态）；当 CPU 正在执行用户程序时，称 CPU 处于用户态。

2. 存储管理

存储管理的主要功能是管理内存资源。当多道程序共享内存资源时，系统需要合理地为它们分配内存空间，将程序地址空间快速正确地映射到物理地址空间，并保证用户的程序和数据能够相互隔离、互不干扰。随着用户程序的不断增大，内存资源常常捉襟见肘，所以需要解决内存扩充的问题，即把内存和外存统一管理，只需将程序的一部分调入内存，另一部分仍留在外存中，程序可以在内、外存之间互换，为用户提供一个容量比实际内存大得多的虚拟存储器，以保证大程序的运行。

3. 设备管理

计算机外部设备的种类繁多、功能差异很大、管理困难。操作系统设备管理的主要功能是按一定的策略为进程分配外部设备、启动外部设备进行数据传送，使用户不必了解设备以及接口的技术细节就可以方便地对设备进行操作。为了弥补 CPU 和外部设备速度的差异，提高 CPU 和外设之间的并行能力，系统采用了中断技术、通道技术、缓冲技术和虚拟设备技术等，为用户提供了功能强大、界面友好的设备使用手段。

4. 文件管理

计算机系统中大量信息总是以文件形式保存在外存储器上。操作系统必须向用户提供能快速、有效、合理地存取这些数据的手段。文件管理的主要任务是有效地管理文件的存储空间，合理组织和管理文件系统的目录，支持对文件的存储、读写操作，解决文件信息的共享、保护及访问控制等。

7.3 操作系统的分类

从操作系统的功能出发可以把它分成批处理（操作）系统、分时系统、实时系统、网络操作系统和分布式操作系统几种类型。

7.3.1 批处理系统

在早期，计算机系统资源（CPU，内存等）十分昂贵，手工输入作业的速度与 CPU 的速度不匹配。为了解决这样的问题，将作业成批进入系统后备队列，系统按照一定的策略自动调度作业运行。为了更进一步充分利用系统资源，批处理系统又分为单道批处理系统和多道批处理系统（见图 7-3）。

在批处理系统中，操作人员将作业成批地装入计算机中，由操作系统在计算机中某个特定区域（一般称为输入井）将其组织好并按一定的算法选择其中的一个或几个作业，将其调入内存使其运行。运行结束后，把结果放入输出井，由计算机统一输出后，交给用户。

批处理系统的主要优点是系统吞吐量大，资源利用率高。吞吐量是指单位时间内系统所能完成的任务的总和。批处理系统的主要缺点是交互能力比较差。

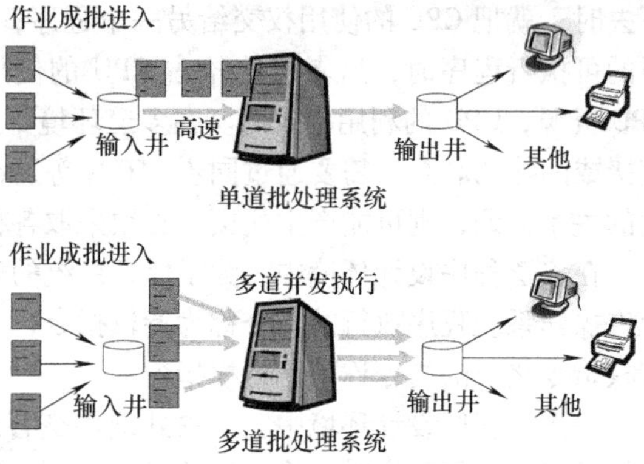

图 7-3　批处理系统示意图

7.3.2　分时系统

分时系统是为了解决人机交互问题、系统及时响应及多用户共享主机等问题而提出的一种操作系统工作方式。一台连接多个终端的计算机称为分时计算机，在分时计算机上采用分时技术实现的操作系统称为分时操作系统。

所谓“分时”是指在不同的时间间隔内，不同设备访问（共享）同一个其他设备。分时系统允许多个用户同时使用一台计算机。不同用户通过各自的终端以交互方式使用计算机，共享主机的各种软、硬件资源，如图 7-4 所示。

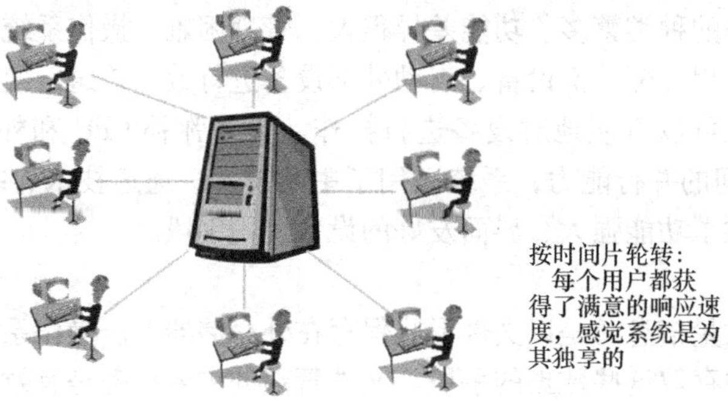

图 7-4　分时系统示意图

分时系统的主要特点如下：

1）同时性，也称为多路性。若干用户同时与一台计算机相连，宏观上各个用户在同时使用计算机，他们是并行的；微观上各个用户在轮流使用计算机。

2）交互性，用户通过终端设备（如键盘、鼠标）向系统发出请求，并根据系统的响应结果再向系统发出请求，直至得到满意的结果。这种“你问，我答”式的人 - 机交互方式是分时系统的显著特征，所以分时系统也称为交互式系统。

3）独立性，每个用户使用各自的终端与系统交互，彼此独立、互不干扰。从用户角度来说，他好像独占整个计算机，其他用户根本就不存在一样。

4）及时性，用户向系统发出请求后，应该在较短的时间内得到响应。“响应时间”是衡量分时系统性能的重要指标之一。响应时间是指从用户发出命令到系统给予反应所经历的时间。该时间间隔的大小由用户所能接受的等待时间来确定，一般为 2 ~ 3s。影响响应时间的因素很多，主要有系统开销、用户数目、时间片的大小，以及系统和用户之间交换的数据量的多少等。

分时系统的出现提高了系统资源的利用率，减少了系统维护人员，节省了开支，促进了计算机的普及，显著地提高了研究、检查和调试程序的效率。

7.3.3 实时系统

分时系统的响应往往要等待一个循环周期，实时系统则必须在规定的时间内对用户请求或外部事件及时响应。实时系统能够及时响应随机发生的外部事件，并在规定的时间范围内完成对该事件处理。实时系统可分为实时控制系统和实时信息处理系统。

1. 实时控制系统

实时控制系统要求尽快地测量、采集被控系统的各种数据，并做出响应和控制。这种系统的特点是响应速度快，可靠性要求高，在军事和工业控制领域应用广泛，例如，导弹导航系统。

2. 实时信息处理系统

实时信息处理系统是根据用户提出的查询请求进行信息检索和处理，并在较短的时间内对用户做出正确的响应。例如，把计算机用于民航飞机票的预定、查询、售票及情报检索系统等。

3. 实时系统的特征

实时系统最主要的特征就是其快速的处理能力，适应实时性的要求。实时系统在设计时力求简单而实用。一般的实时系统都拥有高精度的实时时钟；具有快速的中断响应和中断处理能力；支持多道程序设计，任务调度算法简单、实用，数据结构简洁、明了，任务切换速度快；能够处理时间驱动的任务（周期性任务）和事件驱动的任务；可靠性高，具有较强的系统再生能力。

7.3.4 桌面 PC 操作系统

PC 操作系统就是我们日常使用的台式计算机及笔记本计算机上运行的操作系统。早期的 PC 操作系统的代表是微软的 MS - DOS，其功能相对单一，主要有设备管理和简单文件系统管理功能。用户操作计算机的基本方式是使用操作系统提供的命令，如 dir 命令的功能是显示当前目录下的所有文件信息，copy 命令的功能是将一个文件从一个位置复制到另一个位置。

随着计算机硬件的发展，为了更好地方便用户操作电脑及满足用户的操作体验，出现图形用户界面（GUI）操作系统。比较典型的是微软的 Windows 系统，苹果公司的 Mac OS X 系统，后来的 UNIX 系统及 Linux 系统也提供图形用户界面组件。

7.3.5 手持设备操作系统

近年来随着电子技术和通信技术的迅猛发展，手持设备也迅速普及。10 年前的手持设备主要用于工业领域。现在手持设备已经渗透到人们日常生活的方方面面，当前最流行的手持设备当属平板电脑和智能手机。

近十几年，手持设备操作系统也经历了迅速发展的过程，手持设备的主流是智能手机。早期的智能手机操作系统主要是 Palm OS，Windows CE 系列及后来非常著名的 Symbian 系统。现在最著名的智能手机及平板操作系统是苹果手机及平板电脑的 ios 系统，Google 公司的 Android 系统以及微软公司的 Windows Phone 系统。

7.3.6　云计算操作系统

云计算操作系统即云 OS，是云计算后台数据中心的整体管理系统，它是指构架于服务器、存储、网络等基础硬件资源和单机操作系统、中间件、数据库等基础软件，管理海量的基础硬件、软资源之上的云平台综合管理系统。

7.3.7　其他类型的操作系统

1. 网络操作系统

计算机网络是通过通信设施把地理上分散的具有自制能力的计算机连接起来，以实现数据交换、资源共享和互操作为目的的计算机系统。网络操作系统是建立在主机操作系统基础上，用于管理网络通信和共享资源，协调各主机上任务的运行，并向用户提供统一的、有效的网络接口的软件集合，包括网络管理、通信、资源共享、系统安全和多种网络应用服务。

2. 分布式操作系统

分布式操作系统也是通过通信网络将物理上分散且具有自制能力的计算机系统互连起来，实现信息和资源共享，协作完成任务。但分布式系统要求一个统一的操作系统实现系统资源的统一管理。分布式操作系统负责管理分布式系统中的所有资源，包括整个系统的资源分配和调度、任务划分、数据传输、协调工作，并为用户提供一个统一的界面，用户通过该界面使用系统资源时无须了解资源的位置。

7.4　操作系统的特征

操作系统具有并发性、共享性、不确定性和虚拟性 4 个基本特征。

1. 并发性

并发性又称为同时性，是指在操作系统中同时存在许多活动，这些活动都已经开始但又没有结束。在操作系统中，并发性和并行性是既相似又有区别的两个概念。其中，并发性是指两个或多个事件在同一时间段内发生；而并行性是指两个或多个事件在同一时刻发生。在单处理机系统中，每一时刻仅能执行一道程序。故微观上程序是交替运行的，而宏观上程序是并发运行的。

2. 共享性

由于操作系统的并发性，使整个系统的软、硬件资源不再为某个程序所独占，而是由许多程序共同使用，即许多程序共享系统中的各种资源。资源共享是由于并发而引起的，如果没有并发性，系统中只允许一个程序运行，所有资源都由该程序独享，自然不存在共享性的问题。但是，如果操作系统不对被共享的资源实施有效的管理，并发程序也无法正常运行。可以说，并发性和共享性是操作系统的两个最基本的特征。

3. 不确定性

在多道程序设计中，各个程序之间存在着直接或间接的联系，程序的推进速度受它的运行环境的影响。同一程序和数据的多次运行可能得到不同的结果，程序的运行时间、运行顺序也具有不确定性；外部输入的请求、运行故障发生的时间不可预测，这些都是不确定性的表现。

4. 虚拟性

操作系统中经常使用“虚拟”这个概念。在只有一个 CPU 的计算机上可以同时运行多个程序，每个程序都好像独占了一个 CPU；由于用户分时使用同一台计算机，好像每人都在使用一台独立的计算机一样；在一台物理内存只有 1MB 的计算机上运行了总容量超过 5MB 的程序，好像用户拥有一台内存为 5MB 甚至更大的计算机一样……，这些都是操作系统虚拟性的表现。

7.5　操作系统的性能评价

一般从以下 5 个方面对操作系统的性能进行评价：

1. 可靠性

作为用户来说，希望操作系统是绝对可靠的，但由于操作系统的并发性、共享性等特点，要做到绝对可靠是比较困难的。一般采取如下措施以便产生一个可靠性较好的操作系统：

1）在系统设计时尽量避免可能的软、硬件故障。

2）在系统运行过程中，一旦出错应能及时检测，减少损失。

3）系统一旦出现错误，要能迅速找出其原因，确定其发生的位置，尽快地排除错误。

4）尽快地对因错误造成的损失进行修复。

2. 方便性

计算机硬件只能识别二进制 0 和 1 代码，用户如果直接使用裸机很不方便，裸机上配置了操作系统以后，大大地提高了计算机系统处理能力。用户通过操作系统提供的接口使用计算机更方便，也更易学习。

3. 效率

效率是操作系统的一个重要的性能指标。一般由下面 4 个参数来衡量系统的效率：

1）系统的吞吐量，即在单位时间内系统处理作业的数量。吞吐量越大，系统的效率越高。

2）资源利用率，即系统中各部件的使用程度。要求资源利用率要高。

3）批处理系统的作业周转时间，要求作业周转时间越短越好。

4）响应时间，从用户向系统发出请求到获得系统的应答所需的时间。响应时间越短越好。

4. 可维护性

系统维护是指对已经交付给用户的操作系统所进行的软件工程活动，包括改正性维护、适应性维护和完善性维护等。

5. 可移植性

操作系统应能适应不同系列机型的变化，即当计算机 CPU 的系列发生变化时，相应的操作系统应做到不做修改或少做修改，就能在新的计算机上运行。

7.6　操作系统用户接口

操作系统管理系统的软、硬件资源，控制用户程序的工作流程。此外，操作系统还要给用户提供使用这些功能的机制，用户通过该机制操纵计算机执行相应的功能。这种机制称为用户接口或用户界面（Interface）。

用户使用计算机系统的方式有两种（见图 7-5）：

1）操作命令——用户直接调用系统功能。

2）系统调用命令——用户通过程序调用系统功能。例如：打开一个文件并读取其中的数据。

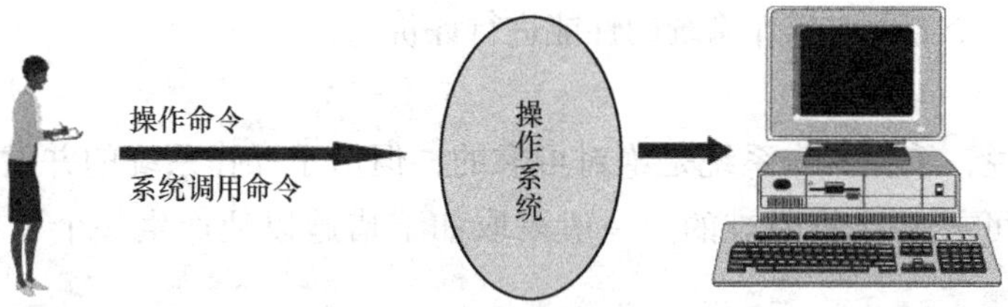

图 7-5　操作系统接口类型

1. 操作命令

可分为作业控制语言（Job Control Language，JCL）、键盘命令和图形界面 3 类。

操作系统提供什么样的操作命令取决于操作系统的类型和用户使用计算机的方式。

（1）批处理系统：脱机工作方式—作业控制语言（JCL）　作业控制语言是批处理系统提供给用户的描述作业操作的一种程序设计语言。

用户用 JCL 来写作业操作说明书，如作业需要的资源、占用处理器的时间、最晚完成时间、编译程序和链接程序等，操作系统根据用户提交的操作说明书来实施运行控制。

（2）交互式系统：联机工作方式—键盘命令　传统的交互式系统向用户提供键盘命令，用户通过键盘命令来控制和使用计算机。每种操作系统都会向用户提供详细的键盘命令及使用说明（见表 7-1）。

表 7-1　键盘命令及使用说明

DOS 命令	Unix	功　能
dir	ls	列出目录
copy	cp	复制文件
date	date	显示日期

键盘命令机制由以下 3 部分组成：

终端处理——接收用户通过键盘送入的命令字符串，并显示到屏幕上。

命令解释——根据命令库，识别字符串为对应的命令。

命令执行——根据命令，调用相应的处理程序。

（3）图形界面　采用图形化的方式提供操作接口，方便、友好、易学。图形界面的 4 个要素是：窗口（对话框）、菜单、组件（按钮、文本框、列表框等）和事件驱动程序。

2. 系统调用命令

程序员在编写程序时调用操作系统提供的系统功能或服务。操作系统为程序员提供了实现各种功能的子程序（C 语言的函数）。系统调用是用户在程序一级请求操作系统服务的一种手段。它不是一条简单的硬指令，而是带有一定功能号的“访管指令”（Supervisor Call）。它的功能并非由硬件直接提供，而是由操作系统中的一段程序完成的，即由软件方法实现的。

第 8 章　处理器管理

处理器（CPU）是计算机系统中的关键资源，它是程序的执行机构，用户要求计算机完成一项作业，首先必须将作业程序调入内存，再由处理器逐条执行程序指令。在多道程序系统中，内存中的程序数量一般多于处理器的数量，因此，并发的各道程序需要竞争使用处理器。

处理器的管理是操作系统的主要管理功能之一，它是通过处理器调度的形式实现的，主要目标是各道程序能协调一致运行，而系统资源又能得到最大程度的利用。处理器调度要解决的是：宏观上讲是让用户提交的作业何时调入内存，哪些作业进入系统运行的问题；微观上讲是具体让哪一个进程占用 CPU 的问题。

本章将学习作业和进程的概念、处理器调度和多道程序并行出现的问题及解决方法。

8.1　作业的概念

8.1.1　作业的定义

作业是用户在一次处理过程中或一个事务处理中要求计算机系统所做的工作的集合。

一个作业是由一系列有序的作业步所组成。一个作业步运行的结果产生下一个作业步所需的中间数据文件。例如，要用高级语言编制程序并获得运行结果，就要经历编辑、编译、链接装配、运行 4 个作业步。

8.1.2　作业的组成

作业由程序、数据和作业说明书组成。

系统通过作业说明书控制文件形式的程序和数据，使之执行和操作，并在系统中建立作业控制块（JCB）的数据结构。作业控制块实际上是一个表格，它详细记录了每个作业的有关信息。不同系统的 JCB 包含的信息不完全相同，主要包括作业名、作业当前状态、作业优先级、作业的资源描述等。

8.1.3　作业的状态

一个作业从进入系统到运行结束，一般要经历提交、收容、执行、完成 4 种状态。

（1）提交状态　用户向机房提交作业或通过终端键盘将作业输入，其作业所处的状态为提交状态。

（2）收容状态　作业的全部信息已输入外存储器中并建立 JCB 表，等待运行，又称后备状态。

（3）执行状态　作业被调度程序选中后就给它分配必要的资源，并按照作业步的顺序，依次为每个作业步建立对应的主进程，然后将其提交给进程管理模块，由进程调度程序管理并调度执行。

（4）完成状态　作业执行完毕或出错而中途停止，释放其占用的全部资源，准备退出系统。

8.2　进程的概念

8.2.1　程序的顺序执行和并发执行

1. 程序的顺序执行

一个计算过程通常由若干个简单的操作所组成，如果这些操作必须按某种先后次序来执行，那么这样一类计算过程称为程序的顺序执行过程，这类程序称为顺序程序。

【例 8-1】 将下面的 3 条语句看成是 3 个程序，其执行过程只能是顺序执行（见图 8-1a）。

S_1:　　$a = x + y$;

S_2:　　$b = a - 5$;

S_3:　　$c = b + 1$;

【例 8-2】 3 个作业，每个作业由 3 个任务组成（输入，计算，打印），其顺序执行次序如图 8-1b 所示。

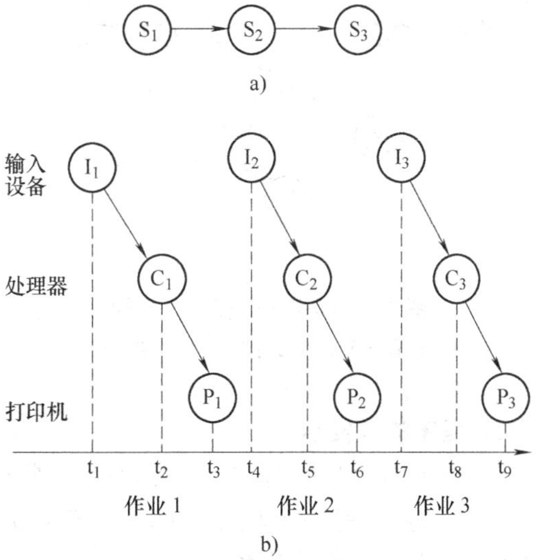

图 8-1　单道程序顺序执行时的先后次序图
a）3 条语句的顺序执行次序图
b）3 个作业的顺序执行次序图

根据上面的例子可以看出，程序是一个在时间上按严格次序前后相继的操作序列，是一个静态的概念。在单道程序的顺序执行方式下，具有以下特点：

（1）顺序性　程序在处理器上执行时，其操作只能严格地按照所规定的顺序执行，否则就会发生错误。

（2）资源独占　程序在执行过程中独占全部资源，资源状态的改变只与程序本身有关，而与外界环境无关。

（3）结果的无关性　也称为确定性，一是指程序执行的结果与其执行速度无关，即无论程序是连续地还是间断地执行，均对最终结果无影响；二是指只要程序的初始条件不变，当重复执行时，一定能得到相同的结果。

2. 程序之间的关系及表示

假设有程序集合 $P = \{P_1, P_2, P_3, P_4, P_5, P_6, P_7, P_8, P_9\}$，程序集合 P 中的程序之间存在关系 R，即

$R = \{(P_i, P_j) \mid P_i \leq P_j$，$P_i$优先于$P_j$运行$\}$

这里关系 R 是一个偏序关系，表示程序之间的优先关系，习惯用→表示优先关系。偏序关系的图形表示称为前驱图（见图 8-2）。

【例 8-3】 将下列 4 条语句看成 4 个程序段，其前驱图如图 8-3 所示。

$S_1: a := x + 2$

$S_2: b := y + 4$

$S_3: c := a + b$

$S_4: d := c + b$

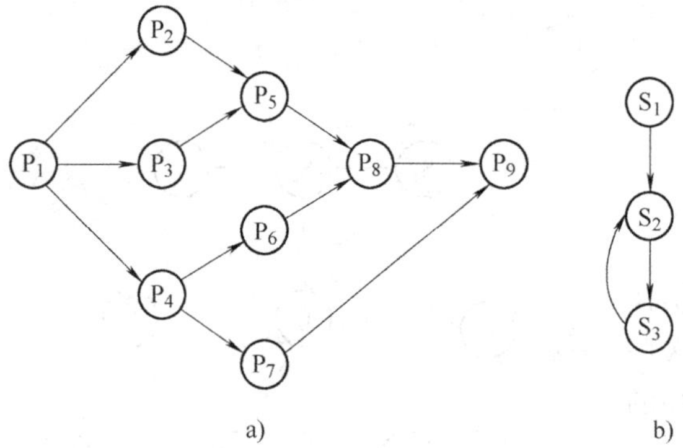

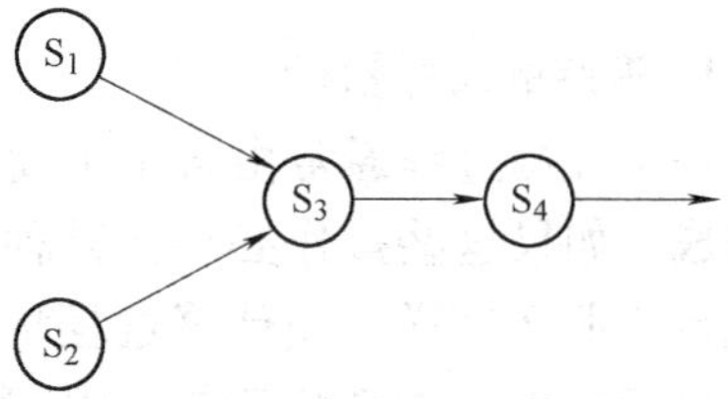

图 8-2 程序（进程）之间的前驱关系

a）具有九个节点的前趋图 b）具有循环的前趋图

图 8-3 4 个程序段的前驱图

3. 程序的并发执行

若干个程序段同时在系统中运行，这些程序段的执行在时间上是重叠的，一个程序段的执行尚未结束，另一个程序段的执行已经开始，称为程序的并发执行（见图 8-4），在图 8-4中，存在下述前趋关系：

$I_i \to C_i$，$I_i \to I_{i+1}$，$C_i \to P_i$，$C_i \to C_{i+1}$，$P_i \to P_{i+1}$

而 I_{i+1} 和 C_i 及 P_{i-1} 是重叠的，即在 P_{i-1} 和 C_i 以及 I_{i+1} 之间，可以并发执行。

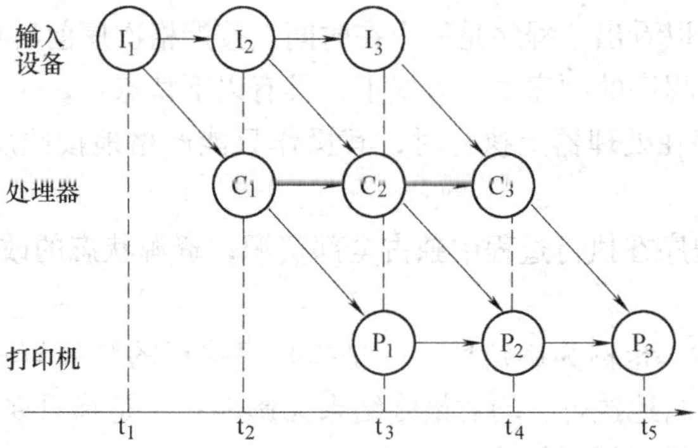

图 8-4 多道程序并发执行时的先后次序图

(1) 并发程序的描述方式 习惯上采用下述方式描述并发执行的程序。

```
cobegin
   S1;S2;…;Sn;
coend
```

这段代码表示程序段 S_1，S_2，…，S_n 可以并发执行。

(2) 程序并发执行的特征

1）失去了程序的封闭性和可再现性。

2）程序与计算不再一一对应：同一程序可被多个任务共享。

3）程序并发执行的相互制约（协同操作）。

【例 8-4】　两个并发执行程序段 PA 和 PB，它们共享变量 n，分析这两个程序的执行可能产生哪些后果？

```
main()
{  int  n=0;
   cobegin
    PA:
       while(A 的任务未完成)
     { …;   n++;  … ;   }
      PB:
       while(B 的任务未完成)
{…;   printf("n= %d\n",n);  n--;  … ; }
    coend
…;
 }
```

提示：程序 PA 和 PB 使用了公共变量 n，PA 与 PB 中对 n 的操作语句“n++”和“n=0”不是原子语句。在第 8.3 节我们对该问题进行详细讨论。

4. 并发与并行

并发（Concurrent），多个任务宏观上同时，微观上“交替执行”（交替占有 CPU），不要求有多个处理器（CPU）。程序的并发执行需要“多道程序设计”技术。

并行（Parallel），多个任务微观上同时执行（同时占有不同 CPU），要求有多个处理器。程序的并行执行需要“并行算法和并行程序设计”设计技术。

8.2.2　进程

1. 引入进程的原因

在多道程序运行环境下，多道程序的活动规律可以概述为：“推进，暂停，推进，暂停，……”这样一个循环往复的过程。这里“推进”表示某个任务或者作业获得处理器（包括恢复现场）；“暂停”表示作业或任务暂停时需要保存现场（断点，寄存器），让出处理器资源。暂停的原因主要有两个：其一，自身原因需要等待资源，或者启动 I/O 等等；其二，被剥夺 CPU，强制给其他程序运行机会。

在多道程序系统中，程序的执行出现了需要操作系统解决的新特点：

（1）相互制约性　在多道环境下执行的每道程序在逻辑上虽然是独立的，但是，由于并发和共享，并发程序之间常常相互依赖，彼此制约。

（2）随机性　每个程序都以各自独立的速度向前推进，没有时间上的规律性，而且程序的执行一般是非连续的。

（3）资源共享　程序在运行期间所需使用的资源不再是专有的，这些资源的状态不再是只有一个程序能改变的。

（4）与速度有关性　程序的执行结果与执行速度有关。

对程序员来说，这些新出现的特点是不能预见的，是在程序动态运行过程中才出现的。由于程序只是个静态的概念，显然以程序为单位来申请使用系统资源已经不合适。再者，无论是操作系统自身的程序还是用户程序，通常总是存在一些相对独立、但又能并发执行的程序段，甚至这些程序也能够并发执行。这些程序或程序段可以被多个用户作业调用，因此可以在同一时间间隔内发生。这样，一个程序段或程序，可能对应多个“计算”，于是程序与“计算”已不具有一一对应关系了。因此，为了控制和协调各程序段执行过程中的软、硬件资源的共享与竞争，必须有一个新的描述各程序段执行过程和共享资源的基本单位，于是提出了进程的概念。

2. 进程定义

进程是一个可以并发执行的程序或程序段在一个数据集合上的执行过程，它是系统分配资源的基本单位。这个定义涉及 3 个要点：

1）可参与并发执行的程序称为进程。

2）进程是可以和其他计算并发执行的一个计算。

3）进程是具有一定独立功能的程序关于一个数据集合的一次运行活动。

进程的定义中还特别强调了进程的动态性和并发性。所谓进程的动态性是指进程是执行中的程序，进程的并发性指的是多个进程同时执行。

3. 进程的组成要素

从逻辑上讲，一个进程包含 4 个组成部分：

1）程序描述进程要完成的功能的指令序列。

2）数据程序加工的对象。

3）工作区程序执行使用的内存区域，如用户栈或系统栈。

4）进程控制块存放进程控制和管理信息的数据结构。

4. 进程控制块（PCB）

进程控制块（Process Control Block，PCB）是存放进程控制和管理信息的数据结构，进程存在的标志，也是进程管理的最重要的数据结构，主要用于记录和描述进程的动态过程。系统在创建进程时建立 PCB，在撤销进程时删除相应的 PCB。在进程的生命周期内，操作系统通过对 PCB 的管理来实现对进程的管理。

进程控制块详细记录每个进程的有关信息。系统根据进程控制块感知进程的存在并通过 PCB 中所包含的各项变量的变化，掌握进程所处的状态以达到控制进程活动的目的。不同系统的 PCB 包含的信息不完全相同，主要包括进程描述信息、进程控制信息、资源管理信息和现场信息等内容（见图 8-5）。

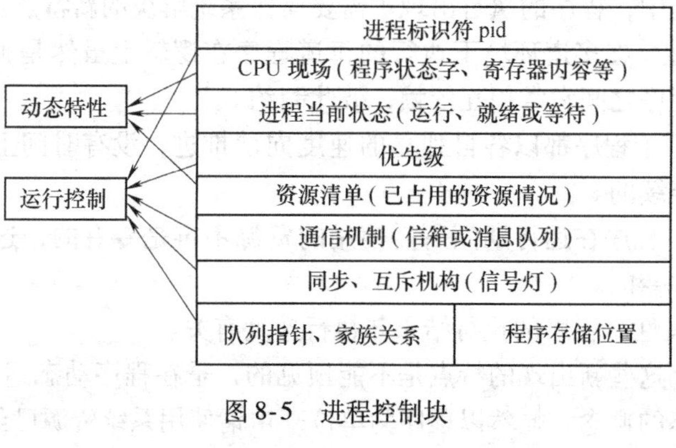

图 8-5　进程控制块

5. 进程与程序的区别

从对进程的描述来看，进程既与程序有关，又与程序不同，它们有如下区别：

1）进程是一个动态的概念，是执行程序的动态过程，它因创建而产生，因调度而执行，因撤销而消亡。而程序是一个静态的概念，是进程运行的静态文本。

2）进程能真实地描述并发执行，且具有并发性，而程序没有。

3）一个进程可以执行一个或多个程序。例如：一个进程进行 C 源程序编译时，它要执行前处理、词法语法分析、代码生成和优化等几个程序。反之，同一程序也可能由多个进程同时执行。

4）程序可以作为一种软件资源长期保持着，而进程则是程序的一次执行过程，是暂时的，是动态地产生和终止的，它不具有存储性。

总之，从微观上看，多个进程轮换占有处理器；从宏观上看，多个进程是并发运行的；从局部上看，每个进程是按其程序串行进行的；从整体上看，多个进程是并发进行的。

思考题：举出生活中的例子，讨论进程和程序这两个概念有什么区别？

6. 作业和进程的关系

作业是用户向计算机提交任务的任务实体，而进程是完成用户任务的执行实体；一个作业可由多个进程组成，且必须至少有一个进程；作业的概念主要用在批处理系统中，而进程的概念则几乎用在所有多道系统中。

8.2.3　进程状态及状态转换

1. 进程的 3 种基本状态

一个进程至少具有 3 种基本状态：就绪状态、运行状态、等待状态，如图 8-6 所示。

（1）就绪状态（ready）　存在于处理器调度队列中的那些进程，它们已经准备就绪，一旦得到 CPU，就可以立即运行，这些进程所处的状态称为就绪状态。

（2）运行状态（running）　当进程得到处理器控制权时，它的程序正在处理器上运行，该进程所处的状态为运行状态。在单 CPU 系统中，任一时刻系统中最多只有一个执行态进程。

（3）等待状态（wait）　若一个进程因等待着某一事件发生（如等待输入输出操作的完成）而暂时停止执行。这时，即使给它 CPU 时间，它也无法执行，则称该进程处于等待状态（又可称为阻塞状态或挂起状态）。

2. 进程状态转换

进程随着自身的推进和外界条件的变化而从一个状态变换为另一个状态称为状态转换，如图 8-6 所示。

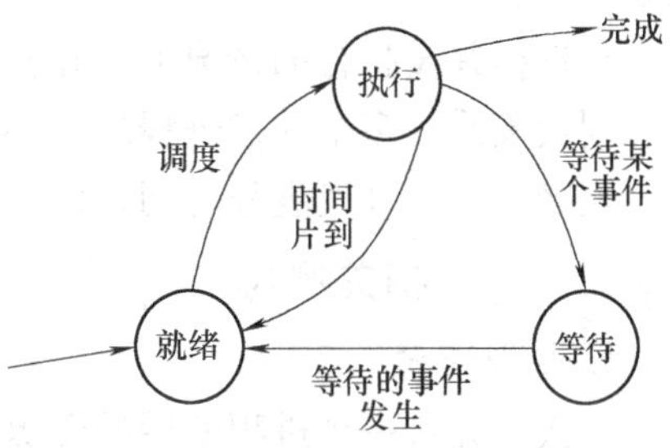

图 8-6　进程基本状态转换示意图

进程状态转换有如下几种转换方式：

1）就绪⇒运行：进程获得处理器（进程调度）。

2）运行⇒就绪：进程被剥夺处理器（时间片、优先级）。

3）运行⇒等待：进程申请资源未得到，请求服务（启动 I/O）。

4）等待⇒就绪：进程得到资源，服务得到响应（I/O 结束）。

8.2.4　进程控制

所谓进程控制指的是对系统的全部进程实行有效的管理，其主要表现在对进程进行创建、撤销以及在某些进程状态间的转换机制。

这是通过原语来实现的，所谓原语是指执行特定功能的程序段。为保证原语操作的完整性与正确性，原语的操作必须是连续的，不允许中断。

1. 进程创建与撤销

进程创建包括创建系统进程和创建用户进程两类。

进程的存在是以其 PCB 为标志的，因此，创建一个新进程的主要任务就是为进程建立一个 PCB，并将调用者提供的有关信息填入 PCB 中。

进程完成了任务或由于某种错误导致非正常终止以后，应当撤离系统而消亡，系统及时收回它占有的资源以便其他进程使用，这是通过撤销原语来实现的。其中包括撤销指定进程及其子进程，撤销后把资源或者归还给父进程或者归还给系统。

值得注意的是，撤销原语撤销的是标志进程存在的 PCB 而不是进程的程序段，因为一个进程可能有多个进程共享该程序段。

2. 进程的阻塞与唤醒

阻塞是进程自己调用阻塞原语来实现的。

一个进程不可能自己唤醒自己，必须由系统进程或者事件发生进程唤醒。由事件发生进程唤醒时，两者之间是合作关系。

在把被唤醒进程送入就绪队列之后，唤醒原语既可以返回原调用程序，也可以转向进程调度，以便让调度程序有机会选择一个合适的进程执行。

8.3　进程的互斥与同步

多道程序的并发运行，可以使系统资源得到充分的利用，但随之也带来一些问题：系统资源有限，如何满足众多进程对资源的需要？许多资源在一个时刻或一个时间段只允许一个进程占用，如何满足这种约束？有些进程之间需要互通消息，合作运行，因此相互之间存在着运行时的先后关系，如何实现这种机制？操作系统中把这些问题归结为进程的互斥和同步问题。

在进程并发执行的情况下，并发执行的进程主要存在两种关系。

间接关系：多个并发进程之间共享公共资源，这样的公共资源称为临界资源。

直接关系：并发进程之间合作完成某个计算任务。

8.3.1　几个相关概念

1. 临界资源

一次只允许一个进程使用的资源称为临界资源。许多物理设备都属于临界资源，如打印机、绘图仪等。除物理设备外，还有许多变量、数据等都可由若干进程共享，都属于临界资源。

2. 临界区

在进程中访问临界资源的那段代码称为临界区（见图 8-7）。

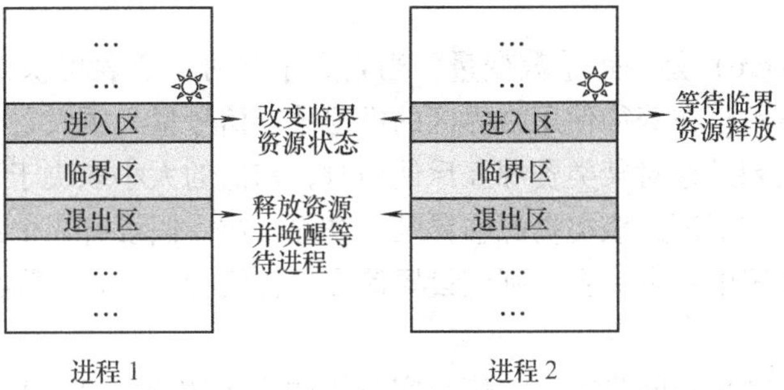

图 8-7 临界区示意图

对于临界区的访问，一般遵循下述原则：

1）每次至多有一个进程处于临界区。

2）进程在临界区内仅逗留有限的时间。

3）进程间不应相互堵塞而致使彼此都不能进入临界区。

3. 间接制约与互斥

由于共享某一公有资源而引起的在临界区内不允许并发进程交叉执行的现象，称为由共享公有资源而造成的对并发进程执行速度的间接制约，简称间接制约。

并发进程之间的间接制约关系称为进程的互斥。简单地说，当一个进程正在访问某临界区时，不允许其他进程进入其相应的临界区，这种相互制约的关系称为互斥。

4. 直接制约与同步

一组在异步环境下的并发进程，各自的执行结果互为对方的执行条件，从而限制各进程的执行速度的过程称为并发进程间的直接制约。异步环境主要指各并发进程的执行起始时间的随机性和执行速度的独立性。

把异步环境下的一组并发进程，因直接制约而互相发送消息进行互相合作、互相等待，使得各进程按一定速度执行的过程称为进程间的同步。

【例 8-5】 假定某航班还有最后一张机票，飞机订票系统中各个订票点对机票数据库的访问如下。

进程 A：旅行社 A 的订票业务 旅行社 A 查到该机有座位； …… 与顾客商量； …… 旅行社 A 预订该机座；	进程 B：旅行社 B 的订票业务 旅行社 B 查到该机有座位； …… 与顾客商量； …… 旅行社 B 预订该机座；

这里，数据库是临界资源，在同一时刻（或一个很小的时间片内）只能有一个进程可以对数据库进行修改，否则将引起数据库中的数据混乱。

8.3.2 信号量和 P，V 原语

解决进程的互斥和同步问题有多种方法，信号量和 P、V 原语机制是一种典型的解决方法。信号量的概念和 P、V 原语是由荷兰科学家 E. W. Dijkstra 提出来的。

1. 信号量

信号量（semaphore）是一个整数变量，当它大于0时，代表可供并发进程使用的资源数量；小于0时，表示正在等待使用临界区的进程数。信号量必须设置一个初值。

当使用信号量控制进程对某类资源互斥使用时，初值的大小取决于该类资源的数量，实时值的大小取决于当前要进入该类资源临界区的进程个数。假设有3个进程要互斥使用某类资源，如打印机，系统中只有一台，则应设置信号量初值为1，信号量实时值的取值范围为{1，0，-1，-2}。

当信号量用于实现进程同步时，初值和实时值的大小跟进程间的同步形式有关。例如，两个进程具有同步关系，假设分别称为进程甲和进程乙，进程甲执行完成是进程乙执行的前提条件，这是一种最简单的同步形式。为了实现这种同步关系，只要设定一个同步信号量，其初值为0，这个信号量用于进程乙从进程甲接收消息，也称为进程乙的私有信号量，该信号量实时值的取值范围为{0，-1}。

信号量的改变只能由P、V原语完成而不能通过其他方式改变。

2. P原语

1）信号量减1。

2）若信号量减1后仍大于或等于零，则进程继续执行。

3）若信号量减1后小于0，则该进程被阻塞后进入与该信号相对应的等待队列中，然后转进程调度程序，调度另一个处于就绪状态的进程占用CPU。

3. V原语

1）信号量加1。

2）若信号量相加结果大于零，说明没有其他进程等待使用该资源，则当前进程继续执行。

3）若信号量相加结果小于或等于零，说明此时尚有其他进程等待使用该资源，则从该信号的等待队列中唤醒一个等待进程，然后再返回原进程继续执行或转进程调度程序。

8.3.3　用P-V原语实现进程互斥

```
PA:   ……          PB:   ……
P (Sem)           P (Sem)
<临界区>           <临界区>
V (Sem)           V (Sem)
……                ……
```

设信号量Sem初值=1，进程PA访问临界资源之前要先执行P（Sem）操作，操作结果是使得Sem=Sem-1=0，然后进入临界区。如果这时由于某种原因使PA中断运行，同时PB开始运行，但当PB执行到访问临界资源之前也要先执行P（Sem）操作，这时Sem=Sem-1=-1（Sem<0），则系统将进程PB插入到阻塞队列中。直到PA执行完临界区程序，并完成V（Sem）操作后，使Sem=Sem+1=0，才能重新激活PB执行临界区程序。这样就实现了进程PA、PB在临界区的互斥。

8.3.4　用P-V原语操作实现简单同步

```
PA:   ……          PB:   ……
```

{产生消息}　　　　　　　P（Sem）
V（Sem）　　　　　　　　{获取消息}
……　　　　　　　　　　　……

如果进程 PB 需要从进程 PA 获取消息后才能继续执行，而这些消息却是在 PA 产生消息之后才能提供，为此设信号量 Sem 初值 =0。在进程 PA 尚未完成 V（Sem）操作之前，进程 PB 只能处于等待状态。由此实现了两个进程的同步。

【例 8-6】 接例 8-4，两个并发进程 PA 和 PB，它们共享变量 n，分析这两个程序的执行可能产生哪些后果？利用 P – V 操作重写代码。

```
main()
{  int  n=0;
   cobegin
   PA:
   while(A 的任务未完成)
   { …;   n++;  … ;   }
   PB:
   while(B 的任务未完成)
   { …;   printf("n= %d\n",n);  n--;  … ; }
    coend
   …;
 }
```

解：1）进程 PA 和 PB 中的 n++ 及 n-- 操作不是原子操作。也就是说在执行“n++”或者“n--”操作时，可能被调度程序中断，其计算结果将难以预测。

语句“n++”的机器语言实现

register1 = n

register1 = register1 + 1

n = register1

语句“n--”的机器语言实现

register2 = n

register2 = register2 – 1

n = register2

假设 n 的初始值 5，进程 PA 和进程 PB 并发执行时可能会引起交叉访问。

进程 PA：　register1 = n（register1 = 5）

进程 PA：　register1 = register1 + 1（register1 = 6）

进程 PB：　register2 = n（register2 = 5）

进程 PB：　register2 = register2 – 1（register2 = 4）

进程 PA：　n = register1（n = 6）

进程 PB：　n = register2（n = 4）

这样，n 的值可能是 4 或者 6，而正确的结果是 5。

2）正确的代码需要使用 P – V 原语操作。定义整型信号量 sem，其初值为 1。正确代码如下。

```
main()
{int  n=0;
int  sem=1;
cobegin
    PA:
    while(A的任务未完成)
    { …;
               P(sem);//准备进入临界区
               n++;
               V(sem);//退出临界区
        … ;
    }
    PB:
    while(B的任务未完成)
    {…;
               P(sem);//准备进入临界区
               printf("n=%d\n",n);
               n=0;
               V(sem); //退出临界区
         …;
    }
  coend
 }
```

8.3.5　P-V原语操作在进程同步/互斥问题中的应用

1. 用P，V操作描述前趋关系

有些并发进程由于逻辑上的需要，在操作上要有一定的先后顺序，也就是说它们必须遵循一定的同步规则，只有这样，计算结果才是正确的。

【例8-7】 有6个进程为P_1，P_2，P_3，P_4，P_5，P_6，进程之间的关系如图8-8所示，请用P，V原语实现各进程的同步关系。

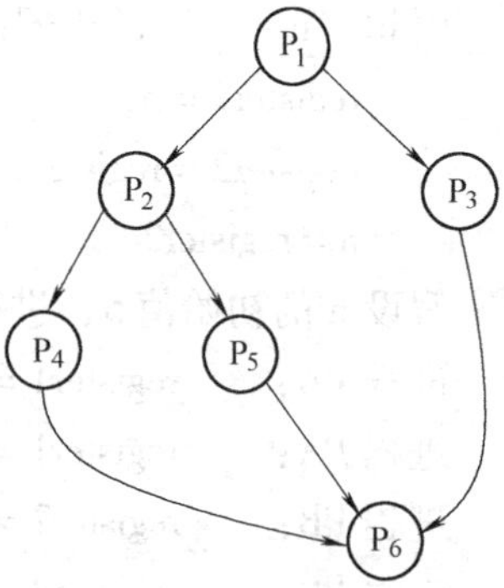

图8-8　进程前趋图

解：为了确保图中的执行顺序，设置5个同步信号量f_2、f_3、f_4、f_5、f_6分别表示P_2、P_3、P_4、P_5、P_6是否可以执行，其初值均为0。

```
int f2=0,f3=0,f4=0,f5=0,f6=0;
main()
{  cobegin
```

```
    P1();P2();P3();P4();P5();
  coend
}

P1()                          //P1 执行完毕允许 P2、P3 执行
{…;V(f2);V(f3)}

P2()
{P(f2);…;V(f4);V(f5);}    //P2 执行完毕允许 P4、P5 执行

P3()
{P(f3);…;V(f6);}     //P3 执行完毕允许 P6 执行

P4()
{P(f4);…;V(f6);}     //P4 执行完毕允许 P6 执行

P5()
{p(f5);…;V(f6);}     //P5 执行完毕允许 P6 执行

P6()
{P(f6);}     //P6 执行完毕
```

2. 生产者—消费者问题

生产者—消费者问题（Producer - Consumer Problems）是经典的进程同步和互斥问题之一。它是对并发进程的同步和互斥问题的一种抽象。计算机系统中每个进程都在申请使用和释放各种不同的资源，我们把系统中使用某一类资源的进程称为该资源的消费者，而把释放同类资源的进程称为该资源的生产者。需要注意的是，对于系统的许多进程，生产者和消费者的称谓不是绝对的，在某些情况下，有的进程在某一时刻是消费者，而在另一时刻又变成了生产者；反之亦然。例如：当系统输入数据时，输入进程是生产者，计算进程是消费者；而当系统输出数据时，输出进程是消费者，此时计算进程变成了生产者。

生产者与消费者问题的同步与互斥实现原理为：

把一个长度为 n 的有界缓冲区（n >0）与一群生产者进程 P_1、P_2、…、P_m 和一群消费者进程 C_1、C_2、…、C_m 联系起来，只要缓冲区未满，生产者就可以把产品送入缓冲区，只要缓冲区未空，消费者就可以从中取走产品并消耗它。

（1）同步条件　当有界缓冲区中至少有一个单元是满的时，消费者才能接收数据；当有界缓冲区中至少有一个单元是空的时，生产者才能发送数据。

为此设置两个同步信号量：avail 用于生产者进程的私用信号量，初值为 n（有界缓冲区的空单元数）；full 用于消费者进程的私用信号量，初值为 0（有界缓冲区的非空单元数）。

（2）互斥条件　有界缓冲区是临界资源，必须互斥使用。为此设置一个互斥信号量 mutex，用于进程间互斥使用缓冲区，初值为 1。

```
生产者进程:
deposit(data)
{  P(avail)
P(mutex)
送数据入缓冲区单元(buffer(i) =product;i = (i +1)mod n;)
V(full)
V(mutex)
}
消费者进程:
remove(data)
{  P(full)
P(mutex)
取缓冲区中某单元数据(goods =buffer(j);j = (j +1)mod n;)
V(avail)
V(mutex)
}
```

8.4 处理器调度

操作系统对处理器的管理通过处理器调度的形式实现。处理器调度分为高级调度、中级调度和低级调度 3 级。

8.4.1 高级调度

高级调度又称宏观调度或作业调度，一般在批处理系统中配置。

1. 功能

按照一定的调度算法对外存上处于后备状态的作业进行选择；给选中的作业分配内存、输入/输出设备等必要的资源，并建立相应的进程，以使该作业的进程获得竞争处理器的权利；作业运行完毕时，回收该作业占用的资源，输出必要的信息，撤销该作业的 JCB 与相应的进程。

2. 调度时机

1）设 m 为系统支持的在主机上运行的最大作业数，n 为在主机上运行的当前作业数。若 $n<m$，且存在后备作业，则启动作业调度。

2）当一作业运行终止而被撤销后，若存在作业调度，则立即启动作业调度。

3）在分时系统中，当一用户在某终端上通过交互会话被核准其注册的登录作业名及其口令后，立即启动调度。

3. 常用的调度算法

多道程序下作业调度的目标是在众多作业中选择一个或多个作业投入运行，采用的调度算法应使系统资源能得到充分的利用，系统能运行尽可能多的作业，而且能对所有作业尽量公平合理。但这些目标往往是相互冲突的，实际上系统采用的调度算法是兼顾各方面的折中算法。

一般在设计调度算法时考虑的因素有：第一，选择的调度算法应与系统整个设计的目标一致。如在批处理系统中，应着重提高处理器的使用效率；分时系统中应保证用户所能忍受的响应时间；而实时系统中应在保证及时响应的前提下才考虑系统资源的使用效率。第二，注意系统资源的均衡使用，如将 I/O 繁忙和 CPU 繁忙的作业搭配运行。第三，保证进入系统的作业能在规定时间内完成，尽量缩短作业的平均周转时间。

这里介绍几种常用的调度算法。

（1）先来先服务法 FCFS（First Come First Served）　将用户作业按提交的顺序排成队列。该算法最简单，但是当一个大作业先到达系统时，会使其后的小作业等待很长时间。

（2）最短作业优先法 SJF（Shortest Job First）　为克服 FCFS 算法的缺点，选择估计运行时间短的作业投入运行。优点是提高了吞吐率，缺点是长作业可能永远得不到运行。

（3）最高优先级法 HPF（Highest Priority First）　这是广泛采用的一种调度算法。该算法的核心是确定作业的优先级。大多按以下原则确定：

1）由用户自己根据作业的紧急程度输入一个适当的优先级。

2）由系统或操作员根据作业类型指定优先级。作业类型一般由用户约定或操作员指定。例如，可将作业分为 I/O 繁忙的作业、CPU 繁忙的作业、I/O 与 CPU 均衡的作业以及一般作业等。

3）系统根据作业要求资源的情况确定优先级。例如：根据估计所需处理器时间、内存量大小、I/O 设备类型及数量等，确定作业的优先级。

（4）最高响应比优先法 HRRN（Highest Response Ratio Next）　这种调度算法是对 FCFS 方式和 SJF 方式的一种综合平衡。它的调度策略是同时考虑每个作业的等待时间长短和估计需要的执行时间长短，从中选出响应比最高的作业投入运行，优先级 R 的计算公式为

$$R=(W+T)/T=1+W/T$$

其中，T 为该作业估计需要的执行时间，W 为作业在后备状态队列中的等待时间。可见，开始时短作业的优先级较高，但随着时间的推移，长作业的优先级在慢慢提高。

8.4.2　中级调度

中级调度又称交换调度。其主要任务是按照给定的原则和策略，将处于外存交换区中的那些重新具备运行条件的就绪进程调入内存，或将内存中处于阻塞状态的进程交换到外存交换区。中级调度主要涉及内存管理与扩充，在此不作深入介绍。

8.4.3　低级调度

低级调度又称微观调度或进程调度。由进程调度程序实施，进程调度程序以原语的形式为进程服务。

1. 功能

低级调度的功能是记录系统中所有进程的执行情况（放入进程控制块内）；按照某种调度算法从就绪进程队列中挑选一个进程，将它移出就绪队列并置成执行行态；进行进程上下切换，启动 CPU 执行该进程；当进程需要放弃使用 CPU 时，收回 CPU，将 CPU 有关寄存器的内容送入该进程的进程控制块内的相应单元，从而使该进程让出 CPU。

2. 调度时机

要进行低级调度，必须满足两个条件：CPU 空闲和存在处于就绪状态的进程。当系统

中存在处于就绪状态的进程时，低级调度的时机发生在当前进程放弃 CPU 的使用权时，具体包括以下几种情况：

（1）进程被阻塞　进程由于等待继续运行所需要的资源，必须暂时放弃 CPU 的使用权而转为阻塞状态。

（2）时间片用完　在分时系统中，当前正在占用 CPU 运行的进程所分配的时间片用完时，必须强制性地由运行状态转为就绪状态，放弃 CPU 的使用权，等待下一个时间片的到来。

（3）有更高优先级的进程要占用 CPU　在剥夺式系统中，若有更高优先级的进程进入系统时，当前正在运行的进程必须放弃 CPU 的使用权，转为就绪状态。

3. 常用的调度算法

（1）先来先服务法 FCFS（First Come First Served）　将就绪进程按进入就绪状态的先后排成队列。

（2）轮转法 RR（Round Robin）　其基本思想是让每个进程在就绪队列中的等待时间与享受服务的时间成比例。在具体实现中，系统将所有就绪进程按先进先出原则排序，调度程序每次选择队首进程投入执行，并按规定的时间片设置时钟，以便时间片到时产生时钟中断。时间片的长短由如下 4 个因素决定。

1）系统的响应时间。当进程数目一定时，时间片的长短直接影响系统的响应时间。

2）就绪队列中的进程数目。当系统对响应时间要求一定时，就绪队列中进程数少则时间片长。

3）进程状态转换的时间开销。

4）计算机本身的处理能力。执行速度和可运行作业的道数。

系统可以有针对性地确定时间片的长短，让运行时间长的进程在不太频繁的时间间隔里获得较大的时间片；让经常相互制约的进程有更多的机会获得处理器，但每次获得的时间片较短。这样，系统优先考虑那些短的、相互制约的进程，而要求时间片长的进程虽然不常运行，但运行周期较长。这样，减少了处理器分配所造成的开销。

（3）最高优先级法 HPF（Highest Priority First）　确定优先级的方法可以分为静态法和动态法。

1）静态法。静态法是按进程的类型给予不同的优先级。例如，系统进程应该比用户进程享有更高的优先级。对用户进程来讲，进程可以分为 I/O 繁忙的进程、CPU 繁忙的进程、I/O 与 CPU 均衡的进程和其他进程。对系统进程来讲，可以根据其所要完成的功能划分为不同的类型，例如调度进程、I/O 进程、中断处理进程及存储管理进程等。这些进程还可以进一步划分为不同类型并赋予不同的优先级。例如，对于键盘中断的处理优先级和对于电源掉电中断的处理优先级是不同的。或者将作业的静态优先级作为它所属进程的优先级。

2）动态法。动态法是在创建一个进程时，根据该进程的基本特性为其设置一个初始化优先级，而后在进程运行过程中，随着进程特性和运行环境的变化而动态改变优先级。进程的动态优先级一般根据进程占用 CPU 时间的长短或就绪进程等待 CPU 的时间长短来确定。

动态优先级进程调度可以是剥夺式或非剥夺式的。由于动态优先级随时间的推移而变化，系统要经常计算各进程的优先级，因此，系统要为此付出一定的开销。

（4）多级反馈轮转法 RRMF（Round Robin with Multiple Feedback）　多级反馈轮转法的

基本思想是首先按优先级把进程排成若干就绪队列，每个就绪队列中按先来先服务原则排列，第一个队列的优先权最高；其次，每个优先级给予不同的时间片，优先级越高的队列，每个进程的执行时间片就规定得越小；第三，当一个新进程进入内存后，先将它放入第一队列的末尾，按先来先服务的原则排队等待调度，当轮到该进程执行时，若不能够在一个时间片内执行完，调度程序便将它转入第二队列的末尾，再同样按先来先服务原则等待调度执行，依此类推；第四，仅当第一队列空闲时，调度程序才调度第二队列中的进程运行，依此类推，当又有新进程进入优先级较高的队列时，则此时新进程将抢占正在运行进程的处理器，把正在执行的进程放回第一队列末尾，重新将处理器分配给新进程，如图 8-9 所示。

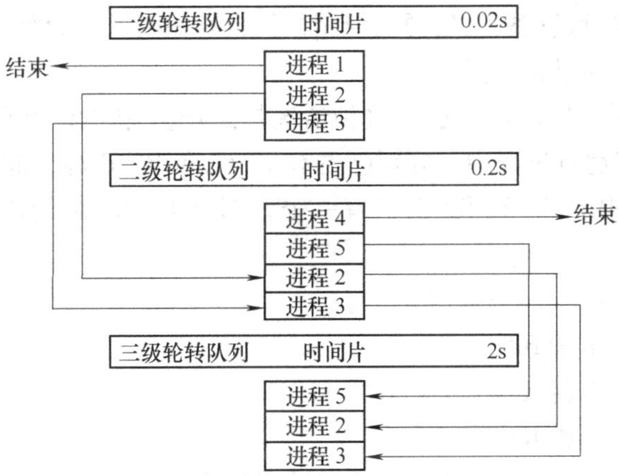

图 8-9　多级反馈轮转法

8.5　死锁

在多道程序系统中，多个进程并发运行，共享系统资源，从而提高了资源的利用率。但是若对资源的管理和使用不当，在一定条件下会导致系统发生一种随机故障——死锁。在一些系统中，例如实时控制系统，系统一旦发生死锁将导致灾难性的后果。

陷入死锁的进程称为死锁进程。系统中一旦有一组进程陷入死锁，那么要求使用被这些死锁进程所占用的资源或者需要它们进行某种合作的其他进程就会相继陷入死锁，最终可能导致整个系统处于瘫痪状态。因此，死锁是操作系统设计中必须要认真考虑的问题。

8.5.1　死锁的概念

死锁并不是进程中所特有的，在我们的日常生活中也经常会碰到死锁现象，如图 8-10 所示的四方街区单车道的车队阻塞现象。

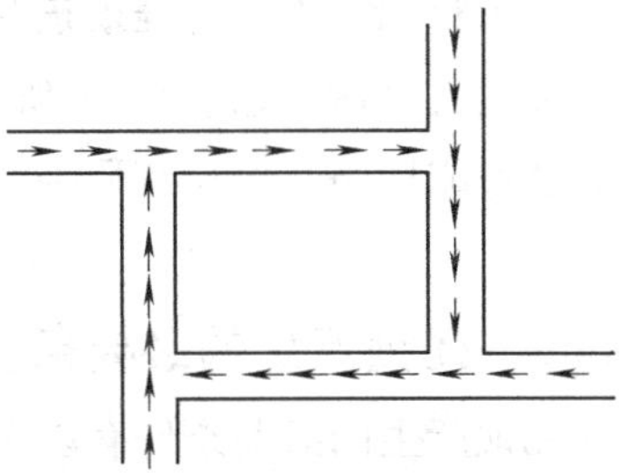

图 8-10　四方街区单车道车队死锁示意图

系统中存在大量并发执行的进程，每个进程都要占用一定的资源，然而，系统中资源的数量是有限的，必须被进程共享使用。在大量的进程共享使用有限的资源过程中，系统如果对资源的分配和回收不进行管理或管理不当，就有可能发生进程之间相互等待各自占用资源的情况，处于这种情况下的每一个进程都占用了一定数量的资源，但又都在等待其他进程所占用的资源才能继续执行，形成了一种循环等待的状态。在进程管理中，这种状态称为死锁状态，处于这种状态的进程就称为死锁进程。因此，死锁是指两个或两个以上进程都无限制地等待永远不会出现的事件而发生的一种状态。

8.5.2　死锁产生的原因

死锁产生的原因主要有以下两个：

（1）系统资源不足　多个进程共享有限的资源是死锁产生的根源，但在并发系统中，进程的数量理论上可以有任意多个，但无论多么庞大的系统都不可能提供任意多的资源。另一方面，由于进程在执行过程中对资源的使用往往具有短时性，为每个进程单独分配所使用的资源不但严重浪费，而且没有必要。

（2）进程运行推进的顺序不合适　这种情况导致产生循环等待现象。例如，系统中有两个进程P1和P2，在运行过程中，分别已占有了R1和R2资源，此时，P1申请R2而P2又申请R1，由于系统中的R1和R2都只有一个，那么P1和P2均因得不到资源而无法运行，系统进入死锁状态。

P1　……	P2　……
申请R1	申请R2
申请R2	申请R1
释放R1	释放R2

针对死锁产生的两个原因，适当增加系统的资源可以减少死锁的产生，但不是解决死锁的根本方法。通过采取某种措施来对进程执行所需要的资源进行分配，从而限制进程的推进顺序，才是解决死锁问题的关键所在。

对系统资源的分配通常采用资源分配图（见图8-11）来表示和描述。该图是由一组顶点N和一组边E组成的对偶，即

$$G=(N, E)$$

其中，N由两个子集组成，一组进程节点P={P1，P2，…，Pn}；一组资源节点R={R1，R2，…，Rm}，N=P∪R。凡属于E中的一条边e，它连接着P中的一个节点和R中的一个节点，若方向为从进程节点到资源节点，则称为资源请求边。反之，则称为资源分配边。

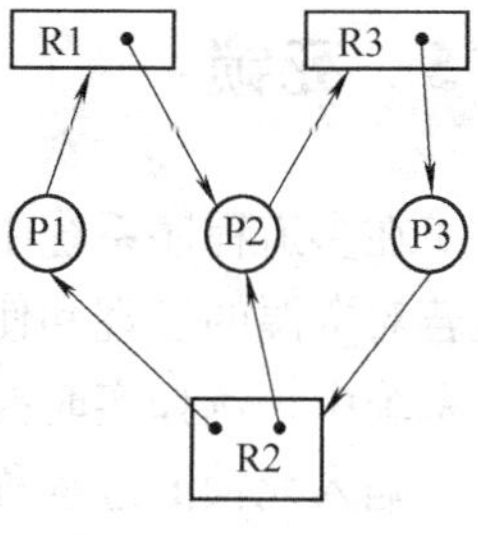

图8-11　存在环路的资源分配图

对于资源竞争和进程推进顺序错误是否导致死锁，也可以用资源分配图来描述。如图8-11所示，图中形成了一个环路。如果系统发生死锁，其资源分配图必然形成环路。但具有环路的资源分配图并非都引起死锁。只有推进顺序不当，才会产生死锁。

8.5.3　死锁产生的必要条件

死锁产生的必要条件有以下4个：

（1）互斥条件　进程访问的是临界资源，即一个资源一次只能被一个进程所使用。

（2）请求和保持条件　一个进程在请求新的资源的同时，保持对某些资源的占有。

（3）不剥夺条件　一个资源只能被占有它的进程所释放，而不能被其他进程剥夺。

（4）环路条件　存在一个进程的环路，环路中每一个进程占有着某个或某些资源，又在等待被环路中的另一个进程占有的资源。

系统中如果发生了死锁，则必有这 4 个必要条件的存在，但这 4 个必要条件的存在并不意味着系统已经发生了死锁。

8.5.4　死锁的排除方法

1. 死锁的预防

通过设置某些限制条件，破坏死锁的 4 个必要条件中的后 3 个条件以达到预防死锁的目的。但由于设置条件和判断条件，这样会增大系统开销，导致资源利用率降低。

（1）打破第二条　采用资源一次性分配策略。系统要求进程必须预先申请所需要的全部资源，但缺点是资源利用率大大降低，资源产生浪费；进程延迟增加，许多进程因为得不到所需的资源而长期等待。

（2）打破第三条　采用资源暂时释放策略。其缺点是实现复杂，系统开销大。因为它要另外保存进程因暂时释放资源而涉及的各处现场，有的资源被暂时释放还可能影响到后继操作的连续性。此外，由于可能出现反复的申请释放，进程执行周期被推迟，引起系统吞吐率下降。

（3）打破第四条　采取资源顺序使用法。其基本思想是把系统中所有的资源按类型线性排队，并按照递增规则赋予每类资源以唯一的编号。进程对资源的请求必须严格按照资源的序号顺序申请。由于在任何时刻，总有一个进程占有较高编号的资源，它继续请求资源的要求必然可以获得满足，因此一定不会出现环路等待条件。这种方式与预分配策略比较，显著提高了资源利用率，但是仍存在资源利用率不高的问题。有些进程使用资源的顺序往往与系统规定的不一致，于是有些暂时不用的资源先申请，先占住又暂时不用。另外，严格地限制使用资源的顺序性，也给程序设计带来不便。

2. 死锁的避免

避免死锁与预防死锁的区别在于预防死锁是设法至少破坏产生死锁的必要条件之一，严格地防止死锁的出现；而避免死锁则不那么严格地限制产生死锁必要条件的存在（因为即使死锁必要条件成立，也未必一定发生死锁），一旦有可能出现死锁时，就小心地避免死锁的发生。

通常采用的方法是安全状态机制。如果按照某种合适的进程推进顺序，使所有的进程都能够获得所需要的资源依次执行完成，则认为此时的系统是安全的，否则就认为系统是不安全的。系统处于安全状态并不意味着系统一定不会发生死锁，只是说在指定的进程推进顺序的前提下才不会发生死锁。死锁状态是一种不安全状态，但不安全状态不一定就是死锁状态，它只意味着可能导致死锁的发生，只要系统不进入不安全状态，就不会发生死锁。

因此，避免死锁就是要使系统不进入不安全状态。系统允许进程动态申请资源，但系统在分配资源前，先计算资源分配的安全性。当系统进入不安全状态时，即使有进程要求分配，系统也应拒绝分配，才能保证进程顺利执行。

常用的避免死锁算法是 Dijkstra 的银行家算法。

3. 死锁的检测和解除

前面介绍的死锁预防和死锁避免算法，都是在系统为进程分配资源时施加限制条件或进行检测，以增加额外的 CPU 开销为代价，降低了系统资源利用率。若系统为进程分配资源时不采取任何措施，则应该提供检测和解除死锁的手段，即允许系统中存在死锁，但在适当的时刻进行死锁检测，一旦发现死锁现象便立即设法解除死锁，使系统继续正常运行。

检测死锁的原理是考察某一时刻系统状态是否合理，即是否存在一组可以实现的系统状态，能使所有进程都能够得到它们所申请的资源而运行结束。

可以利用类似银行家算法的一种算法，通过化简资源分配图解决。化简过程如下：

1）从资源分配图中找到既不阻塞又不孤立的进程 P_i，表明 P_i 可以获得所需要的资源运行到终点，最后释放其占有的资源，即相当于在图上消去 P_i 的所有请求边和分配边，成为孤立节点。

2）进程 P_i 释放的资源可能唤醒某些因等待该资源而阻塞的进程 P_j，P_j 运行完毕又释放其占有的资源，成为孤立节点。

3）重复上述过程，若能够消去图中所有的边，则称该图是可以完全化简的；否则称为不可完全化简的。

已经证明，按不同的顺序对给定的资源分配图进行化简，将导致相同的化简结果。由此有如下死锁定理：

死锁定理　系统在某一特定状态下死锁的充要条件是当且仅当某一状态下的资源分配图是不可完全化简的。

例如：已知当前系统的资源占用和请求情况如下所示。

$$A=(0,\ 0,\ 0)$$

$$U_{4\times3}=\begin{pmatrix}1&1&0\\1&0&0\\0&1&1\\1&0&1\end{pmatrix}\quad R_{4\times3}=\begin{pmatrix}0&1&0\\0&1&1\\1&0&1\\0&0&0\end{pmatrix}$$

A 为可用资源向量，A［i］为资源类 R 的当前可用数。

U 为资源占用矩阵，U［i，j］为进程 P_i 关于资源类 R_j 的当前占用数。

R 为资源请求矩阵，R［i，j］为进程 P_i 关于资源类 R_j 的当前请求数。

使用资源分配图检测当前状态下是否存在死锁的过程如图 8-12 所示。

显然，执行检测算法要花费一定的 CPU 开销。如果系统频繁地执行检测，势必造成过多的 CPU 额外开销，降低 CPU 利用率；如果两次检测的时间间隔过长，有可能已经发生了死锁而且有越来越多的进程陷入死锁，同样要降低系统效率。可考虑以下检测时机：

1）当一进程关于某个资源的请求不能立即得到满足时便进行检测。

2）系统规定比较合理的两次检测之间的时间间隔。

3）当 CPU 利用率一旦下降到 40% 以下时便进行检测。

一旦系统成为死锁状态，就应该将系统从死锁状态解脱出来，即解除死锁，使系统恢复到正常状态。常用方法有两种：

1）资源剥夺法（挂起进程法）。当发现死锁后，使用挂起/激活机构挂起一些进程，剥夺足够数量的资源给死锁进程，以解除死锁状态。待以后条件满足时，再激活被挂进程。挂起进程的激活比较困难，要回到挂起点之前的某个状态才能重新运行，保护现场的开销大。

2）撤销进程法。最简单的撤销进程的方法是撤销全部死锁进程，使系统恢复到正常状态，但代价太大。另一种方法是按照某种顺序逐个撤销死锁进程，直到有足够的资源供其他

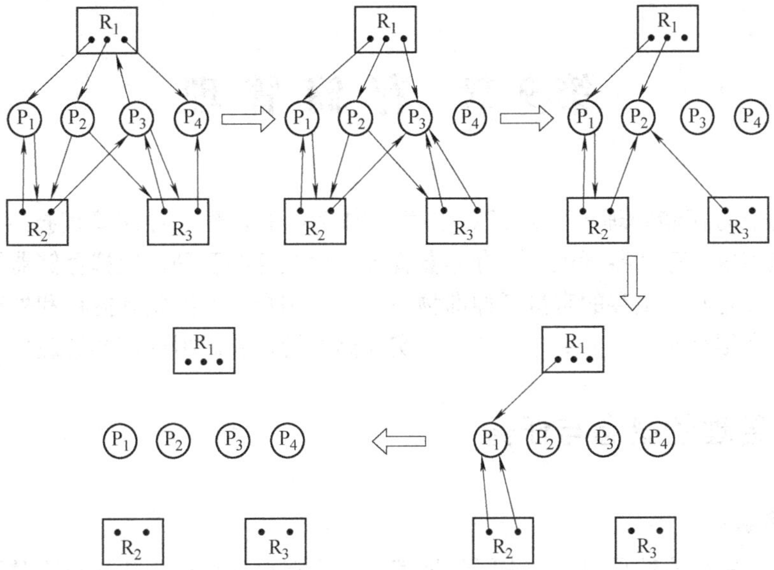

图 8-12　资源分配图的化简

未被撤销的进程使用，消除死锁状态为止。关键问题是采取什么原则进行撤销，可以依据进程优先级，也可以依据最小代价原则。所谓最小代价是指撤销路程最短，即按该撤销路径所撤销的进程数最少，这需要比较复杂的处理。

第 9 章　存 储 管 理

操作系统中的存储管理主要是指对主存（内存）的管理。存储管理技术分为两大类：实存储器管理和虚拟存储器管理。实存储器管理讨论主存的管理；虚拟存储器管理涉及主存和外存，把外存是看作主存的直接延伸即物理扩充，用户并不感觉到内存和外存的区别。

本章主要介绍存储管理的概念、任务，实存储器管理和虚拟存储器管理技术。

9.1　存储管理的概念与任务

9.1.1　概念解释

物理地址　物理地址是内存的实际地址编号。内存地址编号是从 0 开始对所有可用内存单元进行编号。在操作系统设计中，内存地址也称为实际地址或绝对地址。

物理地址空间　物理地址空间是指物理地址的集合。

逻辑地址　逻辑地址是 CPU 生成的地址，用户程序地址，逻辑地址也称为虚地址或者相对地址。

逻辑地址空间　逻辑地址的集合，通常对应于一个用户程序。

地址映射　逻辑地址的重定位，也称为绑定（Bind），指的是逻辑地址空间到分离的物理地址空间的一种对应关系（见图 9-1）。

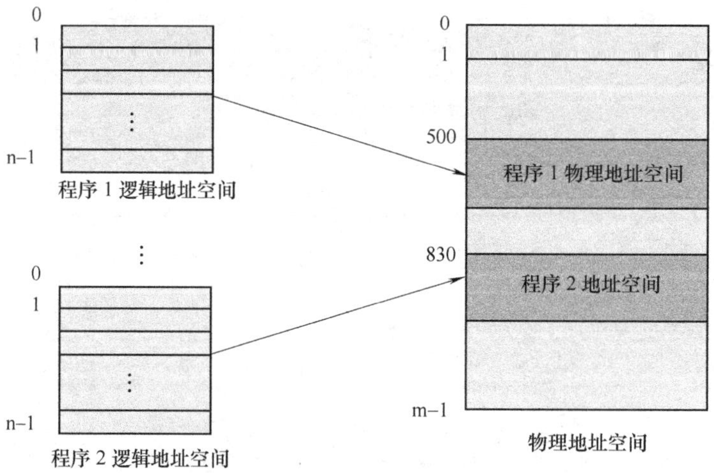

图 9-1　地址映射示意图

9.1.2　存储管理任务

存储管理主要有主存空间分配、地址映射、内存保护和内存“扩充”等 4 大任务。

1. 主存空间分配

主存空间分配的任务是动态地为不断进进出出的作业分配主存空间，作业运行完成后，及时回收主存空间。操作系统在实现内存分配时，可采取以下两种方式：

1）静态分配方式　每个作业的主存空间是在作业装入时确定的；在作业装入后的整个运行期间，不允许再申请新的主存空间，也不允许作业在主存中“移动”。

2）动态分配方式　每个作业的主存空间是在作业装入时确定的；但在作业运行过程中，允许继续申请新的附加主存空间，以适应程序和数据的动态增长，也允许作业在主存中“移动”。

为了实现主存分配，在主存分配的机制中应具有以下结构和功能：①记住状态；②决定主存分配策略；③主存分配功能；④主存回收的技术和策略。

2. 地址映射

通常，程序的起始地址都是从“0”开始的，程序中的其他地址都是相对于起始地址计算的，该地址被称为逻辑地址（或相对地址）。由这些地址所形成的地址范围称为（作业）地址空间。此外，主存单元的编号称为物理地址（或绝对地址），由主存中的一系列单元所限定的地址范围称为存储空间。

在多道程序环境下，地址空间中的逻辑地址和主存空间中的物理地址是不可能一致的。因此，存储器管理必须提供地址映射功能，以将地址空间中的逻辑地址转换为主存空间中与之对应的物理地址。该功能一般是由内存管理单元（Memory Management Unit，MMU）完成的，它是一个硬件设备，地址映射如图 9-2 所示。相对地址到绝对地址的转换，同时程序中与地址有关的指令的修改，这一过程叫做地址重定位。重定位包括静态重定位和动态重定位，静态重定位在程序装入时进行，由装配程序进行地址转换；动态重定位是在程序的执行过程中，当 CPU 访问指令或数据前，由地址变换机构进行地址变换。

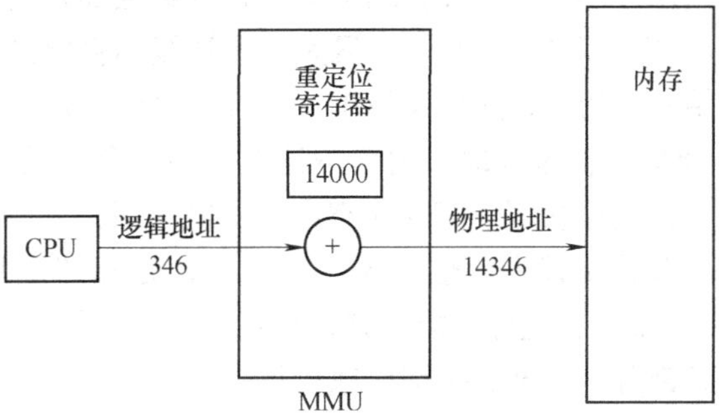

图 9-2　地址映射

3. 内存保护

内存保护是为多个程序共享内存提供保障，使在内存中的各道程序只能访问自己的区域，避免各道程序间相互干扰，特别是当一道程序发生错误时，不致影响其他程序的运行。通常由硬件完成保护功能，由软件辅助实现。实现方法有界限寄存器和存储保护键等方法。

（1）界限寄存器　每个进程都有自己独立的进程空间，如果哪个进程在运行时所产生的地址在其地址空间之外，则发生地址越界。即当程序要访问某个内存单元时，由硬件检查是否允许，如果允许则执行，否则产生地址越界中断，由操作系统进行相应处理。一般提供一对寄存器，即基址寄存器和限长寄存器，分别存放起始地址和长度；或者是一对上界寄存器和下界寄存器。

（2）存储保护键　给操作系统区和各个进程空间分别分配不同的整数作为键值，每个进程分别保存自己的键值，进行内存访问的时候匹配当前键值和被访问分区的键值，相等则同意，否则拒绝访问。

4. 内存“扩充”

用户在编制程序时，不应该受内存容量限制，所以要采用一定技术从逻辑上来“扩充”

内存的容量，使用户得到比实际内存容量大得多的内存空间，这就是内存“扩充”。具体实现方法是，在硬件支持下，软硬件相互协作，将内存和外存结合起来统一使用。通过这种方法把内存扩充，使用户在编制程序时不受内存限制。通常的内存扩充技术有覆盖、交换和虚拟存储器。

9.2　实存储管理

实存储管理的特点主要是完全装入，即某作业要求调入主存时，可用的主存空间一定能大于该作业的逻辑地址空间的大小。实存储管理主存分区分配方式有连续分配和非连续（离散）分配，后者虚拟存储管理用得较多，本节只介绍连续分区分配。

9.2.1　单一连续分区

在单道环境下，不管是单用户系统还是单道批处理系统，进程（作业）执行时除了系统占用一部分主存外，剩下的主存区域全部归它占用。主存可以划分为 3 部分：系统区、用户区和空闲区。用户占用区是一个连续的存储区，主存除操作系统所用之外，所有的空间全部给一个用户，所以又称单一连续区存储管理，这是一种最简单的存储管理方案，2.0 以下的 DOS 操作系统即采用单一连续区主存管理方法。该方法实现简单，便于操作。缺点是：第一，主存利用不充分（空白区不能利用），作业必须全部装入主存，用户几乎不运行的程序（如检错程序）也得装入；第二，处理器利用不充分（如作业等待 I/O 时，处理器空闲）；第三，主存不能扩充，当主存可用空间小于作业时，就要由用户想办法来把作业分割成几部分，一部分一部分地运行。

9.2.2　固定分区

预先把可分配的主存储器空间分割成若干个连续区域，称为分区。每个分区的大小可以相同也可以不同，如图 9-3a 所示。分区大小固定不变，每个分区装一个且只能装一个作业。存储分配时，如果有空闲区，则分配给进程。操作系统设置主存分区说明表来管理这些分区，如图 9-3b 所示。

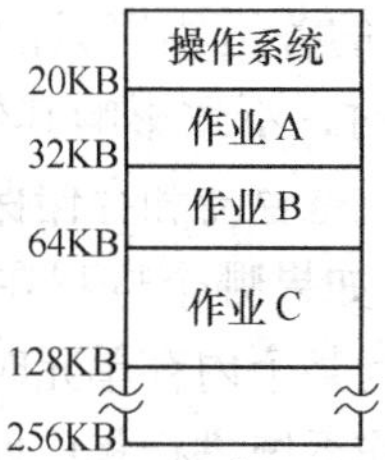

a)

分区号	大小 (KB)	起址 (KB)	状态
1	12	20	已分配
2	32	32	已分配
3	64	64	已分配
4	128	128	未分配

b)

图 9-3　固定分区主存状态

a）存储空间分配情况　b）分区说明表

在调度作业时，因为每个提交的作业已给出其所需的最大存储量，因此由存储分配模块根据所需量在分区说明表中找出一个足够大的空白区分给它，找不到则通知作业调度模块，另外选择一个作业。固定分区的优点是可以多道运行，比较简单，要求硬件支持少，IBM、OS/360 就是采用固定分区。但主存不能充分利用，一般作业都小于分区，分区中剩余的部分没有被利用，这部分被称为“碎片”，因为此碎片出现在分区的内部，又叫做“内部碎片”。除此之外，固定分区仍然要求全部作业放入主存，不少内容可能不常用或根本不用。

9.2.3　动态分区

动态分区的概念是：主存不是预先划分好的，而是当作业装入时，根据作业的需求和主存空间的使用情况来动态决定是否分配。若有足够的空间，则按需要分割一部分分区给该进程，且分区大小正好适合作业的需要；否则令其等待主存空间。在初始状态，主存除了操作系统区外，整个用户空间为一个大的空闲块，随着作业的提交，主存被分割成许多大小不同的小分区，如图 9-4 所示。

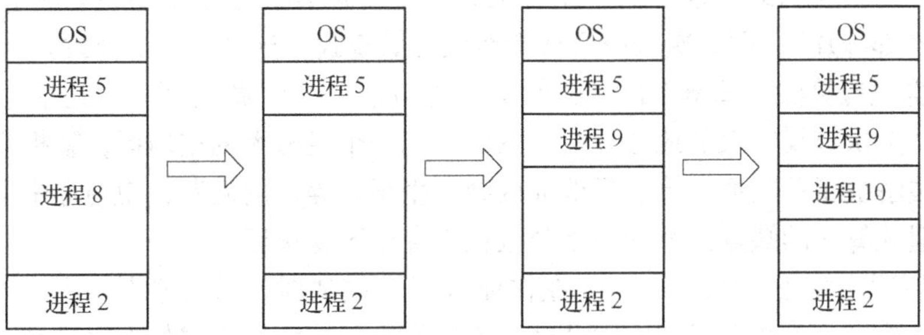

图 9-4　动态分区分配

1. 分区分配

为了实现动态分配，操作系统必须记录分区的使用情况，一般采用分区表（或者分区链表）来实现。为了便于管理，分区表可以分成两部分：空闲分区表和已分配区表，分别表示空闲分区和已使用分区的信息，如图 9-5 所示。

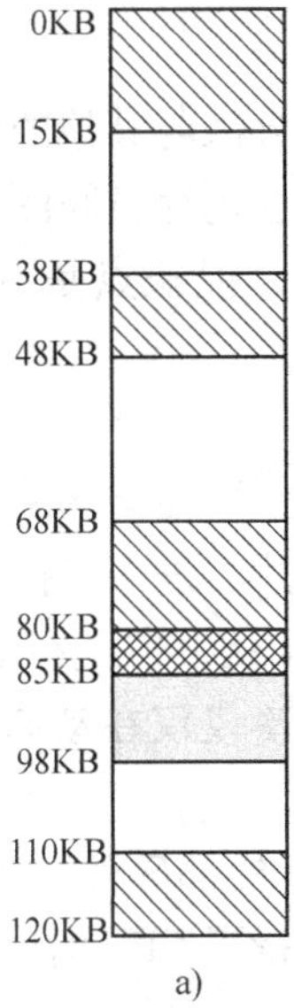

a)

始址	长度	标志
0KB	15KB	J1
38KB	10KB	J2
68KB	12KB	J3
110KB	10KB	J4
80KB	5KB	J5
85KB	13KB	J6

b)

始址	长度	标志
15KB	23KB	未分配
48KB	20KB	未分配
98KB	12KB	未分配
		空
		空

c)

图 9-5　动态分区管理

a）内存　b）已分配区表　c）空闲分区表

2. 空闲分区分配算法

把一个新的作业装入内存，需要按照一定的分配算法，从空闲分区表中选择一个分区分配给该作业。如果选择的空闲分区大小相对于该作业需求太大，则该分区被分成两部分，一部分分配给该作业，另一部分仍作为空闲分区。目前常用的分配算法有以下4种：

（1）首次适应算法（First Fit） 为作业选择分区时总是按地址从低到高搜索，找到第一个可以容纳该作业的空白块，就把该空白块分割并分配给该作业。为了提高查找速度，系统可以把空闲分区链表按照地址递增的次序排列。该算法简单，快速分配，但在低地址区，大的分区不易被保留，大的分区被保留在高地址区；并且时间一长，低地址区不断被分割，往往留下很多难以利用的、很小的空闲分区，这些分区存在于别的分区之外，是单独的分区，叫做“外部碎片”；而每次查找又从低地址开始查找，这又增加了查找开销。

（2）下次适应算法（Next Fit） 类似首次适应法，又叫做循环首次适应算法。每次分区时，总是从上次查找结束的地方开始，只要找到一个足够大的空白区，就把它划分后分配出去。该算法解决了首次适应算法低地址区会产生很多碎片的问题，使内存中空闲分区分布比较均匀，但此算法的缺点是大的空闲分区在内存中不易保留。

（3）最坏适应算法（Worst Fit） 在作业选择存储块时，系统总是寻找最大的空白区。为了提高查找速度，系统可以把空闲分区链表按照空闲块大小递减的次序排列。该算法优点是分割后的空闲块仍为较大空块；缺点是大的空闲区不易被保留，并且相对其他几种算法来说，主存利用率较低。

（4）最佳适应算法（Best Fit） 接到内存申请时，系统在空闲块表中找到一个不小于请求的最小空闲块进行分配。为了提高查找速度，系统可以将空白区按大小递增的顺序链在一起。该算法比较容易保留大的空闲区，但从整体来看，整个主存容易留下许多难以利用的小空闲区，即外部碎片。

3. 分区的回收

当进程结束或终止时，要进行内存回收。如果回收的分区与其他的分区相邻，则合并成一个较大的分区，修改空闲分区表，并检查是否满足阻塞在内存空间的等待进程的需求。

动态分区便于动态申请内存、共享内存和动态链接，但缺点是有碎片问题（外部碎片）。

4. 可重定位的动态分区

主要使用紧凑技术，即当空闲内存被分成很小的块时，即使全部的空间满足需求，也不能分配给请求进程，因为他们并不连续。为了消除外部碎片，进一步提高主存的利用率，定时地（或者在主存空间紧张时）把主存中的作业“搬家”集中在主存的一端，使另一端产生一个大的空闲区，这种技术称为存储器的“紧凑”。紧凑仅仅在动态重定位时才可以用，并且在运行时执行。

可重定位动态分区解决了可变分区分配时所产生的“外部碎片”问题，消除了内存碎片，提高内存利用率；但增加了硬件成本，另外紧凑时花费了CPU时间。

9.3 虚拟存储管理

前面所述的存储管理技术具有一次性装入与驻留性的特点，这种存储技术叫做“实存储管理”，与之相对应的另外一类存储管理技术称为“虚拟存储”管理技术。其基本思想是利用大容量的外存来扩充主存，产生一个比有限的实际主存大得多的、逻辑的、虚拟的主存空间，以便能够有效地支持多道程序系统的实现和大型程序运行的需要，从而增强系统的处理能力。

虚拟存储概念的关键在于使运行进程的访问地址与主存的可用地址相脱离。运行进程的访问地址叫做虚地址。在主存中的可用地址叫做实地址。一个运行进程可以访问的虚地址的范围叫做进程的虚地址空间。在指定的计算机系统中，可使用的实地址范围叫做计算机的实地址空间。

程序即使不是全部在主存中，仍然可以正确执行。系统完全可以只让最近要用到的那部分程序和数据装入主存，以后用到哪部分时，再把那部分程序调入而把不用部分调出主存。这项工作由具有虚拟存储功能的操作系统负责。

通常用一个大容量的外部存储器（磁盘、磁鼓）来存放每个用户虚拟空间的全部数据。用户的虚拟地址空间并不能增到无限大，它受到以下两个条件的制约：

1）指令中地址长度的限制。

2）外部存储器大小的限制。

虚拟存储器是一个地址空间，是进程访问的逻辑地址空间，而不是物理的主存空间。虽然进程只访问虚地址，但是它们实际上必须在实存里运行。因此当进程运行时虚地址必须映像成为实地址。

决定作业虚拟地址空间中哪部分进入主存，哪部分放回外存的工作由操作系统负责。具体来说它包括3方面内容：

1）将作业的哪部分装入主存。

2）放在主存什么位置。

3）主存空间不足时，把哪部分置换出主存。

9.3.1 虚拟存储器的原理

基于对大量程序运行特征的观察结果发现，程序在执行过程中一个较短的时期，所执行的指令地址和指令的操作数地址，分别局限于一定的区域，即程序对主存的访问是不均匀的，这种特性叫做程序的局部性原理（Principle of Locality）。它包含时间局部性和空间局部性。时间局部性是指一条指令被执行，则在不久的将来，它可能再被执行，一个数据被访问，则在不久的将来，它可能再被访问；空间局部性是指若一个存储单元被访问，则在一定的时间内，与该单元相邻的存储单元也可能被访问。

基于局部性原理，程序装入时，不必全部装入内存，而只需要将当前需要执行的部分读入内存，就可以开始程序执行，在执行过程中，若需要的部分不在内存，由操作系统将其调入，如果没有多余的主存空间，则把暂时不用的部分调出。这种具有请求调入和置换功能，能从逻辑上对内存容量加以扩充的存储器系统叫做虚拟存储器。通过虚拟存储技术，把主存和外存有机地结合起来使用，从而得到一个容量很大的“主存”，这就是虚存。相应地把实际的主存称为“实存”。

利用虚拟存储器可以使大程序在小内存中运行，提供了较大的用户空间，在内存中允许更多的程序并发；并且与覆盖相比，不必考虑编程时程序各模块的覆盖关系。所以虚拟存储器具有多次性、对换性、虚拟性和离散性等特征。

实现虚拟存储的两个最普通的方法是分页和分段。

9.3.2　请求分页存储管理

在动态分区的存储空间中，常常引发“碎片”问题。尽管采用“紧凑”技术可以解决这个问题，但要为移动大量信息花去不少的处理器时间，代价较高。为此，分页存储管理系统的思想被提出来。

1. 分页管理的基本概念

（1）页面，页框　分页是把主存存储空间按大小一定的块划分，称为物理块，或页框；同时按同样的尺寸去划分作业的地址空间，形成一个个相等的页面，称为逻辑页或虚页。因此，作业可以按页为单位，零散地放在主存的不连续的页框中。

在主存中设一个页表（页面映像表，Page Map Table），为作业的每页设一条表目。这张页表是当作业装入主存时，由系统根据分配情况建立的，每个作业对应一张页表。系统在主存的固定区域内，拨出一些存储区来存放这些页表（系统表），系统有了这张页表后，就可对作业地址空间中的每一页进行动态重定位。如图 9-6 所示。

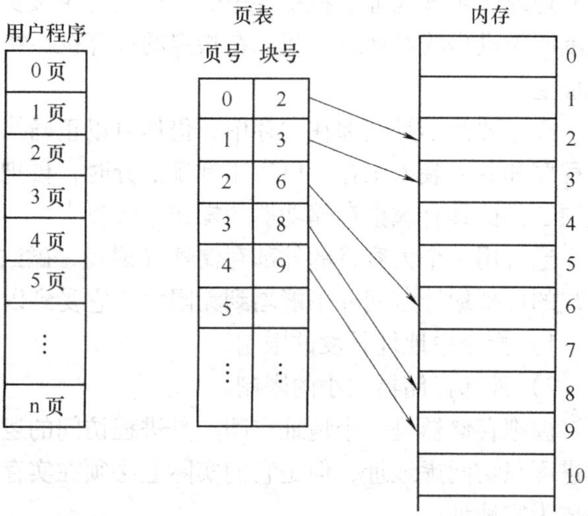

图 9-6　页面和页框

（2）地址结构　分页存储管理系统的地址结构与所选择页的大小有关。页的尺寸太大，与可重定位分区分配没什么不同了；页的尺寸太小，太碎，页表就得加长，调度增加。为了便于分页和简化地址变换过程，通常选择页的大小为 2 的幂。分页系统中用户的逻辑地址是一个有序对（P，W），P 是被访问项的页号，W 是被访问项在页 P 内的位移量。

例如图 9-7 所示分页地址结构，其中 0 ~ 9 位为页内地址，即每页大小为 1K；10 ~ 15 位为页号，地址空间最多允许 64 个页。分页存储管理的地址空间是一维的，由于页面大小为 1K，则逻辑地址 2345 就可以分解成

P = INT（2345/1024）= 2

W = 2345 MOD 1024 = 297

其中，INT 为取整运算，MOD 为求余运算。

1510	90
P	W
页号	页内相对地址（位移量）

图 9-7　分页地址结构

（3）页表结构　页表负责从逻辑地址到物理地址的映射，请求分页存储系统中的页表结构一般如图 9-8 所示。

页号	存储块号	中断位	辅存地址	引用位	修改位	存取控制

图 9-8 页表结构

中断位：此位为“1”，表示虚页不在主存，自动触发“缺页中断”（不可屏蔽的中断），CPU 必须处理中断，到外存中去找到此页，然后调入内存。此位为“0”，表示虚页在主存。

引用位：虚拟存储管理策略的基础是局部性原理——进程往往会不均匀地、高度局部化地访问内存。设立引用位，如果某页被引用过，引用位为 1，一般不考虑淘汰它。淘汰引用位为 0 的页。

修改位：此位为“0”，说明与磁盘上副本相同，直接覆盖；此位为“1”，说明与磁盘上副本不同，淘汰之前要先写回盘上。这样做是为了减少输入/输出动作，减少系统开销。

2. 地址变换机构

分页系统中，地址变换任务借助于页表来完成，页表的功能可以由一组专门的寄存器来实现，其中的页表长度寄存器还实现了分页系统中的存储保护功能。为了实现请求分页，系统还需要增加某些功能，如缺页中断处理功能或页面置换功能。如果把页表放在主存中，无疑会影响系统的性能。这是因为每次访问主存，必须首先访问页表，读出物理块号，之后根据形成的实际地址再访问主存，这样会使访问主存的次数加倍，因为访问一条指令或数据，要两次访问主存，一次查找页表，一次访问所要的数据，使总的处理速度下降。

为了解决这个问题，人们采用一组硬件寄存器，可以按照内容并进行查找，存放当前访问页的物理块号，此硬件寄存器即超高速缓存，称为快表（Translation Lookaside Buffers），又称为联想寄存器，分页存储管理的地址变换如图 9-9 所示。

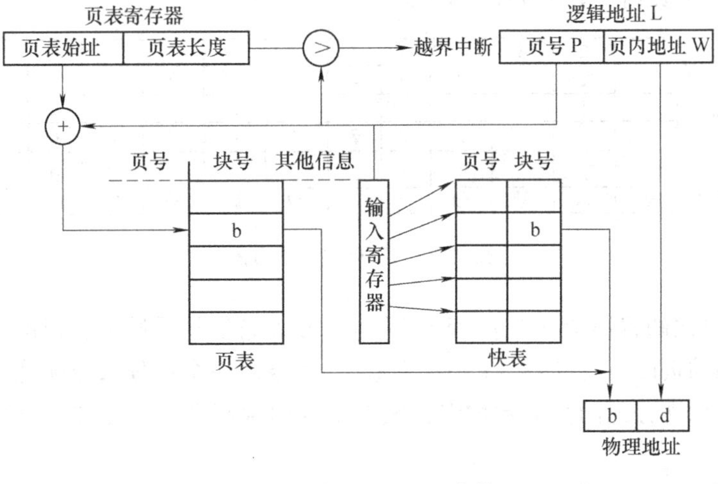

图 9-9 分页中的地址变换

例如，前例中页面大小为 1KB，逻辑地址 2345 可以分解成 P = 2、W = 297，若某时刻系统给该用户程序第 0、1、2、3 页分配的物理块号依次为 2、1、6、3，则地址变换机构将逻辑地址 2345 转换成的物理地址为 $6 \times 1024 + 297 = 6441$。

在地址变换过程中，如果发现所要访问的页不在内存，则产生缺页中断。操作系统接到此中断信号后，就调出缺页中断处理程序，根据页表中给出的外存地址，将该页调入内存，使作业继续运行下去。如果内存中有空闲块，则分配一页，将新调入页装入内存，并修改页表中相应页表项目的驻留位及相应的内存块号。若此时内存中没有空闲块，则要淘汰某页，若该页在内存期间被修改，则要将其写回外存，然后再将所缺的页调入内存。

3. 页面置换算法

当要放一页面到全满的主存块时，系统需要淘汰一页。用来选取淘汰哪一页的规则，叫页面置换算法（或置换策略）。一个算法的缺页率可这样计算：

缺页率 = 缺页次数/访问页面总数 ×100%

页面置换算法的选择不当，往往会造成刚被淘汰的页面马上又被用到，从而降低了系统的运行速度，所以必须选择一个较好的置换算法。

（1）先进先出算法（FIFO）　在这种页面置换算法中，我们标明每页进入主存的时间。实际上若分配给一个作业的存储块数为 m，则建立一张 m 个元素的队列表 Q（0），Q（1），…，Q（m－1）和一个置换指针，这个队列是按页调入主存的先后顺序排列的，指针始终指向最早调入主存的一页。先进先出算法是当需要淘汰一页时，选择在主存中驻留时间最长的那页被淘汰掉。这种算法的直观吸引力是这一页已经得到它运行的机会，可以把机会让给其他页。或者认为最早调入主存的页，它不再使用的可能性比最近调入主存的页大。但不幸的是，先进先出很有可能将频繁使用的页淘汰掉，因为一页在主存中停留很久，多半因为它是在经常使用中。例如，在大型分时系统中，用户键入和修改程序时，通常是多个用户共享编辑程序（Editor）的副本，用 FIFO 算法则很可能将经常使用的编辑程序页淘汰掉，这肯定是最糟糕的选择。因为这页几乎立即要被调回主存。假如一页面访问序列为 1，2，3，4，2，1，5，6，2，1，2，3，7。分配 4 个页框，则 FIFO 一共缺页 10 次，依次淘汰的页是 1、2、3、4、5、6。缺页情况如图 9-10 所示。

页面次序	1	2	3	4	2	1	5	6	2	1	2	3	7
主存页面情况	1	2	3	4	4	4	5	6	2	1	1	3	7
		1	2	3	3	3	4	5	6	2	2	1	3
			1	2	2	2	3	4	5	6	6	2	1
				1	1	1	2	3	4	5	5	6	2
缺页否	缺	缺	缺	缺			缺	缺	缺	缺		缺	缺

图 9-10　FIFO 缺页示意图

因为 FIFO 算法的置换特征与进程访问内存的动态特征是矛盾的，即被置换的页面并不是进程不会访问的页面，所以采用 FIFO 算法时，如果对一个进程未分配他所要求的全部页框，有时候就会出现分配的页面数增多，缺页率反而提高的异常现象，该现象叫做 Belady 现象。

（2）最近最少使用算法（LRU）　提出这种算法的基本思想，是根据一个作业在执行过程中过去的页面踪迹来推测未来的行为。当需要淘汰一页时，系统首先选择在最近一段时间内很久未用的页淘汰掉。UNIX 操作系统采用的就是这种算法。

该算法的基本依据是程序的局部性原理。例如，与上例相同的页面访问序列和页框分配个数，则 LRU 算法共产生 8 次缺页中断，依次淘汰的页是 3、4、5、6。缺页情况如图 9-11 所示。

页面次序	1	2	3	4	2	1	5	6	2	1	2	3	7
主存页面情况	1	2	3	4	2	1	5	6	2	1	2	3	7
		1	2	3	4	2	1	5	6	2	1	2	3
			1	2	3	4	2	1	5	6	6	1	2
				1	1	3	4	2	1	5	5	6	1
缺页否	缺	缺	缺	缺			缺	缺				缺	缺

图 9-11　LRU 缺页示意图

LRU 算法一般是设置计时器或利用堆栈实现，前者在页表的每个入口，设一个“访问时间”区域，当一个页面被访问时，时钟寄存器里的内容被复制到这个区域。置换时替换最小时间值的页面。后者是当页面被访问时，将它从堆栈底部移到顶部。栈顶页面常常是最常用的页面，而底部的就是 LRU 页。

(3) 最近未使用页面置换算法（NRU）　该算法是 LRU 算法的近似，将内存中的页面组成一循环链表，每一页面对应一访问位，当某页面被访问时，将其访问位自动置“1”。如果指针指向页面的访问位为“0”（代表最近没有被访问），则置换该页；否则，将访问位置为 1，页面继续留在内存，按照相同规则替换下一页。如果一页经常被用到，则它永远不会被换出。

(4) 最佳页面置换算法（OPT）　该算法思想是从主存中移出永不再用的页面，至少是选择很远将来才用的页面淘汰之。其实，这是一个不实用的算法，因为页面走向是不可预知的。所以该算法常用做性能评价的依据。OPT 算法具有最低的缺页率。他和 LRU 算法一样，属于堆栈型算法，不会产生 Belady 现象。

4. 分页存储管理的优缺点

分页存储管理的优点是：不需要移动就可解决碎片问题；提高了主存的利用率；可提供大容量的多个虚拟存储器；提高了多道程序运行的程度；对大作业而言，更加方便用户。

分页存储管理的缺点是：由于采用了动态地址变换机构，增加了计算机的成本，处理速度降低；对于请求分页系统，为处理页面中断增加了系统开销；而且在进程的最后一个页框中可能有内部碎片的存在。

9.3.3　请求分段存储管理

在分页存储系统中，出于系统管理的需求，作业的地址空间是一维线性的，这破坏了程序内部天然的逻辑结构，因为常常会把逻辑上相关的部分划到不同的页面，造成共享、保护的困难。加之，程序员常常用二维地址描述自己的程序，基于用户的需求，产生了分段的思想，即按程序自身的逻辑关系分配存储空间。

1. 分段存储管理的基本概念

(1) 作业的逻辑地址空间　分段情况下系统要求每个作业的地址空间按照程序自身的自然逻辑关系分成若干段。每个段有自己的段名（段名通常由程序员给出）。系统为了管理的方便，常常为每段规定一个内部段名。内部段名实际上是一个编号，称为段号。每个段的地址空间都从“0”开始，并且编成连续性的线性地址。

(2) 程序的地址结构　由于虚拟地址要用段号和段内相对地址（S，W）来描述，通常系统规定每个作业的段号为从“0”开始的连续正整数。

(3) 主存分配　段式管理的主存分配以段为单位，采用动态分区分配。每一段分配一块连续的主存分区，一个作业的各段分到的主存分区不要求是相邻连续的分区。

进程也是只有当它的现行段（作为最低限度）在主存中才可以运行。段作为完整单位从辅存传输到主存。一个段内部的所有单元都安排在主存中连续的单元里，但是不同的段（同一程序）可以占据实存中许多分离的存储块。

2. 实现原理

（1）段表和段表地址寄存器　每个作业对应一个段表（SMT），实现地址映射，内容包括尺寸、存取方式、状态、位置等信息，如图9-12所示。

段号	段在主存起始地址	段长	中断位	辅存地址	引用位	修改位	存取控制

图9-12　段表结构

其中，“中断位”表示该段是否在主存；“访问位”即“引用位”，表示该段最近是否被访问过；“修改位”表示该段内容是否被修改。

同时系统还设置了段表寄存器，指出段表始址与段表长度。

（2）分段管理中的地址映射　作业运行时，由系统将该作业的段表始址和段表长度装入段表寄存器中。当作业访问某逻辑地址（S，W）时，系统将段表地址寄存器中的段表始址与段号S相加，得到该段在主存中的起始地址S′，再将S′与段内地址W相加，得到欲访问单元的主存绝对地址。如果该段不在主存，则产生缺段中断，把该段调入，上述步骤也是由硬件自动完成的。例如图9-13中，将逻辑地址S＝2，W＝100转换成为绝对地址8292。

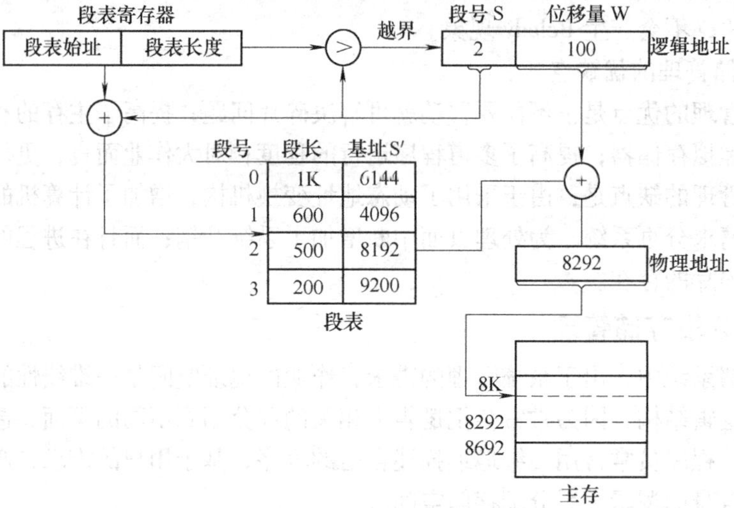

图9-13　分段系统中的地址变换

和分页一样，CPU执行指令的速度降低为原来的1/2（因两次访问主存）。为了提高地址转换速度，系统也要采取高速缓冲器实现联想映像或直接与联想相结合的映像来完成，以提高执行指令的速度。

3. 分段管理的优缺点

分段管理的优点：

1）便于模块化处理。系统可以把每个程序模块构成各自独立的分段，赋予不同的名字，可采用保护措施保障一个程序模块不会受到其他模块的影响。

2）消除内部碎片。段多长，主存就分多长。

3）动态链接方便。一个作业可能用到数百个程序，但不见得全用。如果用静态链接花费时间长，占用主存多；而动态链接很好地解决了这个问题。

分段管理的缺点：

1）提高硬件成本，需要更多的硬件支持，地址变换代价增加，使系统更加复杂。

2）在辅存中管理不定长度的分段困难很多，存储位置不易确定。

3）分段尺寸受主存大小限制，段太大就不易在主存中找到合适的空白块。

4）由于段长不固定，又会产生外部碎片。

4. 分段与分页的区别

1）页不是完整的逻辑信息总体的结合，而段是信息的逻辑单位，它是有意义的一组信息。

2）页的大小一样，由系统决定。段的大小不一，决定于用户编写的程序。

3）逻辑地址表示不一样，分页是一维的，分段是二维的。

4）段是用户可见的（分段可以在用户编程时确定，也可以在编译程序中对源程序编译时根据信息的性质来划分），而页是用户看不见的，是操作系统分的。用户可感知段，但分页活动用户是看不见的，而仅仅用于主存管理。

第10章　设备管理

在前面的章节中，我们已经学习了处理器管理和存储管理的相关内容。处理器管理的主要作用是使系统中的各个进程能够协调运行，而存储管理的主要作用是为有关的程序和数据分配存储空间。计算机系统中，除了处理器和内存外，其他均称为设备。设备的主要作用是完成数据的输入与输出，因此通常将它们称为输入/输出设备，或 I/O 设备。

设备是由操作系统中的设备管理子系统来管理的。设备管理子系统为进程提供与外界通信的接口，是信息的输入/输出机构。因为输入/输出设备的多样性，各种输入/输出设备又具有不同的操作方式，所以设备管理是操作系统中比较复杂的部分。据报道，在 Windows 操作系统中，设备管理代码占总代码量的 80% 左右。

本章介绍设备管理的概念、任务以及为提高设备管理效率而采用的技术等内容。

10.1　设备管理的有关概念

10.1.1　设备分类

在操作系统研究中，设备是指进行实际 I/O 操作的物理设备以及控制这些设备并进行 I/O 操作的支持部件，例如，硬盘及硬盘控制器等。

系统中有多种多样的设备，如鼠标、键盘、显示器、硬盘、网卡、USB 设备等。设备有多种分类方法，可以从以下几个方面来分类。

1. 从数据组织的角度分类

(1) 块设备　以块为单位组织和传送数据，每块的大小一般是 512 的倍数，如磁盘是一种典型的块设备。

(2) 字符设备　以字符为单位组织和传送数据，如键盘、打印机等。

2. 从资源分配的角度分类

(1) 独占设备　在系统运行期间，在某一段时间内，为某一进程所独占的设备。大多数低速设备属于独占设备，如纸带输入机、打印机等。

(2) 共享设备　允许若干用户或进程同时共同使用的设备，如磁盘等。

(3) 虚拟设备　系统通过软件技术（如假脱机技术），把原来的独占设备改造成共享设备。

10.1.2　设备管理的任务

作为一种比喻，我们将 CPU 想象成一个人，它是计算机系统中各种外部设备的所有者，将系统中的进程看成是使用设备的客户。系统中可能同时存在多个并发执行的进程，每个进程在运行的不同时刻都有可能申请使用某种外部设备。现在 CPU 的任务是，如何在保证 CPU 充分利用的情况下，公平合理地为申请使用设备的进程分配设备使用时间。

设备管理中要解决的主要问题有两个，一个是设备的低速性和 CPU 的高速性之间的矛盾；另一个是计算机系统中，外部设备种类的多样性和复杂性问题。

1. 设备管理的主要任务

具体来说，设备管理完成以下几方面的任务：

（1）根据各类设备的特点确定相应的分配策略 按照进程的请求把进程需要的输入/输出设备分配给进程。

（2）启动设备完成实际的输入/输出操作 输入/输出设备都有一个控制器，它直接控制设备完成具体的输入/输出，而 CPU 只是与设备控制器交换信息。

（3）向用户提供一个统一的、友好的使用界面 它能使用户能方便地利用外部设备资源。

（4）优化设备的调度、提高设备的利用率 它能使各种外部设备与主机以及各外部设备之间能协调地工作，以充分合理地利用系统资源，尽量提高并行程度。

2. 设备管理的主要内容

设备管理的主要内容是：

1）I/O 请求的检测与控制。

2）解决设备的低速性与 CPU 高速性之间的矛盾，提高 CPU 的利用率。

3）设备分配策略。

10.2 I/O 请求的检测与控制

外部设备的种类虽然很多，但它们都是在 CPU 的控制下进行工作的。在计算机系统中，为了便于系统了解设备状态，每个设备都设置了状态寄存器，以便系统了解每个设备当前的状态。然而，CPU 怎样启动和控制设备的数据处理，设备又怎样向 CPU 通知它们的数据处理结果呢？一般来说，CPU 对外部设备的控制方式经历了 4 个发展阶段。

10.2.1 循环测试 I/O 方式

利用 I/O 测试指令测试设备的忙与闲。若设备处于闲状态，则执行输入/输出指令；若设备处于忙状态，则 I/O 测试指令不断对设备进行测试，直到设备空闲为止。

这种方式的缺点是 CPU 要花费大量时间进行设备忙/闲测试，造成 CPU 资源的极大浪费。

10.2.2 中断驱动方式

在现代操作系统中，广泛采用中断驱动方式进行 I/O 检测与设备控制，当进程需要启动某个 I/O 设备工作时，便由 CPU 向相应的设备控制器发出一条 I/O 指令，然后立即返回，继续执行原来的任务，而设备控制器便按照该指令的要求去控制 I/O 设备。每当设备完成 I/O 操作，便以中断请求方式通知 CPU，然后转向相应的中断处理程序进行相应处理。其处理流程如图 10-1 所示。

在中断处理方式下，CPU 仍然直接控制输入/输出操作，每传输一个单位信息，都要发生一次中断，因而仍然需要消耗大量 CPU 时间，但比循环测试方式要节省 CPU 时间。

10.2.3 直接内存存取方式

直接内存存取（Direct Memory Acess，DMA）方式主要用于块设备与主存之间进行批量

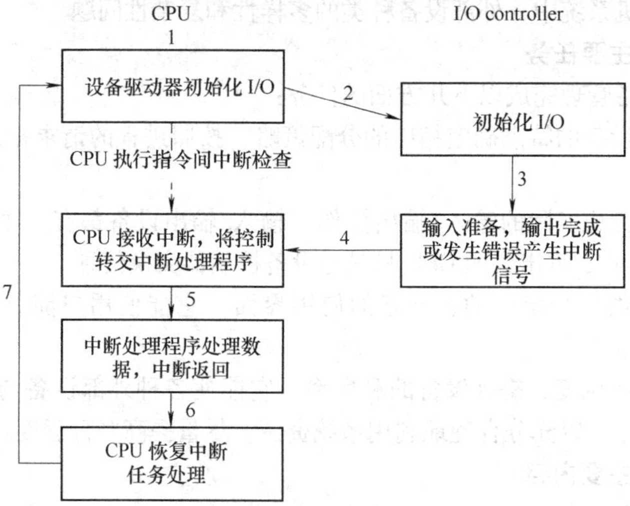

图 10-1　中断驱动的 I/O 过程

数据传输。它使用一个专用 DMA 控制器，使用截取总线控制权的方法，由 DMA 控制器送出内存地址，发出内存读、设备写或设备读、内存写的控制信号来完成内存与设备之间的直接数据传输，而不用 CPU 干预。当一次 DMA 传送的数据全部完成时，系统才产生中断，告诉 CPU 数据传输完毕。其工作方式如图 10-2 所示。

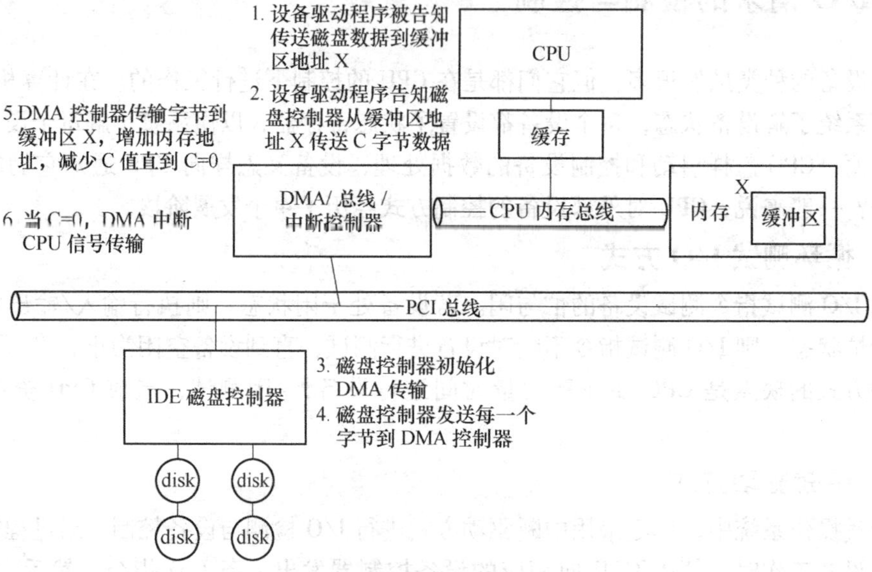

图 10-2　DMA 数据传输的过程

10.2.4　I/O 通道方式

通道是一个专门用来控制外部设备的微处理器，它是独立于 CPU，专门负责数据输入/输出的处理器。它对外部设备进行统一管理，代替 CPU 对 I/O 操作进行控制，从而使 I/O 操作可以与 CPU 并行工作。

1. 通道控制结构

在现代计算机系统中，主机对外部设备的控制可以分为 3 个层次来实现，即通道、设备控制器和设备，如图 10-3 所示。

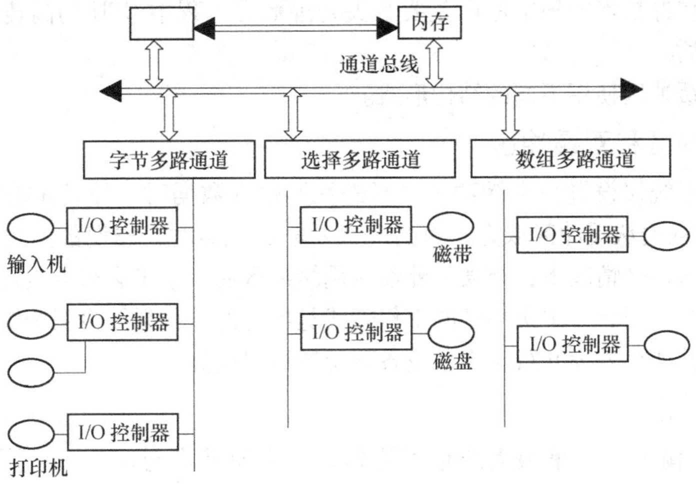

图 10-3 通道控制结构

2. 通道工作原理

通道方式有独立的 I/O 管理机制，这时只要发一条 I/O 指令给通道，告诉通道执行 I/O 操作要访问的设备，通道便从内存储器中读取通道程序以完成 I/O 控制管理。

通道控制设备的工作过程是由通道程序来实现的。通道程序由通道指令组成，一般包括操作码、交换信息数及信息在内存的首地址。通道程序的执行步骤如下：

1）当进程要求设备输入时，CPU 发指令指明 I/O 操作、设备号和对应通道。

2）对应通道收到 CPU 发来的启动指令后，读出内存中的通道指令程序、设置对应设备的控制状态寄存器的初值。

3）设备按通道指令的要求，把数据送往内存指定区域。

4）若传送结束，I/O 控制器通过中断请求线发中断信号，请求 CPU 做中断处理。

5）中断处理结束后，CPU 返回到被中断进程处继续执行。

6）当进程调度程序选中这个已得到数据的进程后，它才能进行加工处理。

当通道或外设发生需要向 CPU 报告的事件时，通道向 CPU 发出中断请求，这时就产生外部设备中断事件。外部设备中断的中断源主要有操作正常结束、操作中发生故障或错误以及人工输入控制命令等。

当通道的中断请求被响应后，该通道的状态字被送到内存的固定单元中，通道状态字应具有如下信息：通道状态，表示此次中断是由于通道正常结束还是其他错误中断；设备状态，由设备和控制器提供，说明这些设备、控制器当前的忙闲情况。

中断发生时，系统首先引发中断处理程序，中断处理程序先检查通道状态字，以弄清中断原因，然后按各种不同的原因转向不同的中断程序。如果是正常操作结束，则将相应的通道、控制器或设备置成释放状态；如果由于故障引起的中断，则查明原因，采取相应的措施。

10.3 缓冲技术

缓冲技术是指在内存中划出一块内存区域（称为缓冲区）作为外部设备传输数据的临

时存储区。引入缓冲技术的根本原因是要解决处理数据过程中 CPU 的高速性与设备传输的低速性之间的矛盾。

根据需要，缓冲区使用不同的结构形式。

10.3.1 单缓冲区和双缓冲区

单缓冲区中系统仅设置一个缓冲区，当进程要输入数据时，外设先把数据输入到缓冲区，再由 CPU 把数据从缓冲区取走；而当进程要输出数据时，先把数据送入缓冲区，再由外设输出。在单缓冲区情况下，当某一外设占用缓冲区后，系统必须等缓冲区中数据被取空后才能放入新数据，因此，单缓冲区的工作方式是串行的。如果开设两个缓冲区，并且配合合理，就有可能使两个外设并行工作，设备利用率可以提高。

10.3.2 多缓冲区

当进程输入/输出数据量很大或很不均匀时，为使外设与 CPU 能很好地并行工作，应设置多缓冲区，一般将输入、输出缓冲区分别连接成环形多缓冲区，如图 10-4 所示。

对输入缓冲区，指针 P 指示进程下次可取用的缓冲区地址，指针 q 指示输入设备在输入时可用的缓冲区地址。对输出缓冲区来说，进程把输出数据按指针 q 依次输入缓冲区，而输出设备则按指针 P 依次输出。

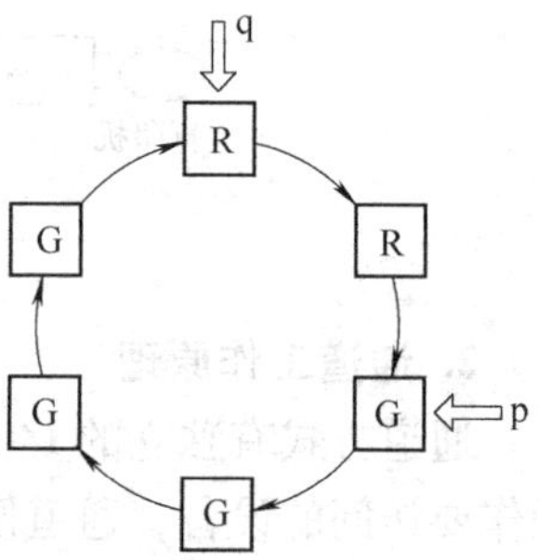

图 10-4 多缓冲区结构

10.3.3 缓冲池

如今，操作系统越来越复杂，设备种类和数量也日益增多，为了提高缓冲区的利用率，目前广泛使用公用缓冲池，池中的缓冲区可供多个进程共享。

把输入/输出缓冲区统一起来，形成一个既能用于输入又能用于输出的缓冲区，称为缓冲池。缓冲池中存在 3 种类型缓冲区：

1）输入数据缓冲区。

2）输出数据缓冲区。

3）空白缓冲区。

每一种缓冲区都通过指针分别链成一个队列，称为输入队列（in）、输出队列（out）和空白队列（em），如图 10-5 所示。

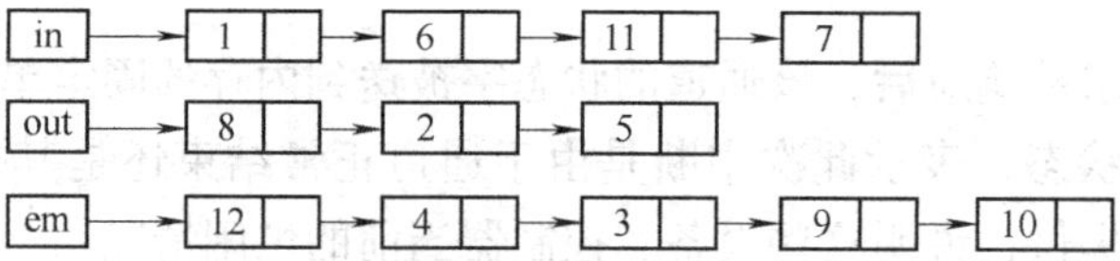

图 10-5 缓冲池结构

当输入设备要求输入数据时，系统从空白缓冲队列中取出一个缓冲区，收集输入数据，并将它挂在输入队列末尾；当进程要求输出数据时，系统从空白缓冲队列中取出一个缓冲区，作为收容输出缓冲区，并将它挂在输出队列末尾；当进程取用完输入数据或外设处理完输出数据后，就将该数据缓冲区挂到空白缓冲区队列的末尾。

10.4 设备管理程序

进程在进行 I/O 操作中，必须先申请它所需的外部设备、控制器和通道。也就是说，进程必须先向设备管理程序提出申请，然后，由设备管理程序根据相应的分配算法为进程分配资源。如果申请进程得不到它所申请的资源，它将被放入资源等待队列中等待，直到所需要的资源被释放。设备管理程序中包含设备分配程序和设备驱动程序。

10.4.1 逻辑设备与物理设备

为了方便用户使用，提高系统的可适应性和可扩展性，设备的无关性是设备管理的一个关键概念，即用户不必指定特定设备，而代之指定逻辑设备，使得用户程序与实际使用的物理设备无关，可以脱离具体的物理设备来使用设备。由系统进行逻辑设备与物理设备之间的对应关系维护，并由系统做相应的连接工作。此特性称为“设备独立性”或“设备无关性”。系统为此引入了逻辑设备名与物理设备名。

一台计算机系统中可以配置多种类型的外部设备。通常系统对块设备和字符设备进行统一命名。对每台设备按某种原则进行编号，称作设备的绝对号。操作系统还为每一类设备规定一个类型号，用户在向系统说明他所需的设备类型时就可使用此类型号。为了方便用户使用设备，通常用符号名代替设备的类型名，称其为逻辑设备名，如 LPT 表示打印机等。

为了实现设备的无关性，系统中必须有一张联系逻辑设备和物理设备名称的映射表。设备分配程序通过进程传送来的参数获得逻辑设备号，然后通过映射表找到相应的物理设备及其驱动程序，调用设备驱动程序，完成实际的操作。

10.4.2 设备分配程序

当多个进程同时要求使用同一类或同一台设备时，设备分配程序按照一定的算法，决定把某一台设备分配给某一个要求该设备的进程。若系统不能立即满足进程的申请时，应把它们排成一个等待队列，使这些进程按一定的次序使用设备。

进程提出 I/O 请求后，设备分配程序根据进程所提出的物理设备名，查看该设备忙闲情况。若该设备当时处于“忙”的状态，则将申请 I/O 的进程插入等待该设备的队列中；若该设备当时为“空”，则测试判断分配的安全性后把设备分配给此进程，然后检查设备控制器状态的忙闲，若“忙”，则将进程插入等待控制器的队列中，否则再判断通道的忙闲。若相应的设备、控制器、通道均为“闲”状态，则可启动设备，进行信息传递。

一般来说，设备分配程序主要采用下面两种算法进行设备分配。

（1）先到先服务算法　当有多个进程请求同一设备时，谁先请求，就先给谁服务。具体做法是将请求设备服务的进程排成一个普通队列。

（2）优先级算法　当有多个进程请求同一设备服务时，这些进程的重要程度往往是不一样的，我们可以给重要的进程赋予较高的优先级，不重要的进程赋予较低的优先级；然后根据进程的优先级将所有请求同一设备服务的进程按优先级排成队列，将优先级高的进程排在队列的前面，优先级低的进程排在队列的后面。

10.4.3 设备驱动程序

一旦要求 I/O 的进程在设备分配程序的工作下，为其分配了设备及相应的控制器和通道后由设备驱动程序实现I/O操作。设备驱动程序主要完成下述功能：

1）使CPU通过发I/O指令，去启动指定的I/O设备，进行I/O操作。

2）当I/O操作完成或发生其他事件时，I/O设备向CPU发出中断请求，要求处理器进行相应处理。

设备管理程序是一个进程，平时该进程处于阻塞状态，仅当有I/O请求或I/O中断时，才被唤醒。唤醒后，首先分析被唤醒的原因，若是中断请求，则进一步判别中断的原因后转入相应的中断处理程序；若唤醒的原因是用户的I/O请求，则转入通道处理程序，然后启动指定的I/O设备进行I/O操作。当I/O操作完成后，它又回到起始位置收集信息，若无新的信息，则把自己阻塞起来。

10.5 虚拟设备技术

所谓虚拟设备，实际上是一个软件子系统，使用这个软件子系统，可以将独占设备变成共享设备。这个软件子系统一般由外存储空间、相应的数据结构和控制代码3部分内容构成。

比较著名的虚拟设备技术是所谓的SPOOLing（Simultaneous Peripheral Operation On－Line）技术，习惯上称其为假脱机技术。其基本含义是，当在外围设备和计算机处理器之间传送数据时，为了减少处理的延时，把辅助存储器作为缓冲存储器来使用的一种方法或技术。

10.5.1 虚拟设备的引入

我们知道，在操作系统的发展历史上，分时系统引入了多进程技术，实现了对CPU共享，那么能否对独占设备也实现多进程共享呢？回答当然是肯定的。

为此，我们需要首先了解早期解决CPU的高速与外围设备慢速之间矛盾的方法，即脱机外围设备技术，使用一台外围计算机，它的功能是以最大速度从读卡机上读取信息并记录到输入磁盘上。然后，将包含有输入信息的输入磁盘人工移动到主处理器上。在多道程序环境下，系统可让作业从磁盘上读取各自的数据，把运行的结果信息写入到输出磁盘上。最后，把输出磁盘移动到另一台外围计算机上，其任务是以最大速度读出信息并从打印机上输出。

受上述技术的启发，我们可以取消外围计算机，在主计算机中创建两个进程SPI和SPO。SPI用于处理输入，SPO用于处理输出。在外存上开辟两个区域，分别作为输入池和输出池。这就是SPOOLing技术的思路。

10.5.2 SPOOLing系统的组成

SPOOLing系统由以下3个要素组成：

（1）输入井和输出井　这是在磁盘上开辟的两个存储空间。输入井是模拟脱机输入时的磁盘，用于收容I/O设备输入的数据；输出井是模拟脱机输出时的磁盘，用于收容用户程序的输出数据。

（2）输入缓冲区（输入队列）和输出缓冲区（输出队列）　在内存中开辟的两个缓冲区，输入缓冲区用于暂存由输入设备送来的数据，以后再传送到输入井；输出缓冲区用于暂存从输出井送来的数据，以后再传送给输出设备。

（3）输入进程 SPI 和输出进程 SPO　在主计算机中创建两个进程 SPI 和 SPO，用于模拟脱机输入/输出时的外围计算机，SPI 用于处理输入，SPO 用于处理输出。

图 10-6 表示 SPOOLing 系统的组成及工作过程。

对于输入过程来说，系统把原来使用独占设备的输入过程分为两步。首先，在输入进程 SPI 的控制下，从独占的输入设备中输入数据，将不同作业的输入数据以队列形式存放在缓冲区中。接下来，输入进程 SPI 根据作业调度程序的请求，负责将当前运行进程的所需要的输入数据转入输入井中，再由作业调度程序和输入井管理程序将当前运行进程所需要的输入数据从输入井中读入主存。这里，输入井起到了虚拟输入机的作用。

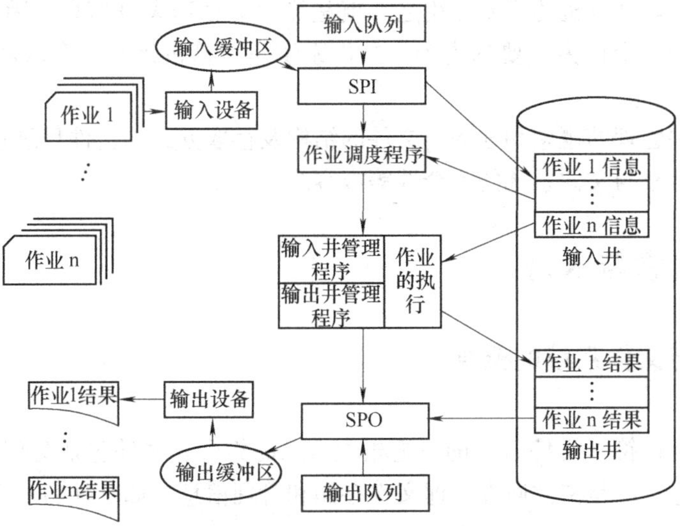

图 10-6　SPOOLing 系统的组成及工作过程

对于输出过程，其原理也类似。某个进程如果有数据输出要求，首先由输出管理程序将输出数据放入输出井，输出进程 SPO 从输出井中将刚刚由进程输出的数据转入输出缓冲区。然后在 SPO 控制下，输出设备根据作业优先级及作业执行情况，实际地输出作业的执行结果。

10.5.3　SPOOLing 技术的特点

SPOOLing 技术的特点如下：

（1）提高了 I/O 速度　从对低速 I/O 设备进行的 I/O 操作变为对输入井或输出井的操作，如同脱机操作一样，提高了 I/O 速度，缓和了 CPU 与低速 I/O 设备速度不匹配的矛盾。

（2）设备并没有分配给任何进程　在输入井或输出井中，分配给进程的是一个存储区和建立的一张 I/O 请求表。

（3）实现了虚拟设备功能　多个进程同时使用同一独享设备，而对每一进程而言，都认为自己独占这一设备，不过，该设备是逻辑上的设备。

第11章 文件管理

信息是计算机系统中的重要资源。所有的计算机都应该能够存储大量的信息、长期保存信息并且可以共享信息。操作系统中的一个重要组成部分——文件系统，就是负责信息的组织、存储和访问的。信息以文件的形式存储在磁盘或其他外部介质上。文件系统的功能就是提供高效、快速、方便的信息存储和访问功能。对大多数用户来说，文件系统是操作系统中最直接可见的部分。计算机的重要作用之一就是能快速处理大量信息，因此，信息的组织、存取和保管就成为一个极为重要的内容。文件系统是计算机组织、存取和保存信息的重要手段。

本章介绍文件管理的概念和任务、文件的结构及存取方式、文件目录管理、文件存储空间管理、文件的共享与文件系统的安全性等内容。

11.1 基本概念与术语

11.1.1 文件与文件系统的概念

1. 文件

文件是具有标识符（文件名）的一组相关信息的集合。文件包括两部分：一是文件体，即文件本身的信息；二是文件属性，即文件存储和管理信息，如文件名、文件内部标识、文件存储地址、访问权限和访问时间等。

2. 文件系统

文件系统是操作系统中负责存取和管理文件信息的机构。它由管理文件所需的数据结构（如文件控制块、存储分配表等）和相应的管理软件以及访问文件的一组操作组成。

11.1.2 文件分类

从操作系统的角度讲，文件按组织形式可分为下面几种：

1. 普通文件

普通文件既包括系统文件，也包括用户文件和库函数文件、实用程序文件。普通文件主要是指组织格式为系统中所规定的最一般格式的文件，例如由字符流组成的文件。

2. 目录文件

目录文件是由文件的目录信息构成的特殊文件，即该文件的内容不是各种程序或应用数据，而是用来检索普通文件的目录信息。

3. 特殊文件

在 UNIX 系统中，所有的输入/输出设备都被看做特殊文件。这组特殊文件在使用形式上与普通文件相同，如查找目录、存取操作等。

另外按照文件的逻辑结构可分为有结构文件（记录式文件）和无结构文件（流式文件）；按照文件的存取控制属性分为可执行文件、只读文件和读写文件；按文件的物理结构分为顺序（连续）文件、链接文件和索引文件。

11.1.3 文件存取控制方法与存储设备

1. 文件存取方式

用户通过对文件的存取来完成对文件的修改、追加和搜索等操作。常用的存取方法有3种：顺序存取法、随机存取法（直接存取法）和按键存取法。

1）顺序存取法，是按照文件的逻辑地址顺序存取。

2）随机存取法，允许用户根据记录的编号来存取文件的任一记录，或者是根据存取命令把读写指针移到欲读写处来读写。UNIX 以及 MS - DOS 等操作系统就采用的是顺序和随机存取方法。

3）按键存取法，是一种用在复杂文件系统，特别是数据库管理系统中的存取方法。文件的存取是根据给定的键或记录名进行的。按键存取法首先搜索到要进行存取的记录的逻辑位置，再将其转换到相应的物理地址后进行存取。

2. 存储设备

常用的存储设备有磁盘、光盘、磁带等。存储设备的特性决定了文件的存取设备和方法，因此，这里介绍以磁带为代表的顺序存储设备和以磁盘为代表的直接存储设备的特性及有关存取方法。

11.2 文件的结构

11.2.1 文件的逻辑结构

文件的逻辑结构是用户可见结构，可分为有结构文件和无结构文件。

1. 有结构文件

有结构文件是指由若干个相关记录构成的文件，又称记录式文件。这种文件又分为定长记录文件和变长记录文件。变长记录文件包括顺序文件、索引文件和索引顺序文件。

2. 无结构文件

无结构文件又称流式文件，组成流式文件的基本信息单位是字节或字，其长度是文件中所含字节的数目，如大量的源程序、库函数等采用的就是流式文件。文件长度以字节为单位。对流式文件的访问，是采用读写指针来指出下一个要访问的字符。我们可以把流式文件看作是记录式文件的一个特例。

在 UNIX 系统中，所有的文件都被看作是流式文件，即使是有结构文件，也被视为流式文件，系统不对文件进行格式处理。

11.2.2 文件的物理结构

文件的物理结构，又称为文件的存储结构，是指文件在外存上的存储组织形式。事实上，文件的物理结构决定了文件信息在存储设备上的存储位置，因此，文件信息的逻辑块号（逻辑地址）到物理块号（物理地址）的变换也是由文件的物理结构决定的。常用的文件物理结构有连续分配、链接分配与索引分配。

1. 连续分配

连续分配是一种最简单的物理文件结构。它把一个在逻辑上连续的文件信息依次存放到物理块中，为每个文件分配一组相邻的盘块，如图 11-1a 所示。一组盘块的地址定义了磁盘上的一段线性地址。通常盘块位于同一磁道上，所以进行读写时不需移动磁头，只有读到最后一个盘块时才移动。文件目录项记录文件第一个盘块号以及文件的长度，如图 11-1b 所示。

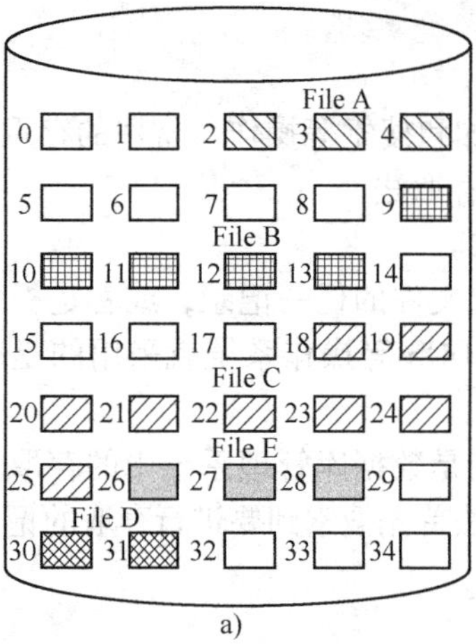

File Name	Start Block	Length
File A	2	3
File B	9	5
File C	18	8
File D	30	2
File E	26	3

b)

图 11-1　连续分配

a）连续分配的磁盘情况示意图　b）连续分配的文件目录

连续分配的优点是算法简单，支持顺序存取和随机存取，顺序存取速度快，另外所需的磁盘寻道次数和寻道时间最少。

连续分配的缺点是文件不能动态增长，文件存取要求有连续的存储空间，必须事先知道文件的长度，要预留空间，预留过大则造成空间浪费；不利于文件插入和删除；会产生外部碎片问题，要采用存储压缩技术解决。

2. 链接分配

链接分配是将文件存储在离散的盘块中，离散的盘块之间通过指针链接。将同属于一个文件的多个离散的盘块链接成一个链表，由此所形成的物理文件称为链接文件。链接文件盘块动态分配，无外碎片，如图 11-2 所示。

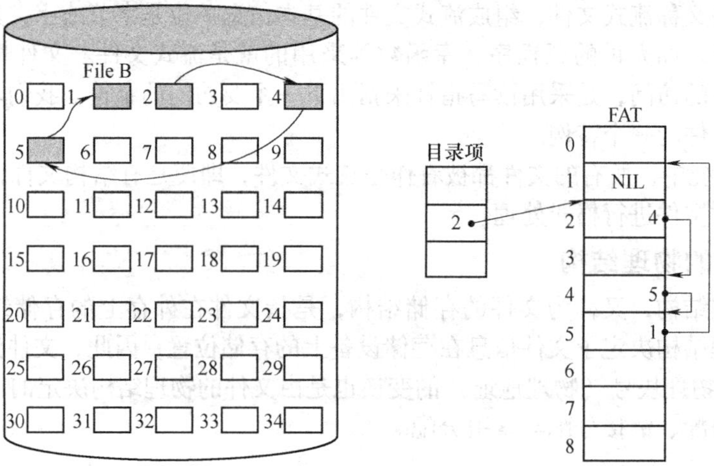

图 11-2　链接分配

a）链接分配的磁盘情况　b）显式链接文件目录和 FAT 表

3. 索引分配

一个文件的信息存放在若干不连续物理块中，系统为每个文件建立一个专用数据结构——索引表，并将这些块的块号存放在一个索引表中。索引分配为每个文件分配一个索引块，存放索引表，记录文件的盘块号，文件目录项中保存索引块的盘块号。单级索引结构如图 11-3 所示。

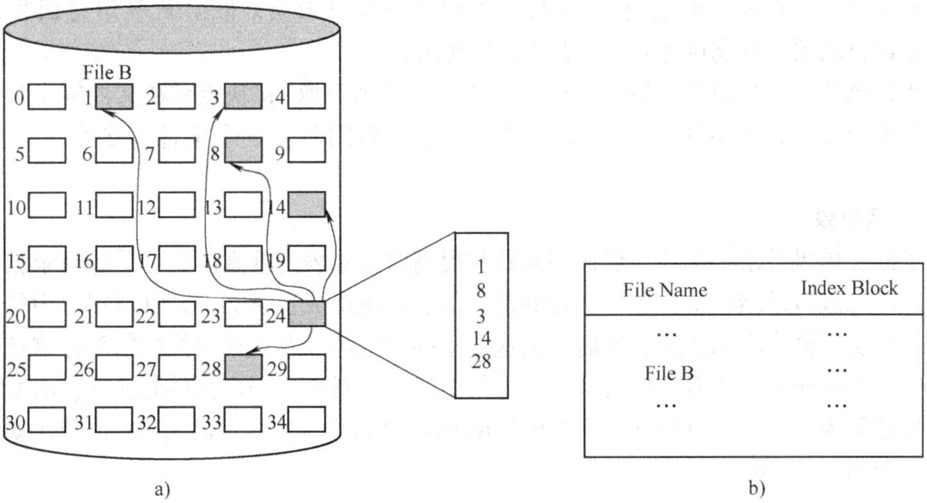

图 11-3　索引分配

a）索引分配的磁盘情况　b）索引分配的文件目录

索引分配保持了链接结构的优点，又克服了其缺点，即能顺序存取又能随机存取，同时满足了文件动态增长、插入删除的要求。

索引分配的缺点是需较多的寻道次数和寻道时间，此外，索引块本身带来了系统开销。

11.3 文件目录

每个文件都有一个文件名与其对应，用户文件名由用户指定，系统文件和特殊文件在系统设计时指定。对文件的有效管理主要通过文件目录实现。文件目录的管理要实现按名存取，要解决存储空间的有效利用，还要解决快速搜索、文件命名冲突以及文件共享问题。

11.3.1 文件控制块

一个文件包括两部分：文件说明和文件体，文件体指文件本身的信息，文件说明有时也叫文件控制块（File Control Blocks，FCB）。文件控制块的有序集合即为文件目录，每一个文件控制块就是一个文件目录项。文件目录是一种文件，称为目录文件。文件系统利用目录文件完成按名存取和对文件信息的共享与保护。

FCB 中包括基本信息类、存取控制信息类和使用信息类。其中，基本信息类中有文件名、文件内部标识、文件物理位置、文件逻辑结构和文件的物理结构等信息。

11.3.2 文件的目录结构

文件的目录结构关系到文件系统的存取速度、文件的共享性、文件的安全性。文件目录可分为单级目录、二级目录和多级目录。

1. 单级目录

单级目录是一种最简单、最原始的目录结构。整个目录组织是一个线性结构，系统中的所有文件都建立在一张目录表中，每个文件的信息占用一个目录项。文件创建时，系统检索所有表目，以确定文件名唯一，然后找一个空白目录项，填入新文件的文件名和其他信息，并将状态位置 1（该表项被使用）；文件删除时，找到目录项，根据 FCB 信息回收外存空间，清除该目录项，状态位置 0（该表项未被使用）。

单级目录的优点是简单，易于实现，实现了“按名存取”；缺点是在文件较多时，查找速度慢、不允许重名和不便于实现文件共享（即别名问题，一个文件有多个不同的文件名）。

2. 二级目录

为了改变单级目录中文件命名冲突问题和提高对目录表的搜索速度，单级目录被扩充成二级目录。二级目录结构中，各个文件的说明信息被组织成目录文件，且以用户为单位把各自的文件说明划分为不同的组。然后，把这些不同的组名和有关存取控制信息存放在主目录（Master File Directory，MFD）的目录项中。与主目录相对应，用户文件的文件说明所组成的目录文件被称为用户文件目录（User File Directory，UFD）。这样，由 MFD 和 UFD 就形成二级目录，如图 11-4 所示。

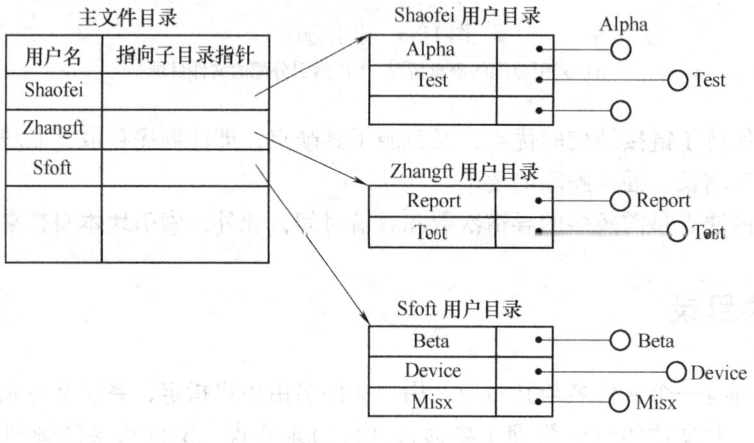

图 11-4　二级目录

3. 多级目录（树形目录）

多级目录结构用在文件数目较多时，便于系统和用户将文件分散管理，适用于较大的文件系统管理。多级目录结构由根目录和各级目录组成，为管理上的方便，除根目录外，其他各级目录均以文件的形式组成目录文件。根目录中的每个目录项可以对应一个目录文件，也可以对应一个数据文件，同样目录文件中的每个目录项可以对应一个目录文件，也可以对应一个数据文件。如此类推，就形成多级目录结构，如图 11-5 所示。

在树形目录结构中，从根目录到任何数据文件，都只有唯一的通路。在该路径上从树的根（即主目录）开始，把全部目录文件名与数据文件名，依次地用“/”连接起来，即构成该数据文件的路径名（Path Name）。系统中的每一个文件都有唯一的路径名。例如，在图

11-5 中用户 Z 为访问文件 O，应使用其路径名/Z/Z/O 来访问。

当一个文件系统含有许多级时，每访问一个文件，都要使用从树根开始直到树叶（数据文件）为止的、包括各中间节点（目录）名的全路径名，这是相当麻烦的事；同时由于一个进程运行时所访问的文件，大多仅局限于某个范围，因而非常不便。基于这一点，可为每个进程设置一个"当前目录"，又称为"工作目录"。进程对各文件的访问都相对于"当前目录"而进行。此时各文件所使用的路径名，只需从当前目录开始，逐级经过中间的目录文件，最后到达要访问的数据文件。把这一路径上的全部目录文件名与数据文件名用"/"连接形成路径名，如图 11-5 所示，用户 F 的当前目录是 G，则此时文件 A 的相对路径名仅是 A 本身。这样，把从当前目录开始直到数据文件为止所构成的路径名，称为相对路径名（Relative Path Name），而把从树根开始的路径名称为绝对路径名（Absolute Path Name）。

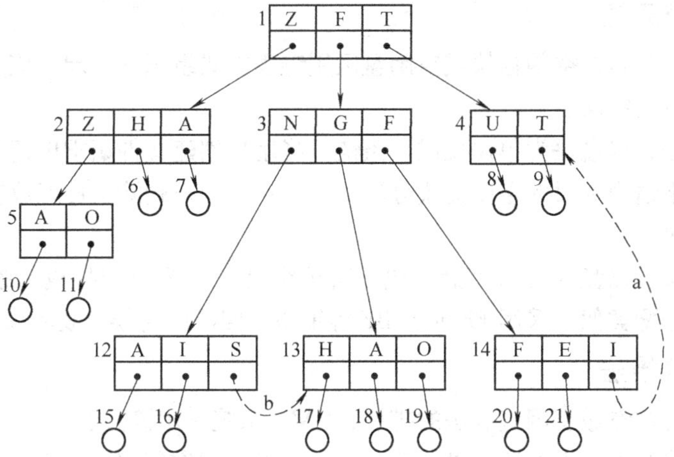

图 11-5　多级目录

多级目录的优点是层次清晰，便于管理和保护；便于文件共享；有利于文件分类；解决了重命名问题；引入当前路径或索引接点，提高了检索速度；并能够进行存取权限的限制。

11.4　文件存储空间的管理

存储空间管理是文件系统的重要任务之一。只有有效地进行了存储空间管理，系统才能保证多个用户共享文件存储设备和实现文件的按名存取。由于文件存储设备是分成若干个大小相等的物理块，并以块为单位来交换信息的，因此，文件存储空间的管理实质上是一个空闲块的组织和管理问题，它包括空闲块的组织、空闲块的分配与空闲块的回收等几个问题。下面介绍 3 种不同的空闲块管理方法，它们是空闲表法、空闲链表法和成组链接法。

11.4.1　空闲表法

为所有空闲区（含多个空闲盘块）建立一张空闲表，每个空闲区对应一个空闲表项，包括表项序号、空闲区第一个盘块号、空闲区长度（块数），见表 11-1。表项按照块的首址大小排序。空闲盘区的分配与内存的动态分配类似，同样是采用首次适应算法、最佳适应算法等。例如，系统为某新创建的文件分配空闲盘块时，先顺序地检索空闲表的各表项，直至找到第一个其大小能满足要求的空闲区，再将该盘区分配给用户（进程），同时修改空闲表。系统在对用户所释放的存储空间进行回收时，也采取类似于内存回收的方法，即要考虑回收区是否与空闲表中插入点的前区和后区相邻接，对相邻接者应予以合并。

表 11-1 空闲表

序号	起始空闲盘块号	盘块数
1	2	4
2	9	3
3	15	5
……	……	……

11.4.2 空闲链表法

空闲链表法，就是把空闲盘块或空闲盘区用链表方式组织在一起，该方法可分为空闲盘块链表法和空闲盘区链法。

空闲盘块链法，以盘块为单位拉成一条链。当用户创建文件请求申请空间时，系统从链首开始，依次摘下适当数目的空闲盘块分配给用户；当用户删除文件释放空间时，系统把回收的盘块插入链尾。

空闲盘区链法，以盘区（每个盘区包含若干个盘块）为单位拉成一条链。分配盘区的方法与动态内存分配类似，采用 FF 或者 BF 等策略；回收的时候也要考虑分区的合并。

11.4.3 成组链接法

成组链接法可被看做空闲链表法的扩展，UNIX 系统采用该方法。

成组链接法将文件区中的所有盘块等分成若干组（假定每组含 m 块），把每一组含有的盘块总数和该组所有的盘块号记入前一组的第一个盘块，这样所有空闲块就通过每组的第一个盘块链接起来；最末一组只有 m－1 个盘块，因此倒数第二组所记录的下一组盘块数为 m－1，同时用于记录第 m 个块的位置的号数设置 NIL，表示空闲盘块链的结束。设置一个堆栈（一般在内存中），即空闲盘块号栈 S（临界资源），用于存放当前可用的一组（第一组）空闲盘块的盘块号以及栈中尚有的空闲盘块号数 N；将第一组的盘块总数和所有盘块号记入空闲盘块号栈，作为当前可供分配的空闲盘块号，如图 11-6 所示。

当系统要为用户分配文件所需的盘块时，须调用盘块分配过程来完成。该过程步骤如下：

1）判断 locked，否则关锁（为了保证临界区的互斥，采用锁机制实现）。

2）S. free＝S. free－1；（S. free 指向该空闲盘块号栈中的空闲盘块数，在图 11-7 中，如果栈中的盘块都是空闲的，则空闲盘块数为 100）。

3）若 S. free＞0，则在 S［S. free］中登记分配，开锁。

4）若 S. free＝0，且栈底登记不为 0，把该盘块内容复制到栈中，并分配出去，开锁。

5）否则，表明系统中无空闲盘块可以分配。

在系统回收空闲盘块时，须调用盘块回收过程进行回收。方法是将回收盘块的盘块号记入空闲盘块号栈的顶部，并执行空闲盘块数加 1 操作。在图 11-7 中，当栈中空闲盘块号数

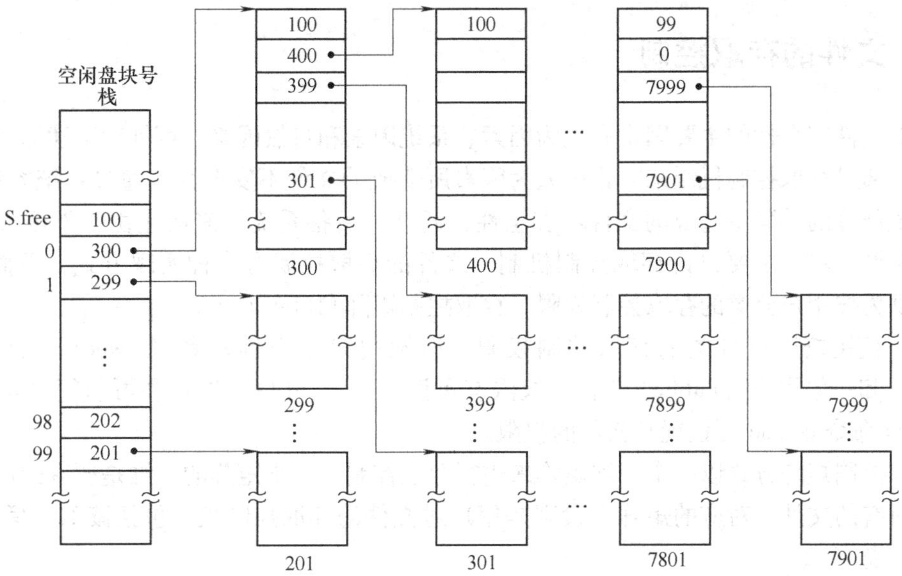

图 11-6　成组链接法

目已达 100 时，表示栈已满，便将现有栈中的 100 个盘块号，记入新回收的盘块中，再将其盘块号作为新栈底。

成组链接法中空闲块号的登记不占用额外空间，只借用每组的最后一个空闲物理块；当前可分配的物理块放在内存的空闲盘块号栈中，所以分配和回收工作在内存中进行，节省了时间。

11.5　文件的共享

所谓文件共享指系统允许多个用户或进程共享同一份文件，在系统中只需要保存共享文件的一个副本。如果系统不能提供文件共享功能，就意味着凡是需要该文件的用户都要自备此文件的副本。常用的共享方式有基于索引节点的共享方式和利用符号链接实现的共享方式。

基于索引节点的共享方式是将索引节点与文件目录分开，通过不同的目录指向同一索引节点实现共享。文件的删除需要看文件的链接数。可以通过多个文件名，链接到同一个索引节点上，故可以建立同一个文件的多个彼此平等的别名。如图 11-5 所示，路径/F/G/下的 H 文件就以别名 S 出现在路径/F/N/中，同样，路径/T/下的 T 文件以别名 I 出现在路径/F/F/下。

当文件主删除文件时，只能等到链接计数 count = 0 时，才能真正删除该文件。

基于符号链接的共享方式是在利用符号链方式实现文件共享时，只是文件主才拥有指向其索引节点的指针；而共享该文件的其他用户，则只有该文件的路径名，并不拥有指向其索引节点的指针。这样，也就不会发生在文件主删除共享文件后留下悬空指针的情况。当文件的拥有者把一个共享文件删除后，其他用户试图通过符号链去访问一个已被删除的共享文件时，会因系统找不到该文件而使访问失败，于是再将符号链删除，此时不会产生任何影响。

11.6　文件的存取控制

影响文件安全性的主要因素有人为因素、系统因素和自然因素。可针对上述原因采取以下措施：通过存取控制机制来防止由人为因素所造成的文件不安全性；通过系统容错技术，防止系统部分的故障所造成的文件不安全性；通过“后备系统”来防止由自然因素所造成的不安全性。本节主要讨论存取控制机制。文件的存取控制有多种实现方式，下面介绍 3 种，分别为按用户分类的存取控制权限、存取控制矩阵和口令方式。

Unix 使用按用户分类的存取控制权限，即把用户分为创建者（Owner）、同组用户（Group）和一般用户（Public）3 种。权限有可读（R）、可写（W）和可执行（X）3 种。使用 Unix 命令 chmod 可设置某文件的权限。

存取控制矩阵方式以一个二维矩阵来进行存取控制。二维矩阵的一维是所有的用户，另一维是所有的文件。对应的矩阵元素则是用户对文件的存取控制权，包括读 R，写 W 和执行 X，见表 11-2。

表 11-2　存取控制矩阵

用户 / 存取数 / 文件名	Nju	Hhu	Zhangft	……	……
A. C	RWX	X	RWX		
B. C	RW	R	RWX		
D. C	R	W	RWX		
E. C	R	W	RWX		

口令方式有两种。一种是当用户进入系统，为建立终端进程时获得系统使用权的口令。另一种口令方式是，每个用户在创建文件时，为每一个创建的文件设置一个口令，且将其置于文件说明中。显然，口令只有设置者自己知道，若允许其他用户使用自己的文件，口令设置者可将口令赋予其他用户。这样，既可以做到文件共享，又可做到保密。

第三部分习题与思考题

1. 如何理解虚拟机的概念？
2. 什么是多道程序设计，它的主要优点是什么？
3. 试述分时系统与实时系统，并比较它们的区别。
4. 一般从哪几方面对操作系统的性能进行评价？
5. 试说出几种你所熟悉的操作系统名称，并说明其特征。
6. 根据你使用计算机系统的经验，说明操作系统的作用。
7. 如何理解网络操作系统的主要功能？
8. 如何理解进程的概念？进程与程序的区别是什么？进程与作业的联系和区别是什么？
9. 理解进程的三种基本状态和发生状态转换的原因。
10. 生产者和消费者进程中的两个 P 操作能颠倒吗？两个 V 操作能颠倒吗？为什么？
11. 什么是临界区？什么是临界资源？

12. 什么是死锁？死锁产生的原因是什么？

13. 考虑如下资源分配状态：

$$A=(1,5,2,0)\quad U_{5\times 4}=\begin{pmatrix}0&0&1&2\\1&0&0&0\\1&3&5&4\\0&6&3&2\\0&0&1&4\end{pmatrix}\quad N_{5\times 4}=\begin{pmatrix}0&0&0&0\\0&7&5&0\\1&0&0&2\\0&0&2&0\\0&6&4&2\end{pmatrix}$$

1）该状态是安全状态吗？

2）如果进程 2 提出资源请求（0，4，2，0），能否立即给予满足？

14. 什么是重定位？静态重定位和动态重定位的区别是什么？

15. 页面置换策略，如下访问序列：! =1，7，3，2，0，5，0，8，0，7。假设分配了 3 个页框，对于 LRU 算法，请列出访问序列时，驻留在该 3 个页框中页号的变化，并求出缺页率。

16. 某请求分页系统中用户编程空间共 64 个页面，每页 1KB，主存 32KB，假如某时刻某进程页表如下：

页号	块号
1	8
2	6
3	3
4	12

请求出十六进制虚地址 128D 的物理地址，并写出计算过程。

17. 在请求分页系统中，设每页 512 字节，某时刻系统给用户程序第 0、1、2、3 页分配的物理块号依次为 6、11、3、17，则用户程序中逻辑地址 1200 经变换后得到的物理地址是什么？该地址所在的物理块号是什么？

18. 简述设备分类的方法。

19. 设备管理的内容和任务是什么？

20. 用图示方法说明中断驱动的输入/输出过程。

21. 简述 DMA 数据传输过程的步骤。

22. 通道的工作原理是什么？

23. 缓冲区有哪几种组成形式？

24. 什么是物理设备？什么是逻辑设备？

25. 设备分配程序的工作原理是什么？使用什么分配算法？

26. 设备驱动程序的主要功能是什么？

27. 什么是虚拟设备？虚拟设备的组成要素是什么？虚拟设备的工作过程及特点是什么？

28. 什么是记录、文件、文件系统？

29. 简述文件物理结构的不同类型。

30. 什么是文件目录？有几种目录结构形式？各有什么特点？

31. 什么是文件路径名？什么是工作目录？

32. 在一个采用索引结构的文件系统中，物理块的大小为 512B，每个物理块号占 2B。现有一长度为 35840000B 的文件，用图画该文件的索引结构。

第四部分 数据库

第12章 数据库系统概述

数据库技术自从20世纪60年代中期产生以来发展迅速，理论越来越成熟，应用越来越广泛，数据库技术已从第一代的网状、层次数据库系统，到第二代的关系数据库系统，再发展到以面向对象模型为主要特征的第三代数据库系统。目前，数据库技术已成为计算机科学的重要分支，其核心任务是进行数据管理。因此，数据库技术已成为计算机信息系统与应用系统的核心技术和重要基础，而数据库系统的基本知识和基本技能正在成为电气信息类专业学生的必备知识。

本章以简洁的方式全面地介绍了数据库的基本概念、数据模型、数据库系统结构和关系数据库的基本概念。

12.1 数据库基本概念

数据库技术的核心任务是进行数据管理，因此数据管理技术是数据库技术研究的核心内容。所谓数据管理就是对数据进行分类、组织、编码、储存、检索及维护。随着计算机技术的发展，数据管理技术经历了人工管理阶段、文件系统阶段和数据库系统阶段。在人工管理阶段，数据不保存，并且没有软件系统对数据进行管理，而必须编写应用程序进行数据管理；在文件系统阶段，用户根据应用需要将数据按其内容、结构和用途组成若干文件并存在外存中，由操作系统中的文件系统对数据进行统一的管理，但数据共享性差，冗余度大；在数据库系统阶段，数据以数据库形式统一存储，实现了整体数据的结构化，数据的共享性好，独立性高，并由数据库管理系统（DataBase Management System，DBMS）对数据进行统一管理。因此，现代数据管理通常采用数据库技术。

下面先介绍数据库的几个基本概念，即数据库、数据库管理系统、数据库系统。

1. 数据库

数据库（Data Base，DB）是长期存放在计算机内、有组织、可共享的数据集合，可供多用户共享，数据库中的数据按一定的数据模型组织、描述和储存，具有尽可能小的冗余度和较高的数据独立性和易扩展性，并可为各种用户共享。

数据库具有两个比较突出的特点：

1）把在特定环境中与某应用程序相关的数据及其联系集中在一起并按照一定的结构形

式进行存储，即集成性。

2）数据库中的数据能被多个应用程序的用户所使用，即共享性。

2. 数据库管理系统

数据库管理系统（DataBase Management System，DBMS）是数据库系统的核心组成部分，是对数据进行管理的大型系统软件，用户在数据库系统中的一些操作如数据定义、数据操纵、数据查询和数据控制等都是由数据库管理系统来实现的。

数据库管理系统主要包括以下几个功能：

（1）数据定义　DBMS 提供数据定义语言（Data Definition Language，DDL），通过 DDL 用户可以方便地对数据库中的数据对象（包括表、视图、索引等）进行定义，定义相关的数据库系统的结构和有关的约束条件。

（2）数据操纵　DBMS 提供数据操纵语言（Data Manipulation Language，DML），通过 DML 操纵数据以实现对数据库的一些基本操作，如查询、插入、删除和修改等。

（3）数据库的运行管理　这一功能是数据库管理系统的核心所在。DBMS 对数据库的建立、运用和维护进行统一管理和控制，以保证数据安全、正确、有效地正常运行。DBMS 主要通过数据的安全性控制、完整性控制、多用户应用环境下的并发性控制和数据库系统的备份与恢复等 4 个方面来实现对数据库的统一控制功能。

（4）数据库的建立和维护功能　它包括数据库初始数据的输入和转换功能，数据库的转储和恢复功能，数据库重组织功能和性能监视、分析功能等。

3. 数据库系统

数据库系统（Data Base System，DBS）是一个由计算机软件和硬件资源组成的系统，即是指在计算机系统中引入数据库后的系统构成，主要包括数据库（及相关硬件）、数据库管理系统及开发工具、应用系统、数据库管理员和用户等。其中，数据库的建立、使用和维护的过程要有专门的人员来完成，这些人被称为数据库管理员（Database Administrator，DBA）。

数据库系统的组成如图 12-1 所示。数据库系统在整个计算机系统中的地位如图 12-2 所示。

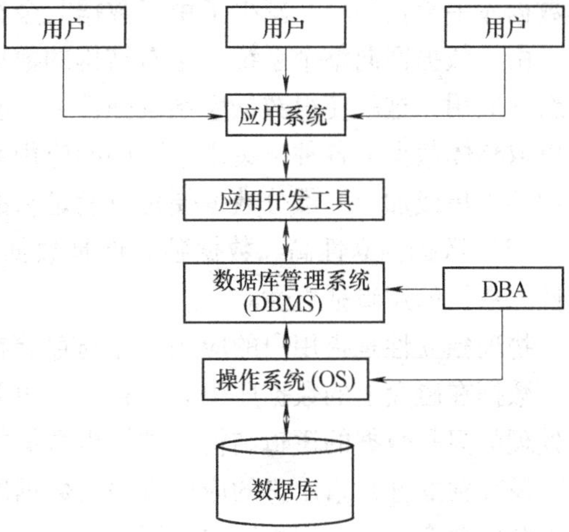

图 12-1　数据库系统的组成

在数据管理技术中，数据库系统是由文件管理系统发展而来的。与文件管理系统相比，数据库系统是通过专门的数据管理软件（数据库管理系统）对存放在数据库中的数据实施统一的管理和控制，即数据库系统具有更强的数据管理能力。数据以数据库形式统一存储，实现了整体数据的结构化，数据的共享性好，独立性高，并由数据库管理系统对数据进行统一管理和控制。从数据管理的角度来看，数据库系统阶段是数据管理的高级形式，也是现代数据管理的主要形式。与文件系统相比，数据库系统的特点主要有以下几个方面：

（1）数据结构化　数据结构化是数据库与文件系统的根本区别。

在文件系统中，尽管相互独立的文件记录内部是有结构的，其中最简单形式是等长同格式的记录集合，但记录之间没有联系，即在文件系统中，尽管记录内有结构，但整体无结构。

而数据库系统从全局的角度描述数据，数据模型不仅描述数据本身的特点，还描述数据之间的联系。因此，数据库系统中的数据做到了整体结构化。

（2）数据的共享性高、冗余度低、易扩充　数据库系统从整体描述数据，数据不再面向某个应用而是面向整个系统，因此数据可以被多个用户、多个应用共享使用。数据共享可以大大减少数据冗余，节约了存储空间。数据共享还能够避免数据之间的不相容性与不一致性。

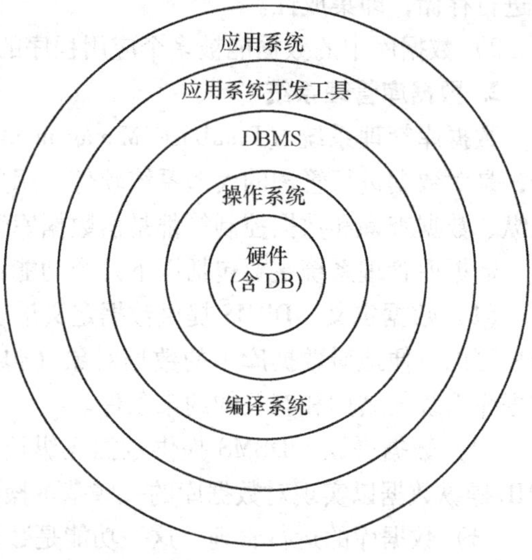

图12-2　数据库及其DBMS在计算机系统中的地位

所谓数据的不一致性是指同一数据不同副本的值不一样。采用人工管理或文件系统管理时，由于数据被重复存储，当不同的应用和修改不同的副本时就很容易造成数据的不一致。在数据库中数据共享，减少了由于数据冗余造成的不一致现象。

由于数据面向整个系统，是有结构的数据，不仅可以被多个应用共享使用，而且容易增加新的应用，这就使得数据库系统弹性大、易于扩充，可以适应各种用户的要求。开发人员可以取整体数据的各种子集用于不同的应用系统，当应用需求改变或增加时，只要重新选取不同的子集或加上一部分数据便可以满足新的需求。

（3）数据独立性高　数据独立性是数据库领域中的一个常用术语，包括数据的物理独立性和数据的逻辑独立性。

物理独立性是指用户的应用程序与存储在磁盘上数据库中的数据是相互独立的。也就是说，数据在磁盘上的数据库中怎样存储是由DBMS管理的，用户程序不需要了解，应用程序要处理的只是数据的逻辑结构，这样当数据的物理存储改变了，应用程序不用改变。

逻辑独立性是指用户的应用程序与数据库的逻辑结构是相互独立的，也就是说，数据的逻辑结构改变了，应用程序也可以不变。

数据独立性是由DBMS的二级映像功能来保证的，将在下面讨论。

数据与程序的独立，把数据的定义从程序中分离出去，而数据的存取又由DBMS负责，从而简化了应用程序的编制，大大减少了应用程序的维护和修改。

（4）数据由DBMS统一管理和控制　数据库的共享是并发（Concurrency）的共享，即多个用户可以同时存取数据库中的数据甚至可以同时存取数据库中同一个数据。

为此，DBMS还必须提供以下几方面的数据控制功能：

1）数据的安全性（Security）保护。数据的安全性是指保护数据以防止不合法的使用造成数据的泄密和破坏。他要求每个用户只能按规定对某些数据以某些方式进行使用和处理。

2）数据的完整性（Integrity）检查。数据的完整性是指数据的正确性、有效性和相容性。完整性检查将数据控制在有效的范围内，或保证数据之间满足一定的关系。

3）并发（Concurrency）控制。当多个用户的并发进程同时存取、修改数据库时，可能会发生相互干扰而得到错误的结果或使得数据库的完整性遭到破坏，因此必须对多用户的并发操作加以控制和协调。

4）数据库恢复（Recovery）。计算机系统的硬件故障、软件故障、操作员的失误以及故意的破坏也会影响数据库中数据的正确性，甚至造成数据库部分或全部数据的丢失。DBMS必须具有将数据库从错误状态恢复到某一已知的正确状态的功能，这就是数据库的恢复功能。

综上所述，数据库是长期存储在计算机内有组织的大量共享数据的集合。它可以供各种用户共享，具有最小冗余度和较高的数据独立性。DBMS 在数据库建立、运用和维护时对数据库进行统一控制，以保证数据的完整性和安全性，并在多用户同时使用数据库时进行并发控制，在发生故障后对系统进行恢复。

数据库系统的出现使信息系统从以加工数据的程序为中心转向围绕共享的数据库为中心的新阶段。这样既便于数据的集中管理，又有利于应用程序的研制和维护，提高了数据的利用率和相容性，提高了决策的可靠性。

12.2 数据模型

1. 数据模型的基本概念

数据模型（Data Model）是对现实世界数据特征的抽象。现有的数据库系统均是基于某种数据模型的。因此，了解数据模型的基本概念是学习数据库的基础。

具体地说，一个数据模型是指用来描述某个组织或应用领域中相关数据元素、数据之间的联系、数据上的约束以及数据如何被操纵的一个完整概念集。一般来说，数据模型应满足3 方面的要求：一是能比较真实地模拟现实世界；二是容易为人所理解；三是便于在计算机上实现。一种数据模型要很好地满足这 3 方面的要求比较困难，因此，在数据库系统设计过程中，针对不同的使用对象和应用目的，往往采用不同类型的数据模型。

将现实世界的数据用数据模型来描述的过程称为数据建模（Data Modeling）。有两类数据建模：

（1）独立于数据库的数据建模　它是指用概念数据模型（Conceptual Data Model）对一个组织或应用领域在概念层进行抽象描述，这个过程也称为概念建模。

（2）针对特定 DBMS 的数据建模　在 DBMS 范畴内，用特定的逻辑数据模型（Logical Data Model）来描述，这个过程也称为逻辑建模。

为了把现实世界中的具体事物抽象并组织为某一 DBMS 支持的数据模型，人们常常首先将现实世界抽象为信息世界，即先建立概念模型，然后将信息世界转换为机器世界，即将概念模型转换为计算机上某一 DBMS 支持的数据模型。这一过程如图 12-3 所示。

2. 概念模型与 E－R 图

所谓概念模型就是为了正确地、直观地反映客观事物及其联系，对所研究的信息世界建立一个抽象的模型。概念数据模型是独立于计算机系统的数据模型，用来描述某个特定组织关心的信息结构，属于信息世界的建模，所以概念数据模型应该能够方便、准确地表示信息世界中常用的概念。另外，概念数据模型也是用户和应用系统设计人员互相交流的桥梁，以保证数据模型能够正确的描述客观世界。

概念数据模型通常是一种抽象的基于对象（Object）的数据模型，是对一个组织或应用领域进行概念建模的工具。概念建模也称数据库概念设计，通常可借助相关 CASE 工具（如 PowerDesigner）来实现。建模的结果通常用一种特定的图形符号体系来表示，以便设计人员与用户之间进行有效交流。

常用的概念模型有实体 - 联系（Entity - Relationship，E - R）模型和统一建模语言（Unified Modeling Language，UML）模型。以下重点介绍实体 - 联系模型（简称 ER 模型）。由于 ER 模型是对信息世界进行数据建模，首先介绍信息世界中的基本概念。

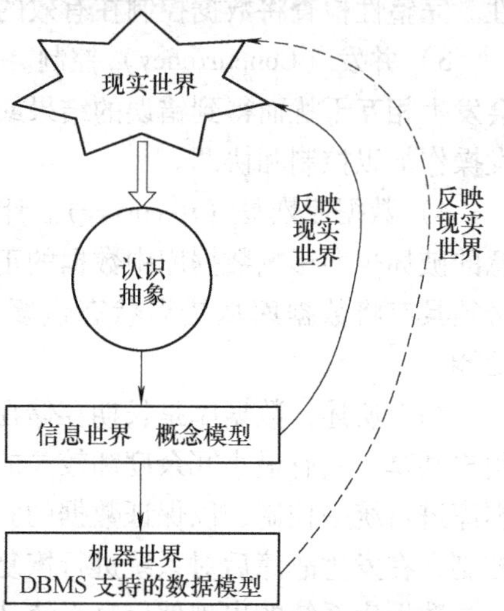

图 12-3　现实世界中客观对象的抽象过程

（1）信息世界中的基本概念　信息世界是现实世界的符号描述，即将客观世界用数据来描述。例如，学生是客观世界中的个体，可以用一组数据（学号，姓名，性别，年龄，籍贯）来描述，有这样一组数据，不见其人便可了解该学生的基本情况。因此可以说信息世界就是我们所说的数据世界。信息世界中的术语如下所示：

1）实体（Entity）。客观存在并可相互区别的事物称为实体。实体可以是具体的人、事、物，也可以是抽象的概念或联系，例如，一个职工、一个学生、一个部门、一门课、学生的一次选课、部门的一次订货、老师与系的工作关系（即某位老师在某系工作）等都是实体。

2）属性（Attribute）。实体所具有的某一特性称为属性。一个实体可以由若干个属性来刻画。例如，学生实体的属性有学号、姓名、性别、年龄、籍贯等，其中学号、姓名的类型为字符型，性别的类型为逻辑型，年龄的类型为整型。

3）域（Domain）。属性的取值范围，即具有相同数据类型的数据集合。

4）实体型（Entity Type）。具有相同属性的实体必然具有共同的特征和性质。用实体名及其属性名集合来抽象和刻画同类实体，称为实体型。例如，学生（学号，姓名，性别）就是一个实体型。

5）实体集（Entity set）。实体集是性质相同的实体的集合。例如全体学生的集合、全体教师的集合等。

6）码（Key）。码是能够唯一标识实体的属性或属性的集合。如学生实体集的学号属性能够唯一确定一个学生，因此可以作为学生实体集的码。

7）联系（Relationship）。实体型与实体型之间的联系。

两个实体型之间的联系有以下 3 种方式：一对一（1∶1）、一对多（1∶N）、多对多（M∶N），如图 12-4 所示。具体联系属于哪种方式，则取决于客观世界本身。

实体集之间的这种一对一、一对多、多对多联系不仅存在于两个实体型之间，也存在于两个以上的实体集之间。其含义与实体集之间的联系类似。例如，对于教师、课程与参考书三个实体型，如果一门课程可以有若干个教师讲授，使用若干本参考书，而每个教师只讲授一门课程，每一本参考书只供一门课程使用，则课程与教师、参考书三者间的联系是一对多的，如图 12-5a 所示。又如，有 3 个实体型，即项目、零件和供应商，每个项目可以使用多个供应商供应的多个零件，每种零件可由不同供应商供应给不同项目，一个供应商可以给多个项目供应多种零件。为此，这 3 个实体型之间是多对多联系，如图 12-5b 所示。

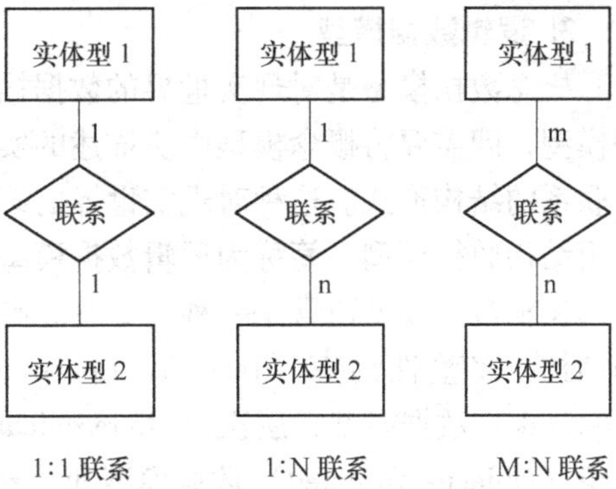

图 12-4　两个实体型之间的 3 类联系

（2）E－R 图

实体－联系模型是 P. P. Chen 于 1976 年提出的，它是直观表示概念数据模型的工具。基本E－R图中包含了实体、联系、属性 3 个成分，其表示方式如下所示。

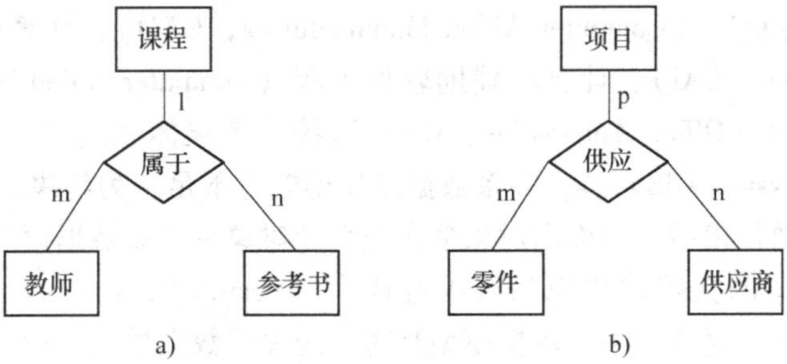

图 12-5　3 个实体型间的联系类型

1）实体，用矩形框表示，矩形框内填上实体的名称。

2）联系，用菱形框表示，菱形框内填上联系的名称，并用无向边分别与有关实体连接起来，同时在无向边旁标上联系的类型（1∶1，1∶n 或 m∶n）。

3）属性，用椭圆形框表示，椭圆形框内填上属性的名称，并用无向边将其与相应的实体连接起来。

例如，在学生选课管理系统中，涉及学生、系和课程 3 个实体，实体之间有一定的联系，一个学生可以选修多门课程，一门课程可以被多个学生选修，一个系中可以有多名学生，一个学生只能属于一个系。图 12-6 就是该系统的 E－R图，其中“选修”和“属于”为两个联系，“选修”为多对多联系，“属于”为一对多联系。

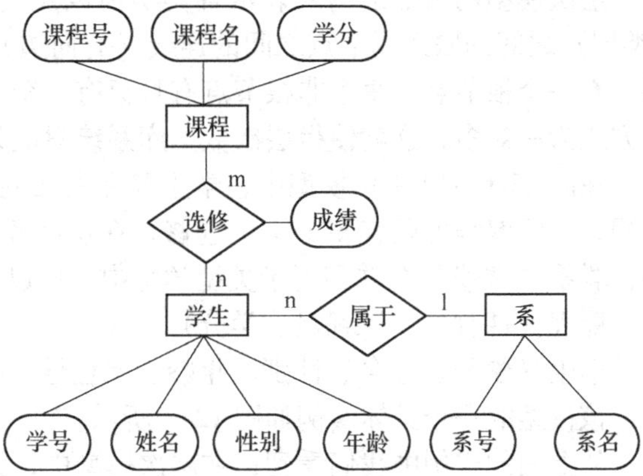

图 12-6　E－R 图实例

从上面的 E－R 图中可以看出 E－R 图可以表示实体及实体之间的联系，是现实世界的抽象。用 E－R 图表示的概念模型独立于具体的 DBMS 所支持的数据模型，它是各种数据模型的共同基础，因而比数据模型更一般、更抽象、更接近于现实世界。

3. 逻辑数据模型

概念数据模型是对现实世界的数据描述，这种数据模型最终要转换成计算机能实现的数据模型，即需要将概念模型中所描述的实体及实体之间的联系转换成表示数据及数据之间逻辑联系的结构形式。这种对现实世界的第二次抽象是直接面向数据库的逻辑结构，因此称为逻辑结构数据模型，简称为逻辑数据模型或逻辑模型。

逻辑数据模型通常是一种与DBMS有关的基于记录的数据模型，用于描述数据库中数据的结构、完整性约束（Integrity Constraints）及数据操纵。常用的逻辑数据模型有网状（Network）数据模型、层次（Hierarchical）数据模型、关系（Relational）数据模型、面向对象（Object - Oriented）数据模型和对象 - 关系（Object - Relational）数据模型。其中网状数据模型和层次数据模型是早期数据库系统开发的数据模型。关系数据模型是主流的DBMS所采用的模型，采用关系数据模型的数据库称为关系数据库。关系数据库擅长于支持商业领域的事务处理，对于一些高级的数据库应用，如：计算机辅助设计（Computer Aided Design，CAD）、计算机辅助制造（Computer Aided Manufacturing，CAM）、计算机辅助教育（Computer Aided Instruction，CAI）、计算机辅助软件工程（Computer Aided Software Engineering，CASE）、办公自动化（Office Automation，OA）系统、多媒体系统与地理信息系统（Geographic Information System GIS）等，关系数据库显得能力不足。为解决以上问题提出了基于对象技术的新一代数据模型，即面向对象数据模型和对象 - 关系数据模型。面向对象数据模型直接支持面向对象的数据建模思想及编程语言（Smalltalk，C + +，C#，Java，Python，Visual Basic，. NET）。对象 - 关系数据模型是对传统关系数据模型进行面向对象扩充，以便在数据库模式与数据操作中最大限度地支持对象技术。

下面介绍层次模型、网状模型和关系模型。

（1）层次模型　层次模型是数据库系统中最早出现的逻辑数据模型，层次数据库系统采用层次模型作为数据的组织方式。层次数据库系统的典型代表是IBM公司的IMS（Information Management System）数据库管理系统，这是1968年IBM公司推出的第一个大型的商用数据库管理系统，曾经得到广泛的使用。

层次模型用树形结构来表示各类实体以及实体间的联系。树的节点是记录类型，记录（类型）之间的联系用节点之间的连线（有向边）表示，这种联系是父子之间的一对多的联系。有一个根节点，每个非根节点有且只有一个父节点，上一层节点和下一层节点之间的联系方式为一对多，这就使得层次数据库系统只能处理一对多的实体联系。

在图12-6的E - R模型中，学生和课程之间的关系是多对多，即一个学生可选修多门课程，一门课程可以有多个学生选修，在层次模型中把学生与课程之间的关系转换成一对多，联系“选修”合并到记录类型学生中。可以用如下两类记录型数据来描述此概念模型：

课程（课程号、课程名、学分）

学生（学号、姓名、性别、年龄、课程号、成绩）

该模型的一个具体实例如图12-7所示。

从上面的实例中我们看到，在层次模型中，记录之间的联系是通过指针实现的，操作困难、查询效率低。

（2）网状模型　网状数据库系统采用网状模型作为数据的组织方式。网状数据模型的典型代表是DBTG系统，亦称CODASYL系统，这是20世纪70年代数据系统语言研究会（Conference On Data System Language，CODASYL）下属的数据库任务组（Database Task

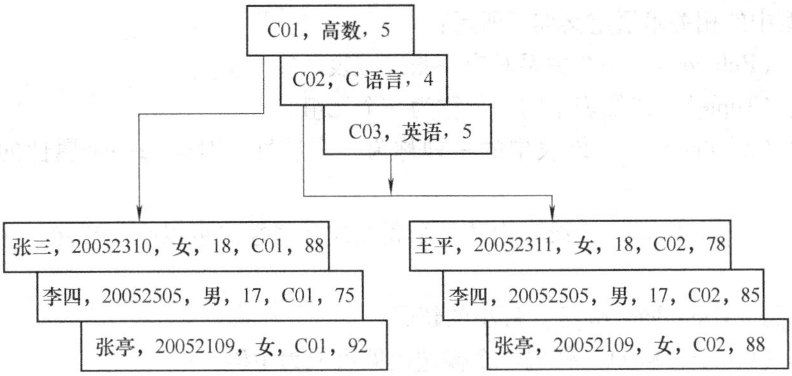

图 12-7　层次模型数据实例

Group，DBTG）提出的一个系统方案。

在网状模型中用有向图表示实体及实体之间的联系。每个节点表示一个记录类型（实体），每个记录类型可包含若干个字段（实体的属性），节点间的连线表示记录类型（实体）之间一对多的父子联系。网状模型中实体之间的联系没有层次模型中规定得那样严格，因此将 E－R 概念模型转换成网状模型时很容易，只需将 E－R 模型中的实体和联系均转换成记录型，每个多对多联系用两个一对多联系实现即可，例如，用这种方法将图 12-6 的 E－R 模型转换成网状模型，如图 12-8 所示。

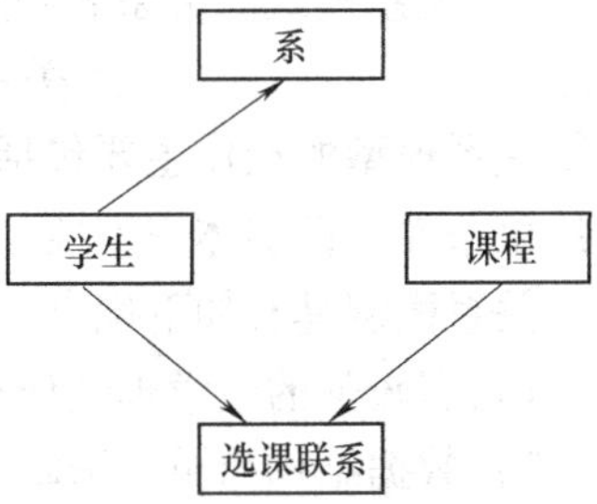

图 12-8　网状模型

在网状模型中，实体及实体间的多对多联系容易实现，查询效率较高。记录之间的联系依然通过指针作向导来实现，操作困难、编写应用程序复杂、程序员必须熟悉数据库的逻辑结构。

由于层次模型和网状模型的操作都是通过指针来实现的，所以应用程序的编制比较复杂，从 20 世纪 80 年代中期起，其市场已被关系模型的数据库系统所取代。

(3) 关系模型　关系模型是目前最重要的一种逻辑数据模型。美国 IBM 公司的研究员 E. F. Codd于 1970 年首次提出了数据库系统的关系模型。20 世纪 80 年代以来，计算机厂商新推出的数据库管理系统几乎都支持关系模型，数据库领域当前的研究工作都是以关系模型为基础的。

关系模型建立在严格的数学概念的基础上。关系是同类型元组的集合，简单地说，关系就是集合，可以用大写字母 R1、R2 来表示。关系模型中数据的逻辑结构是一张二维表，它由行和列组成。每一行称为一个元组，每一列称为一个属性（或字段）。图 12-9 所示的学生登记表就是一个实例。

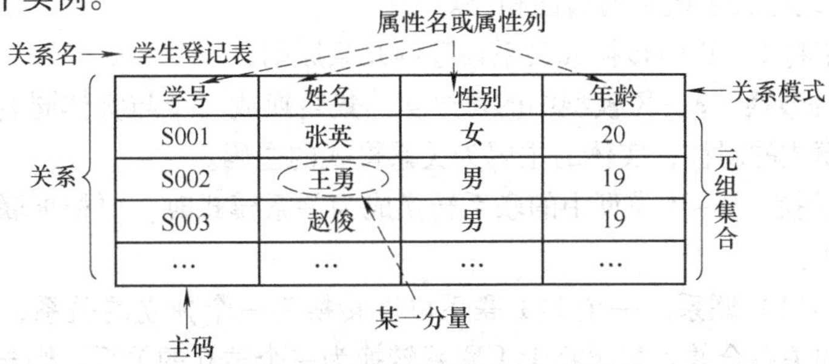

图 12-9　关系模型的数据结构及术语

关系模型中的相关术语定义如下所示：

1）关系（Relation）。一个关系对应一张二维表。

2）元组（Tuple）。二维表中的一行称为一个元组。

3）属性（Attribute）。二维表中的一列称为一个属性，对应每一个属性的名字称为属性名。

4）超码（Super Key）。二维表中的某个属性或是属性组可以唯一确定一个元组，则称为超码。

5）候选码（Candidate Key）。最小的超码。

6）主码（Primary Key）。任选一个候选码即可成为主码。

7）域（Domain）。属性的取值范围称为域。

8）分量。元组中的一个属性值。

9）关系模式。关系名和属性集的集合，是对关系的具体描述。一般表示为

关系名（属性1，属性2，…，属性N）

关系模型的操作主要包括查询、插入、删除和修改数据。这些操作必须满足关系的完整性约束条件，即实体完整性、参照完整性和用户定义完整性。

关系模型具有如下优点：

1）有较强的数学理论依据。

2）数据结构简单、清晰，用户易懂易用。

3）关系模型的存取路径对用户透明，具有更高的数据独立性、更好的安全性。

正因为如此，关系模型广泛应用于数据库管理系统的商业产品中。

目前成功的数据库产品中，上至大型数据库如Oracle、Sybase、DB2、SQL Server等，下至桌面型或轻量级数据库如Access、Visual Foxpro、MySQL和SQLite等，均采用关系模型，其主要原因是关系模型具有较强的理论基础。因此，以下各章以关系数据库为主介绍数据库的原理。

4. 将E-R图表示的概念模型转换为关系模型

由于关系模型是使用最广泛的逻辑数据模型，因此有必要了解概念模型向关系模型的转换。在E-R图中，分别用实体及联系表示客观世界中的事物及其相互联系；而在关系模型中，用单一的数据结构即二维表来组织数据。因此，将E-R模型转换成关系模型要解决两个问题：

1）如何将实体集和实体间的联系转换为关系模型。

2）如何确定这些关系模型的属性和码。

下面简要介绍将E-R图转换成关系模型的几条原则：

（1）实体集的转换　E-R模型中的每个实体集转换成一个与实体同名的关系模式，实体的属性为关系模式的属性，实体的主码为关系模式的主码。

（2）联系的转换　E-R模型中的联系转换成为关系模式时，要根据联系方式的不同采用不同的转换方式：

1）一对一（1:1）联系。一个1:1联系可以转换为一个独立的关系，也可以与任意一端实体集所对应的关系合并。如果将1:1联系转换为一个独立的关系，则与该联系相连的各实体的码以及联系本身的属性均转换为关系的属性，且每个实体的码均是该关系的候选码。

如果将 1∶1 联系与某一端实体集所对应的关系合并，则需要在被合并关系中增加属性，其新增的属性为联系本身的属性和与联系相关的另一个实体集的码。

2）一对多（1∶n）联系。实体间的 1∶n 联系可以有两种转换方法：一种方法是将联系转换为一个独立的关系，其关系的属性由与该联系相连的各实体集的码以及联系本身的属性组成，而该关系的码为 n 端实体集的码；另一种方法是在 n 端实体集中增加新属性，新属性由联系对应的 1 端实体集的码和联系自身的属性构成，新增属性后原关系的码不变。

3）多对多（m∶n）联系。一个 m∶n 联系转换为一个关系。转换方法是将与该联系相连的各实体集的码以及联系本身的属性均转换为关系的属性，新关系的码为两个相连实体码的组合（该码为多属性构成的组合码）。

4）多元联系。3 个或 3 个以上实体集间的联系称为多元联系。多元联系转换为关系模型时可根据以下两种情况采用不同的方法处理：①对于一对多的多元联系，转换为关系模型的方法是修改 n 端实体集对应的关系，即将与联系相关的 1 端实体集的码和联系自身的属性作为新属性加入到 n 端实体集中；②对于多对多的多元联系，转换为关系模型的方法是新建一个独立的关系，该关系的属性为多元联系相连的各实体的码以及联系本身的属性，码为各实体码的组合。

【例 12-1】 图 12-10 是学校教学管理系统的 E－R 模型图，将其转换成关系模型。

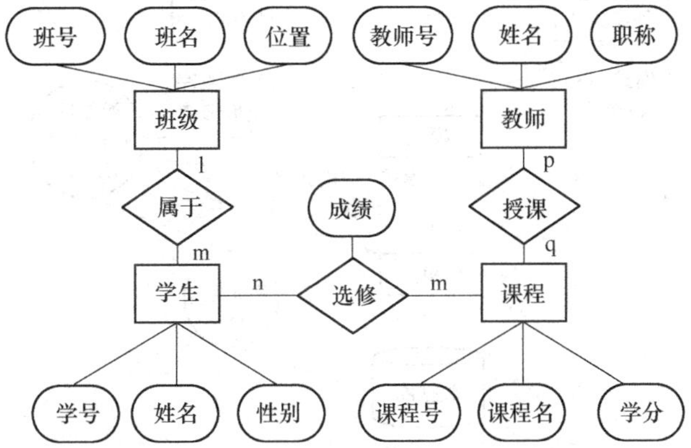

图 12-10 学校教学管理系统的 E－R 模型图

分析：在图 12-10 所示的 E－R 图中实体有学生、教师、课程和班级，每个实体都有各自的属性。联系有学生和班级的属于关系，这一联系是一对多的（1∶n）；学生和课程之间的选修关系，这一联系是多对多的（m∶n）；教师和课程之间的授课关系，由于一名教师可以讲授多门课程，一门课程也可以由多名教师讲授，这一联系方式也是多对多的（p∶q）。经过分析将该 E－R 模型转换得到的关系模型应为：

学生（<u>学号</u>，姓名，性别，班号）（学生和班级之间的关系为一对多，将这一关系可以合并到多方实体即学生一方）

班级（<u>班号</u>，班名，位置）

教师（<u>教师号</u>，姓名，职称）

课程（<u>课程号</u>，课程名，学分）

授课（<u>教师号，课程号</u>）（授课联系为多对多，单独将其转换为一个关系）

选修（学号，课程号，成绩）（选课联系为多对多，单独将其转换为一个关系）

注：关系模式中加下划线的属性或属性组为该关系模式的主码。

12.3　数据库系统结构

一般可以从多种不同的层次或不同的角度来考察数据库系统的结构。从数据库管理系统内部系统结构来看，数据库系统通常采用三级模式结构。从数据库外部的体系结构或从数据库最终用户角度来看，数据库系统的结构分为单用户结构、主从式结构、分布式结构、客户机/服务器结构及浏览器/服务器结构等。

1. 数据库的三级模式结构

对数据库中全体数据的逻辑结构和特征的描述称为数据库模式（Database Schema）。数据库系统的三级模式结构是指外模式、模式和内模式，如图12-11所示。

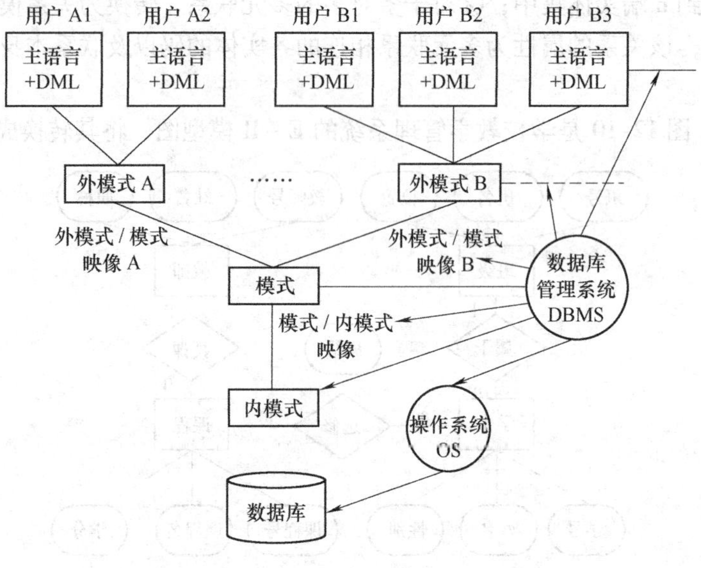

图12-11　数据库的三级模式结构

（1）外模式　外模式也称子模式或用户模式，是三级模式的最外层，它是数据库用户能够看到和使用的局部数据的逻辑结构和特征的描述。

一般用户只对整个数据库的一部分感兴趣，因此，可用查询语言或应用程序去操作那部分数据。可以把普通用户看到和使用的数据库内容称为视图。视图集也称为用户级数据库，它对应于外模式。外模式通常是模式的子集。一个数据库可以有多个外模式。同一外模式也可以为某一用户的多个应用系统所用，但一个应用程序只能使用一个外模式。

（2）模式　模式又称概念模式或逻辑模式，是数据库中全体数据的逻辑结构和特征的描述，是所有用户的公共数据视图，是数据视图的全部。它是数据库系统模式结构的中间层，既不涉及数据的物理存储细节和硬件环境，也与具体的应用程序及所使用的应用开发工具和高级程序设计语言等无关。

一个数据库只有一个模式。定义模式时不仅要定义数据的逻辑结构，而且要定义数据之间的联系，定义与数据有关的安全性、完整性要求。

（3）内模式　内模式也称为存储模式，一个数据库只有一个内模式。它是数据物理结构和存储方式的描述，是数据在数据库内部的表示方式。例如，记录的存储方式是顺序存储、B+树存储还是 HASH 方法存储；索引用什么方式组织；数据是否压缩存储，是否加密；数据的存储记录结构有何规定等。

（4）模式之间的映像关系　数据库系统的三级模式是对数据的三个抽象级别，它把数据的具体组织留给 DBMS 管理，使用户能抽象地处理数据，而不必关心数据在计算机中的具体表示方式与存储方式。为了能够在内部实现这三个抽象层次的联系和转换，数据库管理系统在这三级模式之间提供了两层映像：外模式/模式映像和模式/内模式映像，以保证数据库系统中数据的逻辑独立性和物理独立性。

1）外模式/模式映像。外模式/模式映像定义了该外模式与模式之间的对应关系。当概念模式改变时，由数据库管理员对各个外模式/模式映像作相应改变，可以使外模式保持不变。

由于应用程序是依据数据的外模式编写的，因此外模式/模式映像保证了数据与程序的逻辑独立性，简称为数据逻辑独立性。

2）模式/内模式映像。数据库中只有一个模式，也只有一个内模式，所以模式/内模式映像是唯一的，它定义了数据库全局逻辑结构与存储结构之间的对应关系。当数据库的存储结构改变了，由数据库管理员对模式/内模式映像作相应改变，可以使模式保持不变，从而应用程序也不必改变。这样保证了数据与程序的物理独立性，简称为数据物理独立性。

在数据库的三级模式结构中，数据库模式即全局逻辑结构是数据库的中心与关键，它独立于数据库的其他层次。数据库的内模式依赖于它的全局逻辑结构，但独立于数据库的用户视图即外模式，也独立于具体的存储设备。数据库的外模式面向具体的应用程序，它定义在逻辑模式之上，但独立于内模式和存储设备。而数据库的二级映像保证了数据库外模式的稳定性，从而在根本上保证了应用程序的稳定性，使得数据库系统具有较高的数据与程序的独立性。数据库的三级模式与二级映像使得数据的定义和描述可以从应用程序中分离出去。

2. 数据库系统体系结构

数据库系统运行在计算机系统之上，其体系结构与计算机体系结构密切相关，常用的数据库体系结构有单用户结构、主从式结构、分布式结构、客户机/服务器结构及浏览器/服务器结构等。

（1）单用户结构数据库系统　单用户结构数据库系统是一种早期的最简单的数据库系统。整个数据库系统，包括应用程序、数据库管理系统及数据都装在一台计算机上，即采用集中式结构，被一个用户独占，不同机器之间不能共享数据。

（2）主从式结构数据库系统　主从式结构数据库系统也是早期的数据库系统结构，它是一个主机带多个终端的多用户数据库系统。在这种结构中，数据库系统，包括应用程序、数据库管理系统及数据，都集中存放在主机上，所有处理任务都由主机来完成，各个用户通过主机的终端并发地存取数据库中的数据，共享数据资源。而主机通过分时轮流地为每个终端用户服务，在每个时刻，每个用户都感觉自己独占主机的全部资源。

主从式结构数据库系统的优点是数据易于管理与维护。缺点是对用户数量有限制，因为当主机的任务过分繁重时，主机可能成为瓶颈，从而使系统性能大幅度下降。由于是集中管理，当主机出现故障时，整个系统将瘫痪，因此对系统的可靠性要求较高。

(3) 分布式结构数据库系统　分布式结构数据库系统是指数据库中的数据在逻辑上是一个整体，但物理上分布在计算机网络的不同节点上，其结构如图12-12所示。网络中的每个节点都可以独立处理本地数据库中的数据，执行局部应用；也可以同时存取和处理多个异地数据库中的数据，执行全局应用。

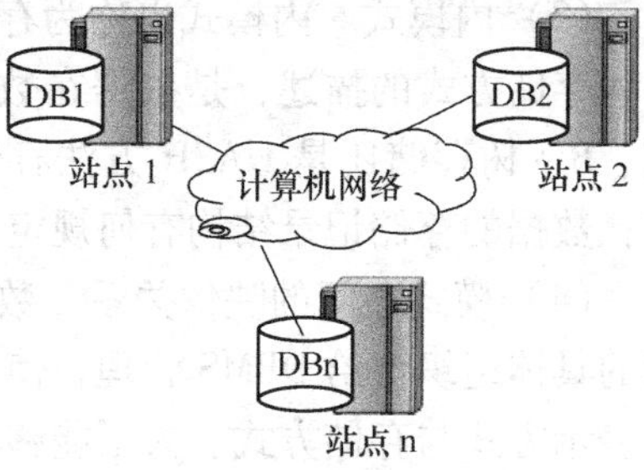

图12-12　分布式结构数据库系统

分布式结构数据库系统是计算机网络发展的必然产物，它适应了地理上分散的公司、团体和组织对于数据库应用的需求。但数据的分布存放给数据的处理、管理与维护带来困难，当用户需要经常访问远程数据时，系统效率会明显地受到网络交通的制约。

(4) 客户/服务器结构数据库系统　客户/服务器结构（Client/Server，C/S）数据库系统是在网络环境下以共享数据资源为前提而建立的数据库系统，其结构如图12-13所示。其中，服务器安装数据库及数据库管理系统，用于执行DBMS功能，称为数据库服务器；而客户端安装DBMS的外围应用开发工具及客户端程序，支持用户的应用，称为客户机。一般系统由一台数据库服务器和多台客户机组成。

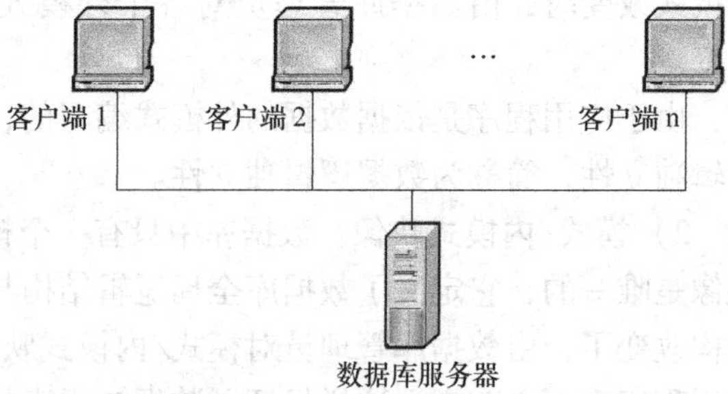

图12-13　客户/服务器结构数据库系统

客户/服务器结构的工作原理如下：客户端的用户请求被传送到数据库服务器，数据库服务器进行处理后，只将结果返回给用户（而不是整个数据）。采用此结构显著减少了网络上的数据传输量，提高了系统的性能、吞吐量和负载能力。

具有C/S结构的数据库系统虽然处理上是分布的，但数据却是集中的。

(5) 浏览器/服务器结构数据库系统

随着Internet和Web的流行，以往的体系结构已无法满足当前的全球网络开放、互连、信息随处可见和信息共享的新要求，于是就出现了浏览器/服务器（Browser/Server，B/S）结构。

B/S结构的最大特点是用户可以通过Web浏览器去访问Internet上的文本、数据、图像、动画、视频点播和声音信息，这些信息都是由许许多多的Web服务器产生的，而每一个Web服务器又可以通过各种方式与数据库服务器连接，大量的数据实际存放在数据库服务器中。B/S结构采用三层结构。如图12-14所示。

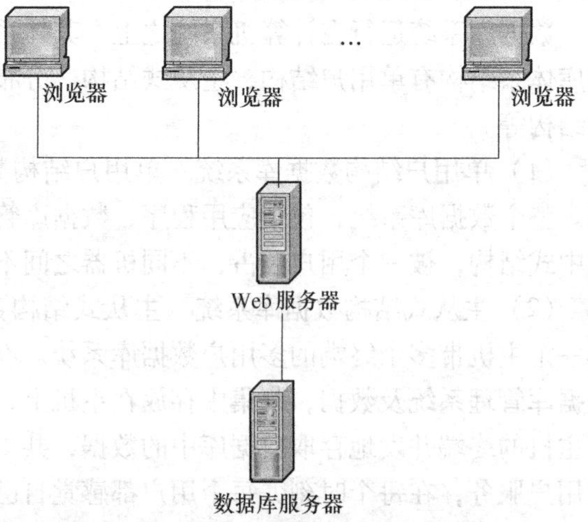

图12-14　浏览器/服务器结构数据库系统

实际上，B/S 结构是一种特殊类型的 C/S 结构，或者说它是改进后的 C/S 结构。在 C/S 结构中，客户端必须安装专门的客户端程序，不同客户端的应用程序有可能不同；但在 B/S 结构中，客户端不需安装专门的客户端程序，用户只需通过 WWW 浏览器就可以将请求发至 Web 服务器，然后由 Web 服务器向数据库服务器发请求，并将结果返回给 Web 服务器，Web 服务器又将它返回给用户。B/S 结构最大的优点就是可以在任何地方进行操作而不用安装任何专门的软件。只要有一台能上网的计算机就能使用，客户端零维护。

12.4 关系数据库的基本概念

由于关系数据库应用集合论的方法处理数据库中的数据，具有坚实的理论基础，因此目前大部分成功的数据库产品均为关系数据库产品。关系模型是由关系数据结构、关系操作集合和关系完整性约束 3 个部分组成。本节围绕关系模型的 3 个部分介绍关系数据库的基本概念。

1. 关系数据结构的形式化定义

在关系模型中，无论是实体还是实体之间的联系均由单一的结构类型即关系（表）来表示。在用户看来，关系模型中数据的逻辑结构是一张二维表。实际上关系是数学上的一个概念，以下给出关系数据结构的形式化定义。

（1）域（Domain）

定义 12.1　域是一组具有相同数据类型的值的集合，又称为值域（用 D 表示）。域中所包含值的个数称为域的基数（用 m 表示）。

在关系中就是用域来表示属性的取值范围。例如，自然数、整数、实数、长度小于 10 字节的字符串集合、1～16 之间的整数都是域。

又如，D_1 = {张三，李四}　　D_1的基数 m_1为 2

D_2 = {男，女}　　D_2的基数 m_2为 2

D_3 = {19，20，21}　　D_3的基数 m_3为 3

（2）笛卡尔积（Cartesian Product）

定义 12.2　给定一组域 D_1、D_2、…、D_n（这些域中包含的元素可以完全不同，也可以部分或全部相同），D_1、D_2、…、D_n的笛卡尔积为 $D_1 \times D_2 \times \cdots \times D_n = \{(d_1, d_2, \cdots, d_n) \mid d_i \in D_i, i=1, 2, \cdots, n\}$。

由定义可以看出，笛卡尔积也是一个集合。其中：

1）元素（d_1，d_2，…，d_n）叫做一个 n 元组（n－tuple），或简称为元组（Tuple），但元组不是 d_i的集合，元组由 d_i按序排列而成。

2）元素中的每一个值 d_i叫做一个分量（Component），分量来自相应的域（$d_i \in D_i$）。

3）若 D_i（i＝1，2，…，n）为有限集，其基数（Cardinal number）为 m_i（i＝1，2，…，n），则 $D_1 \times D_2 \times \cdots \times D_n$的基数为 n 个域的基数累乘之积

4）笛卡尔积可表示为一个二维表，表中的每行对应一个元组，表中的每列对应一个域。

如上面例子中 D_1与 D_2的笛卡尔积：

$D_1 \times D_2$ = {（张三，男），（张三，女），（李四，男），（李四，女）}

可以表示成二维表，见表12-1。

表12-1　笛卡尔积 $D_1 \times D_2$

姓　名	性　别
张三	男
张三	女
李四	男
李四	女

（3）关系（Relation）

定义12.3　$D_1 \times D_2 \times \cdots \times D_n$的任一子集叫做在域$D_1$，$D_2$，…，$D_n$上的关系，用R（$D_1$，$D_2$，…，$D_n$）表示，R表示关系的名字，n是关系的目或度（Degree）。如上例中$D_1 \times D_2$笛卡尔积的子集可以构成关系，见表12-2。

表12-2　关系：$D_1 \times D_2$笛卡尔积的子集

姓　名	性　别
张三	男
李四	女

基本关系具有以下6条性质：

1）列是同质的，即每一列中的分量是同一类型的数据，来自同一个域。

2）不同的列可出自同一个域，称其中的每一列为一个属性，不同的属性要给予不同的属性名。

3）列的顺序无所谓，即列的次序可以任意交换。

4）任意两个元组不能完全相同。

5）行的顺序无所谓，即行的次序可以任意交换。

6）分量必须取原子值，即每一个分量都必须是不可分的数据项。

关系模型要求关系必须是规范化的，即要求关系模式必须满足一定的规范条件。这些规范条件中最基本的一条就是，关系的每一个分量必须是一个不可分的数据项。规范化的关系简称为范式（Normal Form）。

（4）关系模式　在数据库中要区分型和值两方面。关系数据库中，关系模式是型，关系是值。

定义12.4　关系的描述称为关系模式（Relation Schema）。一个关系模式应当是一个五元组。它可以形式化地表示为R（U，D，dom，F）。其中R为关系名，U为组成关系R的属性名集合，D为属性组U中属性域的集合，dom为属性向域的映像集合，F为属性间的依赖集合。

关系模式通常可以简记为R（A_1，A_2，…，A_n）或R（U）。其中R为关系名；A_1，A_2，…，A_n为属性名。而域名及属性向域的映像常常直接说明为属性的类型、长度。

关系实际上就是关系模式在某一时刻的状态或内容。关系模式是静态的、稳定的，而关系是动态的、随时间不断变化的，因为关系操作在不断地更新着数据库中的数据。但在实际中，常常把关系模式和关系统称为关系，读者可以从上下文中加以区别。

(5) 关系的码 (Key)　在任意一个关系中，任意两个元组不能完全相同，所以在关系模式中通常用码来标识不同的元组。下面介绍超码 (Super Key)、候选码 (Candidate Key) 和主码 (Primary Key)。

定义 12.5　在关系模式中能唯一标识一个元组的属性或属性组称为关系的超码。

定义 12.6　在关系模式中能唯一标识一个元组的最小属性或属性组称为关系的候选码，即候选码是最小的超码，其任何真子集无法唯一标识元组。

定义 12.7　若一个关系有多个候选码，则选定其中一个有代表性的用来标识关系，称其为主码。

(6) 关系数据库　在关系模型中，实体及实体间的联系都是用关系来表示的。例如学生实体、课程实体、学生与课程之间多对多的选课联系都可以分别用关系（或二维表）来表示。在一个给定的现实世界领域中，所有实体及实体之间的联系的关系的集合构成一个关系数据库。

关系数据库也有型和值之分。关系数据库的型也称为关系数据库模式，是对关系数据库的描述，是关系模式的集合。关系数据库的值是这些关系模式在某一时刻对应的关系的集合，通常就称为关系数据库。

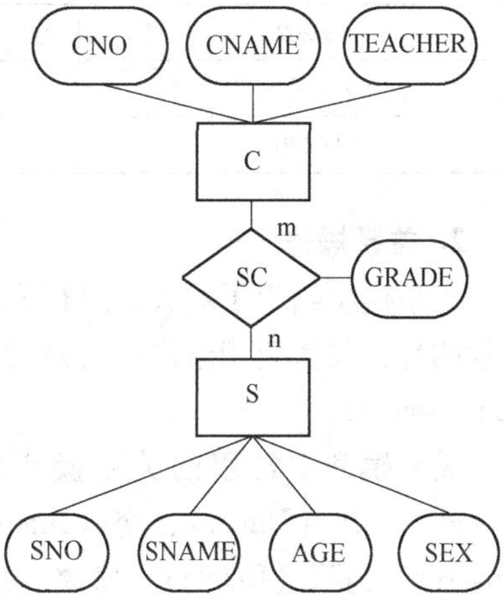

图 12-15　教学管理系统 E－R 图

【例 12-2】　图 12-15 是教学管理系统的 E－R 图，其中实体学生的属性为学号、姓名、年龄和性别，分别用 SNO、SNAME、AGE 和 SEX 表示；实体课程的属性为课程号、课程名和授课教师，分别用 CNO、CNAME 和 TEACHER 表示；实体学生用 S 表示，课程用 C 表示；学生与课程之间的关系用 SC 表示，SC 的属性成绩用 GREADE 表示。图中两个实体之间的联系是多对多的，按照将 E－R 模型转换成关系模型的转换方法，将此 E－R 图转换为关系模式如下：

S (<u>SNO</u>, SNAME, AGE, SEX)　　　　(学生关系)

C (<u>CNO</u>, CNAME, TEACHER)　　　　(课程关系)

SC (<u>SNO, CNO</u>, GRADE)　　　　(选课关系)

(其中加下划线的为该关系模式的主码)

下面是这 3 类关系模式的关系实例（见表 12-3～表 12-5）：

表 12-3　学生表 S

SNO	SNAME	AGE	SEX
S0201	李兰	17	女
S0202	张娜	18	女
S0203	张伟	17	男
…	…	…	…
S0230	邵华	19	男

表 12-4　课程表 C

CNO	CNAME	TEACHER
C01	软件基础	Wang
C02	C 语言	Zhang
C03	英语	Li
C04	高等数学	Zhou
…	…	…

表 12-5　学生选课表 SC

SNO	CNO	GRADE
S0201	C04	85
C0202	C01	87
S0202	C02	90
…	…	…
S0230	C03	79

2. 关系操作

关系模型给出了对关系进行操作的能力，它利用基于数学的方法来表达关系操作，值得注意的是，关系模型给出的关系操作往往不针对具体的 RDBMS（Relational Database Management System）。

关系模型中常用的关系操作包括选择（Select）、投影（Project）、连接（Join）、除（Divide）、并（Union）、交（Intersection）、差（Difference）等查询（Query）操作和插入（Insert）、删除（Delete）、修改（Update）等更新操作两大部分。关系操作的特点是采用集合操作方式，即操作的对象和结果都是集合。这种操作方式也称为一次一集合方式。

对关系进行操作时可使用关系数据操作语言。常用的关系数据操作语言有关系代数、关系演算和关系数据语言，其中关系代数和关系演算是抽象的关系操作语言，与实际的 DBMS 无关；而关系数据语言是一种非过程化语言，如 SQL（Structured Query Language，结构化查询语言）。第 13 章将详细介绍关系代数和 SQL。

3. 关系的完整性

关系模型的完整性是指对关系的某种约束条件，关系模型提供了丰富的完整性控制机制，允许定义 3 类完整性即实体完整性、参照完整性和用户自定义的完整性。其中实体完整性和参照完整性是关系模型必须满足的完整性约束条件，应该由关系系统自动支持。用户自定义的完整性是应用领域特殊要求而需要遵循的约束条件，体现了具体领域中的语义约束。

（1）实体完整性（Entity Integrity）

定义 12.8　若属性组（或属性）K 是关系 R 的主码（或称为主关键字），则所有元组中 K 的取值唯一，并且 K 中属性不能全部或部分取空值，这称为实体完整性规则。

实体完整性规则保证了现实世界中实体的唯一性。

（2）参照完整性（Referential integrity）　现实世界中的实体之间往往存在某种联系，在关系模型中实体与实体之间的联系都是用关系来描述的，所以就存在关系与关系间的引用。如例 12-2 中的教学管理模式：

S（SNO，SNAME，AGE，SEX）　　　　（学生关系）

C（CNO，CNAME，TEACHER）　　　　（课程关系）

SC（SNO，CNO，GRADE）　　　　　（选课关系）

这 3 个关系之间存在着属性间的相互引用，即选课关系 SC 引用了学生关系的主码 SNO（学号）及课程关系的主码 CNO（课程号）。而在现实世界中，选课关系中的学号必须是学生关系中存在的学生，选课关系中的课程号必须是课程关系中存在的课程，即选课关系中某些属性的取值需要参照学生关系和课程关系中的属性，这种现实世界中的约束需求可以通过参照完整性约束实施。下面首先给出外码的定义，再定义参照完整性规则。

定义 12.9　设 F 是关系 R 的一个或一组属性，但不是关系 R 的主码，如果 F 与关系 S 的主码 Ks 相对应，则称 F 是关系 R 的外码（Foreign key），并称关系 R 为参照关系（Referencing relation），关系 S 为被参照关系（Referenced relation）或目标关系（Target relation）。关系 R 和 S 可能是相同的关系，即自身参照。

例 12-2 中，SNO 是选课关系 SC 的外码，他引用学生关系 S 中的主码 SNO；CNO 是选课关系 SC 的外码，他引用课程关系 C 中的主码 CNO，因此关系 SC 是参照关系，而关系 S 和 C 是被参照关系。

参照完整性规则定义了外码与主码之间的引用规则，定义如下：

定义 12.10　若属性（或属性组）F 是关系 R 的外码，它与关系 S 的主码 Ks 相对应（基本关系 R 和 S 可能是相同的关系），则对于 R 中每个元组在 F 上的值必须为空值（F 的每个属性值均为空值）或者等于 S 中某个元组的主码值。这一规则称为关系的参照完整性规则。

对于例 12-2，按照参照完整性规则，选课关系 SC 中的 SNO 和 CNO 只能取被参照关系 S 和 C 表中已经存在的主码值，因此参照完整性反映了现实世界中的约束需求。

（3）用户定义的完整性（User - defined integrity）　用户定义的完整性就是针对某一具体应用的关系数据库所制定约束条件，它反映某一具体应用所涉及的数据必须满足的语义要求。

用户定义的完整性规则反映某一具体应用涉及的数据必须满足指定语义的要求。系统提供定义和检验这类完整性的机制，以便用统一的方法处理它们，不再由应用程序承担这项工作。例如在定义关系模式时对关系中的每个字段都必须定义该字段的字段名（年龄）、字段类型（整型）、字段宽度（2 位）、小数位数（0 位），经过这样的定义，在给每条记录的年龄字段输入数据时，可以输入两位整型数据，这就是一种约束。如果我们还想进一步对录入的数据进行约束，以减少数据录入的错误，则需要定义一个具体的约束条件（可以写一条规则），如把年龄限制在 15 岁到 25 岁之间（实际上这是学生的实际年龄范围），以满足实际数据的需要。这就是用户完整性规则，在进行数据操作时由系统负责检验数据的合理性。

在实际的关系数据库管理系统中，可以通过多种方式实施这三类完整性，如主码约束、唯一性约束可以用来实施实体完整性，外码约束可以用来实施参照完整性，而域类型、取值范围、触发器等可以用来实施用户自定义完整性。

总结前面关于关系模型的论述，我们看到，在定义一个关系模式时，需要进行以下 3 个部分的定义：

1）数据结构的定义。数据库中的全部数据及其相互联系都被组织成“关系”的形式，并且关系模型的基本数据结构也是关系。

2）数据操作的定义。关系模型提供一组完备的高级关系运算，以支持数据库的各种操作。关系运算分为关系代数和关系演算两类，后面我们将要对关系代数和关系演算做进一步的研究。

3）关系模型的3类完整性规则的定义。除了进行数据结构、数据操作的定义，为了确保数据的正确性，还要进行3类完整性规则的定义。

第 13 章　关系数据操作语言

第 12 章已介绍了关系模型及关系数据库的基本概念，由于关系模型具有坚实的理论基础，因此目前主流的数据库产品如 ORACLE、DB2、Informix、SQL Server 等大型数据库管理系统以及 Access、Visual Foxpro、MySQL 和 SQLite 等微型或轻量级数据库管理系统均为关系数据库产品。因此本章针对关系数据模型或关系数据库，介绍关系数据操作语言。

关系数据操作语言可分为两大类，一类是抽象的查询语言，如关系代数、关系演算等，其中关系代数用关系的运算即元组的集合运算来表达查询请求，关系演算用谓词来表达查询请求；另一类是关系数据库标准语言 SQL（Structured Query Language，结构化查询语言），这是一种高度非过程化的语言，集查询、数据定义、数据控制、数据操作于一体。本章首先介绍关系代数的常用操作，然后重点介绍 SQL。

13.1　关系代数

关系代数以一个或两个关系为输入（或称为操作对象），产生一个新的关系作为其操作结果。即其运算对象是关系，运算结果亦为关系。关系代数用到的运算符包括 4 类：集合运算符、专门的关系运算符、算术比较运算符和逻辑运算符，见表 13-1。

表 13-1　关系代数运算符汇总表

运算符		含义	运算符		含义
集合运算符	∪ ∩ - ×	并 交 差 广义笛卡尔积	比较运算符	> ⩾ < ⩽ = ≠	大于 大于等于 小于 小于等于 等于 不等于
专门的关系运算符	σ Π ÷ ⋈	选择 投影 除 连接	逻辑运算符	∧ ∨ ¬	与 或 非

比较运算符和逻辑运算符是用来辅助专门的关系运算符进行操作的，所以关系代数的运算按运算符的不同主要分以下两类。

（1）传统的集合运算　从关系是集合的定义出发，集合的所有运算对关系也是有效的。这类运算有：关系的并、交、差和广义笛卡尔积。

（2）专门的关系运算　关系运算可以用来进行数据库的查询操作。这些运算可以把二维表进行任意的分割和组装，随机地由已有的二维表构造出各式各样用户所需要的二维表。

这类运算有投影、选择、连接和除法运算等。

1. 传统的集合运算

传统的集合运算是二元运算，即有两个关系参与运算，其运算结果为一个新的关系。传统的集合运算有关系的并、交、差、广义笛卡尔积。

设关系 R 和关系 S 具有相同的目 n（即两个关系都有 n 个属性），且相应的属性取自同一个域，则可定义并、差、交运算如下。

（1）并（Union）

定义 13.1　关系 R 与关系 S 的并定义为

$$R \cup S = \{t | t \in R \vee t \in S\}$$

其结果关系仍为 n 目关系，由属于 R 或属于 S 的元组组成。关系的并操作对应于关系的插入记录的操作，是关系代数的基本操作。

【例 13-1】　设 R_1、R_2 为学生实体模式下的两个关系（见表 13-2 和表 13-3）。

表 13-2　R_1

学　号	姓　名	性　别	年　龄
S0201	李兰	女	17
S0202	张娜	女	18
S0203	张伟	男	17

表 13-3　R_2

学　号	姓　名	性　别	年　龄
S0201	李兰	女	17
S0203	张伟	男	17
S0230	邵华	男	19

则，$R_1 \cup R_2$ 见表 13-4。

表 13-4　$R_1 \cup R_2$

学　号	姓　名	性　别	年　龄
S0201	李兰	女	17
S0202	张娜	女	18
S0203	张伟	男	17
S0230	邵华	男	19

（2）交（Intersection）

定义 13.2　关系 R 与关系 S 的交定义为

$$R \cap S = \{t | t \in R \vee t \in S\}$$

其结果关系仍为 n 目关系，由既属于 R 又属于 S 的元组组成。关系的交操作对应于寻找两关系共有记录的操作，是一种关系查询操作。关系的交操作可以用差操作来代替，为此不是关系代数的基本操作。

【例 13-2】　设 R_1、R_2 为例 13-1 中学生实体模式下的两个关系，求 $R_1 \cap R_2$。

根据定义，$R_1 \cap R_2$ 见表 13-5。

表 13-5　$R_1 \cap R_2$

学　号	姓　名	性　别	年　龄
S0201	李兰	女	17
S0203	张伟	男	17

（3）差（Difference）　关系 R 与关系 S 的差定义为

$$R - S = \{t \mid t \in R \land t \notin S\}$$

其结果关系仍为 n 目关系，由属于 R 且不属于 S 的所有元组组成。关系的差操作对应于关系的删除记录的操作。关系的交操作可用差操作表示如下：$R \cap S = R - (R - S)$

【例 13-3】　设 R_1、R_2 为例 13-1 中学生实体模式下的两个关系，求 $R_1 - R_2$。

由关系差运算的定义可得 $R_1 - R_2$（见表 13-6）。

表 13-6　$R_1 - R_2$

学　号	姓　名	性　别	年　龄
S0202	张娜	女	18

（4）广义笛卡尔积（Extended Cartesian Product）

定义 13.3　二个分别为 n 目和 m 目的关系 R 和 S 的广义笛卡尔积 $R \times S$ 是一个（n + m）列的元组集合，元组的前 n 列是关系 R 的一个元组，后 m 列是关系 S 的一个元组。若 R 有 k_1 个元组，S 有 k_2 个元组，则 $R \times S$ 有 $k_1 \times k_2$ 个元组。记作

$$R \times S = \{\widehat{t_r t_s} \mid t_r \in R \land t_s \in S\}$$

其中，$\widehat{t_r t_s}$ 表示由两个元组 t_r 和 t_s 前后有序连接而成的一个元组。

【例 13-4】　设关系 R_1（见表 13-7）、R_2（见表 13-8）分别为学生实体和学生与课程联系两个关系，求 $R_1 \times R_2$。

表 13-7　R_1

学　号	姓　名	性　别	年　龄
S0201	李兰	女	17
S0203	张伟	男	17

表 13-8　R_2

姓　名	课 程 名	成　绩
李兰	软件基础	90
张娜	高等数学	87

由笛卡尔积的定义可得 $R_1 \times R_2$（见表 13-9）。

表 13-9　$R_1 \times R_2$

学　号	姓　名	性　别	年　龄	姓　名	课 程 名	成　绩
S0201	李兰	女	17	李兰	软件基础	90
S0201	李兰	女	17	张娜	高等数学	87
S0203	张伟	男	17	李兰	软件基础	90
S0203	张伟	男	17	张娜	高等数学	87

从上例中我们看到 $R_1 \times R_2$ 的运算量大、占有的存储空间大，并且在 $R_1 \times R_2$ 关系的 4 条记录中只有第一条记录是有实际意义的，而其他的 3 条记录均没有实际的意义。我们分析第一条记录，它是一条非常有用的信息，反映了李兰同学的所有信息，包括她的学号、姓名、性别、年龄、选学的课程名以及所选课程的成绩，这条记录的信息来源于两个关系，是两个关系的一种连接。因此在实际操作中我们通常不求两个关系的广义笛卡尔积，而是求广义笛卡尔积的一个子集，这就是我们在后面要讲的关系的自然连接。

2. 专门的关系运算

传统集合运算是从集合的角度对关系进行运算，即从元组的角度来处理关系，而要灵活地实现关系数据库的多样查询操作，则须引入专门的关系运算。

专门的关系运算有选择、投影、关系的自然连接和关系的除法等，其中关系的选择和投影是一元运算，是对一个关系进行垂直和水平分解而得到一个关系，而关系的自然连接和关系的除法是二元运算，是把两个关系的信息根据需要组织成一个新关系，是信息的综合。这几种关系的运算都与记录的查询操作有关，下面分别介绍。

（1）选择（Selection）

定义 13.4　选择操作是从关系中选择满足条件的元组组成一个新关系，其运算符是“σ”，定义为

$$\sigma_F(R) = \{t \mid t \in R \wedge F(t) = \text{'真'}\}$$

其中，R 是进行关系运算的对象，逻辑表达式 F 表示条件，F 中可使用比较运算符和逻辑运算符，因此，选择运算实际上是在关系 R 中选择满足条件 F 的元组组成新的关系，它是从行的角度进行的水平操作。

【例 13-5】　设关系 R_1 是例 13-1 中提到的实体学生关系模式的一个关系，在关系 R_1 中查找满足年龄小于等于 17 的学生。

解决这个问题可以使用选择运算来完成，即

$$R = \sigma_{\text{年龄} \leqslant 17}(R_1) = \{t \mid t \in R_1 \wedge age \leqslant 17\}$$

运算结果如下（见表 13-10）：

表 13-10　运算结果

学　号	姓　名	性　别	年　龄
S0201	李兰	女	17
S0203	张伟	男	17

（2）投影（Projection）

定义 13.5　投影操作是对关系作垂直分解，即从关系的属性中选择属性列，由这些属

性列组成一个新关系。投影的运算符是“Π”，若 A 是从关系 R 中选择的属性列，则投影可定义为

$$\Pi_A(R)=\{t[A]\mid t\in R\}$$

关系的投影操作对应于从关系列的角度进行的选取操作（纵向选取），也是关系查询操作的重要成员之一，是关系代数的基本操作。

【例 13-6】 设关系 R_1 是例 13-1 中提到的学生关系模式的一个关系，在某次查询中要求查找每个学生的姓名和年龄。

可以使用投影操作：

$$R=\Pi_{\text{姓名},\text{年龄}}(R_1)$$

运算结果 R 如下（见表 13-11）：

表 13-11 运算结果

姓 名	年 龄
李兰	17
张娜	18
张伟	17

在关系 R 中查找某个学生的年龄比在关系 R_1 中查找某个学生的年龄运算量要小得多。

投影运算是对关系进行垂直分割，产生用户所需要的关系。

(3) 连接（Join） 连接运算是将两个关系连接起来，获得与用户查询有关的新关系。关系的连接有两类：条件连接和自然连接。

1）条件连接（θ 连接）。条件连接运算的运算符是“$\bowtie_\theta$”，是将两个关系有条件地连接起来，因此连接运算在某种意义上说是一种复合运算，可以理解为先将两个关系进行笛卡尔积运算，再对连接结果做选择运算。

定义 13.6 连接运算定义为

$$R\bowtie_\theta S=\{\widehat{t_r t_s}\mid t_r\in R\wedge t_s\in S\wedge R(i)\theta S(j)\}$$

上述关系 R、S 的运算等价于

$$R\bowtie_\theta S=\sigma_{R(i)\theta S(j)}(R\times S)$$

即对关系 R 和关系 S 先进行笛卡尔积运算，然后对运算的结果进行选择运算，选择满足条件 R(i)θS(j) 的记录。在条件 R(i)θS(j) 中，“θ”是条件运算符，可以是“≤、≥、<、=、>”这几个条件运算符之一，R(i) 表示关系 R 元组的第 i 个分量，S(j) 表示关系 S 元组的第 j 个分量。

条件连接运算是将两个关系进行笛卡尔积，再从笛卡尔积中选择满足一定条件记录的运算，选择的条件可以是两个关系的元组分量是否满足某种条件，这类条件称为“θ”条件。

2）自然连接。自然连接的运算符是“⋈”，是一种特殊的条件连接，它要求进行连接的两个关系中具有相同的属性组，连接的条件就是两个相同属性组的分量相等，并且在连接的结果中把重复的属性去掉，因此自然连接可以理解为将两个有相同属性的关系，按对应属性值相等的条件进行连接，再对连接的结果进行投影运算。

定义 13.7 自然连接定义为

$$R\bowtie S=\Pi_{m_1,m_2,\cdots,m_n}(\sigma_{R.A_1=S.A_1\wedge R.A_2=S.A_2\wedge\cdots R.A_k=SA_k}(R\times S))$$

其中，σ 选择的条件是关系 R 和关系 S 相同的属性对应相等，上式中表示关系 R 和关系 S 有 k 个相同的属性，连接的条件是这 k 个属性对应相等，投影的属性 m_1，m_2，…，m_n是 R 的所有属性和 S 属性中除了 $S.A_1$，$S.A_2$，…，$S.A_k$之外的所有属性。

自然连接是一种常用的关系运算，当查询数据涉及两个关系时，通常需将两个关系进行自然连接。自然连接比关系的广义笛卡尔积、条件连接运算使用的多。

【例 13-7】 有两个关系：C（课程号，课程名）（见表 13-12），S（姓名，课程号，成绩）（见表 13-13），求 C⋈S。

表 13-12 C

课 程 号	课 程 名
C01	软件基础
C02	C 语言
C03	英语
C04	高等数学

表 13-13 S

姓 名	课 程 号	成 绩
李兰	C01	90
张娜	C03	87
张伟	C02	76
李兰	C02	85
张伟	C04	80

则 C⋈S 如下（见表 13-14）：

表 13-14 C⋈S

姓 名	课 程 号	课 程 名	成 绩	姓 名	课 程 号	课 程 名	成 绩
李兰	C01	软件基础	90	李兰	C02	C 语言	85
张娜	C03	英语	87	张伟	C04	高等数学	80
张伟	C02	C 语言	76				

由关系自然连接的定义，关系 C 和关系 S 有相同的属性“课程号”，进行自然连接时，将两个关系中课程号相同记录连接成一条新记录，新记录的属性包含了两个关系的所有属性，并且去掉相同属性，因此关系 C 和关系 S 自然连接生成新关系的字段，包含姓名、课程号、课程名、成绩。

【例 13-8】 在例 13-7 的关系模式：C（课程号，课程名），S（姓名，课程号，成绩）的关系中查询“李兰”同学选修了那些课程。

分析：这个查询涉及姓名和课程名，而这两个属性在不同的关系中，因此要进行查询首先需要将两个关系进行自然连接，查询表达式如下

$$\Pi_{课程名}(\sigma_{姓名=“李兰”}(C \bowtie S))$$

（4）除（Division）

定义 13.8 除法运算也是一个关系的二元运算，运算符号是“÷”。给定关系 R（X，

Y）和 S（Y），其中 X，Y 为属性组。R 中的 Y 与 S 中的 Y 可以有不同的属性名，但必须出自相同的域。R 与 S 的除运算得到一个新的关系 P（X），P（X）即 R ÷ S 是满足下列条件的最大关系：其中每个元组 t 与 S 中的每个元组 u 组成的新元组 $\overset{\frown}{tu}$ 必须在关系 R 中。关系的除法运算可以通过下式计算

$$R \div S = \Pi_X(R) - \Pi_X(\Pi_X(R) \times S - R)$$

【例 13-9】 关系 R（见表 13-15）和关系 S（见表 13-16）如下：

表 13-15　关系 R

A	B	C	D
a	b	c	d
a	b	e	f
a	b	d	e
b	c	e	d
e	d	c	d
e	d	e	f

表 13-16　关系 S

C	D
c	d
e	f

则 R ÷ S 的结果为（见表 13-17）：

表 13-17　R ÷ S

A	B
a	b
e	d

从上例中可看到 R ÷ S 与关系 S 的笛卡尔积(R ÷ S) × S 中的每个元组都是关系 R 的元组，因此 R ÷ S 通常用来完成包含“对于所有的/全部的”语句的查询操作，如选修了全部课程的学生等。

【例 13-10】 学生关系 S（见表 13-18）和课程关系 C（见表 13-19）如下：

表 13-18　学生关系 S

姓　　名	课　程　号	成　　绩
李兰	C01	90
张娜	C03	87
张伟	C02	76
李兰	C02	85
…	…	…
张伟	C04	80

表 13-19 课程关系 C

课 程 号	课 程 名
C01	软件基础
C02	C 语言
C03	英语
C04	高等数学

试查找选修了全部课程的学生姓名。

要解决这个查询问题，可以利用关系的除法运算来完成，即

$$\Pi_{姓名,课程号}(S) \div \Pi_{课程号}(C)$$

（5）关系代数运算综合应用实例

【例 13-11】 针对教学管理数据库：

S（SNO，SNAME，AGE，SEX） （学生关系）

C（CNO，CNAME，TEACHER） （课程关系）

SC（SNO，CNO，GRADE） （选课关系）

下面利用关系代数表达式来描述各种查询请求。

1）查找选修课程号为 C3 的学生的学号和成绩，即

$$\Pi_{SNO,GRADE}(\sigma_{CNO='C3'}(SC))$$

2）查找选修课程号为 C4 的学生的学号和姓名，即

$$\Pi_{SNO,SNAME}(\sigma_{CNO='C4'}(S \bowtie SC))$$

此查询也可用以下方法完成，即

$$\Pi_{SNO,SNAME}(S \bowtie \sigma_{CNO='C4'}(SC))$$

3）查找选修课程名为 MATHS 的学生的学号和姓名，即

$$\Pi_{SNO,SNAME}(\sigma_{CNAME='MATHS'}(S \bowtie SC \bowtie C))$$

此查询也可用以下方法完成，即

$$\Pi_{SNO,SNAME}(S \bowtie SC \bowtie \sigma_{CNAME='MATHS'}(C))$$

4）查找选修课程号为 C1 或 C3 的学生学号，即

$$\Pi_{SNO}(\sigma_{CNO='C1' \vee 'CNO='C3'}(SC))$$

此查询也可用集合的并运算完成相同功能，即

$$\Pi_{SNO}(\sigma_{CNO='C1'}(SC)) \cup \Pi_{SNO}(\sigma_{CNO='C3'}(SC))$$

5）查找同时选修课程号为 C1 和 C3 的学生学号，即

$$\Pi_{SNO}(\sigma_{CNO='C1'}(SC)) \cap \Pi_{SNO}(\sigma_{CNO='C3'}(SC))$$

6） 查找没有选修课程号为 C2 课程的学生的姓名和年龄，即

$$\Pi_{SNAME,AGE}(S) - \Pi_{SNAME,AGE}(\sigma_{CNO='C2'}(S \bowtie SC))$$

7）查找选修全部课程的学生姓名，即

$$\Pi_{SNAME}(S \bowtie (\Pi_{SNO,CNO}(SC) \div \Pi_{CNO}(C)))$$

8）查找选修课程包括学号 S1 学生所学课程的学生学号，即

$$\Pi_{SNO,CNO}(SC) \div \Pi_{CNO}(\sigma_{SNO='S1'}(SC))$$

从以上例子求解方法可以看出，关系代数用过程化的方法表达查询，但是实现同一个查

询，可以使用不同的关系代数表达式。不过要特别说明的是，尽管不同的关系代数表达式查询结果相同，但查询效率却不同。限于篇幅，这里就不再特别讨论了。

另外对关系型数据库的操作除了我们前面所介绍的关系代数的方法外，还可以使用关系演算的方法。关系演算是以数理逻辑中的谓词演算为基础的。按谓词变元的不同，关系演算可分为元组关系演算和域关系演算。元组关系演算是以元组变量作为谓词变元的基本关系演算表达形式，而域关系演算以元组变量的分量即域变量作为谓词变元的基本关系演算表达形式。这部分知识涉及计算机专业的相关理论，在此暂不作详细的介绍。

13.2　结构化查询语言 SQL

以上讨论的关系代数是抽象的查询语言，与具体的 DBMS 中实现的实际语言并不完全相同。而 SQL（Structured Query Language，结构化查询语言）是国际标准数据库语言，无论是 ORACLE、Sybase、Informix、SQL Server 这样的大型数据库管理系统，还是 Access、Visual Foxpro、MySQL 和 SQLite 等微型或轻量级数据库管理系统，都支持 SQL 语言。本节重点介绍 SQL 语言。

1. SQL 语言的基本概念及特点

（1）SQL 的发展　20 世纪 70 年代初，E. E. Codd 首先提出了关系模型。70 年代中期，IBM 公司在研制 SYSTEM R 关系数据库管理系统中研制了 SQL 语言，最早的 SQL 语言（SEQUEL2）是在 1976 年 11 月的 IBM Journal of R&D 上公布的。1979 年 ORACLE 公司首先提供商用的 SQL，IBM 公司在 DB2 和 SQL/DS 数据库系统中也实现了 SQL。

1986 年 10 月，美国国家标准局（American National Standard Institute，ANSI）采用 SQL 作为关系数据库管理系统的标准语言，后为国际标准化组织（International Organization for Standardization，ISO）采纳为国际标准。后经修订，ISO 于 1989 年 4 月颁布增强了完整性特征的 SQL89 版本，随后 ISO 对 SQL89 标准进行了大量的修改和扩充，在 1992 年又公布了 SQL92 标准，也称 SQL2。目前主流的关系 DBMS 都支持 SQL2 标准。

SQL 标准化的工作还在继续，新的版本被命名为 SQL3（SQL99），已经发布，它在 SQL2 的基础上扩展了许多新的特性，如递归、触发器以及面向对象等。主流关系 DBMS（关系数据库管理系统）如 ORACLE 已部分支持 SQL3 标准。

自 SQL 成为国际标准语言以后，各个数据库厂家纷纷推出各自支持的 SQL 软件或与 SQL 接口的软件，这就使大多数数据库均用 SQL 作为共同的数据库语言和标准接口，使不同数据库系统之间的互操作有了共同的基础，而且对数据库以外的领域也产生了很大影响。不少软件产品将 SQL 语言的数据查询功能与图形功能、软件工程工具、软件开发工具、人工智能程序结合起来。SQL 已成为关系数据库领域中的一个主流语言。

需要指出的是各个关系 DBMS 产品对标准 SQL 的支持程度会有所不同，因此针对具体的 DBMS，SQL 语句会有一些变形或扩充。

（2）SQL 的特点　SQL 语言之所以能够为用户和业界所接受，成为国际标准，是因为它是一个综合、通用、功能极强同时又简洁易学的语言。SQL 语言集数据查询、数据操纵、数据定义和数据控制功能于一体，充分体现了关系数据语言的特点和优点。其主要特点包括：

1）综合统一。SQL语言集数据定义语言（Data Definition Language，DDL）、数据操纵语言（Data Manipulation Language，DML）、数据控制语言（Data Control Language，DCL）的功能于一体，语言风格统一，可以独立完成数据库生命周期中的全部活动，包括关系模式的定义、数据的录入、建立数据库、查询和更新数据库以及数据库的维护等一系列操作，这就为数据库应用系统的开发提供了良好的环境。例如，用户在数据库投入运行后，还可根据需要随时地、逐步地修改模式，并不影响数据库的运行，从而使系统具有良好的可扩展性。

2）高度非过程化。用SQL语言进行数据操作时，用户只需提出“做什么”，而不必指明“怎么做”，因此用户无需了解存取路径，存取路径的选择以及SQL语句的操作过程由系统自动完成。这不但大大减轻了用户负担，而且有利于提高数据独立性。

3）面向集合的操作方式。SQL语言采用集合操作方式，不仅查找结果可以是元组的集合，而且一次插入、删除、更新操作的对象也可以是元组的集合（一次一个集合）。

4）以同一种语法结构提供两种使用方式。SQL语言有两种使用方式：一种是在终端交互方式下使用，称为交互式SQL；另一种是嵌入在高级语言的程序中使用，称为嵌入式SQL。交互式SQL能够独立地用于联机交互的使用方式，用户可以在终端键盘上直接键入SQL语言的语句（命令）对数据库进行操作；嵌入式SQL就是将SQL语句嵌入到高级语言（例如C、COBOL、FORTRAN、PL/1）程序中，程序员设计程序时，如果涉及数据库数据的操作，可以在程序中插入SQL语句完成对数据的操作。同时，在两种不同的使用方式下，SQL语言的语法结构基本上是一致的。这种以统一的语法结构提供两种不同的使用方式的做法为用户使用提供了极大的灵活性与方便性。

5）语言简洁、易学易用。SQL语言功能极强，但由于设计巧妙，语言十分简洁，完成数据定义、数据操纵、数据控制的核心功能只用了9个动词：CREATE、DROP、ALTER、SELECT、INSERT、UPDATE、DELETE、GRANT、REVOKE，而且SQL语言语法简单，接近英语句子，因此容易学习和使用。

（3）SQL数据库的体系结构　SQL语言支持数据库三级模式结构，其中外模式对应于视图（View）和部分基本表（Base Table），模式对应于基本表，内模式对应于存储文件，如图13-1所示。

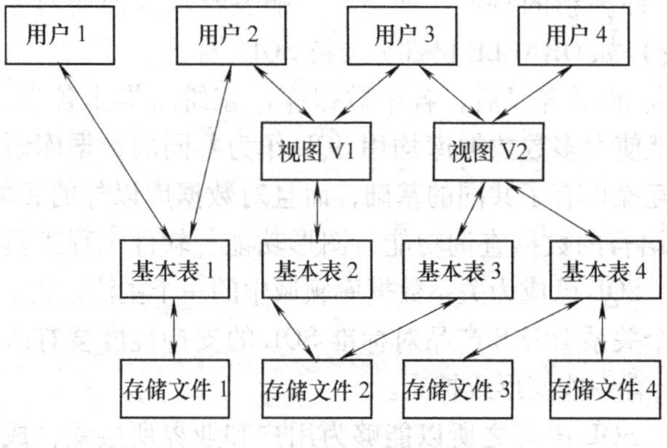

图13-1　SQL数据库的体系结构

基本表是本身独立存在的表，在SQL中一个关系就对应一个表。视图是从基本表或其他视图中导出的表，它本身不独立存储在数据库中，也就是说数据库中只存放视图的定义而不存放视图对应的数据，这些数据仍存放在导出视图的基本表中，因此视图是一个虚表。在用户看来，视图和基本表是一样的，都是关系（二维表），系统对视图和基本表提供相同的操作语句。存储文件是内模式的基本单位，每一个存储文件存储一个或多个基本表的内容。一个基本表可有若干索引，索引也存储在存储文件中。存储文件的存储结构对用户是透明的。

2. SQL 数据定义

关系数据库的对象包括基本表、视图、索引、触发器和存储过程等。因此，SQL 的数据定义语句用于定义这些对象，见表 13-20。由于视图是基于基本表的虚表，因此视图是建立在查询的基础上，有关视图的建立与删除将在介绍数据查询后再进行介绍。而触发器和存储过程的定义由于篇幅，本书没有涉及。

表 13-20　SQL 的数据定义语句

语句关键字	定义对象	说　明
CREATE	TABLE、VIEW、TRIGGER、INDEX、PROCEDURE	创建基本表、视图、触发器、索引、存储过程
DROP	TABLE、VIEW、TRIGGER、INDEX、PROCEDURE	删除基本表、视图、触发器、索引、存储过程
ALTER	TABLE	修改基本表，包括增加列、增加与删除主键、外键等

（1）SQL 提供的基本数据类型　定义基本表时首先要规定属性的数据类型。标准 SQL 中提供的常用数据类型有数值型、字符串型和时间型。实际应用中，各具体 DBMS 所提供的数据类型会略有不同。

1）数值型，通常用于定义取值为数值的属性，如年龄、成绩、工资等。数值型的类型名有：

INTEGER　　长整数（也可写成 INT）

SMALLINT　　短整数

REAL　　取决于机器精度的单精度浮点数

DOUBLE PRECISION　　取决于机器精度的双精度浮点数

FLOAT (n)　　浮点数，精度至少为 n 位数字

NUMERIC (p, d)　　定点数，由 p 位数字（不包括符号、小数点）组成，小数点后面有 d 位数字（也可写成 DECIMAL (p, d) 或 DEC (P, d)）

2）字符型，通常用于定义取值为字符串的属性，如学号、姓名、课程名称等。字符串型的类型名有：

CHAR (n)　　长度为 n 的定长字符串

VARCHAR (n)　　最大长度为 n 的变长字符串

3）时间型，通常用于定义取值为日期或时间的属性，如出生年月、交易时间等。时间型的类型名有：

DATE　　日期，包含年、月、日，形式为 YYYY - MM - DD

TIME　　时间，包含一日的时、分、秒，形式为 HH：MM：SS

（2）基本表的创建、删除和修改

1）创建基本表。基本表是 SQL 数据库的基本组成单位，因此建立数据库最重要的一步就是定义基本表，并根据需要对基本表进行修改或删除。

在介绍 SQL 语句前，先给出一些约定。一个 SQL 语句包含关键字、标识符及各种参数，通过不同的书写格式来区分这些内容。这些语法格式约定如下所示：

① 尖括号 < >：尖括号中的内容表示实际语义。

② 方括号 [ ]：用 [ ] 列出的项为可选项，用户可根据需要选择使用。

③ 大括号和竖线 { | }：{} 中的内容为必选参数，| 表示参数之间是“或”的关系，可以选择使用任何一个。

④ 省略号…：…表示重复前面的语法单元。

在 SQL 语言中使用 CREATE TABLE 语句定义基本表。建表的同时通常还可以定义与该表有关的完整性约束条件，包括表级完整性约束条件和列级完整性约束条件。这些完整性约束条件被存入系统的数据字典中，当用户操作表中数据时，由 DBMS 自动检查该操作是否违背这些完整性约束条件。CREATE TABLE 的一般格式如下：

```
CREATE TABLE <表名>(<列名> <数据类型>[<列级完整性约束>]
[,<列名> <数据类型>[<列级完整性约束>]][,…]
[,[<表级完整性约束>]]);
```

其中：

<表名>：定义创建的基本表的名称，可以是汉字也可以是字符串。

<列名>：定义基本表中的属性名，可以是汉字也可以是字符串。

<数据类型>：定义该属性的数据类型，它可以是 SQL 提供的数据类型。

<列级完整性约束>：该列的数据必须符合的条件如定义数据的范围等，在这一项中加上“[ ]”，表示该项是可选项。常用的列级完整性约束有：NOT NULL（非空）、UNIQUE（唯一性）、CHECK（条件表达式）（列取值范围）等。

<表级完整性约束>：对整个表的一些约束条件，常见的有 PRIMARY KEY（定义主码）、FOREIGN KEY…REFERENCES…（定义外码及参照完整性）、CHECK（条件表达式）（各列上数据必须符合的关联条件）等。

【例 13-12】 建立学生表 S（SNO，SNAME，AGE，SEX）、课程表 C（CNO、CNAME、CREDIT）和选课表 SC（SNO，CNO，GRADE），并定义主码和外码。

可以使用 CREATE TABLE 命令定义如下：

```
CREATE TABLE S(SNO CHAR(5) NOT NULL,    //类型为定长字符串,不允许取空值
SNAME CHAR(8),
AGE INTEGER,  //类型为整型
SEX CHAR(2) NOT NULL CHECK (SEX IN('男','女')),
  //SEX 不为空,取值只能为'男'或'女'
PRIMARY KEY(SNO));  //指明 SNO 为主码
CREATE TABLE C(CNO CHAR(5) NOT NULL,     //类型为定长字符串,不允许取
空值
```

```
CNAME CHAR(20),
CREDIT INTEGER,     //学分(CREDIT)类型为整型
PRIMARY KEY(CNO));//指明 CNO 为主码
CREATE TABLE SC( SNO CHAR(5) NOT NULL,
CNO CHAR(5) NOT NULL,
GRADE REAL,     //GRADE 类型为实型
PRIMARY KEY(SNO,CNO);     //指明 SNO,CNO 为主码
FOREIGN KEY (SNO) REFERENCES S,//指明 SNO 为外码
FOREIGN KEY(CNO) REFERENCES (C)     //指明 CNO 为外码
```

执行上面的 SQL 语句后，就在数据库中建立了三个基本表，基本表的定义及有关约束条件存放在数据字典中。

新创建的基本表只是一个空表（没有任何记录），用户可以使用 INSERT 命令把数据插入到基本表中。

2）修改基本表。基本表创建和使用一段时间后，由于应用环境和需求的变化，需要修改已建立的基本表，包括增加新列、增加新的完整性约束、修改原有的列定义、删除已有的完整性约束等，SQL 语言用 ALTER TABLE 命令修改已有的基本表。其一般格式为：

```
ALTER TABLE <表名> [ADD <新列名><数据类型>[<完整性约束>]]
            [DROP <完整性约束>]
            [MODIFY <列名><数据类型>];
```

其中，<表名>为指定需要修改的基本表名，其他可选子句的说明如下所示：

ADD 子句：用于增加新列、定义新列的类型和新列的完整性约束。

DROP 子句：用于删除指定的完整性约束。

MODIFY 子句：用于修改原有的列定义，可以修改列名、列的数据类型。

【例 13-13】 在例 13-12 的 S 表中增加学生的入学时间 come 列，其数据类型为日期型，修改 S 基本表的 SQL 语句为：

```
ALTER TABLE S ADD come DATE;
```

3)删除基本表。当某个基本表不再需要时，可以使用 SQL 语句 DROP TABLE 进行删除，其一般格式为：

```
DROP TABLE <表名>
```

【例 13-14】 删除 S 表。

删除 S 基本表的命令非常简单，为

```
DROP TABLE S;
```

注意：基本表定义一旦被删除，表中的数据和在此表上建立的索引都将自动被删除掉，而建立在此表上的视图虽仍然保留，但已无法引用。因此，执行删除基本表操作一定要格外小心。

（3）索引的创建、删除和修改　创建索引（Index）是加快基本表查询速度的有效手段。所谓索引就是对数据库表中一列或多列的值进行排序的一种结构。在数据库中，可以根据需要在基本表上建立一个或多个索引，从而提高系统的查询效率。索引是通过建立索引文件来实现的，而索引文件包含记录的关键字与记录的地址两部分，因此它依附于基本表。

索引建立后，在查询使用该列时，系统将自动使用索引进行查询。当增加或删除记录时，索引将自动更新。

1）创建索引。在SQL语言中，创建索引使用CREATE INDEX语句，其一般格式为：

```
CREATE[UNIQUE] [CLUSTER] INDEX <索引名>ON <表名>
        (<列名>[<ASC/DESC>][,<列名[<ASC/DESC>],…]);
```

其中：

<索引名>：可以是将要建立的索引文件名或索引标识。

<表名>：指定要建立索引的基本表名字。

<列名>：索引可以建立在基本表的一列或多列上，多列时各列名之间用逗号分隔。

<ASC/DESC>：如果在基本表某列上建立了索引，则使得基本表按索引逻辑排序，该子句定义了这种顺序是升序还是降序。其中，ASC为升序，DESC为降序，缺省值为ASC。

UNIQUE：表示此索引的每一个索引值只对应唯一的数据记录。

CLUSTER：表示要建立的索引是聚簇索引。所谓聚簇索引是指索引项的顺序与表中记录的物理顺序一致的索引组织。前面我们提到，在关键字上建立了索引，则使得基本表按索引逻辑有序，而聚簇索引是将基本表按索引物理排序，一般来说，用户可以在最频繁查询的列上建立聚簇索引，以提高查询效率。显然在一个基本表上最多只能建立一个聚簇索引。建立聚簇索引后，更新索引列数据时，往往导致表中记录的物理顺序的变更，代价较大，因此，对于经常更新的列不宜建立聚簇索引。

【例13-15】 为"学生表"S创建索引，按学号升序和姓名降序建立唯一索引。

```
CREATE UNIQUE INDEX no_index ON S (SNO ASC,SNAME DESC)
```

上面的SQL语句为基本表S建立了一个索引名为"no_index"的索引，该索引建立在基本表S的两列之上，按SNO升序，当SNO项相同时按SNAME降序，由于选择了UNIQUE，所以每一个索引值对应唯一的数据记录。

2）删除索引。索引一旦建立，就由系统使用和维护它，不需用户干预。创建索引是为了减少查询操作的时间，但如果数据增加、删除、修改频繁，那么系统需要花费许多时间来维护索引。因此当一些索引不经常用时，为减少系统的维护时间，可以删除这些索引。在SQL语言中，删除索引使用DROP INDEX语句，其一般形式为

```
DROP INDEX <索引名>
```

例如，执行SQL语句：DROP no_index将删除例13-15建立的索引。

3. SQL数据查询

查询是数据库的核心操作。SQL只提供一条查询语句——SELECT，但该语句功能丰富，使用方法灵活，可以满足用户的查询要求。使用SELECT语句时，用户不需指明被查询关系的路径，只需要指出关系名、查询内容、附加条件即可。

在关系代数中关系表达式$\Pi_{A_1,A_2,\cdots,A_R}(\sigma_{F(R_1\times R_2\times\cdots\times R_m)})$用来完成查询满足一定条件的记录，这个代数式可以用下面的SQL语句来实现：

SELECT $A_1,A_2,\cdots,A_k$

FROM $R_1,R_2,\cdots,A_m$

WHERE F

因此，关系代数与SQL的SELECT语句相对应，但SQL语句更接近于英语表述的句子，

简单、灵活、方便并且易于理解，实际上 SELECT 句型中的成分丰富多样，有许多可选形式，能表达的语义远比关系代数表达式复杂得多。

（1）SELECT 语句的基本语法　SELECT 语句的语法格式见表 13-21，共包括 SELECT、FROM、WHERE、GROUP BY、HAVING 和 ORDER BY 等子句。其中，SELECT 子句指明需要查询的目标表达式；FROM 子句指明被查询的基表或视图；WHERE 子句说明查询条件；GROUP BY 子句和 HAVING 对查询结果进行分组和过滤；ORDER BY 子句对查询结果进行排序。SELECT 子句和 FROM 子句是每个 SQL 查询语句所必需的，其他子句是可选的。

表 13-21　SELECT 语句语法格式

语句关键字	语法格式	说　明
SELECT	SELECT [ALL | DISTINCT] <目标列表达式> [{，<目标列表达式>}] FROM <表标识> [<别名>] [{，<表标识> [<别名>]}] [WHERE <查询条件>] [GROUP BY <列标识> [{，<列标识>}] [HAVING <分组条件>]] [ORDER BY <列标识> | <序号> [ASC | DESC] [{，<列标识> | <序号> [ASC | DESC]}]]；	SELECT 子句中 <目标列表达式> 是算术表达式，用于投影表中的列，或对列值进行计算。ALL（默认）表明返回查询结果的所有行，不去掉重复行。DISTINCT 对重复行只返回其中一行
		FROM 子句指明查询的数据来源（基表或视图）
		WHERE 中的 <查询条件> 是逻辑表达式。简单条件有比较、BETWEEN、LIKE、IN 和 EXISTS；复合条件是由简单条件、逻辑运算符及括号所组成的逻辑表达式。条件中允许嵌入子查询
		GROUP BY 子句对已选择的行进行分组；HAVING 子句进一步选择已分的组，对每个已选中的组在查询结果中只返回其单行总计信息
		ORDER BY 子句对查询结果的显示输出进行排序，ASC（默认）为升序，DESC 为降序，排序时遵循“NULL 值最大”原则

注：表中有下画线的关键字可省略，表示是默认值。

SELECT 语句中，WHERE 子句的 <查询条件> 即查询条件表达式中可使用下列运算符或关键字：

比较运算符：<、<=、>、>=、=、<>或！=。

范围比较运算符：BETWEEN…AND…。

逻辑运算符：AND、OR、NOT。

集合成员资格运算符：IN、NOT IN。

谓词：EXISTS（存在量词）、ALL、SOME、UNIQUE、LIKE。

空值条件：NULL 和 NOT NULL。

聚合函数：AVG（平均值）、MIN（最小值）、MAX（最大值）、SUM（求和）、COUNT（计数）。

WHERE 子句的条件表达式中的运算对象还可以是另一个 SELECT 语句，即 SELECT 语句可以嵌套。

SELECT 语句既可以完成简单的单表查询，也可以完成复杂的连接查询或嵌套查询。下面以教学管理数据库为例介绍 SELECT 如何实现各种类型的查询。教学管理数据库关系模式如下：

S(SNO,SNAME,AGE,SEX)　　(学生表)

SC(SNO,CNO,GRADE)　　(学生选课表)

C(CNO,CNAME,TEACHER)　　(课程表)

(2) 单表查询　单表查询是指要查询的信息来自一张表或视图。

1) 查询指定列。如下例所示。

【例 13-16】 查询全体学生的学号与姓名。

```
SELECT SNO,SNAME
FROM S
```

<目标列表达式>中各个列的先后顺序可以与表中的顺序不一致。也就是说，用户在查询时可以根据应用的需要改变列的显示顺序。

2) 查询全部列。如下例所示。

【例 13-17】 查询全体学生的详细记录。

```
SELECT *
FROM S
```

“*”表示选择表中的所有列进行输出。上面命令等价于如下命令：

```
SELECT SNO,SNAME, AGE, SEX
FROM S
```

3) 查询经过计算的值。SELECT 子句的<目标列表达式>不仅可以是表中的属性列，也可以是有关表达式。如下例所示。

【例 13-18】 查全体学生的姓名及其出生年份。

```
SELECT SNAME,2014 - AGE
FROM S
```

此例中 2014 表示当年年份。

4) 消除取值重复的行。如果想去掉结果表中的重复行，必须指定 DISTINCT 短语。

```
例:SELECT DISTINCT SNO
FROM SC
```

5) 带搜索条件（WHERE 子句）的查询。查询满足指定条件的元组可以通过 WHERE 子句实现。WHERE 子句常用的查询条件可以是如下几种类型：

① 比较条件，通常用于比较大小，可以使用的比较运算符有 =（等于）、>（大于）、<(小于)、> =(大于等于)、< =(小于等于)、! =(不等于)或 < >(不等于)、! >(不大于)、! <(不小于)，还可用逻辑运算符 NOT 与比较运算符共同构成比较条件，如下例所示。

【例 13-19】 查询学习课程号为 C2 的学生的学号与成绩。

```
SELECT SNO,GRADE
 FROM SC
 WHERE CNO ='C2'
```

② 确定范围条件，通常用于查询属性值在指定范围或不在指定范围的元组，可以使用谓词 BETWEEN…AND…和 NOT BETWEEN…AND…实现，如下例所示。

【例 13-20】 查询年龄在 20 岁与 22 岁之间的学生姓名和年龄。

```
SELECT SNAME,AGE FROM S
WHERE AGE BETWEEN 20 AND 22
```

此查询等价于以下查询：

```
SELECT SNAME,AGE FROM S
WHERE (AGE > =20) AND (AGE < =22)
```

③ 确定集合条件，通常用于查询属性值在指定集合中或不在指定集合中的元组，可以使用谓词 IN 和 NOT IN 实现，如下例所示。

【例 13-21】 查询选修课程号 C01 或 C02 或 C03 的学生学号。

```
SELECT SNO FROM SC
WHERE CNO IN('C01','C02','C03')
```

④ 字符匹配条件，通常用于查询属性值与“匹配串”相匹配或不匹配的元组，也称模糊查询，可以使用谓词 LIKE 或 NOT LIKE 实现。其基本格式为

```
[NOT]LIKE'<匹配串>'
```

<匹配串>表示指定的匹配模板，可以是固定字符串或含通配符“%”（百分号）和“_”（下划线）的字符串。“%”代表任意长度（长度可以为 0）的字符串，“_”代表任意单个字符，如下例所示。

【例 13-22】 a）查询所有姓王的学生信息。

```
SELECT*  FROM S
WHERE SNAME LIKE'王%'
```

b）查询所有姓王且全名为二个汉字的学生信息。

```
SELECT*  FROM S
WHERE SNAME LIKE'王_'
```

⑤ 空值条件，通常用于实现涉及空值的查询。在数据库中，没有赋值的数据为空值，可以使用谓词 IS NULL（为空）或 IS NOT NULL（不为空）实现涉及空值的查询，如下例所示。

【例 13-23】 查询选课表中缺少成绩的学生的学号。

```
SELECT SNO FROM SC
WHERE GRADE IS NULL
```

⑥ 复合条件，通常用于查询满足多个条件即复合条件的元组，可以使用逻辑运算符 AND 和 OR 来连接多个查询条件。在多条件逻辑表达式中，AND 的优先级高于 OR，也可以用括号改变优先级，如下例所示。

【例 13-24】 查询年龄在 20 岁与 22 岁之间、性别为男的学生学号与姓名。

```
SELECT SNAME,AGE FROM S
WHERE (AGE BETWEEN 20 AND 22) AND SEX ='男'
```

（3）多表查询　单表查询只能从一个表或视图中检索相关信息，但有时需要查询的信息来自多个表，称为多表查询。多表查询的主要实现方式有两种，即连接查询和嵌套查询。

1）连接查询。当查询目标涉及两个或多个关系时，要进行连接运算。这时只要在 FROM 子句中指出各个关系的名称，在 WHERE 子句里正确指出连接条件即可。如果不同关系中具有相同的属性名，为避免混淆，必须用“关系名．属性名”指定属性属于哪一个关系。

连接条件是用来连接两个表的条件，其一般格式为

[<表名1>.] <列名1> <比较运算符> [<表名2>.] <列名2>

【例13-25】 查询选修课程号为C2的学生学号与姓名。

```
SELECT S.SNO,SNAME
FROM S,SC
WHERE S.SNO = SC.SNO AND CNO = 'C2'
```

这个语句执行时，要先对FROM后的基本表S和SC作条件连接，连接的条件是S.SNO = SC.SNO，然后对连接的结果进行选择，选择的条件是CNO = 'C2'，再对结果作S.SNO、SNAME上的投影。

【例13-26】 查询选修课程名为MATHS的学生学号和姓名。

```
SELECT S.SNO,SNAME
FROM S,SC,C
WHERE S.SNO = SC.SNO AND SC.CNO = C.CNO AND CNAME = 'MATHS'
```

这个语句执行时，要先对FROM后的基本表S、SC和C作条件连接，连接的条件是S.SNO = SC.SNO AND SC.CNO = C.CNO，然后对连接的结果进行选择，选择的条件是CNAME = 'MATHS'，再对结果作S.SNO、SNAME上的投影。

2）嵌套查询。嵌套查询是指在SELECT – FROM – WHERE查询块内部再嵌入另一个查询块（子查询）。子查询通常出现在WHERE子句中，可使用IN、EXISTS等谓词实现。[例13-25] 可用以下嵌套查询实现：

```
SELECT SNO,SNAME
FROM S
WHERE SNO IN
(SELECT SNO
FROM SC
WHERE CNO = 'C2')
```

这个查询语句执行过程可以这样来进行：我们要求查询的是SNO（学号）、SNAME（姓名），而这两个属性均在关系S中，因此用SELECT SNO，SNAME FROM S来查询，然而结果中不是每条记录都是我们要查询的内容，只有学号是选修了C2课程的学生是我们要查询对象，在WHERE子句中我们判断这些学号中哪些是选学了C2课程的学号，方法是查询关系SC中选学了C2课程学生的学号，语句SELECT SNO FROM SC WHERE CNO = 'C2'查询出选学了C2课程的学生学号，在WHERE子句的条件表达式中使用集合成员资格运算符IN判断前面查询结果中SNO是否在后面查询结果中，若在，视WHERE子句的条件为真，则这条记录SNO，SNAME就是选修学了CNO课程的学生，是我们要查询的内容。

从这个例子我们可以看到，查询涉及多个基本表时，用嵌套结构逐次求解，层次分明，具有结构化程序设计特点。并且嵌套查询的执行效率也比连接查询的效率高，因此从查询效率上说这种查询方法比 [例13-26] 的连接查询方法更优。在嵌套查询中，IN是常用的集合运算符，其结构为"（集合1）IN（集合2）"，表示集合1中每个元素均在集合2中，集合2常常是SELECT查询语句的查询结果。

在嵌套查询时，主查询的WHERE子句的条件中还可以用EXISTS表示集合存在元素

（集合非空）。如果子查询结果非空，则满足条件；NOT EXISTS 正好相反，表示不存在，如果子查询结果为空，则满足条件。［例 13-25］可用以下嵌套查询实现：

```
SELECT SNO,SNAME
FROM S
WHERE EXISTS
(SELECT SNO,CNO
FROM SC
WHERE SC.SNO = S.SNO AND SC.CNO ='C2')
```

3）带有比较运算符的嵌套查询。带有比较运算符的嵌套查询是指外层查询与子查询之间用比较运算符进行连接。当用户能确切知道内层查询返回的是单列单值时，可以用 >、<、=、>=、<=、!=或<>等比较运算符；当内层查询返回结果不是单值而是集合时，则需在比较运算符后加修饰词 ALL、SOME（ANY）等，以实现与集合的比较。以下举例说明。

【例 13-27】 查找比“李平”同学年龄大的所有学生姓名。

```
SELECT SNAME
  FROM  S
 WHERE AGE >
            (SELECT  AGE
             FROM S
             WHERE SNAME ='李平')
```

分析：以上查询中，因为“李平”的年龄是唯一的，因此子查询的结果是单列单值，因此属性 AGE 可以直接用关系运算符“>”与子查询结果进行比较。

（4）附加子句　对 SELECT 语句，还可以附加某些子句，以实现某些特殊功能，如对查询结果进行分组、统计或对查询结果以指定形式进行排序。

1）聚集函数。在 SQL 语句中可以使用 SQL 提供的聚集函数（统计函数）对查询结果进行统计，SQL 中提供的聚集函数如下所示：

① 计数函数 COUNT（<字段名>）：统计字段名所在列的行数，一般用 COUNT（*）表示计算查询结果的行，即元组的个数。

② 求和函数 SUM（<字段名>）：对某一列的值求和（必须是数值型字段）。

③ 计算平均值 AVG（<字段名>）：对某一列的值计算平均值（必须是数值型字段）。

④ 求最大值 MAX（<字段名>）：找出一列中的最大值。

⑤ 求最小值 MIN（<字段名>）：找出一列中的最小值。

聚集函数可以出现在<目标列表达式>中，也可以出现在<查询条件>中。

【例 13-28】 计算选修课程名为 MATHS 的总人数、最高分、最低分和平均分。

```
SELECT COUNT(* ),MAX(GRADE),MIN(GRADE),AVG(GRADE)
FROM SC,C
WHERE SC.CNO = C.CNO AND CNAME ='MATHS'
```

2）GROUP BY。GROUP BY 子句的作用是按指定项目对元组分组，通常分组项目为属性，并要求将该属性列在查询结果列表中，否则分不清统计结果属于哪一组。聚集函数通常与分组子句联合使用，以细化聚集函数的作用对象。

【例 13-29】 查询每门课程号及相应的选课人数、该课程最高分和平均分。

```
SELECT CNO,COUNT(SNO),MAX(GRADE),AVG(GRADE)
FROM SC
GROUP BY CNO;
```

【例 13-30】 求每个学生的姓名、该学生选课的门数和平均分。

```
SELECT SNAME,COUNT(* ),AVG(GRADE)
FROM S,SC
WHERE SC.SNO = S.SNO
GROUP BY SNAME
```

需要说明的是，带有 GROUP BY 子句的 SELECT 子句中除使用分组属性和聚集函数外，不能出现其他非分组属性。

3）HAVING 子句。HAVING 子句一般跟在 GROUP BY 子句之后，其作用是对分组按 HAVING 短语指定的筛选条件进行筛选，筛选条件中一般都包含聚集函数（在 WHERE 子句里不能直接用聚集函数作为条件表达式）。

【例 13-31】 查询选修了 3 门以上课程的学生学号和姓名。

```
SELECT S.SNO,S.SNAME
FROM S,SC
WHERE S.SNO = SC.SNO
GROUP BY S.SNO,S.SNAME
HAVING COUNT(* ) >3
```

HAVING 子句指定选择组的条件，只有满足条件 COUNT（*） >3（表示此学生选修的课超过 3 门）的组，才在查询结果中显示。

4）ORDER BY 子句。ORDER BY 子句可以对查询结果进行排序。用属性名或查询结果的列序号指定排序关键字。DESC 表示降序，ASC 表示升序。系统默认为升序。允许多重排序。

【例 13-32】 查询选修了课程名为“数据结构”的学生学号及其成绩，查询结果按成绩降序排列。

```
SELECT SNO,GRADE
FROM SC, C
WHERE CNAME ='数据结构'AND SC.CNO = C.CNO
ORDER BY GRADE DESC;
```

小结：SQL 数据查询语句 SELECT 语法非常灵活，整个 SELECT 语句的执行过程如下所示。根据 WHERE 子句的条件表达式，系统从 FROM 子句指定的基本表或视图中找出满足条件的元组，再按 SELECT 子句中的目标列表达式，选出元组中的属性值形成结果表。如果有 GROUP BY 子句，则将结果按列名序列的值进行分组，该属性列值相等的元组为一个组，每个组产生结果表中的一条记录。通常会在每组中使用聚集函数。如果 GROUP BY 子句带 HAVING 短语，则只有满足指定条件的组才给予输出。如果有 ORDER BY 子句，则结果表还要按指定列名的值的升序或降序排序后，再输出。实际上，SQL 数据查询中还包含集合查询，即对两个 SELECT 语句的查询结果进行集合操作。集合操作主要包括关系代数中的并操作（Union）、交操作（Intersect）和差操作（Minus）。这里不再一一介绍。

4. SQL 数据更新

SQL 的数据更新是指对数据库中的数据进行改变，包括数据插入、删除和修改 3 种操作，其语句见表 13-22。

表 13-22　SQL 数据更新语句

语句关键字	语法格式	说　明
INSERT	INSERT INTO <表名> [（<属性名> [{，<属性名>}]）] {VALUES（<常量> [{，<常量>}]）| <查询语句>}；	向基表中插入数据。属性列的顺序可与基表定义中的顺序不一致；属性列表可以被省略
DELETE	DELETE [<表名> [WHERE <删除条件>]；	从基表中删除数据。若 WHERE 子句省略，则删除基表中所有元组，但基表仍作为一个空表存在于数据库中
UPDATE	UPDATE [<表名> SET <属性名 = 表达式> [{，<属性名 = 表达式>}] [WHERE <更新条件>]；	根据更新条件，将基表中相应元祖的属性值更新为表达式的值

（1）数据插入　SQL 的数据插入语句 INSERT 通常有两种形式。一种是插入一个元组，另一种是插入子查询结果。后者可以一次插入多个元组。

1）插入一个元组，即插入一条记录，其一般格式为

INSERT INTO <表名> [（<列名表>）] VALUES（<记录值>）

【例 13-33】　向基本表 SC 中插入一个新记录（S4，C6，90），可用下列语句实现：

```
INSERT INTO SC(SNO,CNO,GRADE)
 VALUES('S4','C6',90)
```

说明：当插入记录中列的个数、顺序、类型与基本表 SC 的结构完全一致时，SC 后面的列名（SNO，CNO，GRADE）可省略不写。

2）插入子查询结果，可以将一个 SELECT 语句的查询结果插入到表中，一次可以插入多个元组。其格式如下：

INSERT INTO <基本表名>（<列名表>）SELECT <查询语句>

【例 13-34】　在基本表 SC 中，把平均成绩大于 80 分的男学生学号和平均成绩插入另一个已知的基本表 SGRADE（SNO，AVG _ GRADE）中。读者可用下列语句实现：

```
INSERT INTO SGRADE
 SELECT SNO,AVG(GRADE)
 FROM SC
 WHERE SNO IN
 (SELECT SNO FROM S WHERE SEX ='M')
 GROUP BY SNO
 HAVING AVG(GRADE)>80
```

（2）数据删除　SQL的删除操作是指从基本表中删除元组，其一般形式为

```
  DELETE FROM <基本表名>
[WHERE <条件表达式>];
```

其语义是从基本表中删除满足条件表达式的记录。DELETE语句只能从一个基本表中删除记录，该语句中没有WHERE子句时，表示删除此表中的全部记录，但此表的结构不会被删除，此表的定义仍在数据字典中。

【例13-35】 把课程名为MATHS的成绩从基本表SC中删除。

```
DELETE FROM SC
   WHERE CNO IN
    (SELECT CNO FROM C WHERE CNAME ='MATHS')
```

（3）数据修改　当需要修改基本表中记录某些列值时，可以用UPDATE语句实现，其一般形式为

```
UPDATE <基本表名>
SET <列名> = <值表达式>[,<列名> = <值表达式>,…]
[WHERE <条件表达式>]
```

其语义是修改基本表中满足条件表达式的那些元组的列值，用SET子句中的值表达式修改原来的列值。

【例13-36】 将基本表SC中学生的英语（课程号为C03）成绩提高10%。

```
UPDATE SC
SET GRADE =GRADE +GRADE* 0.1
WHERE CNO ='C03'
```

将基本表中女同学的成绩提高10%。

```
UPDATE SC
SET GRADE =GRADE* (1 +0.1)
WHERE SNO IN
   (SELECT SNO FROM S WHERE SEX ='F')
```

5. 视图

视图是关系数据库系统提供给用户以多种角度观察数据库中数据的重要机制。无论从方便用户的角度，还是从加强数据库安全的角度，视图都有着极其重要的作用。

一个视图是从一个或多个关系（基本表或已有的视图）导出的关系。导出后，数据库中只存有此视图的定义（在数据字典中），但并没有实际生成此关系，因此视图是“虚表”。当用户使用视图时，系统才去找对应的数据。基本表中的数据发生变化，从视图中查询得出的数据也就随之改变了。视图一经定义，就可以和基本表一样被查询和删除，但对视图的修改（插入、删除、更新）操作则有一定的限制。

（1）创建视图　创建视图命令CREATE VIEW的格式为

```
CREATE VIEW <视图名>[(<列名1>[,<列名2>,…])][AS <SELECT查询子句>]
```

其中：

<视图名>是创建视图的名字。

<列名>是创建视图包含的属性，可以是一列也可以是多列，多列时，各列之间用逗号

隔开。如果视图后的列名表与 SELECT 中的列名表完全相同时，视图名后的列名表可以省略。

<SELECT 查询子句>是对基本表进行查询，以获得视图所需要的数据。

【例 13-37】 建立全体男生的视图。

```
CREATE VIEW boy_S AS
  SELECT SNAME,AGE FROM S
  WHERE SEX = '男'
```

执行上面的语句，可以由基本表 S 创建视图 boy_S，视图的属性有两个，分别为 SNAME 和 AGE。

（2）删除视图　视图创建好后，如果导出该视图的基本表被删除，该视图将失效，但一般不会自动被删除，这时可以采用 SQL 的视图删除语句。删除视图语句的一般格式为

DROP VIEW <视图名>

（3）对视图的更新操作　在视图定义后，对于视图的查询（SELECT）操作，可以像对待基本表一样使用，没有什么限制。然而，由于视图是虚表，对视图的更新最终要转换为对基本表的更新。因此对于视图记录的更新操作（INSERT、DELETE、UPDATE），有以下 3 条规则：

① 如果一个视图是从多个基本表使用连接操作导出的，那么不允许对这个视图执行更新操作。

② 如果在导出视图的过程中，使用了分组和聚合操作，也不允许对这个视图执行更新操作。

③ 如果视图是从单个基本表使用选择、投影操作导出的，并且包含了基本表的主码，那么这样的视图称为"行列子集视图"，可以被执行更新操作。

在 SQL2 中，允许更新的视图在定义时，必须加上"WITH CHECK OPTION"短语，这样，在视图上进行修改数据时 DBMS 会自动检查，修改是否合法，若不合法则拒绝执行该操作。

【例 13-38】 如果定义了一个有关男学生的视图：

```
CREATE VIEW S_MALE
 AS SELECT SNO,SNAME,AGE
 FROM S
 WHERE SEX = 'M'
```

这个视图是从单个关系只使用选择和投影来导出的，并且包含了基本表 S 的关键字 SNO，如执行插入操作：

```
INSERT INTO S_MALE
VALUES('S28','李华',18)
```

系统自动会把它转变成下列语句：

```
INSERT INTO S;
VALUES('S28','李华','M',18)
```

对基本表 S 进行记录的插入。

6. SQL 数据控制

数据库中的数据被多个用户共享，为保证数据库的安全，SQL 语言提供数据控制语言

（Data Control Language，DCL），对数据库进行统一的控制管理。

SQL 中有两个功能提供了安全性：一个是视图机制，它用来对无权用户屏蔽数据；另一个是权限机制。前面已对视图机制进行了介绍，下面我们讨论 SQL 的权限机制。

权限机制的基本思想是给用户授予不同类型的权限，使用户能够进行的数据库操作以及所操作的数据限定在指定范围内，禁止用户超越权限对数据库进行非法的操作，从而保证数据库的安全性；在必要时，可以从用户那里收回授权即权限撤销。DBMS 通过 SQL 的 GRANT 授权语句或 REVOKE 撤销语句，把指定的权限授予或权限撤销存入数据字典中，在用户操作数据时，DBMS 根据数据字典中存入的授权情况，检查用户操作的合法性。

（1）授予权限　SQL 语言用 GRANT 语句向用户授予数据访问的权限，GRANT 语句的一般格式为

```
GRANT <权限表> ON <对象表> TO <用户表> [WITH GRANT OPTION];
```

GRANT 语句的语义为给 <用户表> 中指定的用户授予对 <对象表> 指定的操作对象进行某些操作的权限，操作对象有表、视图、属性列和数据库，其权限由 <权限表> 指定。

对属性列、视图的操作权限如下所示：

SELECT：对象的查询权限。

INSERT：对象的插入权限。

UPDATE：对象的数据更新权限。

DELETE：对象的数据删除权限。

ALL PRIVILEGES：SELECT、INSERT、UPDATE、DELETE 4 种权限的总和。

对基本表的操作权限如下所示：

SELECT：基本表的查询权限。

INSERT：基本表的插入权限。

UPDATE：基本表的数据更新权限。

DELETE：基本表的数据删除权限。

ALTER：基本表的修改权限。

INDEX：为基本表建立索引权限。

ALL PRIVILEGES：基本表的 SELECT、INSERT、UPDATE、DELETE、ALTER、INDEX 这 6 种权限的总和。

对数据库的操作权限：

可以有建立表（CREATE TABLE）的权限，该权限属于 DBA（Database Administrator，数据库管理员），可由 DBA 授予普通用户，普通用户拥有此权限后可以建立基本表，基本表的拥有者（Owner）拥有对该表的一切操作权限。

说明：

1）接受权限的用户可以是一个或多个具体用户，也可以是 PUBLIC，即全体用户。

2）如果指定了 WITH GRANT OPTION 子句，则获得某种权限的用户还可以把这种权限再授予其他用户；如果没有指定 WITH GRANT OPTION 子句，则获得某种权限的用户只能使用该权限，但不能转授该权限。

3）GRANT 语句可以一次向一个用户授权，也可以一次向多个用户授权，还可以一次授予多个同类对象的权限，甚至一次可以完成对基本表、视图和属性列这些不同对象的授权，但授予关于 DATABASE 的权限必须与授予关于 TABLE 的权限分开，因为对象类型不同。

【例 13-39】 用 SQL 完成如下操作：

1）把查询 C（课程）表的权限授给用户 user1：

GRANT SELECT ON TABLE C TO user1

2）把对 S（学生）表和 C（课程）表的全部操作权限授予用户 user2 和 user3：

GRANT ALL PRIVILIGES ON TABLE S，C TO user2，user3

3）把对表 SC 的查询权限授予所有用户：

GRANT SELECT ON TABLE SC TO PUBLIC

4）把查询 SC 表和修改成绩（GRADE 属性）的权限授给用户 user4：

GRANT UPDATE（GRADE），SELECT ON TABLE SC TO user4

5）把对表 S 的 INSERT 权限授予 user5 用户，并允许将此权限再授予其他用户：

GRANT INSERT ON TABLE S TO user5 WITH GRANT OPTION

执行了上述语句，user5 用户也可以使用上述 GRANT 命令，把这种权限授予其他用户。例如，user5 可以将此权限授予 user6：

GRANT INSERT ON TABLE S TO use6 WITH GRANT OPTION

同样，user6 还可以将此权限授予 user7：

GRANT INSERT ON TABLE S TO user7

因为 user6 未给 user7 传播的权限，因此 user7 不能再转授此权限。

6）DBA 把在数据库 app _ db 中建立表的权限授予用户 user8。

GRANT CREATE TABLE ON DATABASE app _ db TO user8

（2）收回权限　授予的权限可以由 DBA 或其他授权者用 REVOKE 语句收回，REVOKE 语句的一般格式为

REVOKE <权限表> ON <对象表> FROM <用户表>

【例 13-40】 用 SQL 完成如下操作：

1）把用户 user4 对 SC 的查询、修改学生成绩的权限收回：

REVOKE SELECT，UPDATE（GRADE）ON TABLE SC FROM user4

2）收回所有用户对表 S 的查询权限：

REVOKE SELECT ON TABLE S FROM PUBLIC

3）把用户 user5 对 S 表的 INSERT 权限收回：

REVOKE INSERT ON TABLE S FROM user5

说明：

1）如果用户 1 将某种权限授予用户 2，用户 2 又将这个权限授予了用户 3，当使用 REVOKE 语句后，DBMS 在收回用户 1 的这种权限的同时，会自动收回用户 2、用户 3 的这种权限。

2）在上述情况下如果用户 2 还从其他用户（假如用户 5）中也获得过这种权限，那么当使用 REVOKE 语句后，DBMS 在收回用户 1 的这种权限的同时，用户 2 和用户 3 仍然具有这种权限。

SQL 提供了非常灵活的授权机制。DBA 拥有对数据库中所有对象的所有权限，并可以根据应用的需要将不同的权限授予不同的用户。所有授予出去的权限在必要时又都可以用 REVOKE 语句收回。

第 14 章　数据库设计与应用

上一章重点介绍了关系数据库结构化查询语言 SQL，SQL 语句的使用应该建立在已经设计好关系模式的基础上。而如何根据特定的用户需求及一定的计算机软硬件环境，设计并优化数据库的逻辑结构和物理结构，建立高效、安全的数据库，这是数据库设计阶段要解决的主要问题。

本章首先介绍关系数据库设计理论即关系模式规范化，然后介绍数据库设计的过程，最后简单介绍了数据库应用系统的开发并列举了一些数据库系统的典型应用实例。

14.1　关系模式规范化

数据库设计的关键是关系模式的设计，如何把现实世界表达成一个合适的关系模式？如何选择一个比较好的关系模式的集合？关系模式中某些数据依赖问题的存在，可能会导致数据库中数据冗余和操作异常等问题，关系模式规范化方法使用范式这一概念来定义关系模式所符合的不同级别的要求，较低级别范式的关系模式，经模式分解可转换为若干符合较高级别范式要求的关系模式。

1. 关系模式规范化问题的提出

究竟什么样的数据模式是合适的数据模式？先来看一个关系型数据模式的例子。

【例 14-1】　要求设计教师授课数据库，其关系模式为

TC（教师号，教师姓名，联系电话，课程号，课程名）

这些数据有如下语义规定：

1）一个教师只有一个教师编号、联系电话。

2）一门课程只有一个课程号。

3）一个教师可以授多门课程，一门课程可以有多个授课教师。

在此关系模式中填入一部分数据，见表 14-1。

表 14-1　教师授课表 TC

教 师 号	教师姓名	联系电话	课 程 号	课 程 名
T01	李桦	88552322	C01	计算机文化基础
T01	李桦	88552322	C04	微机原理
T02	王伟	88558092	C06	计算机系统结构
T02	王伟	88558092	C02	C 语言程序设计
T02	王伟	88558092	C03	计算机软件基础
T03	李琳	88475685	C05	计算机接口技术

根据数据的语义规定，关系模式 TC 的主码是（教师号，课程号），即根据每个教师号和所教课程的编号就能确定课程名称，根据每个教师号就能确定教师姓名、地址或联系电话。虽然这个模式只有 5 个属性，但在使用过程中明显存在下列问题。

（1）数据冗余　在上述关系中，如一名教师可以教授多门课程，那么这位教师的教师号、教师姓名、联系电话就要重复多次，如教师李桦、王伟。

（2）更新异常　由于数据的冗余，在数据更新时会出现问题。例如，一个教师教 3 门课程，在关系中就会有 3 条记录。如果这个教师的地址改变了，这 3 条记录中的联系电话都要改变（人工操作）。若在修改的过程中，有一条记录的联系电话忘记更改，就造成这个教师的联系电话不唯一这样的错误信息。

（3）插入异常　在关系型数据库中，主码是能够唯一标识记录的属性或属性组，并且规定在关系中，做为主码的属性不能为空值，也就是说，系统规定：在关系中，当作为主码的属性没有值时，这样的记录是非法记录。而实际情况是，如果新增加一名教师，尚未分配教学任务（没有课程号），那么该教师的教师号、教师姓名和联系电话就无法形成记录存储到关系中去。

（4）删除异常　与插入问题相反，删除操作会引起一些信息的丢失。如一个教师原来有教学任务，目前没有安排教学任务，那么要把这个教师的所有记录都删除，就把这个教师的姓名和联系方式等信息也从数据库中删去了，以后要给这个教师安排教学任务，则无处查询这个教师的相关信息，这也是一种不合理的现象。

由上述四条可见，授课关系 TC 尽管看起来很简单，但存在的问题比较多，它不是一个合理的关系模式。

一个好的关系模式除了能满足用户对信息存储和查询的基本要求外，还应当使它的数据库满足如下要求。

（1）元组的每个分量必须是不可分的数据项　关系数据库特别强调，关系中的属性不能是组合属性，必须是原子属性，不可再分。满足这个特点的关系模式称为第一范式（1NF）。

（2）数据库中的数据冗余应尽可能少　数据冗余大是指数据库中重复的数据过多。数据冗余会使数据库中的数据量剧增，系统负担过重，并浪费大量的存储空间；可能造成数据的不一致，增加数据维护的代价；还会造成数据查询和统计的困难，并导致错误的结果。

尽管关系数据是根据外码建立关系之间的连接运算的，外码是关系数据库不可消除的数据冗余。设计数据库时应尽量将数据冗余控制在最小的范围内，不必要的数据冗余应坚决消除。

（3）不能因为数据更新操作而引起数据不一致的问题　如果数据模式设计得不好，就可能造成不必要的数据冗余，一个信息就会多次地在多处重复存储。对于数据冗余大的关系数据库，当执行数据修改时，这些冗余数据就可能出现有些被修改、有些没有修改的情况，从而造成数据不一致问题。数据不一致问题影响了数据的完整性，使得数据库中数据的可信度降低。

（4）当执行数据插入操作时不能产生插入异常现象　所谓插入异常，是指希望插入的信息由于不能满足数据完整性的某种要求而不能正常地被插入到数据库的问题。出现数据插入异常问题的主要原因是数据库设计时没有按“一事一地”的原则进行。由于多种信息混合放在一个表中，这就可能造成因一种信息被捆绑在其他信息上而产生信息之间相互依附存储的问题，这是使得信息不能独立插入的关键所在。

（5）在执行删除操作时不能产生删除异常问题　删除异常是指在删除某种信息的同时

把其他信息也删除了。删除异常也是由数据库结构不合理引起的。和插入异常一样，如果关系中多种信息捆绑在一起，当被删除信息中含有关系的主属性时，由于关系要满足实体完整性，整个元组将全部从数据库中被删除，即出现删除异常。

针对以上授课关系模式 TC，如果将上述模式分解成下面两个关系模式：

R1（教师号，教师姓名，联系电话）

R2（教师号，课程号，课程名）

对应的关系实例见表 14-2 和表 14-3。我们看到表 14-2 和表 14-3 完整描述了表 14-1 的所有信息，并且解决了前面提到的数据冗余、更新异常、插入异常和删除异常的问题，即每个教师的信息（教师号，教师姓名，联系电话）只存放一次，不管这个教师有没有教学任务，其信息均在关系 R1 中存放，数据的更新、插入和删除均不会产生上述操作异常。以上分析说明，分解后的关系模式是一个较好的关系数据库模式。把不好的关系数据库模式转变为较好的关系数据库模式，就是关系的规范化。

为什么分解后的关系模式比分解前的关系模式要好？实际上这是由属性之间的相互依赖决定的，下面我们从函数依赖的角度来讨论关系模式的设计，即关系模式设计的规范化理论。

表 14-2 关系 R1（教师号、教师姓名、地址或联系电话）

教师号	教师姓名	联系电话
T01	李桦	88552322
T02	王伟	88558092
T03	李琳	88475685

表 14-3 关系 R2（教师号，课程号，课程名）

教师号	课程号	课程名
T01	C01	计算机文化基础
T01	C04	微机原理
T02	C06	计算机系统结构
T02	C02	C 语言程序设计
T02	C03	计算机软件基础
T03	C05	计算机接口技术

2. 函数依赖

关系模式中属性之间的相互依赖即函数依赖是关系模式规范化的基础，函数依赖在现实生活中普遍存在，也是数据库设计中一个重要的问题。

下面给出函数依赖的定义、函数依赖的逻辑蕴涵及与函数依赖的类型等。

（1）函数依赖的定义

定义 14.1 设有关系模式 R（A_1，A_2，…，A_n），简记为 R（U），其中 U = {A_1，A_2，…，A_n}。设 X，Y 是 U 的子集，r 是 R 的任一具体关系，t_1，t_2是 r 中的任意两个元组，若 $t_1[X]=t_2[X]$（即元组 t_1、t_2在 X 上的属性值相等），则 $t_1[Y]=t_2[Y]$（元组 t_1、t_2在 Y 上的属性值相等），则称 X 函数决定 Y，或 Y 函数依赖于 X，记为 X→Y。

说明：

1）函数依赖 X→Y 的定义，强调模式 R 的任意具体关系 r 应具有的特性，而不是某个或某几个具体关系具有的特性。

2）函数依赖 X→Y 的定义，强调具体关系的任意两条记录 t_1、t_2具有的特性，而不是某两条记录具有的特性。

3）函数依赖关系来自于现实世界属性间的相互依赖关系，如教师姓名函数依赖于教师号，教师的联系电话函数依赖于教师号。

【例 14-2】 有一个教学管理关系模式 R（SNO，SNAME，CNO，GRADE，CNAME，TNAME，TADDRESS）

其中各属性的含义如下：

SNO：学号　　　　SNAME：学生姓名

CNO：课程号　　　GRADE：学生成绩

CNAME：课程名　　TNAME：教师姓名

TADDRESS：教师地址

则根据教学管理的现实世界，在关系模式 R 的任何关系 r 中存在下列函数依赖关系：

SNO→ SNAME

CNO→ CNAME

TNAME→ TADDRESS

（SNO，CNO）→ GRADE

设计教学管理系统，如果按照关系模式 R 进行数据的存储，会产生前面提到的数据冗余、更新异常、插入异常、删除异常等的问题，如果将上述关系模式分解成下面的关系模式：

R1（SNO，CNO，GRADE）

R2（CNO，CNAME，TNAME）

R3（TNAME，ADDRESS）

上面提到的数据存储、数据操作上的问题可以得到解决，但这样分解所得到的关系模式是否是我们所希望的合适的关系模式？实际上，我们要设计的关系模式中各属性是相互依赖和相互制约的，关系模式的好坏也是由这些依赖和制约产生的。因此关系规范化的设计要从分析属性间的依赖着手。

（2）函数依赖的分类

1）完全函数依赖。在关系模式 R（U）中，如果 X→Y，并且对于 X 的任意一个真子集 X_1，X_1→Y 均不成立，则称 Y 完全依赖于 X。

例如：（学号，课程号）→成绩为完全函数依赖。

2）部分函数依赖。在关系模式 R（U）中，如果 X→Y，并且至少存在 X 的一个真子集 X_1，使得 X_1→Y 成立，则称 Y 部分依赖于 X。

例如：（学号，课程号）→姓名为部分函数依赖。

3）传递函数依赖。在关系模式 R（U）中，如果 X→Y 并且 Y→Z，且 $Y \nrightarrow X$，则 X→Z，称 Z 传递依赖于 X。

例如：学号→系地址为传递函数依赖，因为学号→系部，系部→系地址。

（3）用函数依赖定义主码　在讨论关系模式时，已从唯一标识元组的角度对关系模式的码给出了定义，下面从函数依赖的角度，重新定义以下几个概念。

1）候选码（候选键）。设有关系模式 R（U），F 是 R 上的函数依赖集，K 是 U 的一个子集。如果：

① F 逻辑蕴涵 K→U。

② 不存在 K 的任何真子集 K_1 使得 F 逻辑蕴涵 K_1→U。若同时满足①、②则称 K 是 R 的候选码或候选键。

2）主码（关键字）。当候选码多于一个时，可以选中其中的一个作为主码。

3）主属性。所有候选码中的属性称为主属性。

4）非主属性。不包含在任何候选码中的属性称为非主属性。

【例 14-3】　有关系模式（学号，课程号，教师号，教师姓名，联系电话或地址），在这个关系模式中存在下列自然的函数依赖集。

F = {（学号，课程号）→教师号，教师号→教师姓名，教师号→联系电话或地址}

要求：确定该关系模式的候选码、主码、主属性、非主属性。

分析：由函数依赖

（学号，课程号）→教师号，教师号→教师姓名，教师号→联系电话或地址

根据函数依赖的传递性可以推出：

（学号，课程号）→教师姓名

（学号，课程号）→联系电话或地址

再根据自反律可以推出：（学号、课程号）→（学号、课程号）

进一步根据增广律推出：

（学号，课程号）→（学号，课程号，教师号，教师姓名，联系电话或地址）

因此（学号，课程号）是该关系模式的候选码，并且在这个关系模式中没有其他的候选码，因此关系模式的主属性为学号和课程号；非主属性为教师号、教师姓名和联系电话或地址。

3. 关系模式规范化

规范化的基本思想是消除关系模式中的数据冗余，消除数据依赖中的不合适的部分，解决数据插入、删除与修改时发生的异常现象，这就要求关系数据库设计出来的关系模式要满足一定的条件。我们把关系数据库的规范化过程中为不同程度的规范化要求设立的不同的标准或准则，称为范式（Normal Form）。满足最低要求的叫第一范式，简称 1NF。

一个低一级范式的关系模式，通过模式分解可以转换为若干个高一级范式的关系模式的集合，这种过程就叫规范化。在函数依赖范畴内，规范化程度从低到高分别有以下范式：第一范式（1NF）、第二范式（2NF）、第三范式（3NF）、Boyce - Codd 范式（BCNF）、第四范式（4NF）及第五范式（5NF）。但是一般而言在关系数据库设计中，只要求关系模式达到 3NF，这时已经消除了大部分数据冗余和更新异常的问题。因此以下只讨论到 3NF。

（1）第一范式（1NF）　第一范式（First Normal Form）是最基本的规范化形式，即关系中每个属性都是不可再分的简单项。

定义 14.2　如果关系模式 R 所有的属性均为简单属性，即每个属性都是不可再分的，则称 R 属于第一范式，简称 1NF，记作 R∈1NF。

在关系数据库中只讨论规范化的关系，因此第一范式是最低要求，即所有关系都必须符合第一范式。如果不满足第一范式，必须转化成符合第一范式的关系。

（2）第二范式（2NF）

定义 14.3　若关系模式 $R \in 1NF$，且每一个非主属性完全函数依赖于关系 R 的某个候选码，则关系 R 为第二范式，记为 $R \in 2NF$。

2NF 不允许关系模式的非主属性与候选码之间存在部分函数依赖，如关系模式 R（教师号，教师姓名，地址或联系电话，课程号，课程名）的候选码是（教师号，课程号），即（教师号、课程号）→课程名，但课程号是（教师号，课程号）的子集，实际上：

课程号→课程名

也就是说在关系 R 中存在着非主属性对候选码的部分依赖。事实上在这个关系模式中还存在着其他的非主属性对候选码的部分函数依赖：

（教师号，课程号）→教师姓名

（教师号，课程号）→联系电话或地址

因此关系 R 不是第二范式。将关系 R 分解为：

R1（教师号，教师姓名，联系地址）

R2（教师号，课程号，课程名）

由于 R1 的候选码只有教师号，在 R1 中不存在非主属性对候选键的部分函数依赖，因此 R1 属于第二范式。

（3）第三范式（3NF）

定义 14.4　若关系模式 $R \in 2NF$，若每一个非主属性都不传递依赖于某个候选码，则关系 R 属于第三范式，记为：$R \in 3NF$。

【例 14-4】　考察关系模式 S（SNO，SNAME，AGE，DNO，DEAN），其中各属性代表的含义如下所示：

SNO：学号　　SNAME：学生姓名

AGE：学生年龄　　DNO：学生所在的系号

DEAN：学生所在系的系名

这个关系模式中存在的函数依赖集如下：

$$F = \{SNO \to SNAME, SNO \to AGE, SNO \to DNO, DNO \to DEAN\}$$

在这个关系模式中，显然 SNO→（SNO，SNAME，AGE，DNO，DEAN），即 SNO 是关系模式的候选码，且是唯一的候选码，并且，非主属性对候选码是完全函数依赖，不存在非主属性对候选码的部分函数依赖，因此，关系模式 $S \in 2NF$，然而 SNO→DEAN 是由 SNO→DNO，DNO→DEAN 两个函数依赖推出的，我们称系名（DEAN）传递依赖于学号（SNO），因此 S 不属于第三范式。

我们考察关系模式 S 的关系实例，很容易发现这种关系中同样存在着前面提到的数据存储和数据操作的弊端。如果我们将上述关系分解成：

S1（SNO，SNAME，AGE，DNO）

S2（DNO，DEAN）

则 $S1 \in 3NF$，$S2 \in 3NF$，它们各自的关系实例克服了存储上的数据冗余，操作上的更新异常、删除异常、插入异常等问题。

综上所述，一个关系只要其分量都是不可分的数据项，就可称作规范化的关系，也称作1NF。消除1NF关系中非主属性对候选码的部分函数依赖，得到2NF；消除2NF关系中非主属性对候选码的传递函数依赖，得到3NF。

【例14-5】 有一商品供应的关系模式SP（SNO，PNO，SCITY，STATUS，PRICE，QTY），其中各属性的含义如下：

SNO：供应商编号　　PNO：零件编号

SCITY：供应商所在的城市　　STATUS：供应商的状态

PRICE：零件的价格　　QTY：零件的数量

其属性组上的函数依赖集：

F = {SNO→SCITY，SCITY→STATUS，PNO→PRICE，（SNO，PNO）→QTY}

模式SP属于第一范式。根据函数依赖的推理规则，由F可以推出：

（SNO，PNO）→（SNO，PNO，SCITY，STATUS，PRICE，QTY）

SP的候选码：（SNO，PNO）

SP的非主属性：SCITY，STATUS，PRICE，QTY

非主属性SCITY，PRICE对候选码是部分函数依赖，STATUS对候选码是传递函数依赖，为除去部分函数依赖可将关系模式SP分解如下：

SP_1（SNO，SCITY，STATUS）

SP_2（PNO，PRICE）

SP_3（SNO，PNO，QTY）

SP_1的候选码是SNO，其中存在着非主属性对候选码的传递函数依赖性，为除去传递函数依赖，可将SP_1分解如下：

SP_{11}（SNO，SCITY）

SP_{12}（SCITY，STATUS）

所以关系模式分解为3NF范式的结果如下：

SP_{11}（SNO，SCITY）

SP_{12}（SCITY，STATUS）

SP_2（PNO，PRICE）

SP_3（SNO，PNO，QTY）

可以证明以上每次分解均符合无损连接和保持依赖的条件。

小结：本节主要讨论了关系模式规范化理论。关系模式规范化方法、使用范式这一概念来定义关系模式所符合的不同级别的要求，较低级别范式的关系模式，经模式分解可转换为若干符合较高级别范式要求的关系模式。然而，模式分解会降低数据访问的性能，因此，关系模式规范化程度并非越高越好。规范化与数据库查询性能之间需要权衡。一般情况下，对于更新频繁、查询较少的关系模式（基表），应该提高规范化程度，以减少更新异常；对于查询频繁、更新较少的关系模式（基表），应该降低规范化程度，以提高数据访问性能。

14.2　数据库设计

数据库系统设计的目标是对于给定的应用环境，建立一个性能良好的，既能满足不同用户使用要求的，又能被选定的 DBMS 所接受的数据库系统模式。按照该数据库系统模式建立的数据库系统，应当能够完整地反映现实世界中信息之间的联系；有效地进行数据存储；方便地执行各种数据查找和处理操作；并且有利于进行数据维护和数据控制管理工作。

数据库系统的设计包括两个方面：数据库的结构设计和数据库的行为设计，也称为数据库设计和数据库应用系统设计。本节重点介绍数据库设计，下一节会简单介绍数据库应用系统设计。

1. 数据库设计步骤

按照软件工程的设计方法以及数据库应用系统开发过程，数据库的设计过程可分为以下 6 个设计阶段，即需求分析、概念结构设计、逻辑结构设计、物理结构设计、数据库的实施及数据库运行与维护，如图 14-1 所示。其中，前两个阶段是面向用户的应用要求和具体的问题，中间两个阶段是面向数据库管理系统，最后两个阶段是面向具体的实现方法。

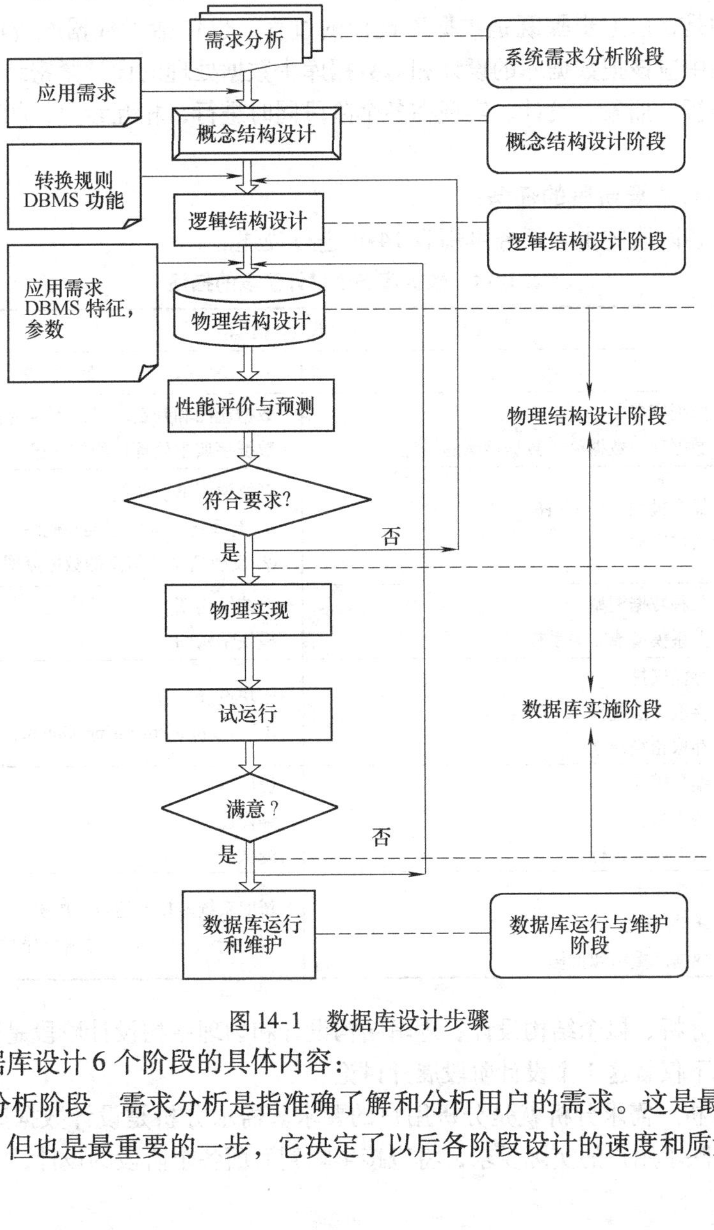

图 14-1　数据库设计步骤

以下是数据库设计 6 个阶段的具体内容：

（1）需求分析阶段　需求分析是指准确了解和分析用户的需求。这是最困难、最费时、最复杂的一步，但也是最重要的一步，它决定了以后各阶段设计的速度和质量。

（2）概念结构设计阶段　概念结构设计是指对用户的需求进行综合、归纳与抽象，形成一个独立于具体 DBMS 产品的概念模型，是整个数据库设计的关键。

（3）逻辑结构设计阶段　逻辑结构设计是指将概念模型转换成某个 DBMS 所支持的数据模型，并对其进行优化。

（4）物理结构设计阶段　物理结构设计是指为逻辑数据模型选取一个最适合应用环境的物理结构（包括存储结构和存储方法）。

（5）数据库实施阶段　数据库实施是指建立数据库，编制与调试应用程序，组织数据入库，并进行调试运行。

（6）数据库运行与维护阶段　数据库运行与维护是指对数据库系统实际正常运行使用，并实时进行评价、调整与修改。

设计一个完善的数据库应用系统是不可能一蹴而就的，它往往是上述6个阶段的不断反复。需要指出的是，以上步骤既是数据库设计的过程，也包括了数据库应用系统的设计过程。在设计过程中应该把数据库的设计和对数据库中数据处理的设计紧密结合起来，将这两个方面的需求分析、抽象、设计、实现在各个阶段同时进行，相互参照，相互补充，以完善两方面的设计。

2. 数据库设计主要阶段的任务

数据库设计各阶段的主要任务可用表 14-4 进行描述。

表 14-4　数据库各个设计阶段的描述

设计各阶段	设计描述	
	数　　据	处　　理
需求分析	数据字典 数据项、数据流、数据存储的描述	数据流图和判定表（或判定树） 数据字典中处理过程的描述
概念结构设计	概念模型（E　R 图） 数据字典	系统说明书。包括： ① 新系统要求、方案和概图 ② 反映新系统信息的数据流图
逻辑结构设计	某种数据模型： 关系模型或非关系模型	系统结构图 模块结构图
物理结构设计	存储安排 存取方法选择 存取路径建立	模块设计 IPO（Input/Processing/Output）表
数据库实施	编写模式 装入数据 数据库试运行	程序编码 编译连接 测试
数据库运行与维护	性能测试 转储/恢复 数据库重组和重构	新旧系统转换、运行、维护 （修正性、适应性、改善性维护）

其中，需求分析、概念结构设计、逻辑结构设计和物理结构设计阶段是数据库设计的4个主要阶段，以下仅就这4个设计阶段展开讨论。

（1）需求分析　需求分析就是分析用户的要求。需求分析是设计数据库的起点，其结果是否准确地反映了用户的实际要求，将直接影响到后面各个阶段的设计，并影响到设计结果是否合理和实用。

需求分析的任务是通过详细调查现实世界要处理的对象（如组织、部门、企业等），充分了解原系统（手工系统或计算机系统）的工作概况，明确用户的各种需求，然后在此基础上确定新系统的功能。新系统必须充分考虑今后可能的扩充和改变，不能仅仅按当前应用需求来设计数据库。

调查的重点是“数据”和“处理”，通过调查、收集与分析，获得用户对数据库如下要求：

1）信息要求，指用户需要从数据库中获得信息的内容与性质。信息要求可以导出数据要求，即在数据库中需要存储哪些数据。

2）处理要求，指用户要完成什么处理功能，对处理的响应时间有什么要求，处理方式是批处理还是联机处理。

3）安全性与完整性要求，指对数据库中的数据应该实施哪些约束和控制以保证数据的完整性和安全性。

为了很好地完成调查的任务，设计人员必须不断地与用户交流，与用户达成共识，以便逐步确定用户的实际需求，然后分析与表达这些需求。其具体的做法是：

① 了解组织机构情况，调查这个组织由哪些部门组成、各部门的职责是什么，为分析信息流程作准备。

② 了解各部门的业务活动情况，调查各部门输入和使用什么数据，如何加工处理这些数据，输出什么信息，输出到什么部门，输出结果的格式是什么。

③ 确定新系统的边界。确定哪些功能由计算机完成或将来准备让计算机完成，哪些活动由人工完成。由计算机完成的功能就是新系统应该实现的功能。

④ 在熟悉了业务活动的基础上，协助用户明确对新系统的各种要求，包括信息要求、处理要求以及安全性与完整性要求。

在调查了解用户需求以后，还需要进一步分析和表达用户的需求。在众多的分析方法中结构化分析（Structured Analysis，SA）方法是一种简单实用的方法。SA 方法从最上层的系统组织机构入手，采用自顶向下、逐层分解的方式分析系统。用数据流图和数据字典共同表述用户的数据和处理需求，数据流图表达了数据和处理的关系，数据字典则是系统中各类数据描述的集合，是进行详细的数据收集和数据分析所获得的主要成果（详细介绍见软件工程部分）。

（2）概念结构设计　将需求分析得到的用户需求抽象为概念模型的过程就是概念结构设计，它是整个数据库设计的关键。概念模式独立于数据库系统的逻辑结构，独立于具体的 DBMS 产品，也独立于计算机系统。

概念模式是面向现实世界的数据模型，不能直接用于数据库系统的实现。但是这种模式易于被用户理解，而且设计人员可以致力于模拟现实世界，而不必过早地纠缠于 DBMS 所规定的各种细节。在概念模式的设计中，E－R 模型法是最常见的设计方法。用 E－R 模型设计数据库系统概念模式的方法有以下几种：

1）自顶向下，即首先定义全局概念结构的框架，然后逐步细化。

2）自底向上，即首先定义各局部应用的概念结构，然后将它们集成起来，得到全局概念结构。按照这种方法，概念结构的设计可按图 14-2 所示的步骤进行。

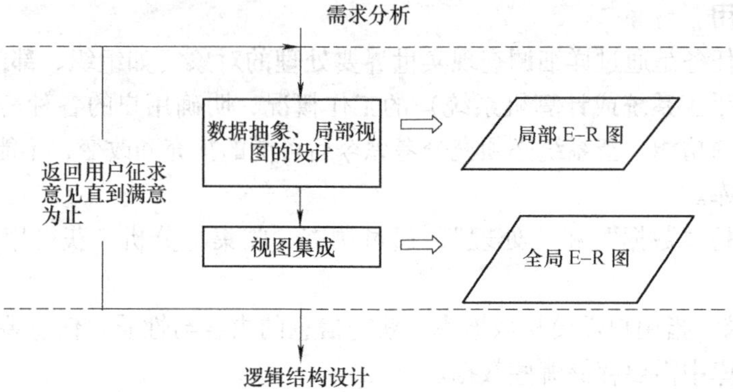

图 14-2　概念结构设计步骤

3）混合策略，即将自顶向下和自底向上相结合，用自顶向下策略设计一个全局概念结构的框架，以它为骨架集成由自底向上策略中设计的各局部概念结构。其中，最经常采用的策略是自底向上方法，即自顶向下地进行需求分析，然后再自底向上地设计概念结构。

（3）逻辑结构设计　逻辑结构设计阶段的任务是将概念设计阶段产生的概念模式变换为逻辑模式。逻辑设计依赖于具体的 DBMS 产品，不同的 DBMS 产品支持不同的数据模型，数据库的数据模型包括层次模型、网状模型和关系模型，其中关系模型和关系数据库管理系统因有关系理论支持而得到广泛使用，成为当今数据库系统的主流。所以，这里以关系模型和关系数据库管理系统为基础讨论数据库系统逻辑设计方法。逻辑结构设计一般分以下 3 步进行：

1）将概念结构转换为一般的关系模型。将 E－R 图向关系模型转换，要解决的问题是如何将实体和实体间的联系转换为关系模式，如何确定这些关系模式的属性和码。转换规则在第 12.2 节的数据模型部分已进行了介绍。

2）将以上得到的一般关系模型向特定 DBMS 支持下的数据模型转换　形成了一般的关系模型后，下一步就是向特定的 RDBMS 的模型转换。设计人员必须熟悉所用 RDBMS 的功能与限制。这一步是依赖于机器的，不能给出一个普遍的规则，但对于关系模型来说，这种转换通常都比较简单，不会有太多的困难。

3）对数据模型进行优化。数据库逻辑设计的结果不是唯一的。为了进一步提高数据库应用系统的性能，还应该根据应用需要适当地修改、调整数据模型的结构，这就是数据模型的优化。关系数据模型的优化通常以规范化理论为指导，但需要注意的是，并不是规范化程度越高的关系就越优。例如，当查询经常涉及两个或多个关系模式的属性时，系统经常进行连接运算。连接运算的代价是相当高的，可以说关系模型低效的主要原因就是连接运算引起的，这时可以考虑将这几个关系合并为一个关系。因此在这种情况下，第二范式甚至第一范式也许是合适的。又如，非 BCNF 的关系模式虽然从理论上分析会存在不同程度的更新异常或冗余，但如果在实际应用中对此关系模式只是查询，并不执行更新操作，则就不会产生实际影响。所以对于一个具体应用来说，到底规范化到什么程度，需要权衡响应时间和潜在问题两者的利弊。

（4）物理结构设计　数据库在物理设备上的存储结构与存取方法称为数据库的物理结构，它依赖于给定的计算机系统。为一个给定的逻辑数据模型选取一个最适合应用要求的物理结构的过程，就是数据库的物理设计。

数据库的物理设计是对已确定的逻辑数据结构，利用 DBMS 所提供的方法和技术，以较优的数据存储结构、数据存取路径、合理的数据存放位置以及存储分配，设计出一个高效的、可实现的物理数据库结构。物理设计常常包括某些操作约束如响应时间与存储要求等。不同的 DBMS 所提供的硬件环境、存储结构、存取方法不同，所以提供给数据库系统设计人员的系统参数及其变化范围不同。因此，为了进行物理设计，设计人员必须深入了解以下几方面的问题：

1）全面了解给定的 DBMS 的功能及 DBMS 提供的物理环境和工具，特别是存储结构和存取方法。

2）了解应用环境。对不同的应用要求按照对组织的重要程度和使用方式进行分类。各种应用的处理频率、响应时间要求等是对时间和空间效率进行平衡和优化的重要依据。

3）了解外存设备的特性。如分块的原则、块因子大小的规定、设备的 I/O 特性等。

物理设计的内容主要包括：

1）确定数据的存储结构。设计者从 DBMS 所提供的存储结构中选取合适的存储结构加以实现。确定存储结构的主要因素是存取时间、存储空间利用率和维护代价 3 个方面。设计者常常要对这些因素进行权衡。一般的 DBMS 也总是具有一定的灵活性供用户选择。例如，若引入某些冗余数据，则可能减少物理 I/O 次数，提高检索效率，相反节约存储空间，则检索代价就会增加。当然我们应该尽量寻找优化方法，使这 3 方面的性能都较好。

2）存取路径的选择和调整。数据库必须支持多个用户的多种应用，因而必须提供对数据库的多个存取入口，也就是对同一数据存储要提供多条存取路径。物理设计的任务就应确定建立哪些存取路径。例如，把哪些数据项作为次码建立次索引，建立单码索引还是组合索引，建立多少个为合适，对于涉及不同数据文件的查询是否建立链结构。设计者应该进行定量的分析，根据计算结果确定存取路径。

3）确定数据存放位置。首先按数据的应用情况划分为不同的组，然后确定存放位置。一般情况下，应把数据的易变部分和稳定部分分开，把经常存取和不常存取的数据分开。经常存取或存取时间要求高的记录应存放在高速存储器上，如硬盘。存取频率小或存取时间要求低的放在低速存储器上，如磁盘。对于同一数据文件也可根据情况进行水平划分或垂直划分。

4）确定存储分配。许多 DBMS 提供了一些存储分配的参数供设计者物理优化处理用。例如，溢出空间的大小和分布参数、块的长度、块因子的大小、装填因子、缓冲区的大小和个数等等，它们都要在物理设计中确定，这些参数的大小影响存取时间和存储空间的分配。例如块的长度取得大则查找多个记录时它们在同一块中的概率就大，物理 I/O 次数可能减小。但是，对于只查找单个记录的应用来说，输入块大，数据在通道中传送时间就长，不如块小些好。

物理设计过程需要对时间、空间效率、维护代价和各种用户要求进行权衡，其结果可以产生多种方案。在实施数据库前，设计者对这些方案进行细致的评价，以选择一个较优的方案来设计数据库的物理结构。

评价物理数据库的方法完全依赖于所选用的 DBMS，主要是从定量估算各种方案的存储空间、存取时间和维护代价入手，对估算结构进行权衡、比较，选择出一个较优的合理的物理结构。如果评价结果满足原设计要求，则可进入到物理实施阶段，否则，就需要重新设计或修改物理结构，有时甚至要返回逻辑设计阶段修改数据模型。

14.3　数据库技术应用

数据库技术是构建计算机信息系统的核心技术。在计算机信息系统中，从业务信息处理系统到信息检索系统，再到较高层次的信息分析系统，都离不开数据库技术。一方面，数据库技术的发展成为计算机信息系统的支柱，另一方面，计算机信息系统应用领域的扩大也为数据库技术的应用开辟了新的空间，进一步推动了数据库系统及应用技术的研究和发展。

本节首先介绍几种典型的关系数据库管理系统产品，然后简单介绍数据库应用系统的开发，最后通过几个典型的应用实例介绍数据库技术的应用。

1. 典型的关系数据库管理系统产品

我国目前流行的数据库管理系统绝大多数是关系型 DBMS。在关系数据库产品市场上，有许多数据库产品。第一类为主流的大型关系数据库管理系统，如 Oracle、Sybase、DB2 等，这类 DBMS 功能强大，具有较强的事务处理能力和完善的数据存储、数据管理能力，并具备较强的分布处理能力和较好的数据安全性能。第二类为基于微型计算机的数据库管理系统（桌面型 DBMS），如 Microsoft Access 和 Visual FoxPro 等，一般具备基本的事务处理能力，但强调使用的方便性和操作的简便性。另一类是介于以上二类之间的关系数据库产品，如 Microsoft SQL Server，它既具有第一类系统的完备性和高性能，又具备第二类系统的使用方便性，因此被广泛应用于中小型系统的开发中。以下首先简要介绍 Oracle、Microsoft SQL Server、Microsoft Access（下一章将重点介绍 Visual FoxPro），然后介绍选择关系数据库管理系统产品时要考虑的主要因素。

（1）Oracle　Oracle 是甲骨文公司开发的关系数据库管理系统，是一个最早商品化的关系型数据库管理系统，也是应用广泛、功能强大、具有客户机/服务器体系结构的数据库管理系统，到目前仍在数据库市场上占有主要份额。

作为一个通用的数据库管理系统，Oracle 具有完整的数据管理功能，这些功能包括存储大量数据、定义和操纵数据、并发控制、安全性控制、完整性控制、故障恢复以及与高级语言接口等。Oralce 还是一个分布式数据库系统，支持各种分布式功能，特别是支持 Internet 处理。作为一个应用开发环境，Oracle 提供了一套界面友好、功能齐全的数据库开发工具，使用户拥有一个良好的应用开发环境。Oracle 使用 PL/SQL 语言执行各种操作，具有可开放性、可移植性、可伸缩性等功能。从 Oracle 8i 开始，Oracle 就支持面向对象的功能，如支持类、方法、属性等，使得 Oracle 产品成为一种对象/关系型数据库管理系统。目前，Oracle 数据库最新版本为 Oracle 12。

图 14-3 是 Oracle 数据库管理系统的一个工作界面。

（2）Microsoft SQL Server　Microsoft SQL Server 是 Microsoft 公司推出的关系数据库管理系统，是一种典型的具有客户机/服务器体系结构的关系数据库管理系统，它使用Transact-SQL 语句在服务器和客户机之间传送请求和响应。Microsoft SQL Server 可以在许多操作系统上运行，具有可靠性、可伸缩性、可用性和可管理性等特点，为用户提供了完整的数据库解决方案。

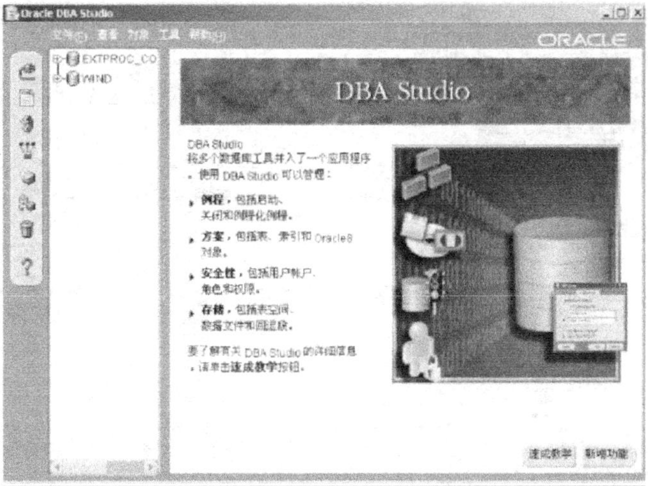

图 14-3　Oracle 数据库管理系统工作界面

SQL Server 的典型版本有 SQL Server 7.0、SQL Server 2000、SQL Server 2005、SQL Server 2008 等。从 SQL Server 2005 开始，其数据库环境开始与 .NET 进行整合，除了承担数据库管理系统核心任务之外，还支持商业智能开发，建立数据集成服务、报表服务及数据分析与挖掘服务等。

Microsoft SQL Server 提供了与微软其他软件相似的图形化用户界面，使系统管理和数据库管理更加直观、简单，在中小型系统开发中得到广泛应用。另外，SQL Server 提供了一整套实用工具和程序。例如 SQL Server 2005 中，最重要的管理工具是 Microsoft SQL Server Management Studio（SQL Server 管理控制台），用于访问、配置、控制、管理和开发 SQL Server 的所有组件，它组合了大量的图形工具和丰富的脚本编辑器。SQL Server Management Studio 将以前版本的 SQL Server 中所包括的企业管理器、查询分析器和 Analysis Manager（分析管理器）功能整合到单一环境中。图 14-4 和图 14-5 分别为 SQL Server Management Studio 对象资源管理器和查询编辑器的界面。

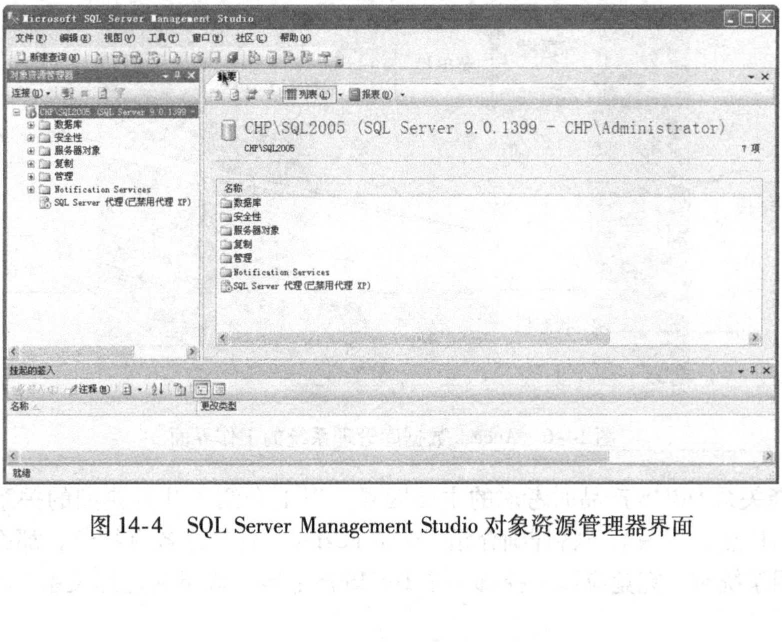

图 14-4　SQL Server Management Studio 对象资源管理器界面

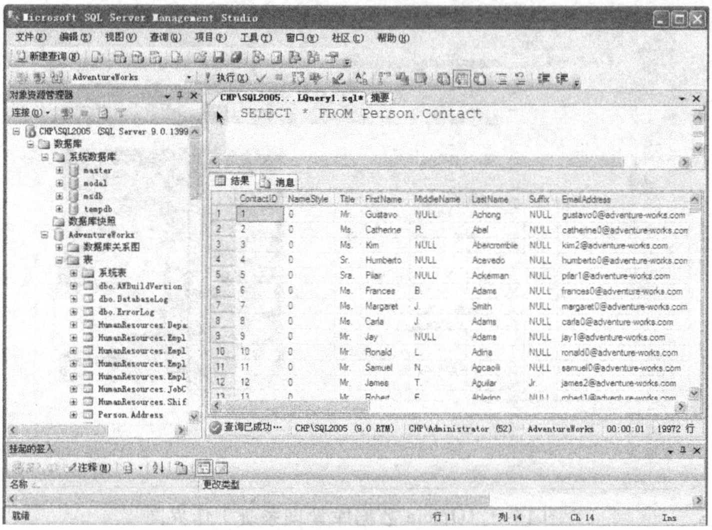

图 14-5 SQL Server Management Studio 查询编辑器界面

（3）Microsoft Access 作为 Microsoft Office 组件之一的 Microsoft Access 是在 Windows 环境下非常流行的桌面型数据库管理系统。使用 Microsoft Access 无需编写任何代码，只需通过直观的可视化操作就可以完成大部分数据管理任务。Microsoft Access 数据库中包括许多组成数据库的基本要素。这些要素是存储信息的表、显示人机交互界面的窗体、有效检索数据的查询、信息输出载体的报表、提高应用效率的宏、功能强大的模块工具等。它不仅可以通过 ODBC（Open Database Connectivity，开放数据库互连）与其他数据库相连，实现数据交换和共享，还可以与 Word、Excel 等办公软件进行数据交换和共享，并且通过对象链接与嵌入技术在数据库中嵌入和链接声音、图像等多媒体数据。

图 14-6 是 Access 数据库管理系统的工作界面。

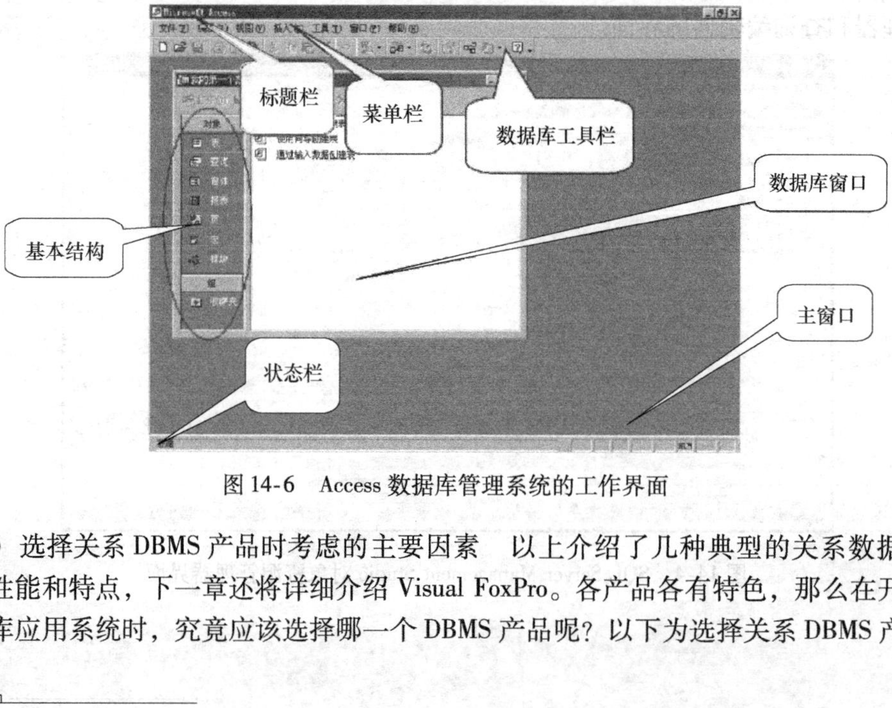

图 14-6 Access 数据库管理系统的工作界面

（4）选择关系 DBMS 产品时考虑的主要因素 以上介绍了几种典型的关系数据库管理系统的性能和特点，下一章还将详细介绍 Visual FoxPro。各产品各有特色，那么在开发具体的数据库应用系统时，究竟应该选择哪一个 DBMS 产品呢？以下为选择关系 DBMS 产品时考虑的主要因素：

1）数据库应用的规模、类型和用户的数量。

2）速度指标。

3）软件、硬件平台性价比。

4）开发者的经验和习惯。

5）安全性要求。

6）对分布式应用的支持等。

因此，在进行数据库应用系统开发时，一定要对系统进行需求分析，然后综合考虑以上因素，选择一种合理的数据库管理系统产品，并选择一种合适的开发工具，再进行应用系统的设计与开发，这是一个不断摸索的过程。

2. 数据库应用系统开发

随着数据库技术的不断发展和广泛应用，从小型事务处理到大型信息系统都采用数据库来进行数据管理。用户与数据库系统打交道，一种方式是直接借助 DBMS 提供的用户接口，采用交互式 SQL 命令进行；另一种方式也是目前大部分系统采用的方式是通过数据库应用程序与 DBMS 交互。因此，在数据库系统设计中，除了选定一种合理的数据库管理系统产品，设计好数据库外，还需要设计数据库应用系统，以建立满足各种用户对数据库应用需求的功能模型。

（1）数据库连接及应用编程接口　数据库应用程序与 DBMS 可以通过应用编程接口（API）实现通信。常用数据库连接与应用编程接口包括 ODBC、JDBC（Java Database Connectivity，Java 数据库连接）、ADO（ActiveX Data Objects，ActiveX 数据对象）、ADO. NET 和 OLE（Object Link And Embed，对象连接与嵌入）DB（Database，数据库）等。以下简单介绍 ODBC 和 JDBC，第三篇中还将介绍 ADO. NET。

1）ODBC。开放数据库连接标准定义了一种应用程序和数据库服务器之间进行通信的方法。通过驱动程序作为应用程序与数据库系统之间的“桥梁”，ODBC 提供了一组独立于具体编程语言、DBMS 及操作系统的数据库访问标准接口（API）。ODBC 数据库应用系统的体系结构如图 14-7 所示。

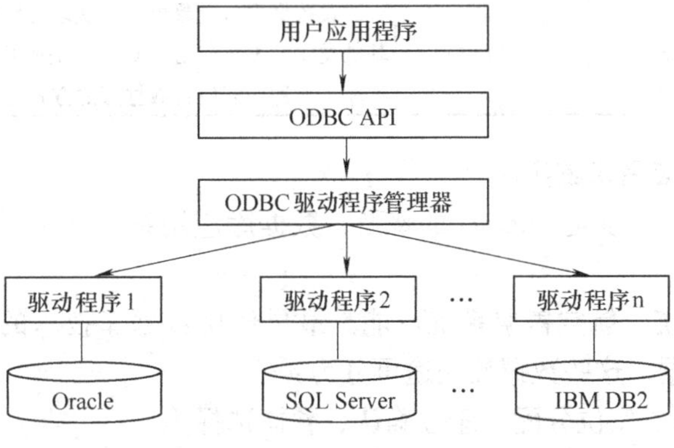

图 14-7　ODBC 数据库应用系统体系结构

2）JDBC。Java 数据库连接定义了 Java 程序连接（关系）数据库服务器的 API 标准。JDBC 首先应用于 Java 2 Platform，Standard Edition（J2SE）Version 1. 1。JDBC – ODBC 桥

（JDBC－to－ODBC bridge）可以使Java应用访问到任何ODBC可访问的数据源。

JDBC API动态装载正确的Java包并将其登记到JDBC驱动程序管理器，该管理器创建JDBC连接。JDBC连接支持SQL数据定义、查询与操作语句，包括CREATE、SELECT、INSERT、UPDATE、DELETE，JDBC连接也支持SQL存储过程调用。

（2）数据库应用开发工具　数据库系统的体系结构不同，数据库应用开发工具也有所不同。目前，主流的C/S结构数据库应用开发工具有Delphi、Visual Basic、.NET框架（Visual Basic. NET、C#）、Visual C++、Java和PowerBuilder等。而B/S结构的应用开发工具有ASP、ASP. NET、JSP和PHP等。在开发工具中通常可以通过API接口（如ODBC，JDBC，ADO. NET）建立与后台数据库的连接。常用数据库应用系统开发工具见表14-5。

表14-5　常用数据库应用系统开发工具

开发工具	供应商	应用体系结构	特点
Delphi	BORLAND	C/S结构为主	数据库引擎：BDE、ADO；数据库组件丰富
Visual Basic（VB）	MICROSOFT	C/S结构	数据控件丰富；数据库管理窗口；数据库访问技术：JET引擎、ODBC和OLE DB；数据对象ADO
VB. NET	MICROSOFT	B/S、C/S结构	基于.NET的框架结构；使用ADO. NET访问数据库
Visual C++	MICROSOFT	C/S结构	数据库访问技术：ODBC API、MFC ODBC、OLE DB、ADO
C#	MICROSOFT	B/S、C/S结构	基于.NET的框架结构；结合VB、VC、JAVA的优点
Java	SUN	B/S、C/S结构	跨平台；通过JDBC或JDBC－ODBC桥访问各种不同的数据库；主流的JAVA集成开发平台：ECLIPSE、MYECLIPSE、JBUILDER2008、JDEVELOPER和NETBEANS等
JSP	SUN	B/S结构	以Java语言作为脚本语言的一种动态网页技术标准；平台无关性
ASP	MICROSOFT	B/S结构	使用VBSCRIPT、JSCRIPT作为脚本语言的动态网页技术；局限于微软的操作系统平台之上
ASP. NET	MICROSOFT	B/S结构	基于.NET的框架结构；用C#作为编程语言
PHP	开源产品	B/S结构	免费、开源的超文本预处理语言；跨平台；PHP常与MYSQL数据库搭配使用
PowerBuilder	SYBASE	C/S结构	通过数据窗口对象可以方便地对数据库进行各种操作；提供了基础类库PFC，利用PFC可以快速开发出高质量重用性好的应用程序；两种访问后台数据库的方式为ODBC和专用接口

3. 典型的数据库应用系统实例

随着社会信息化，特别是Internet的普及，数据库应用系统几乎无处不在，以下举几个简单的应用实例：

（1）航空售票系统　航空售票系统可能是最早使用数据库技术的应用领域。在这个系统中，管理着很多数据，这些数据按用途可分为：

1）座位预定信息。座位分配、座位确认、餐饮选择等。

2）航班信息。航班号、飞机型号、机组号、起飞地、目的地、起飞时间、到达时间、飞行状态等。

3）机票信息。票价、折扣、是否有票等。

管理系统应该满足如下功能（处理）要求：

1）方便查询。在某一段时间内从某个指定的城市到另一个指定城市的航班，是否还有可以选择的座位；是否有其他飞机型号；是否有其他飞机票售票点；票价是否打折等信息。

2）动态更新数据。对该系统的主要更新操作包括为乘客登记航班、分配座位、选择餐饮等。

3）并发控制。避免出现多个代理商同时卖出同一个座位的情况，因为任何时候都会有许多飞机售票代理商同时访问这些数据。

4）方便统计。系统可以自动统计出经常乘坐某一航班的乘客的信息，为这些常客提供特殊的优惠服务。

要实现这些功能，其核心技术就是数据库技术。如果没有使用数据库技术，那么就会因为数据量庞大和更新缓慢，使航空部门无法提供及时、准确、有竞争力的服务。

（2）银行业务系统　银行业务的繁忙状态是社会发展的标志，银行业务系统也是最早使用信息技术或数据库技术的系统之一。在银行业务系统中，管理的数据包括：

1）顾客信息。姓名、身份证号码、地址、电话等信息。

2）账户信息。账号、存款金额、余额、取款金额、日期等信息。

3）顾客与账户关系信息。身份证号码、账号等信息。

对银行业务系统的操作既可以通过各地的银行营业网点，也可以通过安装在各地的自动取款机（Automated Teller Machine，ATM）进行。该系统的主要查询操作包括查询问顾客的账户、账户的余额以及更新账户的数据等。就像航空售票系统一样，系统允许对同一个账户进行并发操作，但不会出现任何错误，这是非常重要的。即使系统发生了故障，例如 ATM 突然断电，正在处理的账户数据也不会出现任何不一致的记录。当前的数据库技术已经完全可以解决这种表面简单而实质复杂的难题。

使用了信息技术和数据库技术的银行业务系统给人们的生活和工作带来了巨大的便利。例如，人们可以在任何银行网点存款和取款，避免随身携带大量的货币，保证安全；可以快速地汇兑和结算，减少资金的在途时间，提高企业的信誉。实现这项信息管理的核心技术也是数据库技术。

（3）超市业务系统　超市购物由于其种类繁多的商品、较低的价格、选物的便利，已经成为人们日常生活的一个重要组成部分。数据库技术是超市取得成功的重要技术基础。在超市的销售业务系统中，主要管理的数据为：

1）销售信息。连锁点、日期、时间、顾客、商品、数量、总价等。

2）商品信息。商品名称、单价、进货数量、供应商、商品类型、摆放位置等。

3）供应商信息。供应商名称、地点、商品、信誉等。

对超市销售业务系统的主要操作是记录顾客的购买信息、查询超市现有商品的结构、分析当天连锁店的销售情况、确定明天进货的内容和货物的摆放位置。超市的经营决策主要是依赖销售业务系统中存储的大量数据，从这些表面似乎独立的大量数据，挖掘出真正有效的销售规律，提高经营者的决策水平。

（4）工厂的管理信息系统　工厂的管理信息系统（Management Information System，MIS）是最早依据数据库技术建立的一个比较完整的集成系统。这种 MIS 系统中，主要包括下面一些数据：

1）销售记录。产品、服务、客户、销售人员、时间等。

2）雇员信息。姓名、地址、工资、津贴、所得税款等。

3）财务信息。合同、应收货款、应付货款等。

在这种系统中，典型的查询操作包括打印雇员的工资、打印应收应付货款清单、打印销售人员的业绩、打印工厂的各种统计报表等。每进行一次采购和销售，收到每一个账单、收据，雇员的聘用、解聘、提职、加薪等都将导致对数据库的更新。

一个典型的MIS系统应该包括进货、销售、仓库、账目、人事、系统维护等功能。用户使用这个系统，可以执行各种业务操作。这种MIS系统的背后是存储了大量业务数据的数据库管理系统。

如果没有MIS系统，那么许多企业就会陷入混乱的状态：货款迟迟没有到位却没有人及时发现，财务报表不能及时提供，领导不知道库存的零件、产品数量，作业计划的安排不符合实际情况等。工厂的管理信息系统的核心技术也是数据库技术。

（5）学校教学管理系统　学校教学管理系统主要是涉及学生、教师、教室、课程、排课等信息的管理。该系统包括如下数据：

1）学生信息。姓名、学号、性别、班级、年龄、宿舍、电话、E-mail地址等。

2）教师信息。姓名、工作证号、性别、年龄、学历、教研室、住址、电话、E-mail地址等。

3）教室信息。教室号、位置、座位、类型等。

4）课程信息。课程名称、指定教材、学时、学分等。

5）排课信息。课程名称、教室、班级、教师名称等。

除了上面的信息之外，系统还包括学生选课、考试成绩等信息。典型的查询操作包括提供教室安排、学生成绩统计清单、教师工作量统计等；典型的更改包括记录学生选课、登记考试成绩、自动排课等操作。这种系统的关键在于保证正确存储和处理大量的教务数据，为学校各部门的工作安排及时提供数据支持，减少错误现象发生。实现上述功能的学校教学管理系统的核心技术也是数据库技术。

（6）图书管理系统　图书管理系统也是数据库技术应用的一个典型领域。在该系统中，主要的数据是：

1）图书信息。书号、书名、作者姓名、出版日期、类型、页数、价格、出版社名称等。

2）读者信息。姓名、借书证号、性别、出生日期、学历、住址、电话等。

3）借阅信息。借书证号、书名、借书日期、还书日期等。

图书管理系统中典型的查询操作包括查找某种类型的图书、浏览指定出版社出版的图书、检索指定作者的图书等；典型的更新操作包括登记新书信息、读者信息等。作为一个动辄存储几百万册图书的大学图书馆，如果没有管理图书的信息系统，那么借阅一本书的时间就可想而知了。这种管理大量图书信息的管理系统的技术基础是数据库技术。

第 15 章　微机数据库系统 Visual FoxPro 的应用

Visual FoxPro（简称 VFP）是美国 Microsoft 公司推出的微型关系数据库管理系统，支持面向对象的程序设计。Visual FoxPro 6.0 是其杰出代表，它以强大的性能、完整而又丰富的工具、超高的速度、极其友好的界面以及完备的兼容性等特点，吸引了众多的国内外用户，备受广大用户欢迎。

Visual FoxPro 6.0 的中文版，是可运行于 Windows 平台的 32 位数据库开发系统。它不仅可以简化数据库管理，而且能使应用程序的开发流程更为合理。Visual FoxPro 6.0 使组织数据、定义数据库规则和建立应用程序等工作变得简单易行。利用可视化的设计工具和向导，用户可以快速创建表单、查询和打印报表。

Visual FoxPro 扩大了对 SQL 语言的支持，但并不支持全部 SQL 命令。除此之外，作为一种编程语言，VFP 还具备其特有的命令，在一定程度上丰富了数据库语言。Visual FoxPro 6.0 还提供了一个集成化的系统开发环境，它不仅支持过程式编程技术，而且在语言方面作了强大的扩充，支持面向对象可视化编程技术，拥有功能强大的可视化程序设计工具。

15.1　Visual FoxPro 的集成操作环境

当正常启动 Visual FoxPro 系统后，首先进入的是系统的主屏幕界面，如图 15-1 所示。

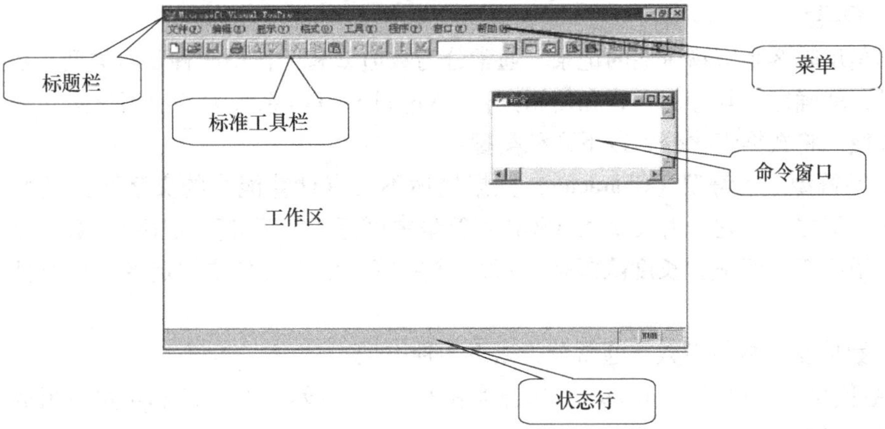

图 15-1　VFP 主屏幕界面

1. 标题栏

标题栏位于屏幕界面的第一行，它包含系统程序图标、主屏幕标题、最小化按钮、最大化按钮和关闭按钮 5 个对象。

2. 菜单栏

主菜单栏位于屏幕的第二行，它包含文件、编辑、显示、格式、工具、程序、窗口和帮助 8 个菜单选项。单击其中一个菜单选项时，就可以打开一个对应的“下拉式”菜单，在该

“下拉式”菜单下，通常还有若干个子菜单选项，当选择其中一个子菜单选项时，就可以执行一个操作。

3. 工具栏

Visual FoxPro 系统提供了不同环境下的 11 种常用的工具栏，它们是常用工具栏、布局工具栏、表单控件工具栏、表单设计器工具栏、查询设计器工具栏、视图设计器工具栏、数据库设计器工具栏、报表控件工具栏、报表设计器工具栏、调色板工具栏和打印预览工具栏。激活其中一个工具栏，即在菜单栏下显示出一行相应的工具栏，可以使用这个工具栏提供的相应的工具进行某些操作。

4. 命令窗口

命令窗口位于菜单栏和状态栏之间，是 Visual FoxPro 系统命令执行、编辑的窗口。在命令窗口中，用户可以输入命令实现对数据库的操作管理；也可以用各种编辑工具对操作命令进行修改、插入、删除、剪切、复制、粘贴等操作；还可以在此窗口建立命令文件及运行命令文件。命令窗口的使用可以通过“窗口”菜单控制。在“窗口”菜单下，选择“隐藏”，可以关闭命令窗口。选择“命令窗口”，可以弹出命令窗口。

5. 工作区

在工具栏与状态行之间的一大块空白区域是系统工作区，各种工作窗口将在这里展开。

6. 状态行

状态行位于屏幕的最底部，用于显示管理数据在某一时刻的工作状态。

15.2 VFP 语言基础

1. 数据类型

数据是反映客观事物属性的记录。通常分为数值型和字符型两种基本类型。数据类型一旦被定义，就确定了其存储方式和使用方式。Visual FoxPro 系统为了使用户建立和使用数据库更加方便，将数据细化分为以下几种类型：

（1）字符型　字符型（Character）数据描述不具有计算能力的文字数据类型，是最常用的数据类型之一。它是由汉字和 ASCII 字符集中可打印字符（英文字符、数字字符、空格及其他专用字符）组成，长度范围是 0 ~ 254 个字符，使用时必须用定界符双引号或单引号括起来。

（2）数值型　数值型数据通常分为以下 4 种类型：

1）数值型。数值型（Numeric）数据是由数字（0 ~ 9）、小数点和正负号组成。最大长度为 20 位（包括 +、- 和小数点）。

2）浮点型。浮点型（Float）数据是数值型数据的一种，构成与数值型数据完全等价。浮点型数据只是在存储形式上采取浮点格式。

3）双精度型。双精度型（Double）数据是更高精度的数值型数据。它只用于数据表中字段类型的定义，并采用固定长度浮点格式存储。

4）整型。整型（Integer）数据是不包含小数点部分的数值型数据。它只用于数据表中字段类型的定义。整型数据以二进制形式存储。

（3）日期型　日期型（Date）数据是用于表示日期的数据。用默认格式 {mm/dd/

yyyy｝来表示。其中 mm 代表月，dd 代表日，yyyy 代表年，日期型数据总长度固定为 8 个字节。

（4）日期时间型　日期时间型（Date Time）数据是描述日期和时间的数据。其默认格式为｛mm/dd/yyyy hh:mm:ss｝。其中 yyyy 代表年，前两个 mm 代表月，dd 代表日，hh 代表小时，后两个 mm 代表分钟，ss 代表秒，长度固定为 8 个字节。

（5）逻辑型　逻辑型（Logic）数据是描述客观事物真假的数据。用于表示逻辑判断结果。

逻辑型数据只有真（.T.）和假（.F.）两种值，长度固定为 1 个字节。

（6）备注型　备注型（Memo）数据用于存放较长的字符型数据。备注型数据没有数据长度限制，仅受限于现有的磁盘空间。它只用于数据表中的字段类型的定义，其字段长度固定为 10 个字节，而实际数据被存放在与数据表文件同名的备注文件中，长度根据数据的内容而定。

（7）通用型　通用型（General）数据用于存储 OLE（Object Linking And Embedding，对象链接与嵌入）对象的数据。通用型数据中的 OLE 对象可以是电子表格、文档、图片等。它只用于数据表中的字段类型的定义。

通用型数据长度固定为 4 个字节，实际数据长度仅受限于现有的磁盘空间。

2. 数据存储容器

在 Visual FoxPro 系统环境下，数据输入和输出是通过数据的存储容器完成的。通常，我们将数据存入到常量、变量与数组中，而在 Visual FoxPro 系统环境下，数据还可以被存入到字段、记录和对象中。这些供数据存储的常量、变量、数组、字段、记录和对象统称为数据存储容器。

（1）常量　常量是一个命名的数据项，是在命令或程序中直接引用的实际值，其特征是在所有的操作中其值不变。常量有数值型、浮点型、字符型、逻辑型、日期型和时间日期型 6 种类型。

（2）内存变量　内存变量是一般意义下的简单变量。每一个内存变量都必须有一个固定的名称，以标识该内存单元的存储位置。用户可以通过变量标识符向内存单元存取数据。内存变量是内存中的临时单元，可以用来在程序的执行过程中保留中间结果与最后结果，或用来保留对数据库进行某种分析处理后得到的结果。

用户可以根据需要定义内存变量类型，它的类型取决于首次接受的数据类型。内存变量的定义是通过赋值语句来完成的。它的类型有数值型、浮点型、字符型、逻辑型、日期型、时间日期型 6 种。在 Visual FoxPro 系统中，内存变量的赋值和输出可以使用 STORE、“=”或“?”命令进行操作来完成。3 个命令的格式分别如下：

. STORE <表达式> TO <内存变量表>

. <内存变量> = <表达式>

. ? <表达式>

例如：STORE A to 5 和 A = 5 是赋值操作，? A 则是显示输出操作。

（3）数组变量　数组是一组有序内存变量的集合。其中每一个内存变量都是这个数组的一个元素，它是由一个以行和列形式表示的数组元素的矩阵。每一个数组元素在内存中独占一个内存单元。为了区分不同的数组元素，每一个数组元素都是通过数组名和下标来访问的。

在 Visual FoxPro 系统环境下，同一个数组元素在不同时刻可以存放不同类型的数据，在同一个数组中，每个元素的值可以是不同的数据类型。

数组在使用前必须要通过 DIMENSION 或 DECLARE 定义。定义后，它的初始值是逻辑值.F.，在使用数组时，一定要注意数组的初始化，还要注意数组下标的起始值是1。

（4）字段变量　字段变量是数据库管理系统中的一个重要概念。它与记录一纵一横，构成了数据表的基本结构。一个数据库是由若干相关的数据表组成，一个数据表是由若干个具有相同属性的记录组成，而每一个记录又是由若干个字段组成。字段变量就是指数据表中已定义的任意一个字段。我们可以这样理解：在一个数据表中，同一个字段名下有若干个数据项，而数据项的值取决于该数据项所在记录行的变化，所以称它为字段变量。

字段变量的数据类型与该字段定义的类型一致。字段变量的类型有数值型、浮点型、整型、双精度型、字符型、逻辑型、日期型、时间日期型、备注型和通用型等。使用字段变量首先要建立数据表，建立数据表时首先定义的就是字段变量属性（名字、类型和长度）。字段变量的定义及字段变量数据的输入、输出需要在表设计器中进行。

（5）记录　记录是数据表中一组数据项的集合。在同一个数据表中可以有若干个记录，每一个记录具有相同的字段个数。在数据表中记录的顺序不影响对记录的操作。

在 Visual FoxPro 系统中，许多操作都是通过记录操作来完成的。有关记录的操作将在第15.4节作详细的介绍。

（6）函数　Visual FoxPro 系统中提供了一批标准函数，可以使用户以简便的方式完成某些特定的操作。根据函数的功能，可将标准函数大致分为5大类，即数据类型类、数据库类、环境类、输入输出类及程序设计类，见表15-1。

表15-1　标准函数表

	函数类型	说明	
数据类型类	数值函数	处理并返回数值型数据	ABS（）、MAX（）、MIN（）、INT（）、MOD（）、ROUND（）、SQRT（）、RAND（）
	字符函数	处理字符型数据	ALLTRIM（）、TRIM（）、LEN（）、AT（）、EMPTY（）、SUBSTR（）、LEFT（）、RIGHT（）、SPACE（）
	日期/时间函数	用以产生和处理日期及日期时间型数据	DATA（）、DATETIME（）、DOW（）、DAY（）、MONTH（）、YEAR（）、SECONDS（）、TIME（）
	数据转换函数	将数据从一种类型转换成另一种类型	ASC（）、CHR（）、STR（）、VAL（）、DTOC（）、CTOD（）、TTOC（）、CTOT（）
数据库类	数据库函数	用以处理数据库的函数	DBUSED（）、DBC（）、DBSETPROP（）、DBGETPROP（）
	字段函数	用以处理表中的字段的函数	DELETED（）、FIELDS（）、FCOUNT（）、FSIZE（）
	索引函数	用以对索引文件的操作，并返回与索引文件有关的信息	CDX（）、ORDER（）、TAG（）、UNIQUE（）
	记录函数	用以选择表中的记录或将记录指针定位	RECNO（）、SEEK（）、FILTER（）、KEYMATCH（）

（续）

	函数类型	说　明	
数据库函数	关系函数	建立或中断表之间的关系	RELATION ( )、TARGET ( )
	表函数	用于创建、处理和查看表	BOF ( )、EOF ( )、RECCOUNT ( )、MLINE ( )
环境类	环境函数	处理系统环境的函数	CAPSLOCK ( )、INSMODE ( )、RGB ( )、DISKSPACE ( )、NUMLOCK ( )
	文件管理函数	用于处理磁盘文件的函数	FILE ( )、PUTFILE ( )、GETFILE ( )
输入输出类	键盘和鼠标输入函数	控制键盘和鼠标进行输入	LASTKEY ( )、INKEY ( )、MDOWN ( )、ISMOUSE ( )
	菜单函数	开发、显示和激活用户自定义的菜单和菜单栏	BAR ( )、POPUP ( )、PAD ( )、PROMPT ( )、GETPAD ( )
	打印函数	用于打印输出	PRINTSTATUS ( )、PROW ( ) VPCOL ( )、GETPRINTER ( )
	窗口函数	创建、显示和激活用户自定义窗口	WVISIBLE ( )、WEXIST ( )、WFONT ( )、WONTOP ( )、WOUTPUT ( )
程序设计类	数组函数	用于处理数组	ASORT ( )、ADEL ( )、ADIR ( )、ACOPY ( )
	调试和错误处理函数	调试程序	ERROR ( )、LINENO ( )、PROGRAM ( )、MESSAGE ( )
	低级文件函数	低级处理文件和通信端口	FOPEN ( )、FREAD ( )、FSEEK ( )、FCREATE ( )、FEOF ( )
	面向对象程序设计函数	用于创建和处理类和对象	CREATEOBJECT ( )、GETOBJECT ( )、ACLASS ( )、AMENBERS ( )

函数是 VFP 语言的组成部分，为了正确地使用它们，必须了解函数的功能、语法及返回值。例如，ABS ( ) 函数的描述如下所示：

功能：返回指定数值表达式的绝对值。

语法：ABS (nExpression)。

参数 nExpression 为数值表达式。

3. 表达式

表达式是由数据、数据存储容器和运算符组成的运算式。在 Visual FoxPro 系统中根据不同的运算符及表达式结果的不同，表达式可以分为以下几种：

（1）算术表达式　算术表达式可由算术运算符和数值型常量、数值型内存变量、数值型数组、数值类型的字段、返回数值型数据的函数组成（见表 15-2）。算术表达式的运算结果是数值型常数。

（2）字符表达式　字符表达式可由字符运算符和字符型常量、字符型内存变量、字符型数组、字符型类型的字段以及返回字符型数据的函数组成。字符表达式运算的结果是字符常数或逻辑型常数。

表 15-2　算术运算符及算术表达式

运算符	意义	举例	运算结果
( )	圆括号		
^	乘方	2^3	8
*	乘法	2 * 3	6
/	除法	5/2	2.5
%	取余	5%2	1
+	加法	2 + 3	5
-	减法	2 - 3	-1

（3）时间日期表达式　时间日期表达式可由日期运算符和时间日期型常量、时间日期型内存变量以及数组、返回时间日期型数据的函数组成。时间日期表达式运算的结果是时间日期型常数。

（4）关系表达式　关系表达式可由关系运算符和字符表达式、算术表达式、时间日期表达式组成。其运算结果为逻辑型常量。关系运算是运算符两边同类型元素的比较，关系成立结果为 .T.；反之，结果为 .F.，见表 15-3。

表 15-3　关系运算符及关系表达式

运算符	意义	举例	结果
<	小于	2.5 <5	.T.
< =	小于等于	{01/01/92} < = {01/01/92}	.T.
>	大于	"ABC" > "AAA"	.T.
> =	大于等于	"大专" > = "大学"	.T.
=	等于，串首相同就得真	"ABC" = "AB"	.T.
==	完全相等	"ABC"=="ABCD"	.F.
< >，#，!	不等于	4 < >5	.T.
$	包含：右串包含左串	"B"$"AB"	.T.

（5）逻辑表达式　逻辑表达式可由逻辑运算符和逻辑型常量、逻辑型内存变量、逻辑型数组、返回逻辑型数据的函数以及关系表达式组成。其运算结果仍是逻辑型常量，见表 15-4。

表 15-4　逻辑运算符及关系表达式

运算符	意义	举例	结果
NOT，!	非	NOT 4 >5	.T.
AND	与	.T. AND"AB" > "A"	.T.
OR	或	.T. OR 4 =5	.T.

15.3　程序设计基础

程序是为了完成某一具体任务而编写的一系列指令的集合。VFP 程序由一系列代码组成，代码可包括指令、函数或任何 VFP 操作。

VFP 将过程化程序设计与面向对象程序设计结合在一起，帮助用户创建出功能强大、灵活多变的应用程序。

15.3.1　Visual FoxPro 的工作方式

1. 单命令方式

所谓单命令方式，即输入一条命令，完成一个操作的工作方式。Visual FoxPro 单命令方式是利用 Command（命令）窗口来实现的。用户通过 Command 窗口输入命令，并执行操作。在 Command 窗口中，可以输入单个的操作命令和系统命令，完成对数据库的操作管理和系统环境的设置，也可以建立命令文件及运行命令文件。

Command 窗口不仅是 Visual FoxPro 命令的执行窗口，也是 Visual FoxPro 命令文件的编辑窗口。

VFP 拥有近 500 条命令，大致可分为以下 7 类：

1）建立和维护数据库的命令。

2）数据查询命令。

3）程序设计命令包括程序控制、输入/输出、打印设计、运行环境设置等命令。

4）界面设计命令包括菜单设计、窗口设计、表单设计等命令。

5）文件和程序的管理命令。

6）面向对象的设计命令。

7）其他命令。

2. 菜单方式

在 Visual FoxPro 环境下，用户也可以通过系统提供的菜单选项，对数据库资源进行操作管理，对系统环境进行设置，并通过菜单建立命令文件及运行命令文件。所谓菜单方式，即通过打开不同的菜单，选择并完成不同的操作。

3. 程序文件方式

程序文件（简称程序）也叫做命令文件。运用程序文件方式进行数据库管理，是通过程序文件编辑工具，将对数据库资源进行操作管理的命令和对系统环境进行设置的命令，集中在一个以 . PRG 为扩展名的命令文件中，然后再通过菜单方式或命令方式运行该命令文件。所谓命令方式，即通过程序文件中的命令完成不同的操作。

15.3.2　创建和运行程序

1. 创建程序文件

Visual FoxPro 程序文件，是一个以 . PRG 为扩展名的文本文件。任何可以建立、编辑文本文件的工具，都可以创建和编辑 VFP 程序文件。在文本编辑环境下，不仅可以对程序文件进行输入和修改，还可以实现字符串查找、替换、删除和编辑功能。

用户可使用菜单命令“文件”→“新建”或“常用”工具栏中的“新建”按钮，也可以在命令窗口中执行如下命令来建立程序文件：

MODIFY COMMAND <程序文件名>

对于已存在的程序，可使用菜单命令“文件”→“打开”或“常用”工具栏中的“打开”按钮，也可以在命令窗口中执行 MODIFY COMMAND 命令进行编辑和修改。

2. 运行程序

运行程序文件，是程序文件建立的最终目的。在 Visual FoxPro 系统中，可在 Command 窗口中，输入如下命令，则程序文件被调用运行。

DO <程序文件名>

当程序文件处于 VFP 编辑窗口时，使用菜单命令“程序”→“运行”或“常用”工具栏中的“运行”按钮都可以运行程序。

15.3.3　程序的基本结构

Visual FoxPro 系统提供的命令丰富，且功能强大，把这些命令和程序设计语句有效地组织在一起，就形成了实现某一特定功能的程序。

Visual FoxPro 系统的程序有两个特点，一是程序控制流模式，由顺序、分支、循环 3 种基本结构构成；二是面向对象可视化的结构程序模块，在每个模块的内部也是由程序控制流组成。常见的控制结构如下：

1. 顺序结构

顺序结构是在程序执行时，根据程序中语句的书写顺序依次执行的命令序列。

2. 分支结构

分支结构是在程序执行时，根据不同的条件，选择执行不同的程序语句，用来解决有选择、有转移的诸多问题。

分支结构形式有如下 3 种：

（1）单向分支　单向分支语句，即根据用户设置的条件表达式的值，决定某一操作是否执行。

1）语句格式。

```
IF < 条件表达式 >
< 命令行序列 >
ENDIF
```

2）语句功能。该语句首先计算 < 条件表达式 > 的值，当 < 条件表达式 > 的值为“真”时，执行 < 命令行序列 >；否则，执行 ENDIF 后面的第一条命令。

（2）双向分支　双向分支语句，即根据用户设置的条件表达式的值，选择两个操作中的一个来执行。

1）语句格式。

```
IF < 条件表达式 >
    < 命令行序列 1 >
ELSE
    < 命令行序列 2 >
ENDIF
```

2）语句功能。该语句首先计算 < 条件表达式 > 的值，当 < 条件表达式 > 的值为“真”时，执行 < 命令行序列 1 > 中的命令；否则，执行 < 命令行序列 2 > 中的命令。执行完 < 命令行序列 1 > 或 < 命令行序列 2 > 后都将执行 ENDIF 后面的第一条命令。

（3）多向分支　多向分支语句，即根据多个条件表达式的值，选择执行多个操作中的一个对应执行 。

1）语句格式。

```
DO CASE
  CASE < 条件表达式 1 >
< 命令行序列 1 >
    [CASE < 条件表达式 2 >
< 命令行序列 2 >
```

… …

CASE <条件表达式 N>

<命令行序列 N>]

[OTHERWISE

<命令行序列 N+1>]

ENDCASE

2）语句功能。该语句根据<条件表达式>给出的 N 个不同值，选择 N+1 个<命令行序列>中的一个执行。当所有 CASE 中<条件表达式>的值都是“假”时，如果有 OTHERWISE 项，则执行<命令行序列 N+1>，再执行 ENDCASE 后面的第一条命令；否则，直接执行 ENDCASE 后面的第一条命令。

3. 循环结构

循环结构能够使某些语句或程序段重复执行若干次。如果某些语句或程序段需要在一个固定的位置上重复操作，使用循环是最好的选择。常用的循环语句有以下 3 种形式：

（1）DO WHILE 循环控制语句　即根据条件表达式的值，决定循环体内语句的执行次数。

1）语句格式。

DO WHILE <条件表达式>

<命令行序列>

ENDDO

2）语句功能。该语句通过<条件表达式>的值来控制循环。执行语句时，反复判断<条件表达式>的值，当<条件表达式>的值为“真”时，执行<命令行序列>；否则，结束循环，并执行 ENDDO 后面的第一条命令。

（2）FOR 循环控制语句　即根据用户设置的循环变量的初值、终值和步长，决定循环体内语句的执行次数。

1）语句格式。

FOR <循环变量> = <循环变量初值>TO<循环变量终值>

[STEP<循环变量步长>]

<命令行序列>

ENDFOR | NEXT

2）语句功能。该语句用<循环变量>来控制<命令行序列>的执行次数。执行语句时，首先将<循环变量初值>赋给<循环变量>，然后判断<循环变量>是否大于或小于<循环变量终值>，若结果为“真”，则结束循环，执行 ENDFOR 后面的第一条命令；否则，执行<命令行序列>，<循环变量>自动按<循环变量步长>增加或减少，再重新判断<循环变量>当前的值是否大于或小于<循环变量终值>，直到其结果为“真”。

（3）SCAN 型循环控制语句　即根据用户设置的表中的当前记录指针，决定循环体内语句的执行次数。

1）语句格式。

SCAN [<范围>] [FOR<条件表达式 1>

[WHILE <条件表达式 2>]]

<命令行序列>

ENDSCAN

2）语句功能。该语句在指定的范围内，用数据记录指针来控制循环次数。执行语句时，首先判断函数EOF（）的值，若其值为“真”，则结束循环；否则，结合<条件表达式1>或<条件表达式2>，执行<命令行序列>，记录指针移到指定的范围和条件内的下一条记录，重新判断函数EOF（）的值，直到函数EOF（）的值为“真”时结束循环。

15.4 表的创建和使用

15.4.1 表的建立

建立表时，首先要对所处理的数据进行调查分析，再根据需要设计一张二维表。

1. 表结构的创建

利用表设计器定义数据表的结构，可以从VFP系统的主菜单开始。打开“文件”菜单，选择“新建”，在“新建”窗口中选择“表”，再单击“新建文件”按钮，在“创建”窗口中输入要建立的表的名字。在“表设计器”窗口，逐一地定义表中所有字段的名字、类型、宽度和是否建立索引，完成对数据表结构的建立。

也可以采用如下命令，创建表结构：

CREATE TABLE [<表文件名>]

2. 表结构的修改

修改已存在的数据表的结构，可以从VFP系统的主菜单开始。打开“文件”菜单，选择“打开”，在“打开”窗口中输入要修改表结构的表名字，在“表设计器”窗口，修改表中所有字段的名字、类型、宽度和是否建立索引，完成对数据表结构的修改。

也可以采用如下命令，修改表结构：

MODIFY STRUCTURE [<表文件名>]

15.4.2 记录的处理

1. 记录的输入

一个表是由表的结构与表中的记录两部分组成的。向表中加入记录，就是对表进行数据输入的操作。

（1）创建表时立即输入数据　创建表即定义表结构是通过表设计器来完成的，而向表中加入数据，要在表的“浏览”窗口或表的“编辑”窗口中进行。在创建表时，如果表中所有字段的属性已定义完成，可单击“确定”按钮保存表结构，同时打开“系统”窗口，显示“现在输入数据吗？”的对话，选择“是”按钮，可以立即进入表的“浏览”窗口，进行表中数据的输入。

（2）以追加方式输入数据　在建立表结构时，如果用户没有选择立即向表输入数据，可以用追加方式向表输入数据。该操作是在表的“浏览”或表的“编辑”窗口进行的。

操作步骤是打开要输入数据的表；打开“显示”菜单，选择“浏览”，然后选择“编辑”或“浏览”，可进入表的“编辑”或“浏览”窗口；在此窗口可以通过选择“显示”菜单下的“追加”选项向表输入数据，或修改表中原有数据。

无论是在表的“编辑”窗口还是在表的“浏览”窗口，都可以对表中的数据进行追加，只是显示方式有所不同。在这两个窗口中，用户不仅可以进行数据的输入，同时也可以对表中的数据进行编辑和修改。

（3）使用 INSERT 命令追加记录　可以采用如下命令向表中追加记录：

INSERT INTO <表名>［（<字段名表>）］VALUES（<输入数据表>）

例如，下列语句可在学生信息表追加一条记录，该记录的姓名、性别和年龄字段值分别是'张三'、'男'和 18。

INSERT INTO 学生信息表（姓名，性别，年龄）VALUES（'张三'，'男'，18）

（4）使用 APPEND 命令从其他表中追加记录

APPEND［BLANK］在表尾追加一条空白记录

APPEND FROM <文件名>［条件子句］追加成批记录

2. 记录的定位

在 Visual FoxPro 系统内部，有一个用以确定当前记录的记录指针，记录指针指向哪一个记录，这一个记录就是当前操作的记录，即当前记录。当表打开时，当前记录为第一个记录。通过以下命令对记录指针进行定位：

（1）绝对定位　GO（或 GOTO）n 定位在第 n 条记录上

GO（或 GOTO）TOP 定位在第 1 条记录上

GO（或 GOTO）BOTTOM 定位在第末条记录上

（2）相对定位　SKIP n 移位 n 条记录

（3）快速移动　SEEK 及 FIND

（4）条件定位　LOCATE FOR［<条件子句>］

3. 记录的修改

采用 REPLACE 命令修改表中的记录：

REPLACE <字段名 1> WITH <表达式 1>［，<字段名 2> WITH <表达式 2>］…［子句］

4. 删除和恢复表中的数据

（1）逻辑删除表中的记录　逻辑删除就是给暂时不使用的记录加一个删除标记。另外，对需要彻底删除的记录，必须先做逻辑删除再做物理删除。逻辑删除表中的记录，需要先打开要进行逻辑删除操作的表，并进入表的“浏览”窗口，操作方法有以下两种：

方法一：在“浏览”窗口，单击其删除标记栏，这时要进行逻辑删除的记录就被加上了删除标记。这种操作方法只对单记录进行逻辑删除有效。

方法二：在“浏览”窗口，打开“表”菜单，选择“删除记录”，在“删除”窗口，可以通过选择作用范围确定要进行逻辑删除的部分记录；或在 For 对话框中，设置逻辑删除条件表达式来确定逻辑删除的记录。

（2）恢复表中逻辑删除的记录　对加上逻辑删除标记的记录，如果用户还想恢复其使用权，可对其进行恢复记录的操作。恢复已进行逻辑删除的记录，需要先打开要进行恢复操作的表，并进入表的“浏览”窗口，操作方法有以下两种：

方法一：在“浏览”窗口，把鼠标指针移动到要进行恢复的记录上，单击其删除标记栏，除去删除标记。

方法二：在“浏览”窗口，打开“表”菜单，选择“恢复记录”，在“恢复记录”窗口，可以通过选择作用范围确定要进行恢复的部分记录；或在For对话框中，设置条件表达式来确定恢复的记录，这样，指定范围或满足条件的记录的删除标记都被除去。

（3）物理删除表中的记录　物理删除就是把无效的记录彻底从磁盘中删除掉。要想彻底删除表中无效的数据，必须先做逻辑删除再做物理删除。

物理删除表中的记录，操作方法是：打开要进行物理删除操作的表，在表“浏览”窗口，若没有对表中记录作逻辑删除，要对其先进行逻辑删除；若已对若干记录做了逻辑删除，数据表中有了逻辑删除记录后，则选择“表”菜单，再选择“彻底删除”，在“系统”窗口中选择“是”时，数据表中所有带删除标记的记录将被彻底删除掉。

15.4.3 表的索引

1. 记录的顺序

表一般是按照其输入的顺序进行记录存储的，并用记录号予以标识，这种顺序叫做物理顺序。若要从表中查找满足条件的记录，必须从第一条记录开始顺序查找，当表的记录数很大时，查找速度很慢。

为了提高查找速度，可以对表中的记录按某个字段值排序，这种顺序叫做逻辑顺序。排序的方法有以下两种：

（1）根据表的某些字段重排记录，并产生一个新表

SORT TO <新文件名> ON <字段名1> [/A | /D] [/C] [, <字段名2>…] [<子句>]

其中参数A为升序，D为降序，C为字母不分大小写。

（2）索引法　索引不改变数据表中数据的物理顺序，而是另外建立一个记录号列表。表的索引指明由某一字段值的大小决定的记录排列的顺序。

2. 建立索引文件

表一旦按索引表达式建立索引后，就产生了一个相应的索引文件，其名字与表同名，但扩展名不同。一旦表和相关的索引文件被打开，则对表操作时，记录的顺序按索引表达式值的逻辑顺序显示和操作。

（1）利用表设计器可以对已有的表创建索引　操作方法是在“表设计器”窗口，选择“索引”选项卡，再选择以下参数：

1）在排序选项中，选择索引方向，升序（↑）或降序（↓）。

2）在索引名选项中，输入索引字段名。

3）在类型选项中，选择索引类型。

4）在表达式选项中，输入索引字段名，或者索引表达式。

5）在筛选选项中，限制记录的输出范围。

6）完成索引，建立或撤消索引操作。

（2）使用INDEX命令创建索引

INDEX ON <索引关键字> TO <单索引文件名> | TAG <结构复合索引标识名>

例如，下列语句可将学生信息表中的学生记录按年龄建立索引：

USE 学生信息表

INDEX ON 年龄 TAG 年龄

3. 索引的使用

（1）按索引字段排序　在 Visual FoxPro 系统环境下，用字段名建立索引是对记录排序最常见的操作。一个表经常分别指定几个字段名建立索引，每一个索引表示一种表中记录的顺序。利用表设计器以字段名建立索引，重新排列表中数据的顺序。操作方法如下：

1）利用表设计器对表中若干字段，以字段名建立索引。

2）在 Visual FoxPro 系统主菜单下，打开“表”菜单，选择“属性”，进入“工作区属性”窗口。

3）在“工作区属性”窗口，打开索引顺序对话框，选择索引字段名，单击“确定”按钮，表中的数据按其索引字段值的大小顺序显示。

（2）按索引表达式排序　在 Visual FoxPro 系统环境下，允许用户指定多个字段来对记录排序，这时用户可以使用索引表达式，对表中的记录的顺序进行重新排序。利用表设计器可以建立表达式索引，重新排列数据的顺序。

15.4.4　查询与查询设计器

在数据库的应用中，查询是数据处理中最常用的功能。查询是指向一个数据库发出检索信息的请求，它使用一些条件提取特定的记录。

VFP 6.0 支持在命令窗口直接使用前面章节介绍的 SELECT 命令，也允许通过一种称为“查询设计器”的窗口来设计查询步骤、生成查询文件，然后运行定制的查询文件，从而获得用户所需要的数据。从本质上讲，查询设计器所做的工作就是自动生成一个 SELECT 的 SQL 命令，因此简化了用户的操作。

1. 启动查询设计器

打开“文件”菜单，选择“新建”命令，在“新建”对话框中选中“文件类型”下的“查询”单选项，再单击右边的“新建文件”按钮，就可启动“查询设计器”窗口。

使用 CREATE QUERY 命令也可启动“查询设计器”窗口，如图 15-2 所示。

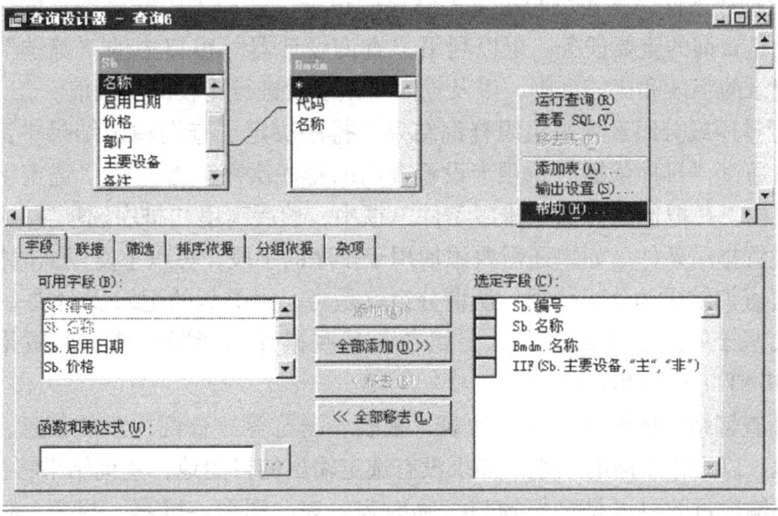

图 15-2 “查询设计器”窗口

2. 查询设计器界面组成

“查询设计器”窗口分为上部窗格和下部窗格两部分。

上部窗格用来显示查询中的表，将表添入窗格的方法为：选定查询菜单（或快捷菜单）中的“添加表”命令，出现添加表或视图对话框，即可在此对话框中选取要添加的表。当添入表时还会弹出一个联接条件对话框，若两个表具有相同字段，会自动在该框中列出字段相等的式子作为默认的联接条件，但允许用户修改，单击“确定”按钮返回查询窗口后，该联接条件即自动显示在联接选项卡中。

若在分属于两个表的字段之间出现连线，表示它们之间设置了联接条件。联接条件除可在添加表时设置外，也可在表间拖动已索引的字段来创建。若要显示联接条件对话框来修改联接条件只要双击某条连线，或选定查询设计器工具栏的添加联接按钮即可。

“查询设计器”下部分的窗口中有几个选项卡，其含义简介如下：

1）“字段”，用来选定包含在查询结果中的字段。

2）“排序依据”，用来决定查询结果输出中记录或行的排列顺序。

3）“联接”，用来确定各数据表或视图之间的联接关系。

4）“筛选”，相当于命令 SET FILTER TO，利用过滤的方法查找一个特定的数据子集。

5）“分组依据”，所谓分组就是将一组类似的记录压缩成一个结果记录，这样就可以完成基于一组的计算。

3. 查询设计器的操作步骤

要设计一个查询文件，首先必须明确查询的目的，即想要得到哪些数据，并以什么方式存在；或者想要得到满足某些条件的特定记录；或者想要知道某些记录的字段值组合成的表达式按某一方式输出。开发人员明确了输出的数据后，就可以开始设计查询了，一般要通过以下几个步骤进行：

（1）启动“查询设计器”窗口

（2）选择出现在查询结果中的字段　根据建立查询的目的，先在“查询设计器”窗口中选择“字段”选项卡，然后从可用字段列表框中选择查询结果中应包含的字段。

（3）设置选择条件来查找可给出所需结果的记录　选择表中符合条件的一部分记录而不是全部记录是查询的重要任务。可以利用“查询设计器”窗口中的“筛选”选项卡，确定用于选择记录的字段和比较准则，以及输入与该字段进行比较的示例值。

（4）设置排序或分组选项来组织查询结果　排序决定了查询输出结果中记录或行的先后顺序，可以通过“排序依据”选项卡设置查询的排序次序。首先从“选定字段”框中选定要使用的字段，并把他们移到“排序条件”框中，然后利用“排序选项”（从中选择升序或降序）来设置排序条件。如果还需要添加用于排序的字段，可以重复以上的操作步骤。

（5）设置查询结果的分组依据　所谓分组就是将一组类似的记录压缩成一个结果记录，这样就可完成基于一组记录的计算。分组在与某些累计功能联合使用时效果最好，例如 SUM（）、COUNT（）、AVG（）等。

（6）选择查询结果的输出类型，如表、报表、浏览等　查询检索的信息，可以输出到不同的目的地，以用作不同的用途。如果没有选定输出的目的地，查询结果将被显示在浏览窗口中。查询输出目的可以是浏览窗口、临时表、表、图形、屏幕、报表、标签等。单击“查询设计器工具”窗口中的“查询去向”按钮，或者从“查询”菜单中选择“查询去向”，可显示“查询去向”对话框，用以选择结果的去向。

（7）运行查询　在“查询设计器”窗口打开的状态下，单击“常用”工具栏上的“运行”按钮或“查询”菜单中的“运行查询”命令即可运行查询，也可用 DO 命令来执行查询。

DO <查询文件名>. qpr

(8) 保存查询　将“查询设计器”设置为当前窗口，按 <Ctrl + W> 组合键，以上 (1) 至 (6) 步的查询设置将存入查询文件 (. QPR 文件)。

15.5　数据库操作

1. 创建数据库

在 VFP 中，利用“数据库设计器”建立数据库。其操作方法是：在 Visual FoxPro 系统主菜单下，进入“数据库设计”窗口，然后打开“数据库”菜单，对数据库进行各种操作或右击，弹出“数据库”快捷菜单，对数据库进行各种操作。

2. 打开数据库

打开一个已存在的数据库，操作方法是：打开“文件”菜单，选择“打开”，在“打开”窗口的文件类型下拉框内，选择数据库类型，然后输入要打开的数据库名，再单击“确定”按钮，进入“数据库设计器”窗口。

3. 向数据库添加数据表

有了数据库文件，用户就可以向数据库添加表了。通常数据表只能属于一个数据库文件，如果欲添加到当前数据库中的表存在于别的数据库中，必须要从其他数据库中移出后才能添加到当前的数据库中。

向数据库添加数据表，操作方法是：打开数据库，在“数据库设计器”窗口处右击，弹出“数据库”快捷菜单，选择添加表，在“打开”窗口，选择要添加的表，返回“数据库设计器”窗口。重复操作可以将多个表添加到数据库中。

15.6　表单设计及运行

表单 (Form) 在系统中是用户的主要界面，但它不是一个普通的界面，因为其中的控件可以有属性、事件和方法，并且表单和表单集本身也是有属性、事件和方法的编程对象。在 Visual FoxPro 系统中，表单拥有多个属性，可以响应多种事件，实现多种方法操作。

表单为数据库信息的显示、输入和编辑提供了非常简便的方法，表单的设计是可视化编程的基础。

1. 建立表单

在建立表单的过程中，要定义控件的属性、确定事件或方法的代码。表单就是一个容器，它可以容纳多个控件。

(1) 用表单向导建立表单　打开“文件”菜单，选择“新建”，在“新建”窗口中选择“表单”，再单击“向导”按钮，进入“向导选取”窗口。在“向导选取”窗口，选择“表单向导”项，系统将提供单表表单向导，按步骤依照“表单向导”完成对单表表单的设计。

类似地，可用表单向导创建一对多表表单。

（2）用表单设计器建立表单　使用表单设计器可以用来创建数据表单，建立用户的操作界面，而且在设计时立刻就能看见其中各对象显示在用户面前的外观。同时，也可以使用表单设计器来修改已有的表单。VFP 提供的表单设计器功能强大，使得设计表单的工作变得又快又容易。

使用系统提供的表单设计器创建新的表单，可在菜单方式下进行。打开“文件”菜单，选择“新建”，在“新建”窗口中选择“表单”，再单击“新建文件”按钮，进入“表单设计器”窗口（见图15-3）。打开“显示”菜单，完成对表单属性、事件和方法的定义，再选择“保存”，表单建立完成。表单文件的扩展名为 . SCX。

也可以使用如下命令建立表单：

CREATE FORM ＜表单名＞. SCX

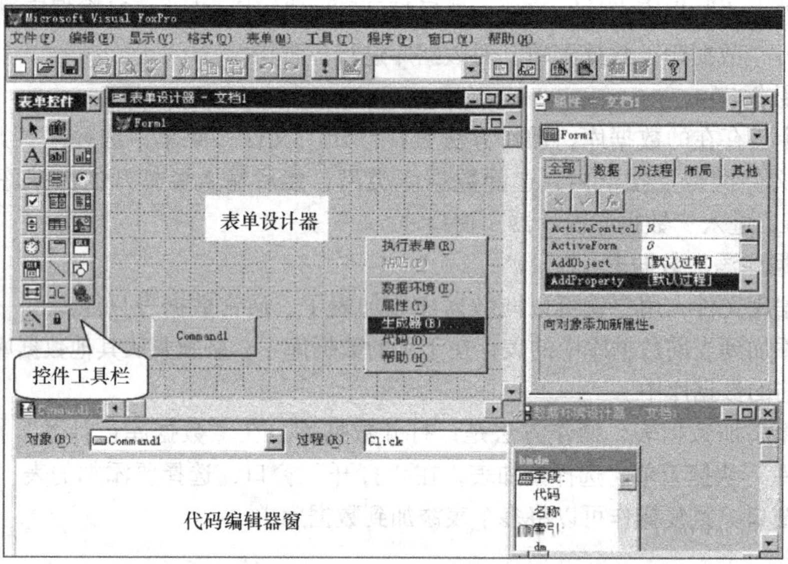

图15-3　“表单设计器”窗口

2. 控件

使用“控件工具栏”可以在表单上创建控件。单击需要的控件按钮，将鼠标指针移动到表单上，然后单击表单放置控件或把控件拖至所需大小。VFP 的常用控件如下：

1）标签（Label）控件，用于保存不希望用户修改的信息。如文本框上面或图形下面的标题。

2）文本框（Text Box）控件，获取用户的输入和保存单行文本。用户可以在其中输入或更改文本内容。

3）编辑框（Edit Box）控件，获取用户的输入和保存多行文本。用户可以在其中输入或更改文本内容。

4）命令按钮（Command Button）控件，通过单击按钮，用户可以执行一些命令。

5）命令按钮组（Command Group）控件，用于把相关的命令编成组，以完成相关的操作。

6）选项按钮（Option Group）控件，用于显示多个选项，但用户只能从中选择一项。

7）复选框（Check Box）控件，用于显示多个选项，用户可以选择一个或多个选项。

8）组合框（Combo Box）控件，用户可以在组合框中的下拉式列表项中，选择一项或手动输入一个值。

9）列表框（List Box）控件，用于显示供用户选择的列表项。

10）微调（Spinner）控件，用于接受给定范围内的数值输入。

11）表格（Grid）控件，以电子表格形式显示数据。

12）图像（Image）控件，显示图像。

13）计时器（Timer）控件，它以设定的时间间隔捕捉计时器事件。此控件运行时不可见。

14）页框（Page Frame）控件，显示多个页面。

15）OLE 容器控件，在应用程序中添加 OLE 对象，如 Word、Excel 创建的可输入对象。

16）OLE 绑定型控件，OLE 对象与通用字段相连接。

17）线条（Line）控件，在表单上画各种线条。

18）形状（Shape）控件，在表单上画各种形状，如矩形、圆角矩形、正方形、圆角正方形、椭圆或圆等。

19）容器（Container）控件，在容器中可以包含其他控件。

20）分隔符（Separator）控件，在工具栏的控件间加上空格。

21）超级链接（HyperLink）控件，可以在表单上加上超级链接。

3. 属性

表单和控件都是对象，有自己的属性和方法。在表单设计器中，使用属性窗口可以查看、设置和修改表单和控件的属性，常用控件的基本属性如下所示：

1）Name 属性，指定在代码中引用对象时所用的名称。

2）Caption 属性，指定对象标题中显示的文本，即标题属性。

① 如果要为控件指定快捷键，可在标题中要用作快捷键的字母前加上一个反斜杠和一个小于号（\ <），当对象显示时，该字母带一个下划线。用户可同时按 Alt 加下划线字母，将焦点移到该控件上。

② 对于表单，Caption 属性指定显示在表单标题栏中的文本。若将表单最小化，文本就显示在表单图标的下面。

③ 对于页框对象中的页面，Caption 属性指定显示在每页选项卡上的文本。

④ 对于控件，Caption 属性指定显示在控件上或控件旁的文本。

3）AutoSize 属性，控件是否根据正文自动调整大小。

. T. —真：自动调整大小。

. F. —假（默认值）：保持原设计时的大小，若正文太长则自动截剪掉。

4）Height 属性，指定对象在屏幕上的高度。

5）Widtht 属性，指定对象在屏幕上的宽度。

6）Top 属性，对于控件，指定相对父对象最顶端所在的位置；对于表单对象，可确定表单顶端边缘与 VFP 主窗口之间的距离。

7）Left 属性，对于控件，指定相对父对象的左边界；对于表单对象，可确定表单的左边界与 VFP 主窗口左边界之间的距离。

8）Enabled 属性，指定控件是否可用。

.T. —真（默认值）：可用。

.F. —假：不可用，呈暗淡色，禁止用户进行操作。

9）Visible 属性，指定控件是否可见。

.T. —真（默认值）：为可见。

.F. —假：不可见，但控件本身存在。

10）FontName 属性，指定对象显示文本的字体名。

11）FontSize 属性，指定对象文本的字体大小。

12）FontBold、FontItalic、FontStrikethru、FontUnderline 属性，指定文本是否具有下列效果：

① FontBold，是否粗体。

② FontItalic，是否斜体。

③ FontStrikethru，是否加一条删除线。

④ FontUnderline，是否带下画线。

13）ForeColor 属性，设置控件的前景颜色（即正文颜色）。用户可以在属性窗口中用调色板直接选择所需颜色，也可以在程序中用 RGB（）函数进行设置。

14）BackColor 属性，设置背景颜色，选择方法同前景颜色。

15）BackStyle 属性，设置背景风格。

0—透明：控件背景颜色显示不出来。

1—不透明（默认值）：控件设置背景颜色。

16）BorderStyle 属性，设置边框风格。

0—无：控件周围没有边框。

1—固定单线（默认值）：控件带有单边框。

17）Alignment 属性，控件上正文水平对齐方式。

0—左：正文左对齐。

1—右：右对齐。

2—中间：正文居中。

3—自动（默认值）。

18）WordWarp 属性，当 AutoSize 属性设为 .T. 时，WordWarp 才有效。

.T. —真：表示按照文本和字体的大小在垂直方向上改变显示区域的大小，而在水平方向不发生变化。

.F. —假（默认值）：表示在水平方向上按正文的长度放大或缩小；在垂直方向则以字体大小来放大或缩小显示区域。

19）Style 属性，指定控件的样式，适用于复选框、组合框、命令按钮、文本框、选项按钮组。

20）Picture 属性，指定在控件中显示的位图文件（.BMP）、图标文件（.ICO）或通用字段，适用于复选框、命令按钮、选项按钮组、容器对象、图像、表单等。

21）TabIndex 属性，指定页面上控件的 Tab 键次序。

22）TabStop 属性，指定用户是否可以使用 Tab 键把焦点移到对象上。

23）SpecialEffect 属性，指定控件不同样式的选项。

0—3 维：立体效果。

1—平面：平面效果。

对于页框控件的 SpecialEffect 属性。

0—凸起（除容器对象之外的所有对象的默认值）。

1—凹下。

2—平面（仅是容器对象的默认值）。

24）Value 属性，指定控件的当前状态，适用于复选框、列表框、组合框、命令按钮组、编辑框、表格、文本框、选项按钮组、微调按钮。

对于列表框、组合框、命令按钮组、编辑框、表格、文本框、微调按钮，Value 属性的设置为当前所选的字符或数值。

25）InputMask 属性，指定控件中数据的输入格式和显示方式，应用于微调、文本框、组合框。

26）Stretch 属性，在一个控件内部，指定如何调整一幅图像以适应控件的大小。

0—剪裁：剪裁图像以适应控件。

1—等比填充：调整图像大小以适合控件，同时保持图像的原始比例。

2—变比填充：调整图像大小以适合控件，但是不保持图像的原始比例。

4. 事件

事件就是可能发生在对象上的事情，或者说是我们或系统对某个对象的操作，如单击按钮、拖动对象等。同时，我们还希望这个对象在被操作之后能够做出我们所期望的反应，如“退出按钮”被单击后，能够结束程序的运行。

为了使对象在某一事件发生时能够做出所需的反应，必须针对这一事件编出相应的程序来达到目标。如一个对象的某个事件被编入了相应的代码，一旦这一事件发生（如按钮被单击），相应的程序段便被激活，并开始执行。

VFP 中常用的事件见表 15-5。

表 15-5　VFP 中常用的事件

事　件	触发时机	备　注
Click	单击	
DblClick	双击	
Load	创建对象前	常用于程序初始化
Init	创建对象时	常用于设置初始值
GotFocus	对象得到焦点	
LoseFocus	对象失去焦点	
KeyPress	按下并释放某键盘键	
MouseDown	按下鼠标	

5. 方法

方法是指对象所固有的完成某种任务的功能。如在表单中常用方法有 Cls（清屏）、Move（移动）、Cricle（画圆）、Line（画线）、Hide（隐藏）、Refresh（刷新）等。

6. 代码编辑器窗口

“代码编辑器”窗口用于编辑对象的事件和方法的代码程序。在“属性”窗口中选择相应的事件并双击，即可进入“代码编辑器”窗口，如图 15-4 所示，在这里选择对象后，可编辑该对象指定的事件代码。另外，在表单上双击某对象，也可进入“代码编辑器”窗口。

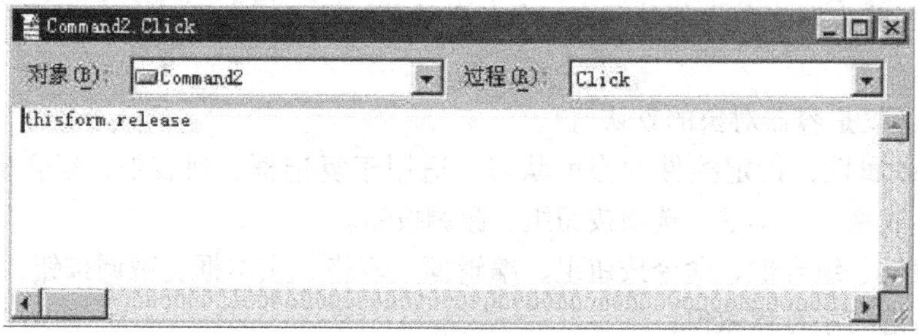

图 15-4　“代码编辑器”窗口

7. 数据环境设计器

数据环境是表单的数据来源，包括表、视图和关系。数据环境一旦建立，当打开或运行表单时，其中的表或视图便自动打开；而在关闭或释放表单时，表或视图也随之关闭。

将鼠标指针移动到“表单设计器”的空白处，右击弹出快捷菜单，从快捷菜单中，选择“数据环境”命令，屏幕显示“数据环境设计器”窗口。向数据环境中添加/移去表或视图的方法如下：

1）如果添加表或视图，则在“数据环境设计器”空白处右击，在弹出快捷菜单中，选择“添加”命令，屏幕显示“添加表或视图”对话框。

2）在“添加表或视图”对话框中，选择表或视图，单击“添加”按钮，然后再单击“关闭”按钮，屏幕显示“数据环境设计器”窗口。

3）如果要从“数据环境设计器”窗口中移去表，则先选择要移出的表或视图，然后在“数据环境”的子菜单中，选择“移去”命令，或右击，在快捷菜单中选择“移去”命令，或按［Del］键。

8. 向表单添加数据字段

设置了数据环境，就可以向表单添加数据字段了，方法如下：

1）控件的数据绑定。根据实际需要，用户可以向空表单中添加各种控件。数据绑定是指将控件与某个数据源联系起来。为此要为控件制定数据源，而数据源则由控件的 ControlSource 属性来指定。如文本框与某一数据字段绑定后，控件值将由字段值决定，而字段值也将随控件值的改变而改变。

2）从“数据环境设计器”窗口中拖动字段到表单。在“数据环境设计器”窗口中，选择所需要的字段，按住鼠标左键将其拖到空白表单的适当位置，系统即自动把表中的所有字段全部按行或列排在窗口表单中。根据需要，也可以逐个拖动字段到表单中，这样拖入的字段数据将自动与控件绑定。

9. 运行表单

运行表单有多种方式，可通过表单菜单运行，或单击项目管理器中的“运行（U）”按钮。在命令窗口中使用运行表单的命令也可运行表单：

DO FORM <表单名>. SCX

第四部分习题与思考题

一、名词解释

DB、DBMS、DBS、概念数据模型、数据库三级模式、物理数据独立性、逻辑数据独立性、SQL、DDL、DML、实体完整性、参照完整性、视图、索引、第一范式、第二范式、第三范式、函数依赖、传递函数依赖、概念数据库设计、客户/服务器（C/S）结构。

二、单项选择题

1. 数据库（DB）、数据库系统（DBS）和数据库管理系统（DBMS）之间的关系是（　　）。

A）DBS 包括 DB 和 DBMS　　B）DBMS 包括 DB 和 DBS

C）DB 包括 DBS 和 DBMS　　D）DBS 就是 DB，也就是 DBMS

2. 下面列出的数据库管理技术发展的三个阶段中，没有专门的软件对数据进行管理的是（　　）。

Ⅰ. 人工管理阶段；Ⅱ. 文件系统阶段；Ⅲ. 数据库阶段

A）Ⅰ和Ⅱ　　B）只有Ⅱ　　C）Ⅱ和Ⅲ　　D）只有 Ⅰ

3. 下列 4 项中，不属于数据库系统特点的是（　　）。

A）数据共享　　B）数据完整性　　C）数据冗余度高　　D）数据独立性高

4. 数据库系统的数据独立性体现在（　　）。

A）不会因为数据的变化而影响到应用程序

B）不会因为数据存储结构与数据逻辑结构的变化而影响应用程序

C）不会因为存储策略的变化而影响存储结构

D）不会因为某些存储结构的变化而影响其他的存储结构

5. 描述数据库全体数据的全局逻辑结构和特性的是（　　）。

A）模式　　B）内模式　　C）外模式　　D）视图

6.（　　）属于信息世界的模型，实际上是现实世界到机器世界的一个中间层次。

A）数据模型　　B）概念模型　　C）E－R 图　　D）关系模型

7. 客户/服务器结构与其他数据库体系结构的根本区别在于（　　）。

A）数据共享　　B）数据分布　　C）网络开销小　　D）DBMS 和应用分开

8. 要保证数据库的逻辑数据独立性，需要修改的是（　　）。

A）模式与外模式之间的映像　　B）模式与内模式之间的映像

C）模式　　D）三级模式

9. 下述（　　）不是 DBA 数据库管理员的职责 。

A）完整性约束说明　　B）定义数据库模式

C）数据库安全　　D）数据库管理系统设计

10. 概念模型是现实世界的第一层抽象，这一类模型中最著名的模型是（　　）。

A）层次模型　　B）关系模型　　C）网状模型　　D）实体－联系模型

11. 关系数据模型是目前最重要的一种数据模型，它的 3 个要素分别是（　　）。

A）实体完整性、参照完整性、用户自定义完整性　B）数据结构、关系操作、完整性约束

C）数据增加、数据修改、数据查询　　D）外模式、模式、内模式

12. 有关系：R（A，B，C），其主码为 A；关系 S（D，A），其主码为 D，外码为 A，参照 R 的属性 A，关系 R 和 S 的元组如下所示：

R：

A	B	C
1	2	3
2	1	3

S：

D	A
1	2
2	null
3	3
4	1

则关系 S 中违反关系完整性规则的元组是（　　）。

A）(1，2)　　B）(2，null)　　C）(3，3)　　D）(4，1)

13. 在（　　）中一个节点可以有多个双亲，节点之间可以有多种联系。

A）网状模型　　B）关系模型　　C）层次模型　　D）以上都有

14. 下面的选项不是关系数据库基本特征的是（　　）。

A）不同的列应有不同的数据类型　　B）不同的列应有不同的列名

C）与行的次序无关　　D）列的次序无关

15. 设一位教师可讲授多门课程，一门课程可由一位教师讲授，教师与课程之间是（　　）。

A）一对一的联系　　B）一对多的联系　　C）多对一的联系　　D）多对多的联系

16. （　　）是位于用户与操作系统之间的一层数据管理软件。

A）数据库管理系统（DBMS）　　B）数据库系统

C）数据库　　D）数据库应用系统

17. 一个关系只有一个（　　）。

A）候选码　　B）外码　　C）超码　　D）主码

18. 在基本的关系中，下列说法正确的是（　　）。

A）行列顺序有关　　B）属性名允许重名

C）任意两个元组不允许重复　　D）列是非同质的

19. 关系代数运算是以（　　）为基础的运算。

A）关系运算　　B）谓词演算　　C）集合运算　　D）代数运算

20. 关系数据库管理系统应能实现的专门关系运算包括（　　）。

A）排序、索引、统计　　B）选择、投影、连接

C）关联、更新、排序　　D）显示、打印、制表

21. 关系代数中的连接操作是由（　　）操作组合而成。

A）选择和投影　　B）选择和笛卡尔积

C）投影、选择、笛卡尔积　　D）投影和笛卡尔积

22. 假设有关系 R 和 S，关系代数表达式 $R-(R-S)$ 表示的是（　　）。

A）$R\cap S$　　B）$R\cup S$　　C）$R-S$　　D）$R\times S$

23. 设关系 R 和 S 的属性个数分别为 r 和 s，则（$R\times S$）操作结果的属性个数为（　　）。

A）$r+s$　　B）$r-s$　　C）$r\times s$　　D）$\max(r, s)$

24. SQL 语言是（　　）的语言，容易学习。

A）过程化　　B）非过程化　　C）格式化　　D）导航式

25. 在视图上不能完成的操作是（　　）。

A）更新视图　　B）查询

C）在视图上定义新的表　　D）在视图上定义新的视图

26. 在 SQL 语言中的视图 VIEW 是数据库的（　　）。

A）外模式　　B）模式　　C）内模式　　D）存储模式

27. 在 SQL 语言中，子查询是（　　）。

A）返回单表中数据子集的查询语言　　B）选取多表中字段子集的查询语句

C）选取单表中字段子集的查询语句　　D）嵌入到另一个查询语句之中的查询语句

28. 同 Where Age Between 17 And 20 完全等价的是（　　）。

A）Where Age >17 And Age <20　　B）Where Age > =17 And Age <20

C）Where Age >17 And Age < =20　　D）Where Age > =17 And Age < =20

29. 已知关系模式 R（A，B，C，D，E）及 R 上的函数依赖集合 F = {$A \to D$，$B \to C$，$E \to A$}，该关系模式的候选码是（　　）。

A）A，B　　B）B，E　　C）C，D　　D）D，E

30. 关系模式中，满足 2NF 的模式（　　）。

A）可能是 1NF　　B）必定是 1NF　　C）必定是 3NF　　D）必定是 BCNF

31. 关系模式 R 中的属性全是主属性，则 R 的最高范式必定是（　　）。

A）1NF　　B）2NF　　C）3NF　　D）BCNF

32. 消除了部分函数依赖的 1NF 的关系模式，必定是（　　）。

A）1NF　　B）2NF　　C）3NF　　D）BCNF

33. 关系数据库规范化是为了解决关系数据库中（　　）的问题而引入的。

A）提高查询速度　　B）插入、删除异常和数据冗余

C）保证数据的安全性和完整性　　D）数据安全性

34. 关系的规范化中，各个范式之间的关系是（　　）。

A）$1NF \in 2NF \in 3NF$　　B）$3NF \in 2NF \in 1NF$

C）1NF = 2NF = 3NF　　D）$1NF \in 2NF \in BCNF \in 3NF$

35. 概念结构设计阶段得到的结果是（　　）。

A）数据字典描述的数据需求　　B）E – R 图表示的概念模型

C）某个 DBMS 所支持的数据模型　　D）包括存储结构和存取方法的物理结构

36. 一个多对多联系转换为一个关系模式。关系的主码为（　　）。

A）实体的码　　B）各实体码的组合

C）n 端实体的码　　D）二个实体的主码的组合

37. 逻辑结构设计阶段得到的结果是（　　）。

A）数据字典描述的数据需求　　B）E – R 图表示的概念模型

C）某个 DBMS 所支持的数据模型　　D）包括存储结构和存取方法的物理结构

38. 数据库物理设计阶段得到的结果是（　　）。

A）数据字典描述的数据需求　　B）E – R 图表示的概念模型

C）某个 DBMS 所支持的数据模型　　D）包括存储结构和存取方法的物理结构

39. 在数据库设计中，将 E – R 图转换成关系数据模型的过程属于（　　）。

A）需求分析阶段　　B）逻辑设计阶段　　C）概念设计阶段　　D）物理设计阶段

40. 在关系数据库设计中，设计关系模式是数据库设计中（　　）阶段的任务。

A）逻辑设计　　B）概念设计　　C）物理设计　　D）需求分析

41. 关系数据库的规范化理论主要解决的问题是（　　）。

A）如何构造合适的数据逻辑结构　　B）如何构造合适的数据物理结构

C）如何构造合适的应用程序界面　　D）如何控制不同用户的数据操作权限

42. 数据库设计可划分为 7 个阶段，每个阶段都有自己的设计内容，“为哪些关系，在哪些属性上、建立什么样的索引”这一设计内容应该属于（　　）阶段。

A）概念设计　　B）逻辑设计　　C）物理设计　　D）全局设计

43. 在 ER 模型中，如果有 3 个不同的实体集，3 个 M: N 联系，根据 ER 模型转换为关系模型的规则，转换为关系的数目是（　　）。

A）4　　B）5　　C）6　　D）7

44. 下列式子中，（　　）肯定不是合法的 VFP 表达式。

A）[9999] -AB　　B）NAME+“NAME”

C）10/18/98　　D）“教授”.OR.“副教授”

45. 以下命令中，可以显示“Fox”的是（　　）。

A）? SUBSTR（“Visual Foxpro”，8，3）　　B）? SUBSTR（“Visual Foxpro”，7，3）

C）? SUBSTR（“Visual Foxpro”，3，8）　　D）? SUBSTR（“Visual Foxpro”，3，7）

46. VFP 系统允许字符型数据最大的宽度是（　　）位。

A）64　　B）100　　C）254　　D）128

47. 下列符号中，（　　）是 VFP 合法的变量名。

A）7AB　　B）AB7　　C）IF　　D）A [B] 7

48. 在 VFP 中，表单文件的扩展名是（　　）。

A）. DBF　　B）. CDX　　C）. PRG　　D）. SCX

49. 执行下列语句序列后，变量 B 的值是（　　）。

```
A=2200
DO CASE
   CASE A<1000
    B=5/100
   CASE A>1000
    B=10/100
   CASE A>2000
    B=15/1000
   CASE A>3000
    B=20/100
ENDCASE
```

A）0.05　　B）0.15　　C）0.10　　D）0.20

50. 在创建表单时，用（　　）控件创建的对象用于保存不希望用户改动的文本。

A）文本框　　B）标签　　C）编辑框　　D）组合框

51. 在表单中加入两个命令按钮 Command1 和 Command2，编写 Command1 的 Click 事件代码如下，则当单击 Command1 后，（　　）。

Thisform. Command2. Enabled =. F.

A）事件代码无法执行　　B）命令按钮组中的第二个按钮不能激活

C）Command1 命令按钮不能激活　　D）Command2 命令按钮不能激活

52. 在报表设计器中，可以使用的控件包括（　　）。

A）标签、域控件和线条　　B）标签、域控件和列表框

C）标签、文本框和列表框　　D）布局与数据源

53. 要返回在组合框控件中键入的文本，应使用其（　　）属性。

A）Value　　B）DisplayValue　　C）Text　　D）Caption

54. 可使用如下命令预览报表 BB 的内容（　　）。

A）Do Form BB　　B）Report Form BB

C）Do Form BB Preview　　D）Report Form BB Preview

三、填空题

1. 从某个表文件中真正删除一条记录，应先使用________命令，再用________命令。

2. 若 a=3，r=2.0，x=7，b=False

则表达式 a >=2*3.14*r And x<>5 Or Not b 的值为________。

3. 执行语句 DIMENSION M（3），N（2，3）后，数组 M 的元素个数是________，数组 N 的元素个数是________。

4. 控件的数据绑定是指将某个控件与相应的一个________联系起来。

四、问答或解答题

1. 试述关系模型的三要素内容。

2. 试述关系数据库语言的特点和分类。

3. 关系数据库的完整性规则有哪些？试举例说明。

4. 什么叫数据的物理独立性与逻辑独立性？并说明它的重要性。

5. 为某百货公司设计一个 ER 模型，已知百货管辖若干个连锁商店，每家商店经营若干商品，每家商店有若干职工，但每个职工只能服务于一家商店。实体类型“商店”的属性有商店编号、店号、店址、店经理。实体类型“商品”的属性有商品编号、商品名、单价、产地。实体类型“职工”的属性有职工编号、职工名、性别、工资。在联系中应反映出职工参加某商店工作的开始时间，商店销售商品的有销售量。试画出反映商店、商品、职工实体类型及联系类型的 ER 图，并将其转换成关系模式。

6. 假设需要建立一个有关图书出版订购的数据库。其中有如下信息：图书的编号、书名，图书馆的馆名、所在城市名称，出版社的名称、电话号码。已知一本图书只能由一个出版社出版发行，然后再由各个图书馆定购，并记录每本馆藏图书的定购量，一个图书馆可以订购多种图书，一种图书可以由多个图书馆订购。请画出该数据库系统的 E－R 图，并将其转换成关系模式。

7. 针对商品供应数据库，有如下 4 个基本表：

供应商：S（SNO，SNAME，STATUS，CITY）

零件：P（PNO，PNAME，COLOR，WEIGHT）

工程：J（JNO，JNAME，CITY）

供应关系：SPJ（SNO，PNO，JNO，QTY）

试用关系代数表达式完成下面的查询：

（1）求供应工程 J_1 零件单位号码。

（2）求没有使用天津单位生产的红色零件的工程号。

（3）求供应工程 J_1 零件 P_1 的供应商号码。

（4）求供应工程 J_1 零件为红色的单位号码。

（5）求至少用了单位 S_1 所供应的全部零件的工程号。

（6）求供应商与工程在同一城市能供应的零件数量。

8. 已知关系 R 和关系 S 分别如图 15-5 所示，请分别计算：

（1）R| X| S

（2）$\pi_{B,C}$（R）

（3）$\sigma_{A=D}$（RXS）

关系 R

A	B	C
1	b	2
2	a	3
4	c	1
3	a	3

关系 S

D	E	A
2	b	2
4	c	9
3	b	4
3	a	7

图 15-5 关系 R 和关系 S

9. 针对教学管理数据库的 3 个基本表：

学生 S（SNO，SNAME，AGE，SEX）

选课 SC（SNO，CNO，GRADE）

课程 C（CNO，CNAME，TEACHER）

试分别用关系代数和 SQL 语句表达下列查询：

（1）检索 LIU 老师所授课程的课程号和课程名。

（2）检索年龄大于 23 岁的男学生的学号和姓名。

（3）检索至少选修 LIU 老师所授课程中一门课程的女学生姓名。

（4）检索WANG同学不学的课程的课程号。

（5）检索选修全部课程的学生学号。

（6）检索至少选修两门课程的学生学号。

（7）统计有学生选修的课程门数。

（8）求选修C4课程的学生的平均年龄。

（9）求LIU老师所授课程的每门课程的学生平均成绩。

（10）统计每门课程的学生选修人数（超过10人的课程才统计）。要求输出课程号和选修人数，查询结果按人数降序排列，若人数相同，按课程号升序排列。

（11）在基本表SC中删除尚无成绩的选课元组。

（12）把低于总平均成绩的女同学成绩提高5%。

10. 试问下列关系模式最高属第几范式，并解释其原因。

（1）R（A，B，C，D），F：{B→D，AB→C}。

（2）R（A，B，C），F：{A→B，B→A，A→C}。

（3）R（A，B，C，D），F：{A→C，D→B}。

（4）R（A，B，C，D），F：{A→C，CD→B}。

11. 数据库逻辑设计有哪些基本内容？请叙述之。

五、编程题

请设计“学生基本信息表”并编写出如图15-6所示表单中“上一个”、“下一个”、“第一个”、“最后一个”、“删除”、“退出”按钮中实现其功能的事件过程代码。

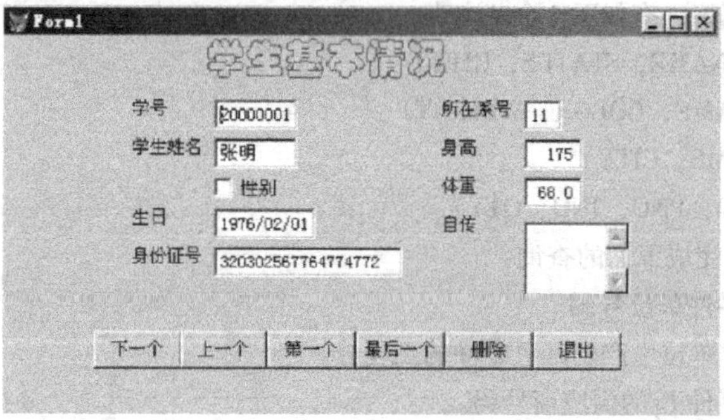

图15-6　学生信息表单

第五部分

软件工程

第16章 软件工程概述

自从计算机诞生以来，软件工程学科走过了一段曲折的历程。直到20世纪60年代，软件的概念才初步形成，软件的应用领域逐步扩大，软件开发中的诸多问题开始暴露，出现了严重制约软件发展的软件危机。在此基础上，人们提出了软件工程的概念，软件开发工程化逐步受到重视。本章介绍软件工程的产生与发展及软件工程的基本概念。

16.1 软件和软件危机

在计算机系统发展的早期阶段（20世纪60年代中期以前），以硬件为主，软件只是为每个具体应用而编写的规模较小的程序，编写者和使用者往往是同一个人，没有其他文档资料保存下来。1969年IBM公司率先把计算机产品分为硬件和软件，提出软件是产品，是由满足一定要求的、具有可用性、可靠性的程序系统和与之相匹配的文档资料所组成。

进入20世纪60年代以后，各种集成电路大量涌现出来，使计算机的类型越来越多，规模越来越大，应用领域越来越广，这样使计算机的产量和对程序设计的需求骤增。于是，许多非计算机专业人员转向程序设计，从而产生了软件行业。在这一时期，程序的规模越来越大，结构越来越复杂，一个大的程序往往需要上万条乃至数百万条指令。而程序设计人员多数缺乏训练，水平不高，设计时往往以个体为主。虽有多人合作，但因没有统一的规范和标准，难以融合与交流；出现了错误，也难以检查和修改，以致一些程序最终不可维护。

在这种情况下，软件开放技术的进步未能满足发展的要求。在软件开发中遇到的问题找不到解决的办法，问题积累起来，形成尖锐的矛盾，最终导致“软件危机”。具体表现为：

1）没有建立统一的质量标准，使软件的质量无法得到保证，出现了错误也难以发现和控制。这些错误隐藏下来，形成隐患。软件的规模越大，隐藏下来的隐患也就越多。

2）软件开发完成后，用户往往对其功能不满意。

3）软件产品难以维护。软件是开发人员逻辑思维的代码化表示，单人设计，他人往往难以阅读和理解；出了问题，也难以检测和修改。

4）缺乏适当的文档资料。文档资料是给开发人员的任务书，维护人员的技术指导书和用户的操作说明书。如果这些资料不齐全、不规范，会给维护人员带来不便。

5）开发成本难以控制，费用经常追加，以致客户难以接受。由于缺乏经验，开发人员对用户的要求和难度有时估计不足，经费预算偏低，若要追加，客户往往难以接受。

6）软件开发周期难以预测。由于对客户的要求和难度估计不足，开发人员在设计中有时遇到意想不到问题，致使工期一拖再拖。

软件危机的产生首先与软件本身的特点有关。软件是一种逻辑实体，而不是具体的物理实体，缺乏可见性，开发过程的进展情况和质量难以评价及衡量。软件是复杂而规模上庞大的系统，通常由多人合作完成，涉及技术、管理等多方面的问题，难以统一成高质量的整体。软件的生产方式与硬件明显不同：质量控制在设计和制造阶段的不同，生产方式不同，设计和制造阶段的资金和人力投入、技术复杂度不同。软件的运行和维护阶段，没有传统意义上的机械磨损和老化问题，维护意味着对原设计无限制的修改。软件与硬件有关，因此人们对软件有可移植性的要求。软件开发工作还涉及许多社会因素。

另一方面软件危机也与软件开发、维护的方法不正确有关。它表现为对软件开发与维护存在许多错误认识和做法，忽视软件需求分析的重要性，对软件与程序的概念不清，轻视软件维护，忽视对软件开发过程的管理。

为了消除软件危机，首先应该对计算机软件有一个正确的认识。应该彻底消除在计算机系统早期发展阶段形成的“软件就是程序”的错误观念。一个软件必须由一个完整的配置组成。事实上，软件是程序、数据及相关文档的完整集合，程序是能够完成预定功能和性能的可执行的指令序列；数据是使程序能够适当地处理信息的数据结构；文档是开发、使用和维护程序所需要的图文资料。

16.2 软件工程的产生与发展

16.2.1 软件工程的产生

1968年秋季，北大西洋公约组织（North Atlantic Treaty Organization，NATO）科技委员会召开了有近50名一流的编程人员、计算机科学家和工业界巨头参加的研讨会，讨论和制定摆脱“软件危机”的对策。会议第一次提出了软件工程（Software Engineering）这个概念，这是软件开发史上重要的里程碑。30多年来，经过不断的实践和总结，人们越来越认识到，按照工程化的原则和方法组织软件开发工作，是摆脱软件危机的一个主要出路。

软件工程的定义是采用工程的概念、原理、技术和方法，把经过时间考验而证明是正确的管理技术和当前能够得到的最好的技术方法结合起来，用于开发和维护软件。软件工程的基本目标是生产出满足预算、按期交付、用户满意的无缺陷的软件，并且当用户需求改变时，所生产的软件必须易于修改。

软件工程是一门研究如何用系统化、规范化、数量化等工程原则和方法去进行软件开发和维护的学科，它有两方面内容，即软件开发技术和软件项目管理。软件开发技术包括软件开发过程、软件开发方法和软件开发工具。软件项目管理包括软件度量、项目估算、进度控制、人员组织、配置管理、项目计划等。

16.2.2 软件工程的发展

软件工程作为独立的一门学科，其发展已逾30年，软件工程的研究和实践取得了长足的进步。

1. 结构化方法

20 世纪 60 年代末到 70 年代中期，在一系列高级语言应用的基础上，出现了结构化程序设计技术，并开发了一些支持软件开发的工具。1968 年荷兰学者 R. W. Dijstra 提出结构化程序设计思想，即通过程序的结构化，控制程序设计的复杂性，提高程序的清晰度和可靠性。1973 年，Pascal 语言的设计大师、瑞士苏黎世工学院教授 N. Wirth 在《美国计算机协会通信》杂志上发表了题为《通过逐步求精方式开发程序》的论文，提出了“结构化程序设计”的方法和步骤，其要点有二：

其一，程序设计是一个由粗到细的“渐进”过程，不要一步就编制成可执行的程序，而是分若干步进行，逐步求精。第一步编出的程序抽象程度最高，其后各步抽象程度逐步降低，最后编出可执行的程序。

其二，程序设计不仅包括对控制结构的设计，也包括对数据结构的设计，两者都要一步步地细化。

用结构化方法编程似乎复杂，但实际上优点很多。它可使程序易读、易写、易调试、易维护，也易于保证程序的正确性及可验证性。这种结构化程序设计方法又称为“自顶向下、逐步求精”的方法，在程序设计领域产生了重大影响，成为程序开发的一个标准方法，并且在 Pascal 和 C 语言上得到了充分体现，在后来发展起来的软件工程中获得了广泛应用。但是，随着软件系统规模变大，其复杂性增加，结构化方法暴露出其抽象程度不够，不能很好解决动态交互、代码重用和维护等问题的弱点，不能胜任视窗界面的大型应用程序开发。这个问题必须由具有更高抽象层次的程序设计方法来解决。

2. 面向对象方法

进入 20 世纪 90 年代，计算机硬件发展迅猛，而软件开发方法和手段与硬件开发技术的差距却越来越大。传统软件技术的抽象层次越来越难以适应大规模复杂软件系统的要求，因此提高软件开发方法的抽象化程度成为推动软件技术发展的重要因素。

另一方面，已有的软件是极为重要的资源，但当时尚未很好利用，也使软件技术发展速度受到制约。为此，软件的抽象和重用成为软件开发者必须解决的两个问题。但传统的程序设计方法不能够全面有效地同时支持这两个概念，因而采用新的程序设计方法，即面向对象的方法就成为必然的选择。

面向对象的方法是以对象作为最基本的要素来分析和解决问题的。它将计算机里表示的对象与现实世界的对象建立一一对应的关系，不必作任何转换。按照人类认识世界的方法与规律分析和解决问题，这就是面向对象方法的基本出发点。因此，面向对象的概念易于被人们所理解、接受和掌握。

3. 基于组件技术的软件工程

与面向对象技术强调对个体的抽象不同，组件推广了对象封装的内涵，侧重于复杂系统中组成部分的协调关系，强调实体在环境中的存在形式，形成了一个专门的技术领域。

组件是基于面向对象技术的更高级抽象。它把底层的对象集合打包，组成功能“插件”。组件技术的基本思想是将应用软件分解成为一个个独立的单元，将软件开发的过程转变成类似于“搭积木”的搭建过程，通过组装不同的软件组件单元来实现软件的集成。应用软件的开发过程就成为各种不同组件的集成过程。

（1）组件的特点

1）组件是具有独立性、被封装好、具有自描述能力的软件单元。组件中包含运行时所需的数据和方法。组件不依赖于开发语言和开发平台，在二进制代码级上实现重用。

2）组件向外部提供定义好的接口，只能通过这些接口来操纵组件。用户使用组件提供的功能时，无需知道组件如何实现这些功能。

3）组件之间可以交互。交互双方可以在相同的应用程序中、相同的计算机上，也可以在不同的计算机上、不同的操作系统平台上。

4）组件本身不是完整的应用程序，组件可以组装成应用程序。组件也可以扩充和修改，可以灵活地相互组合，形成新的功能。但在维护和升级一个组件时，不必变动整个应用程序。

（2）组件技术发展背景　组件技术最初的发展动力是 Windows 操作系统的出现和随后的桌面应用系统的发展。在窗口界面的应用程序中，有许多可重用的控件元素，例如按钮、菜单、对话框等，这些元素都可以看做是对象。通过可视化组件技术可以方便快速地创建应用程序的用户界面，从而极大地提高了软件开发效率。

随着互联网的兴起，分布式应用和多层客户/服务器计算模型的发展，又出现了分布式组件 DCOM（Distributed Component Object Model）技术。分布式组件技术是对原先的单机桌面系统使用的组件技术在网络环境下的扩展。在分布式应用程序中，各种服务被抽象为分布于网络中的对象，这些对象又通过交互形成新的满足需求的 Web 服务。分布式组件技术是一项开放式的跨平台技术，主要解决网络中异构平台上的对象之间的互操作和对象管理等问题。

（3）几种重要的组件技术　目前重要的组件技术主要有 3 类：对象管理组定义的 CORBA 分布式对象标准、微软的组件技术 COM/DCOM 和 SUN 公司的 JavaBeans/EJB 技术。

1）对象管理组的 CORBA 分布式对象标准。对象管理组（Object Management Group，OMG）定义的 CORBA 分布式对象标准即公用对象请求代理体系结构（Common Object Request Broker Architecture），主要包括对象请求代理（Object Request Broker，ORB）、接口定义语言（Interface Description Language，IDL）以及公共对象服务。

ORB 是 CORBA 的核心机制，它屏蔽了底层的网络和操作系统，在本地或异地对象之间转发调用请求和结果，从而使一个对象可以像调用本地对象一样地调用远程对象。

IDL 是一种与平台无关的语言，用来定义组件的接口。对应于每一种平台（包括底层的硬件平台和操作系统）上的每一种编程语言，都有一种 IDL 编译器，它的作用是根据用户通过 IDL 定义的接口，创建针对特定平台上的特定语言的 ORB 层。IDL 编译器是 CORBA 一系列机制的实现者，它使组件的编写者不必考虑如何实现 CORBA 提供的各种机制，只需编写组件的内容和定义接口，其余的都由 IDL 编译器来实现。

公共对象服务是一系列的系统级组件，这些组件补充和扩展了 ORB 层功能，例如组件的生命周期管理、名字服务、同步和事件处理等。

2）微软的组件技术

① DDE 和 OLE。实际上我们在 Windows 应用程序中已经频繁接触过组件技术，如动态数据交换（Dynamic Data Exchange，DDE）、对象链接与嵌入（Object Linking and Embedding，OLE）。DDE 是 Windows 操作系统下用户程序间的通信标准，两个同时运行的程序之间通过 DDE 方式交换数据时，它们是客户和服务者的关系。一旦建立起这样的连接关系，

当 Server（服务器）中的数据发生变化时就会马上通知 Client（客户端）。通过 DDE 方式建立的数据连接通道是双向的，即 Client 不但能够读取 Server 中的数据，而且可以对其进行修改。微软的组件体系结构经历了相当曲折的发展过程。最初的 OLE 1.0 用于在一个程序中引用另一个程序中的某个对象。例如一个 Excel 电子表格对象可以直接连接到 Word 字处理程序中，通过这样的连接，在 Word 中可以直接对 Excel 进行编辑，就好像它在 Word 当中一样；反过来，在 Excel 中编辑一个嵌入到 Word 中的表格时，修改结果也会立即被送到 Word 文档。

② COM/DCOM/ActiveX。微软在 OLE 1.0 的基础上提出了一个比较完整的软件组件体系结构 OLE 2.0。OLE 2.0 除了增强 OLE 1.0 复合文档的功能外，还包括 OLE 控件（OCX 或 OLE Control）、OLE 拖放（Drag & Drop）和 OLE 自动化（OLE Automation）。微软在此基础上推出了组件对象模型（Component Object Model，COM），COM 实现了 OLE 对象之间的底层通信机制，其作用类似于 CORBA 中的 ORB。但是，COM 只能作用在单机上。

随着网络技术的普及，微软改进了 COM 关于网络方面的标准，推出了支持 Windows 应用的分布式组件对象模型（Distributed Component Object Model，DCOM）和基于 DCOM 的 ActiveX 控件。ActiveX 只是对 OLE2.0 做了一些局部的改进、扩充，使之更适合于互联网环境。

DCOM 可以与 HTTP、TCP/IP 和 Java 语言协同工作，并提供对象接入，使各种商业应用在 Web 上畅通无阻。微软和主要的集成工具软件开发商 Borland、Sybase、Oracle、IBM 等已经在销售的开发工具中包含了分布式组件产品 ActiveX。ActiveX/DCOM 独立于编程语言，但是只能在 Windows 平台下使用。不过现在微软已经公开发放 DCOM 技术许可证给采用其他主要操作系统的软件公司，包括基于 UNIX 系统的多种应用。

与 CORBA 比较，DCOM 大致相当于 CORBA，它的核心定义了软件组件的对象与其使用者之间如何通过二进制接口标准进行交互的规格说明，同时也提供了结构化存储、统一数据传输等功能。不同之处在于，CORBA 只是一个规格说明书，没有给出实现的参考建议，而 DCOM 的实现细节十分明确。

3）SUN 公司组件规范 Javabeans/EJB　Java 不仅是一种程序设计语言，更是一个分布式对象平台。Java 的远程方法调用（Remote Method Invocation，RMI）是分布在网络中的各种 Java 对象之间进行方法调用的 ORB 机制。同时 Java 也可以使用 COBRA 提供的 ORB 机制。Java RMI 适合于 Java 对象之间的交互，而 CORBA 适合于 Java 对象和其他非 Java 对象之间的交互。

目前 Java 语言有两种组件规范，即 JavaBeans 和 EJB（Enterprise Java Beans）。JavaBeans 是一种通用的 Java 组件规范，适用于可视化组件，也适用于非可视化组件，但是 JavaBeans 规范的侧重点是可视化地利用组件开发应用程序。为此，它详细地描述了组件的属性、事件、方法以及持久化的规范，提高了组件的可重用性，使可视化开发环境能够识别组件的特征，实现无代码编程。另外，Java 平台本身提供了结构化存储、统一数据传送等机制。因此，JavaBeans 基本上实现了复合文档的功能。

EJB 是一种基于 Java 平台的服务器端软件组件规范，一方面，EJB 规定了一个服务器端软件组件的模型，凡是符合该模型的组件都可以在任何 EJB 服务器上运行，通过组件之间的组合创建完整的服务器端应用程序；另一方面，EJB 规定了该模型的部署和运行环境，该环境为服务器端软件组件提供并发控制、事务处理、安全性、对象状态维护、资源共享等多种服务。

JavaBeans 和 EJB 规范形成了 Java 平台上基于软件组件模型的分布式计算体系。由 JavaBeans 组件组成客户端的应用程序，由 EJB 组件形成服务器端组件。同时，JavaBeans 和 EJB 都与 CORBA 技术兼容，可以访问其他组件对象。这样，以 Java 组件对象为核心，构成了多层客户机/服务器计算模型。

16.3　软件工程方法学

通常把在软件生命周期全过程中使用的一整套技术方法的集合称为方法学（Methodology）。软件工程方法学包含 3 个要素：方法、工具和过程。其中，方法是完成软件开发各项任务的技术方法；工具是为运用方法而提供的自动或半自动的软件工程支撑环境；过程则是软件开发中的一系列有序的活动以及它们之间的相互关系。

1. 软件生命周期

软件生命周期是一个软件从提出开发要求开始直到该软件报废为止的整个时期。它由软件定义、软件开发和软件维护 3 个时期组成，每个时期又进一步划分成若干个阶段。软件定义时期通常进一步划分成 3 个阶段，即问题定义、可行性研究和需求分析。软件开发时期的任务是设计和实现在前一个时期定义的软件，它通常由下述 4 个阶段组成：概要设计、详细设计、编码和测试。软件维护时期的主要任务是使软件持久地满足用户的需要。

（1）问题定义　问题定义阶段必须回答的关键问题：“要解决的问题是什么?”如果不知道问题是什么就试图解决这个问题，显然是盲目的，最终得出的结果很可能是毫无意义的。通过问题定义阶段的工作，系统分析员应该提出关于问题性质、工程目标和规模的书面报告，并在用户和使用部门负责人的会议上认真讨论这份书面报告，澄清含糊不清的地方，改正理解有误的地方，最后得出一份双方都满意的文档。

（2）可行性研究　这个阶段的任务不是具体解决问题，而是研究问题的范围，探索这个问题是否值得去解决，是否有可行的解决办法。分析员在问题定义阶段的基础上对建议的系统进行市场、经济、技术和法律等方面的可行性研究。根据可行性研究的结果，部门负责人做出是否继续进行这项工程的决定。及时中止不值得投资的工程项目，可以避免更大的浪费。

（3）需求分析　需求分析的任务主要是确定目标系统必须具备哪些功能。因此系统分析员在这个阶段必须和用户密切配合，充分交流信息，以得出经过用户确认的系统逻辑模型。在需求分析阶段结束之前，系统分析员应该写出软件需求规格说明书，以书面形式准确地描述软件需求。

（4）概要设计　经过需求分析阶段的工作，分析员已经清楚了系统必须“做什么”，接下来就是决定“如何做”的问题。首先，应该考虑几种可能的解决方案，通常选取低成本、中成本和高成本三种方案，系统分析员在充分权衡各种方案的利弊的基础上，推荐一个较好的系统（最佳方案），制定实现所推荐系统的详细计划。如果用户接受分析员推荐的系统，则可以着手完成本阶段的任务了。

概要设计的任务是设计软件体系结构、模块组织、用户界面及数据库，编写概要设计文档和进行评审。

(5) 详细设计　概要设计阶段以比较抽象概括的方式提出了解决问题的办法。详细设计阶段的任务就是把解法具体化，这个阶段的任务还不是编写程序，而是设计出程序的详细规格说明。这种规格说明的作用很类似于其他工程领域中工程师经常使用的工程蓝图，它们应该包含必要的细节，程序员可以根据它们写出实际的程序代码。通常用程序流程图、盒图、PAD 图或 PDL 语言（Program Design Language，过程设计语言）等描述详细设计的结果。

(6) 编码　这个阶段的关键任务是写出正确的、容易理解的、容易维护的程序模块。程序员应该根据目标系统的性质和实际环境，选取一种适当的程序设计语言，把详细设计的结果翻译成用选定语言书写的程序，并且仔细测试编写出的每一个模块。

(7) 测试　测试的目的就是在软件投入生产性运行之前，尽可能多地发现软件中的错误。目前软件测试仍然是保证软件质量的关键步骤，它是对软件规格说明、设计和编码的最后复审。

程序员通过对软件测试结果的分析可以预测软件的可靠性；反之，根据对软件可靠性的要求也可以决定测试和调试过程什么时候可以结束。应该用正式的文档资料把测试计划、详细测试方案以及实际测试结果保存下来，作为软件配置的一个组成成分。

(8) 软件维护　维护阶段的关键任务是通过各种必要的维护活动使系统持久地满足用户的需要。具体地说，它包括当软件在使用过程中发现错误时应该加以改正；当环境改变时应该修改软件以适应新的环境；当用户有新要求时应该及时改进软件以满足用户的新需要。

2. 软件开发过程

软件开发过程是为了获得高质量的软件所需要完成的一系列任务的框架，它规定了完成各项任务的工作步骤。过程定义了运用方法的顺序、应该交付的文档资料、为保证软件质量和协调变化所需要采取的管理措施以及标志软件开发各个阶段任务完成的里程碑。

为了清楚直观地表达软件开发过程，人们常使用软件过程模型。它是软件开发全部过程、活动和任务的结构框架，它能直观表达软件开发全过程，明确规定要完成的主要活动、任务和开发策略。

软件过程模型是软件工程思想的具体化，是在实践中总结出来的软件开发方法和步骤，常用的软件过程模型有如下几种。

(1) 瀑布模型　瀑布模型是 1970 年由 W. Royce 提出的，它是最早出现的软件开发模型，也是软件工程中应用得最广泛的过程模型。瀑布模型规定了软件生命周期的各个阶段，如同瀑布流水，逐级下落、自上而下、相互衔接的固定次序，如图 16-1 所示。

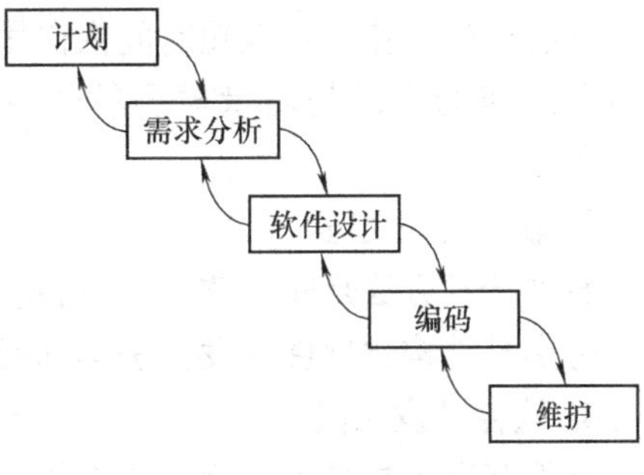

图 16-1　瀑布模型

在瀑布模型中每项开发活动均应具有以下特征：

1）上一项活动的结果是下一项活动的输入。

2）用这一输入实施该项活动应完成的内容和规定的文档。

3）给出该项活动的工作成果，作为输出传给下一项活动。

4）对该项活动实施的工作进行评审，若其工作得到确认，则继续进行下一项活动；否则返回前项，进行返工。

瀑布模型为软件开发提供了一种有效的管理模式，优点是除了阶段间具有顺序性和依赖性外，还体现了推迟实现的观点，即一项活动没有完成之前，下一项活动不允许开始，从而保证在软件开发中能够充分做好前期的分析设计工作，避免仓促上阵编程所造成的一系列问题。每个阶段结束前完成文档审查，有利于及早改正错误。

但在实践中也暴露出瀑布模型的严重缺点，最突出的是无法解决需求不明确的问题，容易在后期出现“问题堆积”，最终可能导致开发出的软件并不是用户真正需要的。

（2）原型模型　与瀑布模型不同，原型模型的第一步是快速建立一个能反映用户主要需求的原型系统，让用户在计算机上试用它，通过实践来了解目标系统的概貌。用户提出修改意见后，开发人员按照用户的意见快速地修改原型系统，然后再次请用户试用，直到用户认为这个原型系统确实能做他们所需要的工作，开发人员便可据此书写规格说明文档，根据这份文档开发出的软件可以满足用户的真实需求，如图16-2所示。

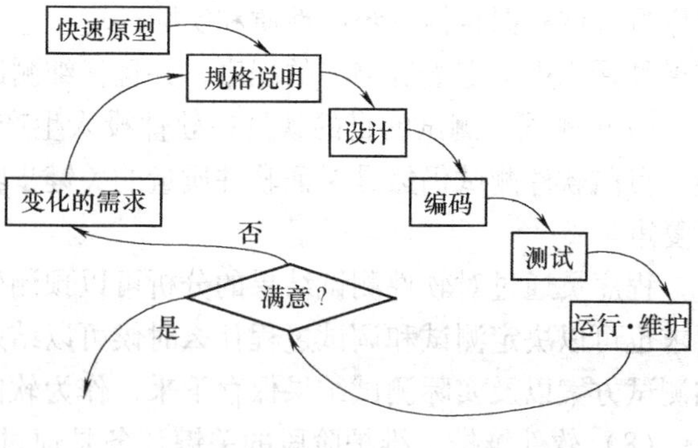

图16-2　原型模型

原型模型有效地解决了用户说不清楚需求的问题，原型系统已经通过与用户交互而得到验证，据此产生的规格说明文档正确地描述了用户需求，因此，在开发过程的后续阶段不会因为发现了规格说明文档的错误而进行较大的返工。

（3）增量模型　采用瀑布模型或原型模型开发软件时，目标都是一次就把一个满足所有需求的产品提交给用户。增量模型则与之相反，它分批地逐步向用户提交产品，整个软件产品被分解成许多个增量构件，开发人员一个构件接一个构件地向用户提交产品。从第一个构件交付之日起，用户就能做一些有用的工作。在较短时间内向用户提交可完成部分工作的产品是增量模型的优点之一，如图16-3所示。

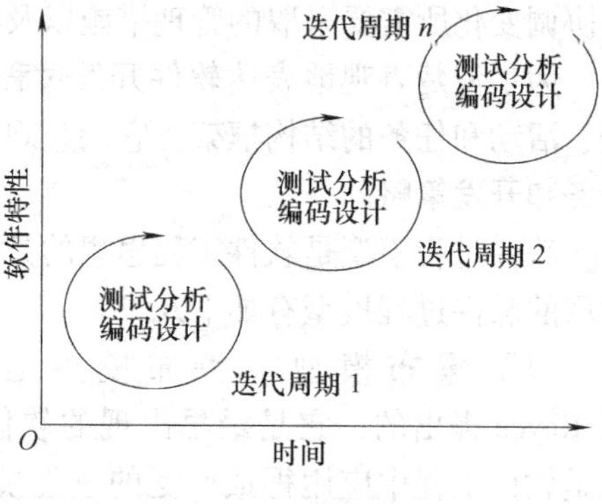

图16-3　增量模型

3. 软件开发方法

软件开发方法是完成软件开发各项任务的技术方法，目前使用得最广泛的软件工程方法学，分别是结构化软件开发方法学和面向对象方法学，将在后面章节中作详细介绍。

4. 软件开发工具

软件开发工具是为运用方法而提供的自动或半自动的软件工程支撑环境。软件开发工具是用来辅助软件开发、维护、管理和支持等活动的计算机程序系统，它的目的是为了提高软件生产效率和改进软件质量，为软件开发活动提供自动化的开发工具和环境。

20世纪70年代中期，软件工程界提出了计算机辅助软件工程（Computer Aided Software

Engineering，CASE）的思想，旨在尽量使软件开发的各项活动自动化或半自动化，以提高软件生产效率，有编程工具、分析和设计工具、软件维护工具、项目管理工具、文档管理工具、软件配置管理工具、测试管理工具等。

多年来各厂商研制了大量 CASE 工具系列产品。如用于图稿绘制的 MS Visio，Smartdraw；数据库建模工具 ERWin、PowerDesign；配置管理工具 Visual Source Safe、ClearCase；UML 建模工具 Rational Rose、MS Visio 和 Visual Paradigm；项目管理工具 MS Project；测试管理工具 Mocrosoft WAS（Web Application Stress）等。

第 17 章　结构化软件开发方法

传统的软件工程方法又称结构化分析和设计方法。该方法的特点是程序的执行过程不由用户控制，完全由程序控制，简单实用，但维护困难。

结构化方法开始于 20 世纪 60 年代，成熟于 70 年代，盛行于 80 年代。该方法的基本特点是分析设计中强调“自顶向下、逐步求精”，编程实现时强调程序的“单入口和单出口”。这种方法曾经十分流行，大量应用，非常普及。

本章将按照软件生命周期的顺序，介绍结构化软件开发技术。

17.1　可行性研究

当接受一个软件开发任务时，就意味着进入软件生命周期的第一个阶段，即可行性研究。众所周知，许多问题不能在预定的规模之内解决。因此通过可行性研究可以知道问题有无可行的解，进而避免人力、物力和财力上的浪费。

可行性研究的目的是用最小的代价在尽可能短的时间内确定问题是否能够解决。讨论一个项目是否可行，需要从市场可行性、经济可行性、技术可行性、法律可行性几个方面进行分析。

1. 市场可行性

市场可行性要求分析员在项目启动时定位目标市场，清楚在这个市场中的所有用户及他们的特点，并且清楚大部分目标用户当前所采用的解决方案，从而掌握产品竞争形势。必须在项目一开始就得到这些信息，如果没有这些信息或信息不全，那么接下来的设计活动是否有效就值得怀疑了。

2. 经济可行性

经济可行性研究主要进行成本效益分析，包括估计项目的开发成本、估算开发成本是否会高于项目预期的全部利润、分析系统开发对其他产品或利润所带来的影响。

计算机系统的成本由 4 个部分组成：

1）购置并安装软硬件及有关设备的费用。

2）系统开发费用。

3）系统安装、运行和维护费用。

4）人员培训费用。

系统效益包括经济效益和社会效益两部分。经济效益指应用系统为用户增加的收入，可以通过直接的或统计的方法估算。社会效益只能用定性的方法估算。

3. 技术可行性

技术可行性是根据客户提出的系统功能、性能及实现系统的各项约束条件，从技术的角度研究系统实现的可行性。一般地，技术可行性要考虑的情况包括：

1）风险分析。在给出的限制范围内，能否设计出系统，并实现必要的功能和性能。

2）资源分析。研究开发系统的人员是否存在问题，是否具备用于建立系统的其他资源，如硬件、软件等。

3）技术分析。相关技术的发展是否支持这个系统。

4. 法律可行性

法律可行性研究在系统开发过程中可能涉及的各种合同、侵权、责任以及各种与法律相抵触的问题。

当然，可行性研究最根本的任务是对以后的行动路线提出建议。如果问题没有可行的解，应该建议停止这项工程的开发；如果问题值得解，应该推荐一个较好的解决方案，并且为工程制定一个初步的计划。

可行性研究阶段产生的文档是可行性研究报告，它是决断是否继续进行这项工程的重要依据。

17.2　需求分析

1. 需求分析的任务

需求分析的任务是确定系统必须完成哪些工作，也就是对目标系统提出完整、准确、清晰、具体的要求，包括对软件功能、性能、数据、界面、环境、资源、用户、文档、安全、质量和进度等需求的确定。

在需求分析阶段结束之前，系统分析员应该写出软件需求规格说明书，以书面形式准确地描述软件需求。

2. 需求分析的步骤

（1）需求获取　分析人员研究现有资料及调查用户，双方确定对问题的综合需求。需求获取的困难在于“隔行如隔山”，用户了解他们所面对的问题，知道必须做什么，但是通常不能完整准确地表达出他们的要求，更不知道怎样利用计算机解决他们的问题；软件开发人员知道怎样使用软件实现人们的要求，但是对特定用户的具体要求并不完全清楚。因此系统分析员在需求分析阶段必须和用户密切配合，充分交流信息，以得出经过用户确认的系统逻辑模型。

（2）分析与综合　在这个阶段，分析员为了准确地表达用户的需求，通常使用建立模型（建模）的方法，所谓模型是对系统的形式化特征的抽象、概括或近似表示；而建模则是构造模型的过程，是一个抽象、分析的过程。

通常使用业务流程图、E－R 图、数据流图和数据字典表示系统的业务、功能和数据需求。

1）业务流程图。业务流程图表示与系统有关的人、设备及其他子系统之间的业务关系，可以清楚地体现系统的业务需求。业务流程图的基本符号见表 17-1。

表 17-1　业务流程图的基本符号

符　号	名　称	符　号	名　称
	处理		人工输入
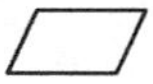	输入/输出		数据存储
	判断，决策		单据
	人工操作	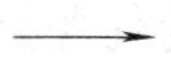	业务流向

例如，某工厂有材料仓库，仓库保管员每天接收入库单将产品入库；接收车间领料单，将材料出库。仓库设有库存台账，记录材料编码、名称、规格、型号、平均单价、库存量和库存临界量的信息。保管员每天更新一次台账，当有材料库存量等于或少于临界值时，向采购部报告采购单。每月末向财务部报告库存物资金额表，并为生产车间提供材料消耗表。图 17-1 所示业务流程图可用于描述上述仓库管理系统的业务流程。

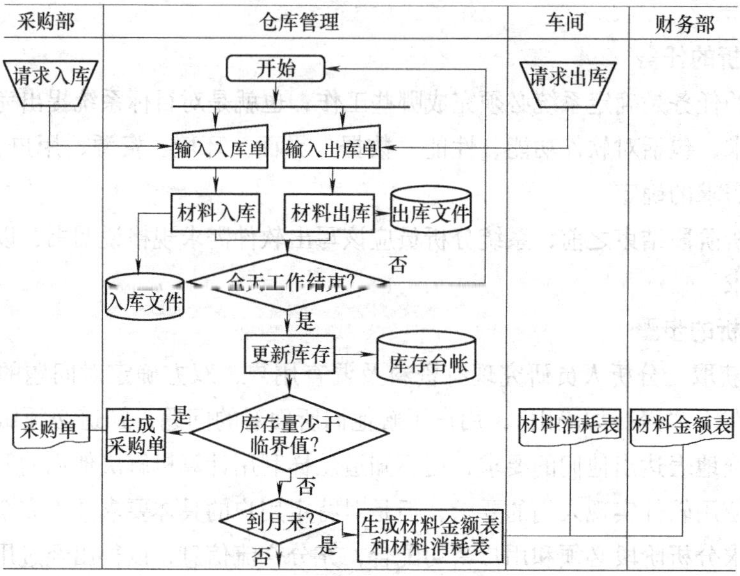

图 17-1　仓库管理系统业务流程图

2）数据流图和数据字典。数据流图（Data Flow Diagram，DFD）是描述数据处理的工具。从数据传输和加工的角度，以图形的方式刻画数据流从输入到输出的移动变换过程，数据流图是系统逻辑功能的图形表示，因此，在传统的需求分析过程中，常常用数据流图建立系统的功能模型。

数据流图有 4 种基本符号：矩形表示数据的源点或终点；圆角矩形（或圆形）代表变换数据的处理；开口矩形（或两条平行横线）代表数据存储；箭头表示数据流，即特定数据的流动方向。数据流图的基本符号见表 17-2。

图 17-2 所示是一个具体的数据流图，它描述了上述仓库管理系统的数据流程。

表 17-2　数据流图的基本符号

符　　号	说　　明	符　　号	说　　明
	数据的源点或终点	 或 	数据存储
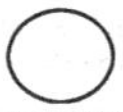 或 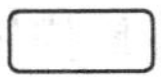	变换数据的处理		数据流

数据流图可以表示出系统的组成及其相互关系，但不能清楚地说明元素的定义。数据字典（Data Dictionary，DD）的任务是对数据流图中出现的所有元素给出明确定义，它与数据流图密切配合，清楚地表达数据处理的要求，是结构化分析方法的另一有力工具。

数据流图和数据字典共同构成系统的逻辑模型，没有数据字典的数据流图就不严格，然而没有数据流图的数据字典也难于发挥作用。只有将数据流图和对数据流图中每个元素的精确定义放在一起，它们才能共同构成系统的规格说明。

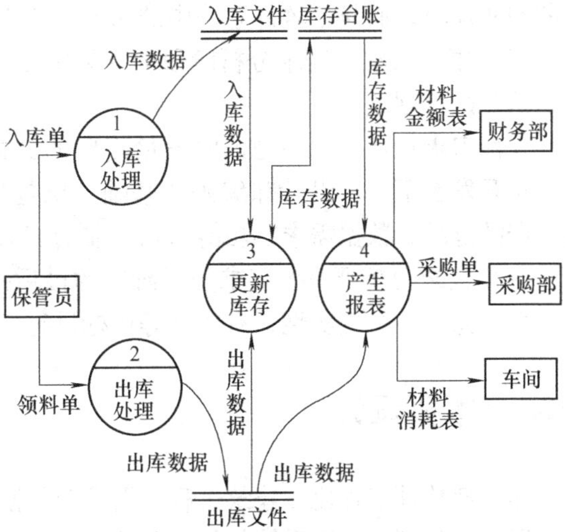

图 17-2　仓库管理系统数据流图

一般地说，数据字典应该由对数据流、数据元素、处理逻辑、数据存储及外部实体的定义组成，具体内容见表 17-3。

表 17-3　数据字典定义表

DFD 中的元素	定 义 内 容
数据流	数据流的名称、来源、去处、组成、流通量等
数据项	数据项的名称、编号、取值范围、长度等
处理逻辑	处理逻辑的名称、简述、输入/输出、功能等
数据存储	数据存储的名称、输入/输出的数据流、组成等
外部实体	外部实体的名称、简述、有关数据流等

由数据元素组成数据的方式有下述 3 种基本类型：顺序、选择和重复，通常出现在数据字典中的符号见表 17-4。

表 17-4　数据元素组成符号表

类　型	符　号	意　义	格　　式
	=	由……组成	
顺序	+	连接两个分量	elem1 + elem2 + …
选择	[ ]	仅选择其中一项	[opt1 | opt2 | opt3]
重复	{ }	重复花括号内的分量	1{ elem1 + elem2 + … }N
可选	( )	可选项，也可不选	(elem1 + elem2)条件

例如，某学生的成绩由学号、姓名及成绩组成，每个学生在大学期间学习40~45门课程，每门课程的成绩由课程号、学期、学分和成绩组成，对学生成绩可以这样描述：

学生成绩＝学号＋姓名＋40{课程号＋学期＋学分＋成绩}45

学号＝8{数字}8

姓名＝[1{汉字}10|1{字母}20]

3）实体-联系图（E-R图）。为了把用户的数据要求清楚、准确地描述出来，系统分析员通常建立一个概念模型即实体-联系图，它描述了从用户角度看到的数据，它反映了用户的现实环境，而与在软件系统中的实现方法无关。

（3）书写文档　需求分析阶段的主要文档有软件需求规格说明书、初步用户使用手册和确认测试计划。

软件需求规格说明书是该阶段最终要的文档，它是开发者与用户间事实上的技术合同书，是开发者下一步设计和编码的基础，也是测试验收目标系统的依据，主要包括任务概述、产品范围、数据需求、功能需求、非功能需求、性能需求、其他需求等内容。

（4）需求分析评审　需求分析阶段的最后一项工作是需求分析评审，即对需求文档的一致性、完整性、现实性、有效性等指标进行审查。

17.3　概要设计

如果把软件工程比作建筑工程，需求分析阶段就是确定系统完整的用户需求。而软件设计阶段的任务则是回答系统如何实现这些需求。建筑需要进行结构、管线、构建、外表等设计，软件也需要进行软件结构、模块、用户界面及数据库等设计。通常，对软件（特别是复杂的大型软件）的设计，通常分为两个阶段完成，首先进行结构设计，然后进行过程设计。结构设计确定了软件的框架、程序的模块组成以及这些模块之间的关系；过程设计确定了每个模块的处理过程。结构设计是概要设计阶段的任务，过程设计是详细设计阶段的任务。

17.3.1　概要设计的任务和步骤

概要设计也称总体设计，分析员在这一阶段应该考虑各种可能的实现方案，并且力求从中选出最佳方案，提高系统的性价比。

概要设计的任务包括设计软件体系结构、模块组织、用户界面及数据库，编写概要设计文档和评审。如果将软件系统比喻为人体，那么体系结构就如同人的骨架；模块就如同人的器官，具有特定的功能；用户界面就如同人的外表，像人类追求心灵美和外表美那样，软件系统也追求（内在的）功能强大和（外表的）界面友好；数据库就像人的大脑，数据是大脑中的知识。

1. 软件体系结构设计

软件体系结构设计包括整个系统的架构和软件主要结构元素的设计。首先要考虑影响系统结构的应用方式的约束，考虑需求定义的系统范围，给出系统体系结构的框架；其次，根据数据流图得出系统功能结构图（即软件结构图）和各子系统以及它们之间的交互关系。

常用的软件体系结构有层次结构、客户机/服务器（C/S）结构、浏览器/服务器(B/S)和多层分布式结构等。一种适用的系统体系结构决定了系统的框架，是概要设计的第一步，在实际应用中，可根据不同的体系结构的特点和用户系统的要求进行选择。

2. 模块结构设计

概要设计的第二步是设计软件结构。需求分析阶段得出的数据流图是软件结构设计的极好出发点。分析员结合算法描述仔细分析数据流图中的每个处理，如果一个处理的功能过分复杂，必须把它适当地分解成一系列比较简单的功能。一般说来，经过分解之后应该使每个功能对大多数程序员而言都是明显易懂的。功能分解导致数据流图的进一步细化。

基于结构化分析的结构化设计的要点在于将图中的加工直接对应于模块结构图的模块。通常程序中的一个模块完成一个适当的子功能。应该把模块组织成良好的层次系统，顶层模块调用它的下层模块以实现程序的完整功能，每个下层模块再调用更下层的模块，从而完成程序的一个子功能，最下层的模块完成最具体的功能。

对最初形成的模块结构图反复审核，按照结构设计的启发原则（参阅本节第二部分：模块化软件设计的基本概念和原理）进行分解、合并、调整得到了模块结构图。

例如，图 17-2 是由需求分析得出的仓库管理系统数据流图，经过上述设计过程可得出仓库管理系统的模块结构图如图 17-3 所示。仓库管理系统由入库管理、出库管理、更新库存、统计与报表几个主要模块组成，而统计与报表又分为金额表处理、消耗表处理和采购单处理几个模块。

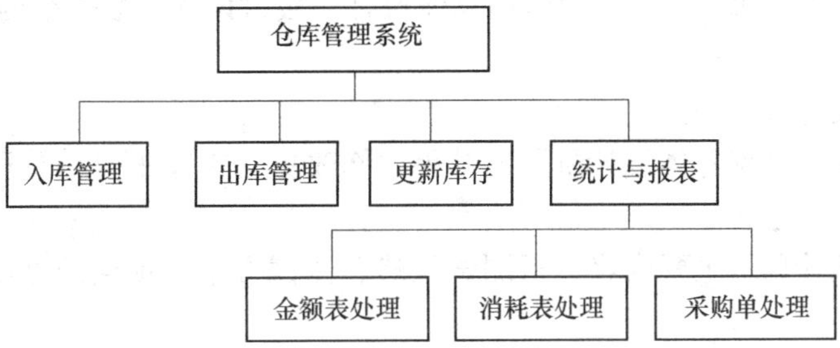

图 17-3　仓库管理系统模块结构图

3. 数据库设计

对于需要使用数据库的哪些应用系统，软件工程师应该在需求分析阶段所确定的系统数据需求的基础上，进一步设计数据库。有关数据库的分析与设计请参阅第 14 章。

4. 界面设计

界面设计是开发中十分重要的方面，必须符合人机工程学中操作界面设计的要求。用户界面设计的结果将对用户情绪和工作效率产生重要影响，并直接关系到软件的寿命，具有好的用户界面的软件，无疑会增加自己的竞争实力。在实践中，人们总结出了若干界面设计准则，对界面设计有很好的指导作用。

（1）用户界面适合于软件的功能　如果界面不适合于软件的功能，那么界面将毫无用处，界面美的内涵就无从谈起。设计时不要片面追求外观漂亮而导致失真或华而不实。

（2）易理解　给出的提示信息应准确、无误、无二义性。

（3）一致性　所有的界面显示保持一致的风格；注意在相同应用领域中最流行的软件的界面，尊重用户使用这些软件在风格、术语、步骤、动作等方面的习惯。

（4）减少用户记忆的负担　需要用户记忆的东西越多越容易出错，用户越觉得难于使用。系统应建立一些有助于用户记忆的交互场景或提示。

(5) 及时反馈信息　操作中系统应及时提供给用户当前的状态信息，如需要长时间等待的操作要有进度条提示等。

(6) 出错处理　系统允许用户的误操作，但要及时给予必要的提示，对于严重的误操作可能性要防患于未然。

(7) 适应各类用户　界面应适合不同类型的用户使用，如为初学者提供导航，为专家提供快捷键，甚至兼顾到色盲用户的感觉等。

(8) 国际化　图标、语言、单位、日期格式等方面的运用上尽量与国际标准接轨。

除此之外，与众不同的个性化界面会使人记忆深刻，和谐的色彩、合理的布局都有利于软件产品竞争力的提高。

5. 制订测试计划

在软件开发的早期阶段考虑测试问题，能促使软件设计人员在设计时注意提高软件的可测试性。

6. 书写文档

概要设计完成后，使用正式的文档记录概要设计的结果，在这个阶段应该完成的文档通常有以下几种：

(1) 概要设计说明书　主要内容包括总体设计、接口设计、数据结构设计、运行设计、安全保密设计、维护设计等。

(2) 数据库设计说明书。

(3) 用户手册　根据总体设计阶段的结果，修改更正在需求分析阶段产生的初步的用户手册。

(4) 修订测试计划　主要内容包括测试策略、测试方案、预期的测试结果和测试进度计划等。

7. 审查和复审

最后应该对总体设计的结果进行严格的技术审查，在技术审查通过之后再由使用部门的负责人从管理角度进行复审。

17.3.2　模块化软件设计的基本概念和原理

1. 模块化

模块是由边界元素限定的相邻程序元素的序列，而且有一个总体标识符代表它。过程、函数、子程序和宏等都可作为模块。模块化就是把程序划分成独立命名且可独立访问的模块，每个模块完成一个子功能，把这些模块集成起来构成一个整体，可以完成指定的功能，满足用户的需求。

模块化是开发复杂的大型软件系统必须采取的方法，如果一个大型程序仅由一个模块组成，它将很难被人所理解。采用模块化原理可以使软件结构清晰，不仅容易设计也容易阅读、理解、测试和调试，模块化也有助于软件开发工程的组织管理，一个复杂的大型程序可以由许多程序员分工编写不同的模块。

但模块化并不意味着模块越多越好，随着模块数目增加，设计模块间接口所需要的工作量也将增加，从而增加成本，降低效率。因此，模块数量要适中，图17-4所示为模块数目与成本的关系示意图。

2. 信息隐藏和局部化

应用模块化原理时，自然会产生一个问题：为了得到最好的一组模块，应该怎样分解软件呢？信息隐藏原理指出，应该这样设计和确定模块，使一个模块内包含的信息（过程和数据）对于不需要这些信息的模块来说是不能访问的。

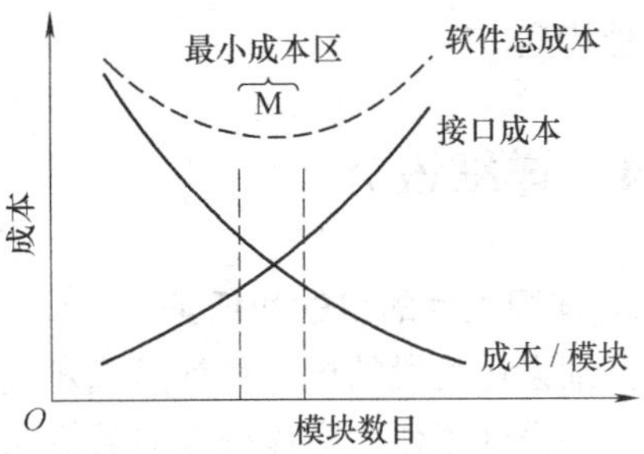

图 17-4　模块数目与成本的关系图

局部化和信息隐藏的概念是密切相关的。所谓局部化是指把一些关系密切的软件元素物理地放得彼此靠近。在模块中使用局部数据元素是局部化的一个例子。显然，局部化有助于实现信息隐藏。

3. 模块独立

模块独立是指每个模块完成一个相对独立的特定子功能，并且和其他模块之间的关系很简单。这是鉴别模块化分优劣的又一标准。

模块独立的重要性有两点：第一，软件开发较容易，模块可分开实现，由不同的人完成；第二，独立的模块容易测试和维护，一个模块的变动对其他模块的影响不大。

衡量模块独立程度的度量标准为耦合和内聚。

耦合是对不同模块间互相依赖的紧密程度的度量，耦合的强弱取决于模块间接口的复杂程度，在软件设计中应该追求尽可能松散耦合的系统。在这样的系统中，开发人员可以研究、测试或维护任何一个模块，而不需要对系统的其他模块有很多了解。此外，由于模块间联系简单，发生在一处的错误传播到整个系统的可能性就很小。

内聚是对一个模块内部各元素彼此结合的紧密程度的度量，它是信息隐藏的自然结果。高内聚的模块内部不可分割，联合起来在软件运行中完成单一的任务。设计时应该力求做到高内聚，理想内聚的模块只做一件事情。

重要的是在设计中尽量做到高内聚、低耦合，以提高模块独立性。

4. 软件结构设计的（启发）原则

人们在开发计算机软件的长期实践中积累了丰富的经验，总结这些经验得出了一些启发式规则。这些规则在许多场合仍然能给软件工程师以有益的启示，帮助他们找到改进软件设计、提高软件质量的途径。

（1）改进软件结构以提高模块独立性　力求降低耦合提高内聚。

（2）模块规模应该适中　经验表明，过大的模块可能造成可理解程度下降，过小的模块使接口变得复杂，增大系统运行开销。

（3）深度、宽度、扇出和扇入都应适当　深度表示软件结构中控制的层数，它往往能粗略地标志一个系统的大小和复杂程度。宽度是软件结构内同一个层次上模块总数的最大值。一般说来，宽度越大系统越复杂。对宽度影响最大的因素是模块的扇出。扇出是一个模块直接控制（调用）的模块数目，扇出过大意味着模块过于复杂，需要控制和协调过多的下级模块；扇出过小也不好。经验表明，一个设计较好的典型系统平均扇出通常是 3 或 4。一个模块的扇入表明有多少个上级模块直接调用它，扇入越大则共享该模块的上级模块数目越多，这是有好处的，但不能违背模块独立原理，单纯追求高扇入。

（4）降低模块接口的复杂程度　例如模块间传递参数时，能用值传递的情况下就不要用地址传递。

17.4　详细设计

1. 详细设计的目的和任务

详细设计阶段的根本目标是确定应该怎样具体地实现所要求的系统，也就是说，经过这个阶段的设计工作，应该得出对目标系统的精确描述，设计数据结构与算法，从而在编码阶段可以把这个描述直接翻译成用某种程序设计语言书写的程序。如果将软件系统比喻为人体，那么数据结构与算法就如同人的血脉和神经，它让器官具有生命并能发挥功能。

详细设计阶段的任务还不是具体地编写程序，而是要设计出程序的“蓝图”，程序员将根据这个蓝图写出实际的程序代码。因此，详细设计的结果基本上决定了最终的程序代码的质量。

2. 详细设计工具

描述程序处理的工具称为详细设计工具，它们能提供对设计的无歧义的描述，从而在编码阶段能把对设计的描述直接翻译成程序代码。下面介绍几种常用的详细设计工具。

（1）程序流程图　程序流程图又称为程序框图，如图17-5所示。它是历史最悠久、使用最广泛的描述过程设计的方法。从20世纪40年代末到70年代中期，程序流程图一直是软件设计的主要工具。它的主要优点是对控制流程的描绘很直观，便于初学者掌握。由于程序流程图历史悠久，它已经广泛地被人们所熟悉。

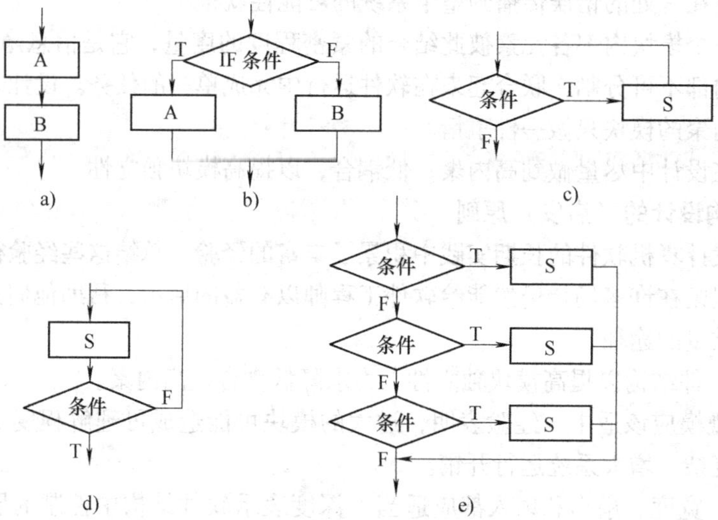

图17-5　程序流程图的基本符号

a）顺序型　b）选择型　c）循环（WHILE）型

d）循环（UNTIL）型　e）选择（CASE）型

程序流程图的主要缺点是：它不是逐步求精的好工具，诱使程序员过早地考虑程序的控制流程，而不去考虑程序的全局结构；程序流程图中用箭头代表控制流，因此程序员不受任何约束，可以完全不顾结构程序设计的精神，随意转移控制；程序流程图不易表示数据结构。

(2) 盒图（N－S 图）和问题分析图（PAD 图）　出于要有一种不允许违背结构化程序设计思想的图形工具的考虑，人们提出了盒图（N－S 图）和问题分析图（PAD 图），使用它们设计出来的程序必然是结构化程序，因此目前也被广泛地使用着。

(3) 过程设计语言（PDL）　过程设计语言（PDL）也称为伪码，这是一个笼统的名称，现在有许多种不同的过程设计语言在使用。它是用正文形式表示数据和处理过程的设计工具，如图 17-6 所示。

```
IF< 条件 >
    一条或数条语句
ELSE IF< 条件 >
    一条或数条语句
    …
ELSE< 条件 >
    一条或数条语句
END IF
```

a)

```
DO WHILE< 条件描述 >
    一条或数条语句
END WHILE< 条件 >
```

b)

```
REPEAT UNTIL< 条件描述 >
    一条或数条语句
END REP< 条件 >
```

c)

```
PROCEDURE< 子程序名 >
    INTERFACE< 参数表 >
    一条或数条语句
END
```

d)

图 17-6　过程设计语言（PDL）的基本符号

a）选择结构　b）WHILE 循环结构　c）UNTIL 循环结构　d）子程序

过程设计语言（PDL）具有下述特点：

1）关键字的固定语法，它提供了结构化控制结构、数据说明和模块化的特点。为了使结构清晰和可读性好，通常在所有可能嵌套使用的控制结构的头和尾都有关键字，例如 IF、ENDIF 等等。

2）自然语言的自由语法，描述了处理特点。

3）数据说明的手段，既包括简单的数据结构（例如纯量和数组），又包括复杂的数据结构（例如，链表或层次的数据结构）。

3. 详细设计文档

详细设计阶段产生的主要文档是详细设计规格说明书。

17.5　编码

所谓编码就是把软件设计结果翻译成用某种程序设计语言书写的程序。程序的质量主要取决于软件设计的质量。但是，所选用程序设计语言的特点及编码风格也将对程序的可靠性、可读性、可测试性和可维护性产生深远的影响。

源程序代码的逻辑简明清晰、易读易懂是好程序的一个重要标准。具体编码的细节可参阅相应程序设计语言的参考书。

17.6 测试

程序编码后，要进行测试。测试阶段的根本目标是尽可能多地发现并排除软件中潜藏的错误，最终把一个高质量的软件系统交给用户使用。

软件公司一般都有自己的测试部门，他们是软件生产过程中的过滤网。优秀的测试队伍可在软件开发的早期发现错误，使软件维护的费用降到最低。

1. 软件测试的目的和任务

软件测试的目的就是用最小的代价发现尽可能多的错误。即

1）测试是为发现错误而执行程序的过程。

2）好的测试方案是尽可能发现尚未发现的错误的测试方案。

3）成功的测试是发现了尚未发现的错误的测试。

可以看出，测试就是找错，但它只能证明错误的存在，而不能证明错误不存在。

要实现这一目的，测试人员必须设计一组高效的测试用例（包括应输入的测试数据和预期的输出结果），以最小的工作量和时间来发现最大数量的错误，最终目的是确保最后交付给用户的产品符合用户的要求，并且在交付之前尽可能多的发现并改正问题。

2. 软件测试准则

为了能设计出有效的测试方案，软件人员必须深入理解并正确运用指导软件测试的基本准则。即

1）所有的测试都应追溯到用户需求，程序中的问题根源可能在开发前期的各阶段，纠正错误也必须追溯到前期工作。

2）应由独立的第三方来构造测试，即开发和测试队伍分别建立。每个开发人员应当测试自己的程序，但不能作为该程序已通过测试的依据。

3）在计划测试时，不应默认不会找到错误。

4）测试用例应由输入数据和预期的输出结果两部分组成，并兼顾合理的和不合理的输入数据。

3. 设计测试用例

一般采用两种方法对软件进行测试：黑盒测试和白盒测试。

（1）黑盒测试　黑盒测试法把程序看作一个黑盒子，完全不考虑程序的内部结构和处理过程。也就是说，黑盒测试是在程序接口进行的测试，它只检查程序功能是否能按照规格说明书的规定正常使用；程序是否能适当地接收输入数据并产生正确的输出信息；程序运行过程中能否保持外部信息的完整性，故黑盒测试又称为功能测试。设计测试用例是为了检查程序的功能是否符合功能说明。测试人员通常使用等价类划分、边界值分析等方法，把一个程序输入的定义域划分成不同的数据类，然后根据这些数据类导出测试用例。

（2）白盒测试　白盒测试法与黑盒测试法相反，它的前提是把程序看成装在一个透明的盒子里，测试者完全知道程序的结构和处理算法。这种方法按照程序内部的逻辑测试程序，检测程序中的主要执行通路是否都能按预定要求正确工作，故白盒测试又称为结构测试。设计测试用例是为了检查程序中的每条通路是否执行正确，通常使用逻辑覆盖法，有选择地执行程序中某些最有代表性的通路。

在测试过程中，黑盒测试与白盒测试法具有各自的特点，见表 17-5。

表 17-5　黑盒测试与白盒测试比较

	黑盒测试	白盒测试
优点	1. 适用于各阶段测试 2. 从产品功能角度测试 3. 容易入手生成测试数据	1. 可构成测试数据使特定程序部分得到测试 2. 有一定的充分性度量手段 3. 可获得较多工具支持
缺点	1. 某些代码得不到测试 2. 如果规格说明有误，则无法发现 3. 不易进行充分性测试	1. 不易生成测试数据（通常） 2. 无法对未实现规格说明的部分进行测试 3. 工作量大，通常只用于单元测试，有应用局限
依据	软件需求	设计文档
人员	任何人（开发人员、测试人员、用户）	开发人员、测试人员

4. 测试步骤

一般大型软件系统的测试过程基本上由单元测试、集成测试、确认测试和系统测试组成。

（1）单元测试　单元测试是把一个模块作为独立的程序单元进行测试。它主要测试模块的接口、局部数据结构、重要的执行路径、错误处理及边界条件等特性。

（2）集成测试　集成测试是将已通过单元测试的模块按设计要求组装起来，同时进行测试。集成测试的目标是发现与接口有关的问题，如数据穿过接口是否可能丢失、一个模块对另一个模块是否造成有害影响、把子功能结合起来能否产生预期的主功能、误差是否积累到不能接受的程度以及全程数据结构可能产生的问题等。

（3）确认测试　集成测试后，由用户参加的测试是确认测试，目标是验证软件的功能、性能及其他特性是否与用户的需求一致，是保证软件质量的关键环节。一般分为两种：

1）Alpha 测试。在开发者的场所，在开发者关注和控制的环境下由用户进行的测试。

2）Beta 测试。最终用户在自己的场所进行的测试。

确认测试通常使用黑盒测试法。应该仔细设计测试计划和测试过程，测试计划包括要进行测试的种类及进度安排，测试过程规定了用来检测软件是否与需求一致的测试方案。开发人员通过测试和调试要保证软件能满足所有功能要求，能达到每个性能要求，文档资料是准确而完整的。此外，还应该保证软件能满足其他预定的要求，如安全性、可移植性、兼容性和可维护性等。

（4）系统测试　将通过了确认测试的软件，作为整个计算机系统的元素，与计算机硬件、外设、支持软件、数据和人员等其他系统元素结合在一起，在实际运行环境下，对计算机系统进行一系列的组装测试和确认测试。

17.7　软件维护

在软件产品被开发出来并交付用户使用之后，就进入了软件的运行维护阶段。这是软件生命周期的最后一个阶段，其基本任务是保证软件在一个相当长的时期内能够正常运行。软件维护需要的工作量很大，平均说来，大型软件的维护成本高达开发成本的4倍左右。

具体地说，软件维护就是在软件已经交付使用之后，为了改正错误或满足新的需要而修改软件的过程。

1. 软件维护的内容

一般将软件维护划分为以下几类：

（1）改正性维护　由于前期的测试不可能揭露软件系统中所有潜在的错误，用户在使用软件时仍将会遇到错误，诊断和改正这些错误的过程称为改错性维护，约占整个维护工作的21%。

（2）适应性维护　由于新的硬件设备不断推出，操作系统和编译系统也不断地升级，为了使软件能适应新的环境而引起的程序修改和扩充活动称为适应性维护，约占整个维护活动的25%。

（3）完善性维护　在软件的正常使用过程中，用户还会不断地提出新的需求。为了满足用户新的需求而增加软件功能、增强软件性能、提高运行效率而进行的维护活动称为完善性维护，约占整个维护工作的50%。

（4）预防性维护　为了提高软件的可维护性和可靠性而对软件进行的修改称为预防性维护。它一般只占整个维护工作的4%。

每一项维护活动都应该经过提出维护要求（或报告问题）、分析维护要求、提出维护方案、审批维护方案、确定维护计划、修改软件设计、修改程序、测试程序以及复查验收等一系列步骤，因此实质上是经历了一次压缩和简化了的软件定义和开发的全过程。

2. 软件再生工程

如果希望提高已有软件的质量并且提高商业竞争力，却又无法靠维护来实现，就要对已有软件进行全部或者部分的改造，这种活动叫再生工程（Reengineering）。

再生工程并不见得一定比维护的代价要高，但再生工程在将来获取的利益却要比通过维护得到的多。

通常，再生工程主要有3种类型：重构、逆向工程和前向工程。重构一般是指通过修改代码或数据以使软件符合新的要求，重构通常并不推翻原有软件的体系结构，主要是改造一些模块和数据结构。逆向工程主要是针对多年前的产品，期望从老产品中提取系统设计、需求说明等有价值的信息。前向工程也称预防性维护，由Miller倡导。他把这个术语解释成“为了明天的需要，把今天的方法应用到昨天的系统上”，即主动去更新一个逐渐老去的有价值的产品，以获取更大的收益。

第 18 章　面向对象的软件开发方法

传统的软件工程方法学曾经给软件产业带来巨大进步，部分地缓解了软件危机，但它也拥有不可克服的缺点。首先，它是面向功能的，而用户的功能需求是最不稳定的因素，功能的改变将导致软件结构的改变。其次，从结构化的系统分析到系统设计的过渡比较困难，使用这种方法学开发的许多中、小规模软件项目都获得了成功，但是，当把这种方法学应用于大型软件产品的开发时，却出现了很多问题。

自 20 世纪 80 年代中期起，人们开始注重面向对象分析和设计的研究，逐步形成了面向对象方法学。到了 20 世纪 90 年代，面向对象方法学已经成为人们在开发软件时首选的范型。面向对象技术已成为当前最好的软件开发技术。

本章将介绍面向对象的思想、概念和面向对象的软件开发技术。

18.1　面向对象的思想

面向对象（Object - Oriented，OO）技术发展到了现在这样的程度，主要是源于它能够满足软件开发对于生产效率、可靠性、易维护性、易管理等方面的更高的迫切需求。

与传统的结构化软件开发方法相比，面向对象的思想在描述和理解问题域时采用截然不同的方法，它把客观世界看成是许多对象组成，强调对问题域进行自然分割，以更接近人类思维的方式建立问题域模型，从而得到问题域的概念到软件程序和界面的直接映射，这样使设计出的软件尽可能直接地描述现实世界。

面向对象技术具有如下优点：

（1）OO 技术开发的系统易于理解　在结构化方法中，现实世界被映射为功能的集合；在面向对象方法中，现实世界中的实体及其相互关系被映射成为对象及对象之间的关系，实体之间的相互作用被映射成为对象间的消息发送，即面向对象的模型对现实世界的映射更直观、更有对应关系。

（2）OO 技术开发的系统稳定性好　软件结构是根据问题领域的模型建立的，当功能需求变化时并不会引起软件结构的整体变化。对象比函数更为稳定，软件需求的变动往往是功能相关的变动，而其功能的执行者——对象通常不会有大的变动。

（3）OO 技术开发的系统具有更高的可靠性　在面向对象方法中，分析和设计阶段采用一致的概念和表示法，分析与设计之间不存在鸿沟。

（4）可维护性、可重用性好　面向对象的开发支持和鼓励软件工程实践中的信息隐藏、数据抽象及封装。在一个对象内部的修改被局部隔离。因而采用面向对象技术开发的软件稳定性好、较易修改、易于测试和维护。

对象提供了较理想的模块化机制和可重用的软件部分。

18.2 面向对象的概念

面向对象开发方法中有很多传统软件开发方法所没有的概念和术语，包括对象、类、实例、属性、方法、消息、封装、继承等。

1. 对象

客观世界由许多具体的事物、事件、抽象的概念及规则等组成。人们将任何感兴趣或要加以研究的事物、概念都统称为对象。从一般意义来讲，对象是现实世界中存在的一个实体，可以是有形的，如一个桌子；也可以是无形的，如一个开发项目。对象是构成现实世界的一个独立的单位，具有自己的静态特征（用数据描述）和动态特征（行为或具有的功能）。

软件系统中抽象地表示现实世界中的对象，用数据表示特征，用操作表示对象的行为。例如：人有姓名、年龄、职业等特征，有跑、跳等行为。

对象的定义：对象是系统中用来描述客观事物的一个实体，是构成系统的一个基本单位，由一组属性和一组对属性进行操作的服务组成。

2. 类和实例

现实世界中存在的客观事物有些是彼此相似的，例如张三、李四、王五……虽说每个人职业、性格、爱好、特长等等各有不同，但是，他们的基本特征是相似的，都是黄皮肤、黑头发、黑眼睛，于是人们把他们统称为“中国人”。人类习惯于把有相似特征的事物归为一类，分类是人类认识客观世界的基本方法。

在面向对象的软件技术中，“类”就是对具有相同数据和相同操作的一组相似对象的定义，也就是说，类是对具有相同属性和行为的一个或多个对象的描述，通常这种描述中也包括对怎样创建该类的新对象的说明。而实例是由类建立的对象。类描述了实例的结构，而实例的当前状态是由实例所执行的操作定义的。

3. 属性

属性就是类中所定义的数据，它是对客观世界实体所具有性质的抽象。类的每个实例都有自己特有的属性值。如张三的性别属性值是“男”，年龄属性值是23。

4. 方法

方法就是对象所能执行的操作，也就是类中所定义的服务。方法描述了对象执行操作的算法，响应消息的方法。

5. 消息

消息就是向某个对象发出的服务请求。通常，一个消息由三部分组成：消息名、接收消息的对象和消息传递的参数。

面向对象方法的一个原则就是通过消息进行对象之间的通信。如电视遥控器对象向电视机对象发出转换频道的请求，电视机只有接到这个消息后，才会进行相应的动作。

6. 封装

所谓封装就是把一切从属于某个对象的私有信息（属性和方法）包装起来，就好像装在一个不透明的黑盒子中，外界看不见，更不能直接使用，对象彼此之间仅能通过传递消息互相联系。这样可防止程序间的互相依赖，从而达到高内聚、低耦合。

7. 继承

面向对象软件技术把类组成一个具有层次结构的系统：一个类的上层可以有父类，下层可以有子类。这种层次结构系统的一个重要性质是继承性。继承是指子类可以自动拥有父类的全部属性与操作的机制。如果类 B 继承类 A，那么类 A 中描述的操作和信息结构将成为类 B 的一部分。借助继承，可以表示类之间的类似性，并且在其他类能继承的一个类中描述这些相似性，因此，就能够重复使用共有的这些描述。

继承性是面向对象程序设计语言不同于其他语言的最主要特点，它使得相似的对象可以共享程序代码和数据结构，达到软件重用的目的。

8. 多态

不同对象可以调用相同名称的方法（函数、过程）并可导致完全不同的行为。方法可以自动识别不同的调用，即为同一个方法定义几个版本。将多态性和继承性结合起来，可使软件具有更广泛的重用性和可扩充性。

可见，面向对象的方法比其他方法有更高的抽象性。因为对象具有极强的抽象表达能力，对象可表示一切事物，可表达结构化的数据，也可表达非结构化的数据，如工程实体、图形、声音及规则等。而类实现了对对象的数据和行为的抽象，即对对象共性的抽象。合理应用对象可以在分析设计程序结构、数据库结构及文档化等过程中使用统一的模型。面向对象的方法把现实世界里具有共性的对象抽象为类，利用类的继承性和多态性解决了程序代码的重用问题，利用对象的封装性解决了程序维护可能引起的复杂问题，从而大大提高了软件产品的生产力。为此，面向对象成为目前软件开发的主要方法。

18.3　面向对象建模

面向对象的思想比较自然地模拟了人类认识客观世界的方式，面向对象的分析和设计应该从建模开始。用面向对象方法成功地开发软件的关键是对问题域的理解。面向对象方法最基本的原则是按照人们习惯的思维方式，用面向对象观点建立问题域的模型，开发出尽可能自然地表现求解方法的软件。

所谓模型，就是为了理解事物而对事物做出的一种抽象，是对事物的一种无歧义的书面描述。通常，模型由一组图示符号和组织这些符号的规则组成，利用它们来定义和描述问题域中的术语和概念。

用面向对象方法开发软件，通常需要建立 3 种形式的模型，它们分别是描述系统数据结构的对象模型、描述系统控制结构的动态模型和描述系统功能的功能模型。

通常在面向对象分析过程中，构造出完全独立于实现的应用域模型；在面向对象设计过程中，把求解域的结构逐渐加入到模型中；在实现阶段，把应用域和求解域的结构都编成程序代码并进行严格的测试验证。

1. 统一建模语言（Unified Modeling Language，UML）

随着面向对象技术的发展，大批关于面向对象建模的方法问世，各有自己的一套概念、定义、表示法、术语和适用的开发过程。但总的来说各种方法使用的概念大同小异。

曾对面向对象方法学的发展作出过重要贡献的 Booch、Rumbaugh 和 Jacobson，经过合作研究，于 1996 年 6 月设计出 UML 0.9。在 1996 年年底，UML 已经稳定地占领了面向对象技术市场份额的85%，成为事实上的工业标准。1997年11月，国际对象管理组织（Object Management Group，OMG）批准把UML 1.1作为基于面向对象技术的标准建模语言，目前的最新版本是UML 2.0。

UML的出现统一了面向对象建模的基本概念、术语和图示符号，描述了建模过程所必须遵循的基本步骤，为学者和程序工程师之间的研究交流提供了共同语言。UML的创始人之一Booch在其经典的《The Unified Modeling Language User Guide》一书中对UML的定义是：UML是对软件密集型系统中的制品进行可视化、详述、构造和文档化的语言。

UML是一种定义良好、易于表达、功能强大且普遍适用的建模语言。它融入了软件工程领域的新思想、新方法和新技术。UML的目标是在尽可能简单的同时能够对实际需要建立的系统各个方面建模。

UML建模语言采用图形表示法。一共定义了5类模型图（共9种图形）。为人们提供了从不同角度去观察和展示系统各种特征的一种标准方法。

（1）用例图（Use case）　用例图从系统外部操作者的角度描述系统的功能并列出这些功能的执行者，从而为需求分析提供标准化手段。通过用例建模，可以直观地反映出用户对系统功能的要求，便于系统分析人员与用户之间的需求交互，从而有效地提取用户需求。同时，用例图也有助于系统开发人员从一个抽象的层次上自然地划分系统的功能模块。

（2）静态图（Static Diagram）　静态图包括类图、对象图和包图，它描述系统各部分的静态结构。类图用于定义系统中的类，描述类之间的关系及类的内部结构。对象图是类的实例。包图用于描述系统的分层结构，由包或类组成，主要表示包与包之间的关系，包与类之间的关系。

（3）行为图（Behavior Diagram）　行为图描述系统的动态模型和组成对象间的交互关系，由状态图和活动图两种图形来表示。状态图描述类的对象的所有可能状态以及发生改变时状态转移的条件；活动图描述为满足用例要求所要进行的活动以及活动间的约束关系，它可以用来识别并发活动。

（4）交互图（Interactive Diagram）　交互图描述对象间的交互关系，由顺序图和协作图来实现。协作图强调对象之间的连接关系，而顺序图则强调对象之间交互动作的时序特性。

（5）实现图（Implementation Diagram）　实现图用来显示系统实现时的一些特性，由构件图和部署图构成。构件图描述代码构件的物理结构和各构件间的依赖关系。部署图定义系统中软硬件的体系结构。

2. 对象模型

对象模型表示静态的、结构化的系统“数据”性质。它是对模拟客观世界实体的对象以及对象彼此间关系的映射，描述了系统的静态结构。面向对象方法强调围绕对象而不是围绕功能来构造系统，对象模型为建立动态模型和功能模型提供了实质性的框架。

通常，使用UML提供的类图来建立对象模型。类的图形符号为矩形，用两条横线将其分成上、中、下3个区域（下面两个区域可省略），3个区域分别放类名、属性和服务，如图18-1所示。

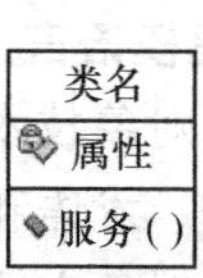

图18-1　类的图形符号

类图由类及类与类之间的关系组成。类与类之间通常有关联、聚集、泛化和依赖等 4 种关系。

（1）关联　关联关系表示两个类的对象之间存在某种语义上的联系，表示法如图 18-2a 所示。例如，用户使用计算机，我们就认为在用户与计算机之间存在某种语义连接，因此，在类图中应该在用户类和计算机类之间建立关联关系，如图 18-2b 所示。

图 18-2　类之间的关联关系

a）关联关系表示　b）用户与计算机的关联关系

（2）聚集与组合　聚集关系表示类与类之间的关系是整体与部分的关系。例如，大学是由多个学院组合而成，如图 18-3 所示。

组合关系描述类的对象之间的关系是整体拥有各部分且部分与整体共存亡。例如，在屏幕上打开一个窗口，它由按钮和菜单组成，一旦关闭了窗口，各个组成部分也同时消失，窗口和它的组成部分之间存在着组合关系，如图 18-4 所示。

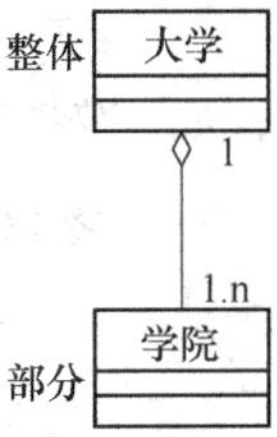

图 18-3　类之间的聚集关系

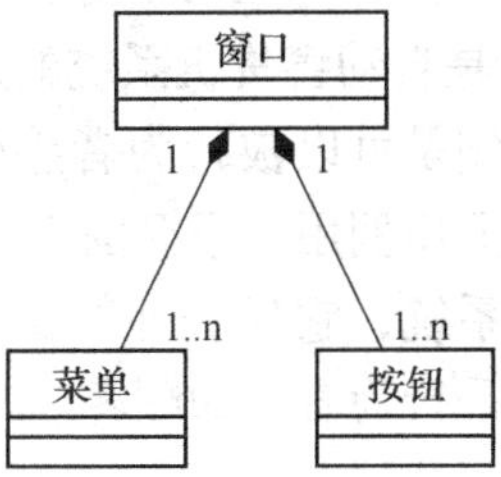

图 18-4　类之间的组合关系

（3）泛化　UML 中的泛化关系就是通常所说的继承关系，它是通用元素和具体元素之间的一种分类关系。具体元素完全拥有通用元素的信息，并且还可以附加一些其他信息。

在 UML 中，用一端为空心三角形的连线表示泛化关系，三角形的顶角紧挨着通用元素，如图 18-5 所示。

（4）依赖　依赖关系描述两个模型元素（如：类）之间的语义连接关系，其中一个模型元素是独立的，另一个模型元素不是独立的，它依赖于独立的模型元素，如果独立的模型元素改变了，将影响依赖于它的模型元素。在 UML 的类图中，用带箭头的虚线连接有依赖关系的两个类，箭头指向独立的类，如图 18-6 所示。

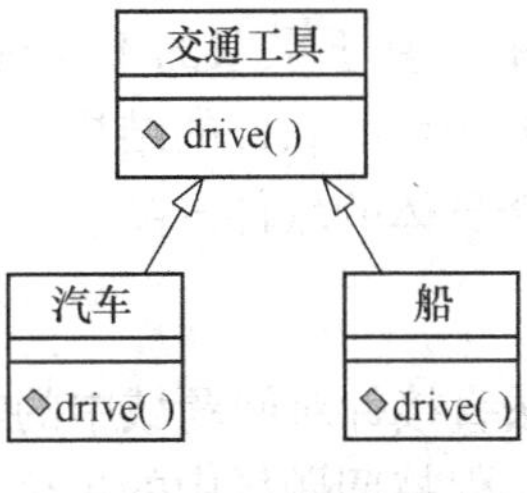

图 18-5　泛化关系

图 18-6　依赖关系

3. 动态模型

动态模型表示瞬时的、行为化的系统的“控制”性质，它规定了对象模型中对象的合法变化序列。一旦建立起对象模型之后，就需要考察对象的动态行为。所有对象都具有自己的生命周期（或称为运行周期）。对一个对象来说，生命周期由许多阶段组成，在每个特定阶段中，都有适合该对象的一组运行规律和行为规则，用以规范该对象的行为。生命周期中的阶段也就是对象的状态。

通常，用 UML 提供的状态图来描绘对象的状态、触发状态转换的事件以及对象的行为，每个类的动态行为用一张状态图来描绘。

4. 功能模型

功能模型表示变化的系统的功能、性质，它指明了系统应该“做什么”，因此更直接地反映了用户对目标系统的需求。

通常，功能模型由一组数据流图组成。但在面向对象方法学中，数据流图远不如在结构化分析、设计方法中那样重要。在 UML 中，通常使用用例图建立功能模型。

用例图包含的模型元素有行为者、用例及用例之间的关系。图 18-7 所示的是自动售货机系统的用例图。

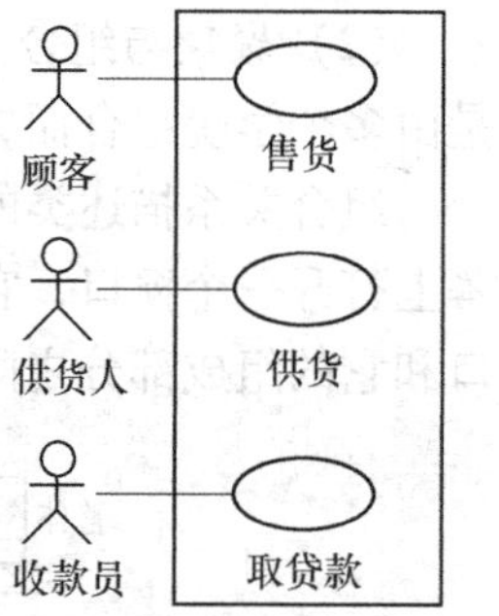

图 18-7 自动售货机系统用例图

一个用例是可以被行为者感受到的、系统的一个完整功能，如售货。图形上用例用一个椭圆来表示。行为者是指与系统交互的人、设备或其他系统，它代表外部实体。使用用例并且与系统交互的任何人或物都是行为者，如顾客。

18.4 面向对象的分析、设计与实现

20 世纪 80 年代，面向对象程序设计语言趋于成熟，作为一种新的程序设计模式开始为更多的人所理解和接受，同时也促使研究者把一部分注意力转向更深层次的研究。首先把面向对象的思想用于软件设计阶段，推出面向对象的设计。接着又把面向对象的思想用于分析阶段，产生了面向对象的分析。后来又把面向对象的思想用于程序设计阶段，推出面向对象的编程（Object - Oriented Programming，OOP），最后又出现对象建模技术（Object Modeling Technique，OMT），并逐步成为主流开发方法。同时还形成 3 个主要流派，即 Booch 方法、OOSE/Jacobson 方法和 OMT 方法。

在面向对象方法中，分析和设计的区分并不总是非常清晰的，因为开发从头至尾都使用相同的概念和表示法。要区分分析和设计，只能是非形式的，基于采取的不同观点。例如，分析的重点集中在系统需求上，而在设计中重点转移到了要产生的软件的结构上；分析用对象模型表示应用领域，而在设计中将把分析模型转化为一个具体的软件产品。

18.4.1 面向对象分析

面向对象的分析（Object - Oriented Analysis，OOA）法直接针对问题域中的客观事物构造分析模型中的对象，使得对象的描述与客观事物相一致，保持问题域中的单个事物及事物之间关系的原貌。相同特性的对象为一类，一般类与特殊类之间有继承关系。整体与部分结构有组合关系、事物之间存在有静态联系和动态联系，这些都是问题域中客观事物的本来面

目。因此，面向对象方法对问题域的认识和分析是直接的，分析结果将直接映射到问题域中。

1. 面向对象分析的基本过程

面向对象分析的目标是开发一系列模型，用以描述计算机软件工作时如何满足用户的需求。其中包括对象模型、动态模型和功能模型，大型系统的复杂问题的对象模型由主题层、类及对象层、结构层、属性层和服务层 5 个层次组成。

（1）主题层　主题是指导读者（包括系统分析员、软件设计人员、领域专家、管理人员、用户等，总之，泛指所有需要读懂系统模型的人）理解大型而复杂模型的一种机制，或在同一时间所能考虑的模型规模的机制。

（2）对象层　对象是对数据及其专用处理的抽象，反映系统保存有关信息和现实世界交互的能力。

（3）结构层　结构表示问题空间的复杂度。分类结构描述类属成员的构成，反映通用性和特殊性；组装结构表示聚合，反映整体和组成部分的关系。分类结构为以后的继承奠定了基础。

（4）属性层　一个属性就是一个数据单元，用于描述一个对象或分类结构的实例。

（5）服务层　服务是对象收到消息之后所执行的处理。

这 5 个层次一层比一层显现出对象模型的更多细节，对应着在面向对象分析过程中建立对象模型的 5 个主要活动（步骤）：标识对象、标识结构、标识主题、定义属性和定义服务。通常在完整地定义每个类中的服务之前，开发人员需要先建立起动态模型和功能模型，通过对这两种模型的研究，能够更正确、更合理地确定每个类应该提供哪些服务。

综上所述，在概念上可以认为面向对象分析大体上应当按照下列顺序进行：

1）寻找“类及对象”。

2）标识结构。

3）标识主题。

4）定义属性。

5）建立动态模型。

6）建立功能模型。

7）定义服务。

但是，对于大型、复杂系统的模型需要反复构造多遍才能完成，分析不可能严格地按照预定顺序进行。通常，先构造出模型的子集，然后再逐渐扩充，直到完全、充分地理解了整个问题，最终才能把模型建立起来。

总之，面向对象分析的主要工作是理解应用问题，建立对象模型、动态模型和功能模型，说明对象关联、控制流及数据变换。分析阶段的产物如下：

1）对象模型，包括对象图和数据词典。

2）动态模型，包括状态图和全局事件流图。

3）功能模型，包括数据流图和约束。

2. 案例分析——某医院网上挂号系统

需求描述：病人登录本系统后，可以浏览医院所有医生一周以内的值班信息表，选择挂号的科室和价格，系统自动列出符合病人要求的可预约的医生信息列表，并提供相应的预约导航链接，病人可通过导航链接查看医生的详细信息，如专长、职称、联系电话等，一旦找到合适的医生，便可正式预约挂号。同时本系统还具有向病人提供查询已有预约和取消已有预约的功能，允许病人在线修改个人联系信息和登录密码。医生用户通过本系统可以查询自己的值班信息、求医病人的预约信息及病人的详细信息。管理员应用本系统，可以查看所有医生值班信息，并可进行添加、修改、删除等维护工作；可以查询系统接受处理过的所有的预约信息，并进行统计，监控网上预约挂号系统的运行；可以将得到的统计数据，作为医院决策者的参考资料使用。

网上预约挂号系统对象模型如图18-8所示。

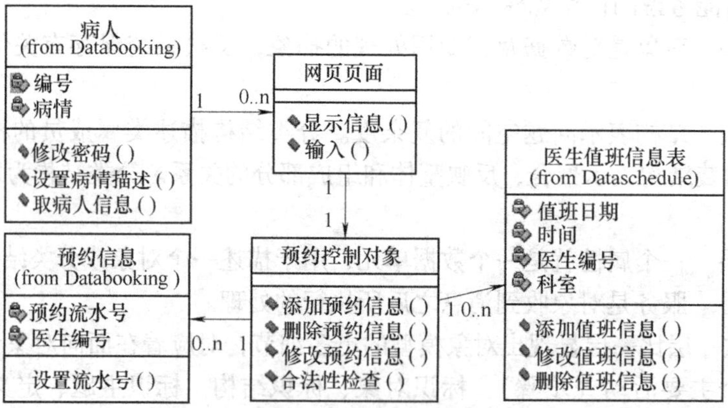

图18-8 网上预约挂号系统对象模型

对象模型定义了预约挂号系统的静态结构，关于对象行为的信息反映在实体用例所定义的顺序图中，但没有捕捉到单个对象的各个操作之间的关系，这需要在系统设计部分明确说明。可以用UML的状态图指定对象的行为，状态图描述一个实体基于事件反应的动态行为，显示了该实体如何根据当前所处的状态对不同的时间做出反应。它是对类所描述的某一对象的一个补充，展示了此类对象所具有的所有可能的状态及当某些事件发生时其状态的转移情况。

系统的动态模型包括状态图和全局事件流图。在本系统中，一个正确的挂号预约信息的生成，要经历不同的几个状态，图18-9描述了用户预约挂号信息的状态图。

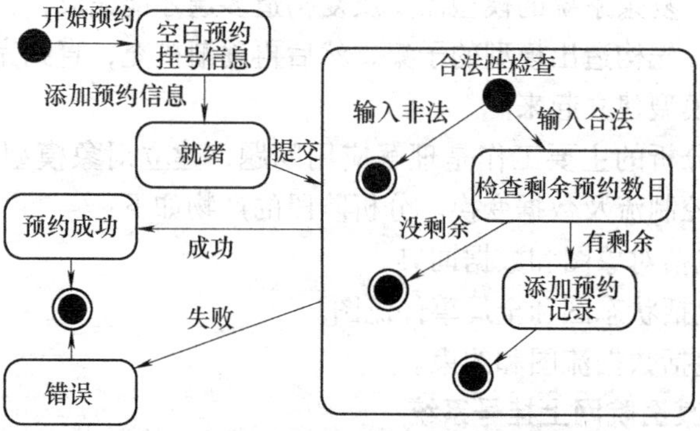

图18-9 用户预约挂号信息状态图

18.4.2　面向对象设计与实现

1. 从分析到设计

面向对象的设计（Object - Oriented Design，OOD）针对问题域运用面向对象方法产生一个具体实现。针对这个具体的实现，面向对象的设计运用面向对象的方法来完成。一是把分析模型直接搬到设计中去作为设计的一部分；二是根据具体实现中的人机界面、数据存储等因素补充一些与实现有关的部分，而这些部分与分析模型采用相同的表示方法和模型结构。与分析模型和设计方案采用了一致的表示法，不存在转换，只是局部的调整和补充，这就大大地降低了由分析模型到设计方案的过渡难度，同时也减少了工作量和出错率。

面向对象设计是为问题域外部可见行为的规格说明增添实际的计算机系统实现所需的细节，包括人机交互、任务管理和数据管理的细节。

在面向对象的设计中，对象有更明确的定义。OOA 是对现实世界中的问题空间建模，其分析侧重于总体，而 OOD 则是要求对特定的问题实现空间建模。

OOA 完全独立于编程语言，OOD 则保持较大部分独立于编程语言的特点。

从 OOA 到 OOD 是一个渐进的模型扩充过程。这种扩充主要以增加属性和服务开始。这种渐进式扩充当然有别于从数据流程图到结构图所发生的剧变。

2. 面向对象设计的内容

面向对象设计由 4 个部分组成：问题域部分、人机交互部分、任务管理部分和数据管理部分，每部分的设计都在 OOA 的 5 个层次上进行。基于分析模型和求解域中体系结构等添加的实现细节，完成系统设计。主要产物包括：①细化的对象模型；②细化的动态模型；③细化的功能模型。

3. 面向对象实现

面向对象实现是将设计转换为特定的编程语言，测试并调试面向对象的程序，同时保持可追踪性、灵活性和可扩展性。

面向对象程序的质量基本上由面向对象设计的质量决定，但是，所采用的程序语言的特点和程序设计风格也将对程序的可靠性、可重用性及可维护性产生深远影响。

面向对象的编程方法使对象成为一个独立的程序单位，只通过有限的接口与外部发生关系，从而减少了错误影响的范围。程序的调试以对象的类作为基本调试单位，查错范围是类定义之内的属性和服务，以及接口所涉及的部分。继承性也给调试带来了极大的方便，当调试好了父类，子类的调试重点就放在它所新定义的属性及服务上。由于程序与问题域的一致性，以及各阶段表达方法的一致性，减少了编程人员的理解难度，发现问题可以直接追溯到问题域。由于系统中最容易变化的因素被封装在对象的内部，并且对某个对象的修改产生的对其他对象的影响比较小，这将给调试与维护带来极大的方便。

综上所述，由于面向对象方法分析问题的出发点与人们对客观事物认识的一致性，使软件开发工作得以简化，开发效率得到提高。

第 19 章　软件项目管理

随着信息技术的飞速发展，个人单打独斗的作坊式开发方式已经越来越不适应发展的需要，软件产品的规模也越来越庞大。在经历了若干个大型软件工程项目的失败之后，人们才逐渐认识到软件项目管理的重要性和特殊性。事实上，这些项目的失败并不是由于软件开发技术的问题，而是因为管理不善。所谓管理就是通过计划、组织和控制等一系列活动，合理地配置和使用各种资源，以达到既定目标的过程。

软件项目管理是整个软件工程中的一个重要组成部分，从概念上讲，软件项目管理是为了使软件项目能够按照预定的成本、进度和质量顺利完成，而对成本、人员、进度、质量和风险等进行分析、管理的活动。进行软件项目管理有利于将开发人员的个人开发能力转化成企业的开发能力，企业的软件开发能力越高，表明这个企业的软件生产越趋向于成熟，企业越能够稳定发展（即减小开发风险）。因此，各软件企业都在积极将软件项目管理引入开发活动中，对开发实行有效的管理。

软件项目管理涉及的任务有开发团队管理、软件项目计划管理、软件风险管理、软件配置管理、软件质量管理等。

19.1　软件项目管理的意义

1. 软件项目管理的产生与发展

软件项目管理的提出是在 20 世纪 70 年代中期的美国，当时美国国防部专门研究了软件开发不能按时提交、预算超支和质量达不到用户要求的原因，结果发现 70% 的项目出现问题是因为管理不善引起的，而非技术原因。于是，软件开发者开始逐渐重视软件开发中的各项管理。到了 20 世纪 90 年代中期，软件项目管理不善的问题仍然存在。软件项目管理和其他的项目管理相比有相当的特殊性。首先，软件是纯知识产品，其开发进度和质量很难估计和度量，生产效率也难以预测和保证。其次，软件系统的复杂性也导致了开发过程中各种风险的难以预见和控制。因此，项目管理对软件生产具有决定性的意义。特别是在当今的软件项目中，项目管理的质量与软件产品的质量有着直接的对应关系。因此，提高项目管理的能力对于软件企业生产力的提高是极为重要的。

软件项目超进度、超预算的例子举不胜举，而且低质量的软件也名声在外。其重要的原因是没有有效的软件管理过程，项目开发过程基本是依赖于个人的能力，而不是企业的能力。如果软件企业建立了良好的软件项目管理体系，人员得到了良好的培训，那么软件质量将会得到保证。项目管理是一门艺术，它平衡了相互冲突的目标，管理了风险，克服了各种限制，以便成功地完成满足投资者和用户需要的软件。

目前，大型的软件企业都把软件项目管理放在了十分重要的位置上，尤其在国外，软件项目管理地位越来越高，投资比例越来越大。业界对软件项目管理方面的研究也越来越深入。

2. 我国在软件行业管理上存在的问题

我国软件行业发展的历史较短，加之 IT 行业技术发展速度快，软件开发工具层出不穷。我国软件行业自身的发展方面确实存在一些问题。归纳起来，有以下几方面的问题：

（1）软件开发管理不规范　目前大部分软件公司，无论是产品型公司还是项目型公司，大部分公司没有形成适合自己公司特点的软件开发管理模式，虽然有些公司根据软件工程理论建立了一些软件开发管理规范，但并没有从根本上解决软件开发的质量控制问题。这样导致软件产品质量不稳定，软件后期的维护、升级出现麻烦，同时最终也会损害用户的利益。

（2）缺乏高素质的研发管理人员和研发人员　目前，我国软件市场还处于发展阶段，真正称得上商品的软件较少，绝大多数软件公司的规模很小，软件开发人员缺乏必要的技术积累，表现为整体素质偏低。同时，由于没有合适的内部与外部环境也很难造就高水平的研发管理人员，从软件开发到开发管理都不能满足市场的要求。

（3）缺乏合格的产品经理　产品经理在软件产品的发展过程中起着至关重要的作用，产品经理负责产品的定位与发展方向。这就要求产品经理对产品市场、用户需求有深刻的认识与理解，需要有一定的悟性、管理经验与能力。产品经理必须了解当今 IT 技术的发展状况及发展趋势，对相关开发工具与技术应有比较深刻的理解。这样才能保证在决定产品特性、产品框架结构、市场销售策略与服务策略时做出合理决策。从某种程度上讲，产品经理是否称职关系着其产品的存亡。目前软件行业急需而又缺乏的正是这种产品经理。

（4）软件产品孤立、零散，缺乏整合性　国产软件基本为专用型产品，满足特定功能。大多厂家产品不具备构成大型应用系统的整合能力，目前一些公司已开始进行这方面工作。

项目型公司大多以项目为主，产品化程度比较低，不具备推广的条件，经济效益较差，影响公司的发展。

导致软件产品孤立、零散，缺乏整合性在很大程度上也是软件开发管理不规范、缺乏高素质的研发管理人员和研发人员以及缺乏合格的产品经理这 3 点造成的。

19.2　软件开发的组织机构

软件是人的智力密集劳动的结果，因此，软件项目的管理首先是对人的管理。建立一支有创造力、技术水平高、相互协作的团队是确保软件开发质量的最基本保证，各个组织各负其责，可以确保软件开发按拟订的质量控制规则与软件开发计划进行，有利于软件公司的软件质量与成本控制。

1. 软件开发组织机构设置

一般来讲，软件开发组织机构由多个职能部门组成，各部门有各自明确的责权范围，完成各自的本职工作，并相互协调完成相应的软件开发与维护工作。

（1）公司产品管理组　公司对新产品立项、现有产品的发展方向及有关产品发展的重大决定均需由公司产品管理组来决定。公司产品管理组一般由公司的执行总裁、技术总监、市场总监、产品经理、研发经理及其他必要人员组成。

（2）产品管理部门　产品管理部门的主要职责是负责产品发展策略的制定与执行，这里的执行包括软件开发前期的市场及需求调研、完成可行性分析报告、制订产品规格。产品管理人员参与软件开发项目组，并完成相关工作。

（3）研发部门　研发部门是软件开发的主体，主要任务是完成软件或项目的开发工作；包括制定功能规范列表及用户界面，确保写出用户手册；进行设计、编码、模块集成、测试与书写文档等开发活动；进行软件配置管理和制订项目计划。

（4）质量控制机构　质量控制机构的主要职责是负责软件开发过程的质量控制。质量控制人员在软件开发的各个阶段，根据软件开发设计规范对阶段设计结果进行质量控制。他们及时发现问题、解决问题，确保进入下一阶段的设计符合设计规范要求，实现软件开发全程监控。

（5）软件配置管理机构　具有一定规模的软件公司都会有一个软件配置管理机构，对于小型公司一般由项目经理主管。其主要职责是进行软件开发过程中的软件配置管理，以及软件定版后的维护管理。

（6）软件测试组　软件测试组承担的工作主要是Alpha测试。测试模块与集成测试由软件开发人员完成。对于项目软件开发，用户的计算机技术人员参加到软件测试与支持工作组，使用户参与整个软件的测试工作。确保交付的应用系统是用户可信赖的系统。

在以上的软件开发组织机构中，不论公司规模的大小，以上的各个职能应该是健全的。明确的责任分工有利于软件开发的顺利进行，有利于质量控制，同时也有利于公司的成本控制，降低软件开发风险。

2. 软件开发项目组的角色

一般来讲，一个软件开发项目组是由多个不同角色的人员组成的，每种角色在软件开发中起不同的作用，各种不同角色的人员协同合作，共同完成软件开发工作。

在软件开发项目组中一般有以下6种角色：

（1）产品经理　产品经理负责建立及更新项目的商业模型，在确定及设置项目目标方面起关键作用。产品经理应确保项目成员清楚理解项目的商业目的，并根据商业需求的优先级确定功能规范。同时，产品经理负责高层的项目沟通，如商业项目的成本核算、合同洽谈及向相关人员通报项目进展等。

（2）软件设计师　软件设计师负责确定软件特色及功能规范，根据软件开发标准协调日常开发工作确保及时交付开发任务。他们根据需求文档起草软件功能规范；同时负责与系统分析、规范及框架结构有关的各种活动；管理与协调与外部标准与系统的互操作性，控制项目进度。

（3）程序开发人员　程序开发人员负责交付符合功能规范的软件系统。开发人员应积极参与功能规范的制订，在建立项目原型时与软件设计师可以同步进行并提供技术可行性。在功能规范确立后，开发人员必须与软件设计师就如何解决重大疑难问题达成一致。

（4）测试与质量保证（Quality Assurance，QA）人员　测试/QA人员保证了系统符合功能规范。为保证“零误码”，测试/QA人员应积极参与开发过程，确保开发出交付符合功能规范的软件系统。测试/QA人员负责准备测试计划、测试用例、自动测试程序、执行测试工作、管理并跟踪Bug。测试工作与开发工作是独立并行的。

（5）培训人员　培训人员负责设计编写离线及在线培训文档，包括演示材料。用户培训人员应参与用户界面和系统的设计及构造，并参与安装程序及安装过程的设计。参与系统的可用性测试及设计改进，与程序管理及开发有密切的关系，并确保系统的变化及时反映到文档中去。

（6）后勤支援人员 后勤支援包括确保项目顺利进行的各方面工作。

在大型软件开发项目中，可以将每个角色赋予不同的个人。对小型项目，一个人可以肩负多个不同的角色。每种角色的人员在项目中起着同等重要的作用。每种角色都有其特定的任务及技能要求。

19.3 软件项目的计划

软件开发项目的计划包括定义项目的目标以及达到目标的方法。它涉及项目实施的各个环节，带有全局的性质，是战略性的。计划应力求完备，要考虑到一些未知因素和不确定因素，考虑到可能的修改；计划力求准确，尽可能提高所依据数据的可靠程度。主要工作集中在软件项目的估算、软件开发成本的估算和软件项目进度安排上。软件项目计划的目标是提供一个能使项目管理人员对资源、成本和进度做出合理估算的框架。这些估算应在软件项目开始时的一段有限时间内做出，并随着项目的进展进行更新。

1. 软件项目的估算

软件项目管理过程开始于项目的计划。在做项目计划时，第一项活动是对时间和工作量的估算。估算是项目计划其他活动的基石，而且为软件工程过程提供了工作方向，如果没有计划就着手开发，则会陷入盲目。

估算的依据是软件的范围，包括功能、性能、限制、接口和可靠性。在估算开始之前，项目管理人员应对软件的功能进行评价，并对其进行适当的细化以便提供更详细的细节。由于成本和进度的估算都与功能有关，因此常常采用功能分解的办法。性能的考虑主要包括处理和响应时间的需求，约束条件则标识外部硬件、可用存储和其他现有系统对软件的限制。

另外软件项目计划还要完成资源估算，包括人力资源、硬件资源和软件资源。在考虑各种软件开发资源时最重要的是人，必须考虑人员的技术水平、专业、人数以及在开发过程各阶段对各种人员的需要。硬件资源作为一种工具投入。软件资源包括各种帮助开发的软件工具，比如编程工具、管理工具、测试工具，还有操作系统和数据库等。

工作量估算是最普遍使用的技术。经过功能分解之后，可以估计出每一个项目任务的分解都需要花费若干人年，总计之后就知道软件项目总体工作量。

软件开发成本主要是指软件开发过程所花费的工作量及其相应的代价。它不同于其他物理产品的成本，它主要是人的劳动消耗，人的劳动消耗所需的代价就是软件产品的开发成本。开发成本的估算方法有很多种，像简单的代码行技术、任务分解技术、自动估计成本技术、专家判定技术，还有参数方程法、标准值法以及 COCOMO（Constructive Cost Model，结构性成本模型）模型法。

2. 软件项目进度安排

软件项目的进度安排主要是考虑软件交付用户使用的这一段开发时间的安排。进度安排的准确程度可能比成本估计的准确程度更重要。软件产品可依靠重新定价或者大量的销售来弥补成本的增加，但进度安排的落空会导致市场机会的丧失或者用户不满意，而且也会导致成本的增加。因此在考虑进度安排时要把人员的工作量与花费的时间联系起来，合理分配工作量，利用进度安排的有效分析方法，严密监视软件开发的进展情况，使得软件开发的进度不致被拖延。

在进行进度安排时要考虑的一个主要问题是任务的并行性问题。当参加项目的人数不止一人时软件开发工作就会出现并行情况。因为并行任务是同时发生的，所以进度计划表必须决定任务之间的从属关系，确定各个任务的先后次序和衔接，确定各个任务完成的持续时间。另外还应注意关键路径的任务，这样可以确定在进度安排中应保证的重点。常用的进度安排方法有甘特图（Gantt Chart）法和工程网络法。

19.4　软件风险管理

软件风险是有关软件项目、软件开发过程和软件产品损失的可能性。软件风险又可区分为软件项目风险、软件过程风险和软件产品风险。

1. 软件项目风险

这类风险涉及操作过程、组织过程和合同等相关参数。软件项目风险主要是管理责任。项目风险包括资源制约、外界因素、供应商关系或合同制约，其他风险还包括不负责任的厂商和缺乏组织支持。缺乏对项目外界因素的掌握与控制会加大项目风险管理的难度。

2. 软件过程风险

这类风险包括管理与技术工作规程。在管理规程中，可能在一些活动中发现过程风险，如计划、人员分配、跟踪、质量保证和配置管理。在技术过程中，可能在工程活动中发现过程风险，如需求分析、设计、编码和测试。计划是风险评估中最常见的管理过程风险，开发过程风险是最常见的技术过程风险。

3. 软件产品风险

这类风险包括中间及最终产品特征。产品风险主要是技术责任，可能在需求稳定性、设计性能、编码复杂度和测试明细单中发现产品风险。因为软件需求的灵活性，导致产品风险难于管理。需求是风险评估中最重要的产品风险。

软件风险管理是一项包含风险识别、分析、计划、监督与控制的系统过程，是项目目标机会最大化与损失最小化的过程。

19.5　软件配置管理

随着软件团队人员的增加，软件版本不断变化，开发时间的紧迫以及多平台开发环境的采用，软件开发面临越来越多的问题，其中包括对当前多种产品的开发和维护、保证产品版本的精确、重建先前发布的产品、加强开发政策的统一和对特殊版本需求的处理等，解决这些问题的唯一途径是加强管理，而软件开发管理的核心是软件配置管理。

软件配置管理（Software Configuration Management，SCM），它应用于整个软件工程过程。我们知道，在软件建立时变更是不可避免的，而变更加剧了项目中软件开发者之间的混乱。SCM 活动的目标就是为了标识变更、控制变更、确保变更正确实现并向其他有关人员报告变更。从某种角度讲，SCM 是一种标识、组织和控制修改的技术，目的是使错误降为最小并最有效地提高生产效率。

软件配置管理是软件质量保证的重要一环，它的主要任务是控制变化，同时也负责各个软件配置项和软件各种版本的标识、软件配置审计以及对软件配置发生任何变化的报告。具体来说，软件配置管理主要有 5 项任务：配置标识、版本控制、变化控制、配置审计和配置状态报告。

1. 配置标识

配置标识是为了标识系统的构件，以提供软件和软件相关产品之间的追踪能力。

2. 版本控制

版本控制是对软件开发进程中一个文件或一个目录发展过程进行追踪的手段，管理在软件工程过程中所创建配置对象的不同版本。借助于版本控制技术，用户能够通过选择适当的版本来指定软件系统的配置。

3. 变化控制

变化控制是把人的规程和自动工具结合起来，以提供一个控制变化的机制。典型的变化控制过程如下：接到变化请求之后，首先评估该变化在技术方面的得失、可能产生的副作用、对其他配置对象和系统功能的整体影响以及估算出的修改成本；评估的结果形成“变化报告”，该报告供“变化控制审批者”审阅；把要修改的对象从项目数据库中“提取(Check Out)”出来，进行修改并应用适当的 SQA（Software Quality Assurance，软件质量保证）活动；最后，把修改后的对象“提交（Check In)”进数据库，并用适当的版本控制机制创建该软件的下一个版本。

4. 配置审计

配置审计是为了确保适当地实现了所需要的变化，验证修改后配置对象的技术正确性，审查该对象以确定它与其他软件配置项的一致性，并检查是否有遗漏或副作用。

5. 配置状态报告

配置状态报告的目的是提供软件开发过程的历史记录。它回答下述问题：发生了什么事？谁做的这件事？这件事是什么时候发生的？它将影响哪些其他事物？

19.6　软件质量保证

1. 软件质量

软件质量就是“软件与明确地和隐含地定义的需求相一致的程度”。更具体地说，软件质量是软件与明确叙述的功能和性能需求、文档中明确描述的开发标准以及任何专业开发的软件产品都应该具有的隐含特征相一致的程度。

软件质量的属性很多，如正确性、精确性、健壮性、可靠性、容错性、性能、易用性、安全性、可扩展性、可复用性、兼容性、可移植性、可测试性、可维护性和灵活性等。

2. 软件质量管理

软件质量管理的目的是为管理者提供有关软件过程和产品适当的可视性。它包括评审和审核软件产品及其活动，以验证其是否遵守既定的规程和标准，并向有关负责人汇报评审和审核的结果。换句话说，它是确定、达到和维护所需要的软件质量而进行的所有有计划、有系统的管理活动。通常的软件质量保证活动有以下几方面：

（1）制订质量计划　如制订质量目标计划、人员与职责计划、检查计划、评审计划、测试计划等。

（2）过程检查　即检查软件项目的“工作过程和工作成果”是否符合既定的规范。过程检查的要点是找出明显不符合规范的工作过程和工作成果，及时指导开发人员纠正问题。

（3）技术评审　目的是尽早地发现工作成果中的缺陷，并帮助开发人员及时消除缺陷，从而有效地提高产品的质量。

（4）软件测试。

3. 能力成熟度模型

美国卡内基梅隆大学软件工程研究所在美国国防部资助下于20世纪80年代末建立的能力成熟度模型（Capability Maturity Model，CMM），是用于评价软件机构的软件过程能力成熟度的模型。最初，建立此模型的目的是为大型软件项目的招投标活动提供一种全面而客观的评审依据，发展到后来，此模型又同时被应用于许多软件机构内部的过程改进活动中。现已经得到了众多国家软件产业界的认可，成为当今从事规模型软件生产不可缺少的一项内容，并成为事实上软件过程改进的工业标准。

在CMM模型及其实践中，企业的过程能力被作为一项关键因素予以考虑。所谓过程能力，是指把企业从事软件开发和生产的过程本身透明化、规范化和运行强制化。这样一来，就可以把软件开发及生产过程中成功或失败的经验教训变成今后可以借鉴和吸收的营养，大大加快软件生产的成熟程度。

CMM标准共分5个等级，见表19-1，由低到高分别为初始级、可重复级、已定义级、定量管理级和优化级。开发的能力越强，开发组织的成熟度越高，级越高。

表19-1 CMM标准的5个等级

等 级	等级特征
等级一：初始级	过程无序，进度、预算、功能、质量不可预测，企业一般不具备稳定的软件开发环境，常常在遇到问题的时候，就放弃原定的计划而只专注于编程与测试
等级二：可重复级	有纪律的，可以重复以前项目的成功经验，实现部分的可视性
等级三：已定义级	项目活动是标准和一致的，不同项目采用相同的标准，从而保持稳定的性能
等级四：定量管理级	对过程建立了度量，性能只在一定范围内变动，从而可以进行有效的预测
等级五：优化级	为了提高过程能力不断进行改进活动，并可以度量其结果

除了第一级，其他每一级都有几个特别值得注意的关键过程。第二级的关键之处是建立基本的项目管理控制。他们是需求管理、软件项目计划、软件项目的跟踪和监督、软件转包管理、软件质量保证和软件组态管理。第三级的关键是既关注项目问题，也关注组织问题，因为组织建立起了使高效率软件工程制度化的基本架构和跨项目的管理过程。它们包括组织过程关注程度、组织过程定义、培训项目、集成化的软件管理、软件产品化机制、项目组的内部协调和对出现错误的复查。第四级的关键是对软件开发过程和软件产品都有一个定量的理解。它强调的是定量的过程管理和软件质量管理。第五级的关键点强调不论组织还是项目必须追求持续的、可度量的过程改进，包括缺陷预防、技术更新管理和流程改造管理。

自从1994年SEI正式发布软件CMM以来，相继又开发出了系统工程、软件采购、人力资源管理以及集成产品和过程开发方面的多个能力成熟度模型。虽然这些模型在许多组织都得到了良好的应用，但对于一些大型软件企业来说，可能会出现需要同时采用多种模型来改进自己多方面过程能力的情况。

CMMI（Capability Maturity Model Integration，能力成熟度模型集成）是在CMM基础上发展起来的，它将所有的以及将被发展出来的各种能力成熟度模型集成到一个框架中去，是为了解决现有不同CMM模型的重复性、复杂性，并减少由此引起的成本改进过程。它由美国国防部出资，委托美国卡内基梅隆大学软件工程研究院（Software Engineering Institute，SEI）开发的能力成熟度模型集成，它继承并发扬了 CMM 的优良特性，借鉴了其他模型的优点，融入了新的理论和实际研究成果。该模型广泛适用于政府机构、软件和硬件开发公司。

CMMI 是目前世界公认的软件产品进入国际市场的通行证，它不仅仅是对产品质量的认证，更是一种软件过程改善的途径。通过 CMM 的评估认证不是目标，它只是推动软件企业在产品的研发、生产、服务和管理上不断成熟和进步的手段，是一种持续提升和完善企业自身能力的过程。如果一家公司最终通过 CMMI 的评估认证，标志着该公司在质量管理的能力已经上升到一个新的高度。

第 20 章　软件开发文档

软件文档是软件的一个不可分割的组成部分，是软件开发过程中按照规范编写的一套有价值的资料集合及各种报告、说明、手册的总称。

20.1　软件文档的分类

按照文档产生和使用的范围，软件文档大致可分为 3 类。

1. 开发文档

这类文档是在软件开发过程中，作为软件开发人员前一阶段工作成果的体现和后一阶段工作依据的文档。其中包括软件需求说明书、数据要求说明书、概要设计说明书、详细设计说明书、可行性研究报告、项目开发计划等。

2. 管理文档

这类文档是在软件开发过程中，由软件开发人员制定的需提交管理人员的一些工作计划或工作报告，使管理人员能够通过这些文档了解软件开发项目的安排、进度、资源使用和成果等。其中包括项目开发计划、测试计划、测试报告、开发进度月报及项目开发总结等。

3. 用户文档

这类文档是软件开发人员为用户准备的有关该软件使用、操作、维护的资料。其中包括用户手册、操作手册、维护修改建议、软件需求说明书等。

20.2　软件文档的标准化工作

中国国家标准局在 1998 年 1 月发布了《计算机软件开发规范》和《软件产品开发文件编制指南》，作为软件开发人员工作的准则和规程。它们基于软件生命周期方法，把软件产品从形成概念开始，经过开发、使用和不断增补修订，直到最后被淘汰的整个过程应提交的文档归于以下 13 种。

1. 可行性研究报告

该报告说明软件项目的实现在技术上、经济上和社会因素上的可行性，为合理地达到开发目标可供选择的各种可能的实现方案，说明并论证所选定实施方案的理由。

2. 项目开发计划

该计划为软件项目实施方案制订出的具体计划，包括各部分工作的负责人员、开发进度、开发经费的概算、所需的硬件和软件资源等。项目开发计划应提供给管理部门，并作为开发阶段评审的基础。

3. 软件需求说明书

软件需求说明书也称软件规格说明书。它对所开发软件的功能、性能、用户界面及运行环境等作出详细的说明。它是用户与开发人员双方对软件需求取得共同理解基础上达成的协议，也是实施开发工作的基础。

4. 数据要求说明书

该说明书应当给出数据逻辑描述和数据采集的各项要求，为生成和维护系统的数据文件做好准备。

5. 概要设计说明书

该说明书是概要设计工作阶段的成果。它应当说明系统的功能分配、模块划分、程序的总体结构、输入输出及接口设计、运行设计、数据结构设计和出错处理设计等，为详细设计奠定基础。

6. 详细设计说明书

该说明书着重描述每一个模块是如何实现的，包括实现算法、逻辑流程等。

7. 用户手册

该手册详细描述了软件的功能、性能和用户界面，使用户了解如何使用该软件。

8. 操作手册

该手册为操作人员提供该软件各种运行情况的有关知识，特别是操作方法细节。

9. 测试计划

针对组装测试和确认测试，测试人员需要为组织测试制订计划。计划应包括测试的内容、进度、条件、人员、测试用例的选取原则、测试结果允许的偏差范围等。

10. 测试分析报告

测试工作完成以后，测试人员应当提交测试计划执行情况的说明，对测试结果加以分析，并提出测试的结论性意见。

11. 开发进度月报

该月报是软件人员按月向管理部门提交的项目进展情况的报告。报告应包括进度计划与实际执行情况的比较，阶段成果，遇到的问题和解决的办法，以及下个月的打算等。

12. 项目开发总结报告

软件项目开发完成之后，开发人员应当与项目实施计划对照，总结实际执行的情况，如进度、成果、资源利用、成本和投入的人力，此外，还需对开发工作做出评价，总结经验和教训。

13. 维护修改建议

软件产品投入运行之后，可能有修正、更改等问题，维护人员应当对存在的问题、修改的考虑以及修改的影响估计等作详细的描述，写成维护修改建议，提交审批。

以上这些软件文档是在软件生命周期中，随着各个阶段工作的开展适时编制的。其中，有的仅反映某一个阶段的工作，有的则需跨越多个阶段。

20.3　文档编制的质量要求

为使软件文档能起到多种桥梁的作用，使它有助于程序员编制程序，有助于管理人员监督和管理软件的开发，有助于用户了解软件的工作和应做的操作，有助于维护人员进行有效修改和扩充，文档的编制必须保证一定的质量。高质量的文档应当体现在以下几个方面：

1. 针对性

文档编制以前应分清读者对象。按不同的类型、不同层次的读者，决定怎样适应他们的需要。

2. 精确性

文档的行文应当十分确切，不能出现多义性的描述。同一课题几个文档的内容应当协调一致、没有矛盾。

3. 清晰性

文档编写应当力求简明，如有可能，配以适当的图表，以增强其清晰性。

4. 完整性

任何一个文档都应当是完整的、独立的，它应自成体系。例如，前言部分应作一般性介绍，正文给出中心内容，必要时还应有附录，列出参考资料等。各个不同软件项目，其规模和复杂程度有着许多实际差别，不能同等看待。要使文档具有灵活性，首先应根据具体的软件开发项目，决定编制的文档种类。编写人员应根据任务的规模、复杂性、项目负责人对软件的开发过程及运行环境所需判断的详细程度，确定文档的详细程度，不需要规定或限制文档的表现形式，可以使用自然语言，也可以使用形式化的语言。

5. 可追溯性

由于各开发阶段编制的文档与各个阶段完成的工作有密切的关系，前后两个阶段生成的文档随着开发工作的逐步延伸，具有一定的继承关系，在一个项目各开发阶段之间提供的文档必定存在着可追溯的关系。

20.4 文档的管理和维护

在整个软件生命周期中，各种文档会不断生成、修改或补充。为了最终得到高质量的产品，必须加强对文档的管理。

软件开发小组应设一位文档保管人员，负责集中保管本项目已有文档。在新文档取代了旧文档时，管理人员应及时注销旧文档。在文档内容有变动时，管理人员应随时修订主文本，使其及时反映更新了的内容。

第五部分习题与思考题

1. 名词解释

软件、软件危机、软件工程、软件生命周期、软件工程方法学三要素、信息隐藏、模块独立性、耦合、内聚、黑盒测试、白盒测试、N－S图、PAD图、对象、类、UML、OOA、OOD、CMM。

2. 判断题

1）软件开发的主要任务是写程序。(　　)

2）测试只能证明程序有错误，不能证明程序没有错误。(　　)

3）软件维护就是改正软件中的错误。(　　)

4）编码时应尽可能使用全局变量。(　　)

5）模块越多，开发成本越小。(　　)

6）在主存储器能够容纳得下的前提下，应使模块尽可能大，以便减少模块的个数。(　　)

7）当验收测试通过，软件开发就完成了。(　　)

8）模块独立要求高耦合低内聚。（　　）

9）操作手册的编写工作应该在软件测试阶段之前完成。（　　）

10）质量保证是为了保证产品和服务充分满足消费者要求的质量而进行的有计划、有组织的活动。（　　）

11）黑盒测试时，既要考虑程序的内部逻辑结构又要考虑其外部特性。（　　）

12）UML 设定的目标之一是运用面向对象概念来构造系统模型。（　　）

3. 填空题

1）软件发展第二阶段的末期，软件开发技术的进步一直未能满足发展的需要。在软件开发中遇到的问题找不到解决办法，使问题积累起来，形成了尖锐的矛盾，因而导致了________。

2）可行性研究从________可行性、________可行性、市场和法律可行性等方面进行。

3）需求分析应交付的文档主要是________、初步的用户手册和确认测试计划。

4）软件系统设计的内容包括体系结构设计、________、用户界面设计、________、数据结构与算法设计等。

5）用黑盒法设计测试用例的方法包括________、________、错误推测等。

6）面向对象方法是一种运用________、________、________、________、消息传送、多态性等概念来构造系统的软件开发方法。

7）面向对象的软件工程方法是面向对象方法在________领域的全面应用。

4. 选择题

1）白盒测试方法一般适合用于________测试。

A）系统　　B）单元　　C）集成　　D）确认

2）软件从一个计算机系统转换到另一个计算机系统运行的难易程度是指软件________。

A）兼容性　　B）可移植性　　C）可转换性　　D）可接近性

3）在规定的条件下和规定的时间间隔内，软件实现其规定功能的概率称为________。

A）可使用性　　B）可接近性　　C）可靠性　　D）稳定性

4）原型化方法是用户和设计者之间执行的一种交互构成，适用于________系统。

A）需求不确定性高的　　B）需求确定的

C）管理信息　　D）实时

5）面向对象分析的首要工作是建立________。

A）系统的功能模型　　B）系统的动态模型

C）软件对象类定义　　D）问题的对象模型

6）在需求分析阶段，开发人员需要从用户那里获得的最重要的信息是________。

A）用户要让软件做什么？

B）用户能够接受的开发周期

C）用户能够接受的开发费用

D）用户要让软件具有各种结构

7）瀑布模型突出的缺点是不适应________的变动。

A）算法　　B）平台　　C）用户需求　　D）程序语言

8）OOD 方法设计人机交互界面时，下列遵守的一些准则中，________是错误的。

A）一致性　　B）提供反馈信息

C）减轻用户记忆负担　　D）增加操作步骤

9）产生软件维护的副作用，是指________。

A）开发时的错误　　B）隐含的错误

C）因修改软件而造成的错误　　D）运行时误操作

10）汽车有一个发动机。汽车和发动机之间的关系是________关系。

A）一般具体　　B）整体部分　　C）分类关系　　D）主从关系

5. 应用题

（1）拟开发一"蔬菜配送系统"，目标客户是企事业单位及城市普通消费者，可提供该城市各类蔬菜品种、价格的查询，以及蔬菜订购、配送服务。请分析上述软件系统的可行性。

（2）为方便旅客，某航空公司拟开发一个机票预订系统。旅行社把预订机票的旅客信息，如姓名、性别、工作单位、身份证号码（15位数字字符）、旅行时间（2000~2010年）、旅行目的地等输入进该系统，系统为旅客安排航班、印出取票通知和账单、旅客在飞机起飞的前一天凭取票通知和账单交款取票、系统校对无误即印出机票给旅客。

1）请画出该系统的数据流图（DFD）。

2）请用边界值分析法为"身份证号码"和"旅行时间"设计测试用例。

3）下列是直接选择排序算法（描述语言：C），分别改用N－S图、PAD图和PDL语言描述。

```
void  SelectSort( RedType L[],int n)
  {  int i,j,k,t;
          for(i =1,i< =n; + +i)
           {  j=i;
             for(k=i+1;k< =n; + +k)
               if ( L[k].key<L[j].key)  j=k;
                 if(j!  =i)
                   {  t=L[i];
                      L[i]=L[j];
                      L[j]=t ;}
     }
}
```

附　　录

附录 A　概述

软件技术基础是一门实践性很强的课程，尤其是数据结构、数据库和软件工程中要解决的问题更接近于实际。只靠读书和做习题是不能提高实践能力的，实验是对学生的一种全面的综合训练，其教学目的主要是深化理解和掌握书本上的理论知识，并将理论和实践结合，使学生学会如何把书本上的知识用于解决实际问题，培养数据结构、数据库的应用能力和软件工程所需要的实践能力。

为了达到上述目的，本书安排了 3 个层次的实验，基本型实验不需要学生自己设计，主要是深化理解和掌握理论知识，只需将给定的方案上机实现即可；提高型实验主要内容是针对具体问题，应用某个知识点，自己设计方案，并上机实现，目的是培养学生对所学知识的简单应用能力；综合、设计型实验主要内容是针对具体问题，综合应用多门课程的多个知识点，自己设计方案，并上机实现，目的是培养学生对所学知识的综合应用能力。

实验步骤

1. 预备知识的学习。

复习实验所用到的相关知识，如数据结构算法，数据库操作，软件开发方法等。

2. 上机前的准备。

对于基本型实验，要阅读实验指导书，根据实验内容写出相应代码，并进行静态检查，尽量减少语法错误和逻辑错误；对于提高型实验以及综合、设计型实验则需进行需求分析、概要设计和详细设计之后，再进行编码和检查工作。

3. 上机调试和测试程序。

调试程序是一个辛苦但充满乐趣的过程，也是培养程序员素质的一个重要环节。要求在对程序进行静态的基础上，熟练掌握各种调试工具的使用方法。对程序进行测试，须设计测试数据，如在数据结构中测试数据须考虑以下两种情况。①一般情况：例如循环的中间数据、随机产生的数据等；②特殊情况：例如循环的边界条件、数据结构的边界条件等。

附录 B　基本型实验

实验一　线性表的插入和删除

一、实验目的

1. 熟悉 C 上机环境。

2. 掌握线性表的基本操作：查找、插入、删除等运算在链式存储结构上的运算。

二、实验内容

【任务 1】：阅读理解。

阅读后面的程序，并将其输入到计算机中，调试成功后运算出结果。这个程序中我们创建了一个整数类型的升序单链表，演示了单链表的创建、输出和删除操作。

【任务2】：完善功能。

构造函数 node *insert (node *head, int num)，实现把一个结点插入链表，仍保持链表上各节点的升序关系，并在主函数中完成对你所添加函数的测试。

三、算法描述

建立含有若干个元素的升序单链表，对其进行插入、删除等操作，并将结果在屏幕上输出。

```
#include <stdio.h>
#include<stdlib.h>
struct node{
    int data;
    node *next;
};
//建立一条有序链表
node *create_sort(void)
{
    node *p1, *head=0;
    int a;
    printf("建立一条有序链表,请输入数据,以-1结束:");
    scanf("% d", &a);
    while(a! = -1){
        p1 = (node *)malloc(size of(node));
        p1 - >data=a;
        head=insert(head,p1);
        scanf("% d", &a);
    }
    return(head);
}
//输出链表上各个节点的值
void print(const node *head)
{
    const node *p;
    p=head;
    printf("链表上各个节点的数据为:\n");
    while(p! =NULL){
        printf("% d\t", p - >data);
        p=p - >next;
    }
```

```
        printf("\n");
}

//删除链表上具有指定值的一个节点
node *delete_one_node(node *head,int num)
{
    node *p1,*p2;
    if(head==NULL){
        printf("链表为空,无节点可删! \n");
        return(NULL);
    }
    if (head->data==num){
        p1=head;
        head=head->next;
        free(p1);
        printf("删除了一个节点! \n");
    }
    else{
        p2=p1=head;
        while(p2->data!=num&&p2->next!=NULL){
            p1=p2;
            p2=p2->next;
        }
        if (p2->data==num){
            p1->next=p2->next;
            free(p2);
            printf("删除了一个节点! \n");
        }
        else printf("%d 链表上没找到要删除的节点! \n", num);
    }
    return(head);
}
//释放链表的节点空间
void deletechain(node *h)
{
    node *p1;
    while(h){
        p1=h;
        h=h->next;
```

```
        free(p1);
    }
    printf("已释放链表的节点空间! \n");
}

int count(node *head)//求链表的节点数
{
    int n;
    node *p;
    p=head;
    n=0;
    while(p!=NULL){
        n=n+1;
        p=p->next;
    }
    return(n);
}

//删除链表上第 k 个节点
node *delete_k_node(node *head,int k)
{
    int j=1;
    node *p, *p1;
    if(head==NULL){
        printf("链表为空,无节点可删! \n");
        return(NULL);
    }
    p=head;
    if (k==1){
        p=head;
        head=head->next;
        free(p);
        printf("删除了第一个节点! \n");
    }
    else{
        p=find(head,k-1); //查找第 k-1 个节点,并由 p 指向该节点
        if (p->next!=NULL)
        {
            p1=p->next;
```

```
        p->next=p1->next;
        free(p1);
        printf("删除了第% d个节点! \n", k);
    }
    return(head);
}
//函数 node *insert(node *head, node *p) 实现把一个节点插入链表,仍保持链表上各节点的升序关系,由自己编写代码实现
void main(void)
{
    node *head ,*p;
    int num;
    int k;
    head= create_sort ();
    print(head);
    pirntf("节点数:% d\n", count(head));
    printf("输入要删除节点上的序号! \n");
    scanf("% d", &num);
    head=delete_k_node(head, num);
    print(head);
    printf("输入要删除节点上的整数! \n");
    scanf("% d",& num);
    head=delete_one_node(head,num);
    print(head);

    printf("输入要插入的整数! \n");
    scanf("% d", &num);
    p=( node *)malloc(sizeof(node));
    p->data= num;
    p->next=0;
    head=insert(head, p);
    print(head);
}
```

实验二 栈与队列

一、实验目的

1. 掌握栈的数据类型描述、栈的特点及栈的存储结构。
2. 掌握栈的基本运算及应用。
3. 掌握队列的数据类型描述、队列的特点及队列的存储结构。

4. 掌握队列的基本运算及应用。

二、实验内容

设车辆厂生产了硬座车厢和软座车厢共 n 节（混合在一起），要求用顺序栈的 5 种运算使所有的硬座车厢排列到软座车厢的前面。请完善主函数实现上述功能。

三、算法描述

```
#include <stdio.h>
#define elemtype char
const int maxlen =20;
struct seqstack
{
    elemtype stack[maxlen];
    int top;
};

//栈初始化
void inistack(seqstack &s)
{
    s.top =0;
}

//进栈
void push(seqstack &s,elemtype x)
{
    if (s.top = =maxlen -1) printf("overflow\n");
    else
    {
        s.top + +;
        s.stack[s.top] =x;
    }
}

//出栈
void pop(seqstack &s)
{
    if (s.top = =0) printf("underflow\n");
    else
    {
        s.top - -;
        //s.stack[s.top] =x;
```

```
    }
}

//取栈顶元素
elemtype gettop(seqstack s)
{
    if (s.top==0) {printf("underflow\n");return 0;}
    else return s.stack[s.top];
}

//判栈空
int empty(seqstack s)
{
    if(s.top==0) return 1;
    else return 0;
}

//打印栈内容
void prtstack(seqstack &s)
{
    int i;
    for(i=1;i<=s.top;i++){
        printf("%d", s.stack[i]);    //stack类型未知,输出占位符需根据实际
                                       情况更改
    }
}
void main(void)
{
    int n,i;
    elemtype x;
    seqstack s;
    inistack(s);
    printf("请输入车厢数\n");
    scanf("%d", &n);
    printf("请输入%d节车厢代号(H代表硬座车厢,S代表软座车厢)\n", n);
//下面的程序由自己完成,利用以上函数定义的5种运算实现硬座车厢排列到软座车厢的
前面。
```

实验三　多维数组的应用

一、实验目的

1. 掌握多维数组的数据类型描述及特点。
2. 掌握多维数组的存储结构及算法描述。
3. 掌握稀疏矩阵的算法实现。

二、实验内容

用三元组表实现稀疏矩阵的转置。编写函数 void Transmatp（node A [ ]，node B [ ]，int tu，int n），用带辅助向量的三元组表实现矩阵的转置。

三、算法描述

```
//矩阵转置(三元组表)
#include <stdio.h>
#define maxlen 20

struct node{//定义一个三元组
    int i,j;//非0元的行号,列号
    int v;//非0元的值
};

void disp(node A[],int tu)
{
    int i;
    printf("行号 列号 值\n");
    for(i =1;i< =tu;i+ +)
    {
        printf("% d\t", A[i].i);
        printf("% d\t", A[i].j);
        printf("% d\n", A[i].v);
    }
}
void Transm(node A[],node B[],int tu,int n)
{
    int p,q,col;
    if (tu! =0 ) //tu:非0元素个数
    {
        q= 1; //q: B 的序号
        for (col =1;col < =n;col + +) //扫描 A 的所有列
            for (p =1;p< =tu;p + +) //扫描所有非 0 元素
                if (A[p].j = =col )
```

```
            {
                B[q].i = A[p].j; //行列互换
                B[q].j = A[p].i;
                B[q].v = A[p].v;
                q++;
            }
        }
    }

    void Transmatp(node A[],node B[],int tu,int n) //矩阵转置(带辅助向量
的三元组表)
    {
        //这里的程序由自己完成,用带辅助向量的三元组表实现矩阵转置
    }

    void main(void)
    {
        int i,m,n,tu;
        node A[maxlen],B[maxlen];
        printf("创建一个三元组表A\n");
        printf("输入二维数组行数:");
        scanf("%d", &m);
        printf("输入二维数组列数:");
        scanf("%d", &n);
        printf("输入非零元素个数:");
        scanf("%d", &tu);
        for(i=1;i<=tu;i++)
        {
            printf("输入第:%d个元素值行号\n", i);
            scanf("%d", &A[i].i);
            printf("输入第:%d个元素值列号\n", i);
            scanf("%d", &A[i].j);
            printf("输入第:%d个元素值\n", i);
            scanf("%d", &A[i].v);
        }
        disp(A,tu);
        Transm(A,B,tu,n);
        printf("转置后:\n");
        disp(B,tu);
```

```
    Transmatp(A,B,tu,n);
    printf("(带辅助向量的三元组表)转置后:\n");
    disp(B,tu);
}
```

实验四　二叉树的遍历和应用

一、实验目的

1. 掌握二叉树的数据类型描述及特点。
2. 掌握二叉树的存储结构（二叉链表）的建立算法。
3. 掌握二叉链表上二叉树的基本运算的实现。

二、实验内容

阅读后面的程序，并将其输入到计算机中，通过调试为下面的二叉树（见图B-1）建立二叉链表，并用递归实现二叉树的先序、中序、后序三种遍历。

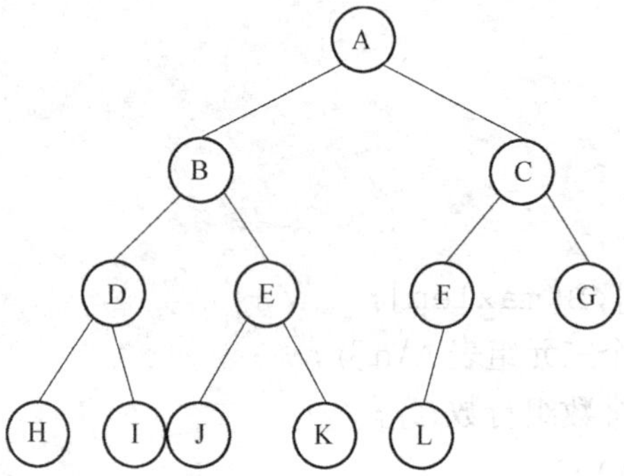

图B-1　二叉树示意图

三、算法描述

建立二叉链表；用递归实现二叉树的先序、中序、后序三中遍历。

```
#include <stdio.h>
#include <stdlib.h>
struct bitree
{
    char data;
    bitree *lchild;
    bitree *rchild;
};
bitree *CreatBiTree()
{ bitree *T;
  char ch; //节点的data域值
  scanf("%c", &ch);
  if(ch==',') T=NULL;
```

```
  else{
  T = (bitree *)malloc(sizeof(bitree));      //申请新节点
  T->data=ch;    //生成根节点
  T->lchild=CreatBiTree();   //构造左子树
  T->rchild=CreatBiTree();  //构造右子树
    }
  return T ;
}

//前序遍历
void preorder(bitree *root)
{
    bitree *p;
    p=root;
    if(p! =NULL)
    {
        printf("% c", p->data);
        preorder(p->lchild);
        preorder(p->rchild);
    }
}

//中序遍历
void inorder(bitree *root)
{
    这里的程序由自己完成,实现二叉树的中序遍历
}

//后序遍历
void postorder(bitree *root)
{
    这里的程序由自己完成,实现二叉树的后序遍历
}
void main()
{    //以下为验证程序
    bitree *root;
    printf("建立一棵二叉树根为root\n");
    root=CreatBiTree();
    preorder(root);
```

```
    inorder(root);
    postorder(root);
    printf("\n");
}
```

实验五　图的遍历和应用

一、实验目的

1. 掌握图的数据类型描述及特点。
2. 掌握图的存储结构（邻接表和邻接矩阵）。
3. 掌握图的遍历算法的实现。

二、实验内容

【任务1】：阅读理解。

阅读第一个程序，并将其输入到计算机中，调试成功，运算出结果。这个程序中用邻接矩阵对图进行了深度优先遍历和广度优先遍历。

【任务2】：完善功能。

构造函数 void dfs1（int i）和 void bfs2（int i），实现用邻接表对图进行深度优先遍历和广度优先遍历，并在主函数中完成对自己所添加函数的测试。

三、算法描述

1. 用邻接矩阵对图进行遍历

```
#include <stdio.h>
const int n=6;      //图中顶点数
const int e=6;      //图中边数
struct graph      //定义图的数据结构
{
    int v[n+1]; //存放顶点信息 v1,v2,... 不用v[0]
    int arcs[n+1][n+1];
};

graph g;
int visited[n+1];//访问标志数组,0 表示未访问,1 表示已访问

void creatadj()
{
    int i,j,k;
    pirntf("请输入%d个顶点信息(数字)", n);
    for(k=1;k<=n;k++) scanf("%d", &g.v[k]);
    for(i=1;i<=n;i++)
        for(j=1;j<=n;j++)
            g.arcs[i][j]=0;
```

```
        for(k=1;k<=e;k++)
        {
            printf("请输入第%d条边(输入两个顶点号),共%d条边", k,e);
            scanf("%d%d", &i, &j);
            printf("\n");
            g.arcs[i][j]=1;
            g.arcs[j][i]=1;
        }
}

void dfs1(int i)      //从顶点i出发进行深度优先搜索遍历
{
    int j;
    printf("%d\n", g.v[i]); //输出访问节点
    visited[i]=1; //全局数组标记置1,表示已访问
    for(j=1;j<=n;j++)
        if((g.arcs[i][j]==1)&&(!visited[j]))
            dfs1(j);
}

void bfs2(int i) //从顶点i出发进行广度优先搜索遍历
{
    int q[n+1]; //队列
    int f,r,j; //f,r分别为队列头尾指针
    f=r=0;
    printf("%d\n", g.v[i]); //输出访问节点
    visited[i]=1; //全局数组标记置1,表示已访问
    r++; q[r]=i; //入队
    while(f<r)
    {
        f++;i=q[f];      //出队
            for(j=1;j<=n;j++)
                if((g.arcs[i][j]==1)&&(!visited[j]))
                {
                    printf("%d\n", g.v[j]); //输出访问节点
                    visited[j]=1; //全局数组标记置1,表示已访问
                    r++; q[r]=j; //入队
                }
        }
```

```
}
void main()
{
    int i,j;
    int yn=1;
    creatadj();
    for(i=1;i<=n;i++)
    {
        for(j=1;j<=n;j++)
            printf("%d", g.arcs[i][j]);
            printf("\n");
    }
    while(yn==1)
    {
        for(i=1;i<=n;i++)
            visited[i]=0;
        printf("请输入深度优先搜索开始访问的节点");
        scanf("%d", &i);
        printf("\n");
        printf("从%d出发的深度优先遍历序列为\n", i);
        dfs1(i);
        printf("继续进行深度优先搜索吗(1/2)? ");
        scanf("%d", &yn);
    }
    yn=1;
    while(yn==1)
    {
        for(i=1;i<=n;i++)
            visited[i]=0;
        printf("请输入广度优先搜索开始访问的节点");
        scanf("%d", &i);
        printf("\n");
        printf("从%d出发的广度优先遍历序列为\n", i);
        bfs2(i);
        printf("继续进行广度优先搜索吗(1/2)? ");
        scanf("%d", &yn);
    }
}
```

2. 用邻接表对图进行遍历

```
#include <stdio.h>
#include <stdlib.h>
const int n=6;  //图中最大顶点数
const int e=6;   //图中最大边数
struct link   //定义链表类型
{
    int data;
    link *next;
};

struct node //定义邻接表的表头类型
{
    int v; //顶点信息
    link *next;
}a[n+1];

int visited[n+1]; //标志数组,用于记录某个顶点是否被访问过

//建立图的邻接表
void creatlink()
{
    int i,j,k;
    link *s;
    for(i=1;i<=n;i++) //建立邻接表头节点
    {
        a[i].v=i;
        a[i].next=NULL;
    }
    for(k=1;k<=e;k++)
    {
        printf("请输入第%d条边(输入两个顶点数字),共%d条边", k,e);
        scanf("%d%d", &i, &j);
        printf("\n");
        s = (link *)malloc(sizeof(link));
        s->data=j;
        s->next=a[i].next ; //头插法建立链表
        a[i].next=s;
        s = (link *)malloc(sizeof(link));
```

```
        s->data=i;
        s->next=a[j].next;   //头插法建立链表
        a[j].next=s;
    }
}

//用邻接表从顶点 i 出发进行深度优先遍历
void dfs1(int i)
{
    这里的程序由自己完成,实现邻接表从顶点 i 出发进行深度优先遍历
}

//用邻接表从顶点 i 出发进行广度优先遍历
void bfs2(int i)
{
    这里的程序由自己完成,实现邻接表从顶点 i 出发进行广度优先遍历

}

void main()
{
    link *p;
    int yn=1;
    creatlink(); //建立邻接表
    while(yn==1)
    {
        for(int i=1;i<=n;i++) //输出邻接表
        {
            p=a[i].next;
            printf("%d->", a[i].v);
            while(p->next!=NULL)
            {
                printf("%d->", p->data);
                p=p->next;
            }
            pirntf("%d\n", p->data);
        }
        for(i=1;i<=n;i++)
            visited[i]=0;
```

```
        printf("请输入深度优先遍历开始的访问节点");
        scanf("%d", &i);
        printf("\n");
        printf("从%d出发的深度优先遍历序列为\n" i);
        dfs1(i);
        printf("\n");

        for(i=1;i<=n;i++)
            visited[i]=0;
        printf("请输入广度优先遍历开始的访问节点");
        scanf("%d", &i);
        printf("\n");
        printf("从%d出发的广度优先遍历序列为\n", i);
        bfs2(i);
        printf("\n");
        printf("继续遍历吗? (1/2)");
        scanf("%d", &yn);
    }
}
```

实验六　查找

一、实验目的

1. 掌握各种查找的基本思想。
2. 掌握各种查找方法的算法实现。

二、实验内容

用线性探查法和链地址法建立散列表，并在散列表中查找关键字 k。

三、算法描述

以下程序用线性探查法和链地址法建立散列表，并在散列表中查找关键字 k。阅读程序并完善程序。

```
#include <stdio.h>
#include <stdlib.h>
const int m=13; //m代表散列表长度
const int n=10; //n代表关键字个数
int r[n+1];

struct lnode //定义链地址法的链表
{
    int data;
    lnode *next;
```

```
};
//构造 hash 函数
int H (int k)
{
    return k% m;
}

//用线性探查法建立散列表 HT,表长 m,表中元素个数 n
void creat1 (int HT[m],int n)
{
    int i,j;
    int k;
    for(i =1;i < =m;i + +) HT[i] =NULL;
    for(i =1;i < =n;i + +)
    {
        k=r[i];   //r[i]作为一个关键字
        j =H(k);   //j =H(k)为散列函数
        while(HT[j]! =NULL)
            j = (j +1)% m; //发生冲突时,查找空闲位置
        HT[j] =k;
    }
}
```

//在线性探查法的散列表 HT 中查找关键字 k,查找成功返回该记录在散列表中地址,查找失败返回 -1。完善程序。

```
int find1 (int HT[m],int k)
{
    //这里的程序由自己完成
}

//用链地址法建立散列表 HT,表长 m,表中元素个数 n
void creat2 (lnode HT[m],int n)
{
    int i,j;
    int k;
    lnode *s;
    for(i =0;i <m;i + +)
    {
        HT[i].data =i;
```

```
        HT[i].next=NULL; //表头均置空
    }
    for (i=1;i<=n;i++)
    {
        k=r[i]; //r[i]作为一个关键字
        j=H(k); //j=H(k)为散列函数
        s = (lnode *)malloc(sizeof(lnode)); //申请一个节点
        s->data=k;
        s->next=HT[j].next; //头插法建链表
        HT[j].next=s;
    }
}
```

//在链地址法的散列表 HT 中查找关键字 k,查找成功返回指向该节点的指针,查找失败返回 NULL。完善程序。

```
lnode *find2(lnode HT[m],int k)
{
    //这里的程序由自己完成
}

void main()
{
    int yn=1,n1=1,t1=1,p2,j,s1;
    int HT[m],x;

    lnode *p3,HT1[m],*p;
    printf("请输入%d个关键字序列\n", n);
    for (int i=1;i<=n;i++)
        scanf("%d", &r[i]);
    HT1[0].data=3;
    creat1(HT,n); //建立线性探测再散列法的散列表
    creat2(HT1,n); //建立链地址法的散列表

    for(i=0;i<m;i++)
    {
        printf("%d:", i);
        p=HT1[i].next;
        s1=j=0;
```

```
    while(p! =NULL)
    {
        j++;s1+=j;
        printf("%d", p->data);
        p=p->next;
    }
    //s+=s1;
    printf("\n");
}

while(yn==1)
{
    printf("1. 线性探测再散列法查找\n");
    printf("2. 链地址法查找\n");
    scanf("%d", &t1);
    if(t1==1)
    {
        n1=1;
        while(n1==1)
        {
            printf("线性探测再散列法查找\n");
            pirntf("请输入要查找的元素:");
            scanf("%d", &x);
            p2=find1(HT,x);
            if(p2==-1)
                pirntf("%d在线性探测再散列表中找不到\n", x);
            else
                printf("%d在线性探测再散列表中已找到\n", x);
            printf("继续线性探测再散列法查找吗(1/2)? ");
            scanf("%d", &n1);
        }
    }
    else
    {
        n1=1;
        while(n1==1)
        {
            pirntf("链地址法查找\n");
            printf("请输入要查找的元素:");
```

```
                scanf("% d", &x);
                p3 = find2(HT1,x);
                if(p3 = = NULL)
                    printf("% d在链地址法的散列表中找不到\n", x);
                else
                    printf("% d在链地址法的散列表中已找到\n", x);
                printf("继续链地址法查找吗(1/2)? ");
                scanf("% d", &n1);
            }
        }
        printf("继续查找吗(1/2)? ");
        scanf("% d", &yn);
    }
}
```

实验七　排序

一、实验目的

1. 掌握各种排序的基本思想。

2. 掌握各种排序方法的算法实现。

二、实验内容

随机产生10000个随机数，用线性插入、直接选择、冒泡、快速、堆等排序方法排序。编写函数实现快速排序。

三、算法描述

```
#include <stdio.h>
#include <stdlib.h> //使用srand()和rand()

#include <time.h>//计时 time() difftime()

const int N =1000; //待排元素个数

//冒泡排序
void Bubblesort(int r[],int n)
{
    int flag =1; //当flag为0,则停止排序
    for (int i =1;i <n;i + +) //i表示趟数,最多n -1趟
    {
        flag =0; //开始时元素未交换
        for(int j =n -1;j > =i;j - -)
            if(r[j] <r[j -1])
```

```
            {
                int t = r[j];
                r[j] = r[j - 1];
                r[j - 1] = t;
                flag = 1; // 交换
            }
            if(flag = = 0) return;
        }
}

//快速排序
void quicksort(int r[],int left,int right)
{
    这里的程序由自己完成,实现快速排序
}

//堆排序
void creatheap(int r[],int i,int n)
{
    int j;
    int t;
    t = r[i]; j = 2 * i;
    while(j < n)
    {
        if((j < n) && (r[j] < r[j + 1])) j + +;
        if(t < r[j])
        {
            r[i] = r[j];
            i = j;j = 2 * i;
        }
        else j = n; //退出 while
        r[i] = t;
    }
}

void heapsort(int r[],int n) //堆排序
{
    int t;
    for(int i = n/2;i > = 0;i - -)
        creatheap(r,i,n);
```

```
    for(i=n-1;i>=0;i--)
    {
        t=r[0];
        r[0]=r[i];
        r[i]=t;
        creatheap(r,0,i-1);
    }
}

//输出数组中的元素
void print(int r[],int n)
{
    for(int i=0;i<=n-1;i++)
    {
        if(i%10==0){printf("\n");}
        printf("%6d", r[i]);
    }
    printf("\n");
}

void main()
{
    这里的主程序由自己完成
}
```

实验八　数据库基本操作

一、实验目的

1. 掌握数据库的基本思想。
2. 掌握在 VFP 中建立数据库、数据表以及对其进行增、删、改操作的方法。

二、实验内容

【任务 1】：在 VFP 中建立学生信息数据库。

【任务 2】：在该数据库中添加学生基本信息表、学生成绩表、学生家庭情况表，并建立关系。

【任务 3】：在上述表中添加记录，删除记录，修改记录。

【任务 4】：查询某学生信息、成绩、家庭情况。

实验九　VFP 表单操作

一、实验目的

掌握 VFP 表单的基本操作方法。

二、实验内容

在 VFP 中建立学生基本信息表单，与实验八建立的学生基本信息表相连，通过本界面，对学生基本信息进行增、删、改操作。

附录 C　提高型实验

实验一　排序算法的分析

一、实验目的

通过实验，验证每种排序方法的时间、速度特性。

二、实验内容

在实验七的基础上，分析每种排序方法的性能，包括自动统计每种排序方法所花费的时间以及待排原始数据的数量对排序算法性能的影响等，并统计每种排序所花的时间。

三、算法提示

使用 time 函数，记录排序开始和结束的时间，计算时间差值。

实验二　游戏编程

一、实验目的

通过实验，掌握回溯算法的应用。

二、实验内容

【任务 1】：跳马问题。

在中国象棋中，马走日。在 8×8 方格的棋盘上，从任意指定的方格出发，为马寻找一条走遍棋盘每一格并且只经过一次的一条路径。

【任务 2】：八皇后问题。

在国际象棋棋盘上放置 8 个皇后，任意两个皇后不在同一条直线或斜线上（即不能互相攻击），称为 8 皇后问题。比如已经放置的皇后如下：

□■□□□□□□
□□□■□□□□
□□□□□■□□
■□□□□□□□
□□■□□□□□
□□□□■□□□
□□□□□□■□
□□□□□□□□

最后一排没有办法放置皇后，就要回溯到上一步，就是第 7 行，改变第 7 个皇后的位置，如果第 7 个皇后在没有别的放置方法，或者放置在别的位置之后第 8 个皇后还是无法放置，那么就要回溯到第 6 个……以此类推。

三、算法提示

跳马问题：马在某个方格，可以在一步内到达的不同位置最多有 8 个。如用二维数组 board [ ] [ ] 表示棋盘，其元素记录马经过该位置时的步骤号。另对马的 8 种可能走法

（称为着法）设定一个顺序，如当前位置在棋盘的（i，j）方格，下一个可能的位置依次为（i+2，j+1）、（i+1，j+2）、（i-1，j+2）、（i-2，j+1）、（i-2，j-1）、（i-1，j-2）、（i+1，j-2）、（i+2，j-1），实际可以走的位置只限于还未走过的和不越出边界的那些位置。为便于程序的同意处理，可以引入两个数组，分别存储各种可能走法对当前位置的纵横增量。

八皇后问题：从图中可以得到以下启示，一个合适的解应是在每列、每行上只有一个皇后，且一条斜线上也只有一个皇后。求解过程从空配置开始。在第1列至第m列为合理配置的基础上，再配置第m+1列，直至第n列配置也是合理时，就找到了一个解。接着改变第n列配置，希望获得下一个解。另外，在任一列上，可能有n种配置。开始时配置在第1行，以后改变时，顺次选择第2行、第3行、……、直到第n行。当第n行配置也找不到一个合理的配置时，就要回溯，去改变前一列的配置。

附录D　综合、设计型实验

实验一　软件需求分析与设计

一、实验目的

1. 培养用软件工程的方法开发软件的能力。

2. 将所学的软件工程、数据库和数据结构等知识综合地运用到软件开发中去。

二、实验内容

针对“学生信息管理系统”这一软件项目，进行以下任务。

【任务1】：软件需求分析，包括功能分析、性能分析，用文档表示。

【任务2】：软件系统设计和详细设计，包括软件结构设计、模块设计、数据库设计、界面设计等，写出文档。

实验二　学生信息管理系统开发实现

一、实验目的

1. 培养开发软件的实际能力。

2. 将所学的软件工程、数据库和数据结构等知识综合地运用到软件开发中去。

二、实验内容

选择合适的开发工具，实现“学生信息管理系统”，主界面如图D-1所示。

【任务1】：设计界面，软件的参考主界面如图D-1所示。

【任务2】：要求实现学生数据维护、信息查询、报表打印等功能。

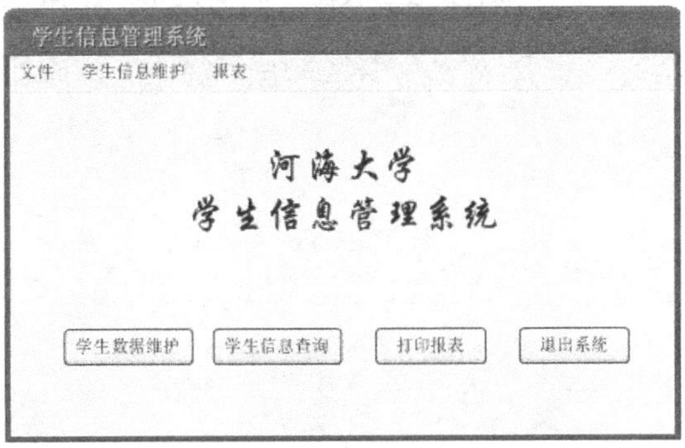

图D-1　学生信息管理系统主界面

参考文献

[1] 严蔚敏，吴伟民．数据结构（C语言版）[M]．北京：清华大学出版社，2001.

[2] 沈被娜，刘祖照，姚晓冬．计算机软件技术基础［M］.3版．北京：清华大学出版社，2000.

[3] 叶核亚．数据结构 C++版［M］．北京：机械工业出版社，2005.

[4] 郝兴伟．计算机技术基础［M］.2版．济南：山东大学出版社．2004.

[5] 朱战立，李文．数据结构——使用C语言［M］．西安：西安交通大学出版社．1997.

[6] 杨谊，喻德旷，李光明．数据结构 C++版［M］．北京：冶金工业出版社，2003.

[7] 夏克俭．数据结构+算法［M］．北京：国防工业出版社，2001.

[8] Abraham Silberschatz. Oparating system concepts , sixth Edition（影印版）［M］．北京：高等教育出版社，2002.

[9] 汤子瀛，哲凤屏，汤小丹．计算机操作系统（修订版）［M］．西安：西安电子科技大学出版社，2001.

[10] 屠祁，屠立德，等．操作系统基础［M］.3版．北京：清华大学出版社，2000.

[11] 萨师煊，王珊．数据库系统概论［M］.3版．北京：高等教育出版社，2000.

[12] 钱雪忠，黄学光，刘肃平．数据库原理及应用［M］．北京：北京邮电大学出版社，2005.

[13] Abraham Silberschatz. 数据库系统概念［M］.4版．北京：机械工业出版社，2003.

[14] 王能斌．数据库系统原理［M］．北京：电子工业出版社，2000.

[15] 张海藩，等．软件工程导论［M］.6版．北京：清华大学出版社，2013.

[16] Roger S. Pressman，软件工程——实践者的研究方法［M］．梅宏，译．北京：机械工业出版社，2002.

[17] 王庆育．软件工程［M］．北京：清华大学出版社，2004.

[18] Grady Booch，James Rumbaugh，Ivar Jacobson. The Unified Modeling Language Reference User Guide［J］. Addison-Wesley，1999.

[19] 王少锋．面向对象技术 UML 教程［M］．北京：清华大学出版社，2004.

[20] 覃征，杨利英，高勇民，等．软件项目管理［M］．北京：清华大学出版社，2004.

[21] 郑人杰，殷人昆，陶永雷．实用软件工程［M］.2版．北京：清华大学出版社，2001.

[22] 陈明．软件工程学教程［M］．北京：科学出版社，2002.